mit gütiger Erlaubniss der Herren Mitglieder der Akademie
der Wissenschaften dort im Jänner 03 gez. v. Ismael Gentz

Die letzte Festsitzung der Akademie der
Wissenschaften in dem alten Akademiesaale im Jan. 03.
Der Mitgliederschaft zum freundl. Andenken von Ismael Gentz

Antrittsreden
Erwiderungen
bei der Aufnahme von Physikern
in die Berliner Akademie
Gedächtnisreden
1870—1929

STUDIEN ZUR GESCHICHTE
DER AKADEMIE DER WISSENSCHAFTEN DER DDR

BAND 8

Herausgegeben im Auftrag des Präsidenten
der Akademie der Wissenschaften der DDR
von Heinrich Scheel

FORSCHUNGSSTELLE
FÜR DIE GESCHICHTE DER AKADEMIE
LEITER: LEO STERN

Physiker über Physiker II

Antrittsreden
Erwiderungen
bei der Aufnahme von Physikern
in die Berliner Akademie
Gedächtnisreden
1870 bis 1929

Bearbeitet von
Christa Kirsten
und Hans-Günther Körber

Mit einer Einleitung
von Robert Rompe
und Hans-Jürgen Treder

AKADEMIE-VERLAG
BERLIN
1979

Erschienen im Akademie-Verlag, DDR-108 Berlin, Leipziger Str. 3—4
Lektor: Renate Trautmann

Lizenznummer: 202 · 100/445/79
Gesamtherstellung: VEB Druckerei „Thomas Müntzer", 582 Bad Langensalza
Bestellnummer: 7627038 (2168/8) · LSV 1108
Printed in GDR
DDR 38,— M

Inhalt

Die große Zeit der Physik in Berlin

Von Robert Rompe und Hans-Jürgen Treder

Mit dem vorliegenden Band ist beabsichtigt, einen Beitrag zur Wissenschaftsgeschichte als Bestandteil einer Geschichte der Produktivkräfte zu liefern und zugleich auch Probleme der Kreativität zu beleuchten.

Aus den zusammengestellten Dokumenten und Reden wird ersichtlich, wie langsam grundlegende Vorstellungen und Erkenntnisse heranreifen. Der dazu gehörende meinungsbildende Gedankenaustausch der in ihrer Zeit führenden Wissenschaftler hat durchaus zur Einschätzung des zu erwartenden Tempos des Fortschreitens der Erkenntnis in unserer Zeit Bedeutung. Interessant ist auf jeden Fall der Einblick in das theoretische Denken früherer Zeit, in der, wie zu jeder Epoche, die stetige Entwicklung und die revolutionierenden Umbrüche in der Wissenschaft eng miteinander verbunden waren.

Unter diesem Aspekt ist es nützlich, daran zu denken, daß in unserer Einleitung die gesellschaftlichen Hintergründe, die Zusammenhänge der gesellschaftlichen Entwicklung, etwa der Produktivkräfte mit den geistigen Potenzen, nur am Rande behandelt werden, wobei uns vor allen Dingen der Beitrag der hier behandelten Wissenschaftler interessiert hat.

Die vorgelegten Materialien bestätigen jene These von Engels, daß der Druck der Praxis mehr ausrichtet als viele Universitäten. Dort, wo er vorhanden, ist auch der Fortschritt der geistigen Entwicklung, vor allem in der Wissenschaft, festzustellen; dort, wo er fehlt, ist ein gewisser Wildwuchs, eine Bewegung ohne klaren Fortschritt, nicht zu verkennen.

Die Entwicklung unserer Akademie hat damals entsprechend der Rückständigkeit von Wirtschaft und Technik in Preußen relativ spät die Technik einbezogen und die Entwicklung der naturwissenschaftlichen Disziplinen erst allmählich in eine angemessene Proportion zur Gesamtentwicklung der geistigen wissenschaftlichen Potenzen gebracht.

In diesem Bande werden Antrittsreden, Erwiderungen hierzu und Nachrufe der Physiker-Mitglieder der Berliner Akademie der Wissenschaften aus den Jahren etwa von 1870 bis 1930 vorgelegt. Er schließt sich eng an die Veröffentlichung der Laudationes der Physiker der genannten Zeit an, die aus Anlaß des 275jährigen Jubiläums der Akademie der Wissenschaften der DDR erschienen ist. Diesem ersten Band (im folgenden I genannt)[1]) ist eine Einleitung des einen von uns (Hans-Jürgen Treder) vorangestellt, in der dargelegt ist, welche Gedanken die Berliner Physiker jener Jahre

[1] Physiker über Physiker I (siehe Verzeichnis der Abkürzungen), Berlin 1975, S. 11–48.

beherrscht haben, von denen wohl zu Recht gesagt wird, sie hätten die Physik von heute wesentlich vorbereitet und mitgeprägt. In dem vorliegenden Band (II) sollen diese Ausführungen in I ergänzt, fortgesetzt und erweitert werden.

Das erweist sich als sinnvoll, da es sich herausgestellt hat, daß in jenen Jahren die Physik, und insbesondere die Physik in Berlin, offenbar in sehr starker Weise interdisziplinär mit den anderen Naturwissenschaften und der Technik verbunden war und diese Wechselwirkung die Großzügigkeit ihres wissenschaftlichen Horizontes mitbestimmt hat.

Der Darstellung der Wechselbeziehungen der modernen Physik mit den von ihr beeinflußten, z. T. ins Leben gerufenen Teilen der Elektrotechnik/Elektronik, insbesondere in der Zeit von 1890—1930, wurde ein Beitrag des anderen von uns (ROBERT ROMPE), aus Anlaß der 75jährigen Wiederkehr des Tages, an dem M. PLANCK die Begründung seiner Strahlungsformel in der Berliner Physikalischen Gesellschaft bekannt gab (14. 12. 1900), verfaßt und auf der Jubiläumsfeier vorgetragen (im folgenden Ia genannt)[1] zugrunde gelegt.

Der Beginn der modernen Physik erfolgte offensichtlich zeitlich etwas später, aber in historischer Perspektive fast gleichzeitig mit dem Übergang der Elektrotechnik von der das 19. Jahrhundert beherrschenden Schwachstromtechnik zu der auch heute noch in voller Blüte stehenden Starkstromtechnik/Elektronik. Es konnten Hinweise gefunden werden, beide Ereignisse im Zusammenhang zu sehen und ihre große gesellschaftliche Auswirkung mit der Entwicklung der physikalischen Wissenschaften in Zusammenhang zu bringen.

Diese in der Geschichte der Naturwissenschaft und Technik an Tempo der Erschließung wissenschaftlichen Neulandes wie des Entstehens technologischer und wirtschaftlicher Voraussetzungen für die Realisierung der neu entdeckten wissenschaftlichen Erkenntnisse und deren Nutzungsmöglichkeiten wohl einmalig dastehende Etappe stellt zweifellos eine neue Qualität in den Vorgängen dar, die wir technische Revolution zu nennen uns gewöhnt haben. Ihren ersten Anfängen und Verursachungen nachzugehen, ist angesichts der die Welt verändernden Konsequenzen jener Geschehnisse berechtigt und reizvoll.

Die in diesem Bande vorgelegten Schriften legen Zeugnis davon ab, daß die bedeutenden Wissenschaftler, die ihre Disziplin und deren Nutzung entscheidend zu fördern berufen waren, über ihre Arbeitsgebiete hinausgehende Einschätzungen der wissenschaftlichen Situationen in jener Zeit zu geben imstande waren, die bis in unsere Tage hinein wertvoll und interessant sind. Der Reiz der Äußerungen der Physiker über die Physik, die Mathematik und die Naturwissenschaften, der hier zutage tritt, ist durchaus vergleichbar mit dem, den man empfindet, wenn man die Darstellungen über das Leben der großen Maler der Renaissance Italiens aus der Feder von GEORGIO VASARI liest: Es sind Äußerungen professioneller Wissenschaftler über bedeutende professionelle Wissenschaftler derselben oder angrenzender Disziplinen.

Nach den Gepflogenheiten der Berliner Akademie haben alle zugewählten Mitglieder Antrittsreden gehalten, während Nachrufe nicht obligatorisch waren.[2]

---

[1] R. ROMPE, in: 75 Jahre Quantentheorie. Festband zum 75. Jahrestag der Entdeckung der Planckschen Energiequanten. Abhandlungen der Akademie der Wissenschaften der DDR, Abt. Mathematik, Naturwissenschaften, Technik, N7/1977, Berlin 1977, S. 13—24.

[2] Vgl. S. 27.

Es hat sich bei der Bearbeitung als notwendig erwiesen, in diesem vorgelegten Band auch noch einige Laudationes und Nachrufe aus vorangegangener Zeit zu bringen, insbesondere die für G. MAGNUS und die für CARL JACOBI. Beide waren Absolventen der Friedrich-Wilhelm-Universität zu Berlin und haben in den Jahren 1827 und 1825 promoviert.

Auch die Nachrufe von H. HELMHOLTZ für MAGNUS und von G. L.-DIRICHLET für JACOBI wurden aufgenommen.

Beide Männer spielten für das spätere Zustandekommen der enormen Entwicklung der Berliner Physik nach der Berufung von HELMHOLTZ nach Berlin eine bedeutende Rolle. Es wurde auch die Laudatio für MORITZ JACOBI zum Korrespondierenden Mitglied, damals bereits Mitglied der Petersburger Akademie, aufgenommen wegen der Beziehungen der Akademie zur Technik, die durch ihn induziert wurden.

Bis etwa zur Mitte des 19. Jahrhunderts spielte die Physik in Berlin eine sehr bescheidende Rolle. Sie teilte diese mit den meisten anderen naturwissenschaftlichen Disziplinen, mit denen sie gemeinsam in der philosophischen Fakultät beheimatet war. Was wir für Berlin festgestellt haben, dürfte wahrscheinlich auch in anderen preußischen Universitäten und denen anderer deutscher Länder nicht anders gewesen sein, mit kleinen graduellen Unterschieden, über die noch gesondert zu sprechen sein wird, z.B. Königsberg i. Pr. (jetzt Kaliningrad, RSFSR).

HELMHOLTZ, in seinem Nachruf auf MAGNUS, spricht ausführlich über die damals in Preußen vorherrschende Prävalenz von Theologie, Philosophie, Geschichte und bringt sie mit der Rückständigkeit der gesellschaftlichen Entwicklung im 17.—18. Jahrhundert in Zusammenhang:[1]

„... aus dieser freudlosen Existenz flüchteten sich alle empfindsamen Gemüter gern in das Blütenland, welches die Deutsche Poesie, mit den Besten aller Zeiten und Völker wetteifernd, aufschloß, oder in die erhabenen Aussichten der Philosophie; man suchte die Wirklichkeit durch Vergessen zu überwinden."

„Die Arbeit des Naturforschers erschien eng, niedrig, gleichgültig neben den großen Konzeptionen der Philosophen und Dichter ..."

„*Gustav Magnus*' Entwicklung fällt in die Zeit dieses Kampfes hinein; es lag in der ganzen Richtung seines Geistes, daß er, so sehr er sonst nach seiner milden Art Gegensätze zu versöhnen suchte, entschieden Partei ergriff, und zwar zu Gunsten der reinen Erfahrung gegen die Spekulation... er kämpfte an entscheidendster Stelle in doppeltem Sinne; einmal, weil es sich in der Physik um die Grundlagen der ganzen Naturwissenschaft handelt, und dann, weil die zahlreich besuchte Universität Berlin die am längsten gehaltene Festung der Spekulation war."

Aber auch noch 23 Jahre später wird die Situation drastisch in dem Nachruf von DU BOIS-REYMOND auf HELMHOLTZ dargestellt:[2]

„Nun können wir uns aber nicht verhehlen, daß wenigstens in Deutschland das Interesse der weitaus überwiegenden Mehrheit trotz des unermeßlichen Einflusses, den die Naturforschung nach allen Seiten auf das menschliche Leben übt, den geschichtlichen, literarischen, künstlerischen Dingen fast ausschließlich zugewendet ist und bleibt.

---

[1] Vgl. Gedächtnisrede auf G. MAGNUS, S. 61 und 62.
[2] Vgl. Gedächtnisrede auf H. VON HELMHOLTZ, S. 68.

Man frage sich nur, wie viele Gebildete, die sich nicht verzeihen würden, von einem Klavier- oder Geigen-Virtuosen nicht alles Erdenkliche zu wissen, keine Ahnung haben von der Größe eines Gauß, eines Faraday."

Wie schwach die Naturwissenschaften in Berlin damals vertreten waren, geht auch aus der Anzahl der Wissenschaftler hervor, die in jenen Jahren promoviert haben:

1820—1830 3 Chemiker, 4 Physiker, 2 Kristallographen, 3 Mathematiker und 2 Geophysiker;

1831—1840 7 Chemiker, 7 Physiker, 2 Kristallographen, 10 Mathematiker, 6 Geophysiker;

1841—1850 13 Chemiker, 4 Physiker, 2 Kristallographen, 5 Mathematiker, 4 Geophysiker.

Daraus ist zu ersehen, daß unter den naturwissenschaftlichen Fächern die Physik in Berlin mit an letzter Stelle stand. Allerdings wurde damals kein scharfer Unterschied zwischen Physik und Chemie gemacht.

Im Geistesleben in deutschen Landen dominierten — wie oben gesagt — die Geisteswissenschaften, geführt von den großen Philosophen idealistischer Richtung und repräsentiert durch bedeutende Vertreter der Geschichtswissenschaft, der klassischen Philologie, der Jurisprudenz. Gegen diese Phalanx aufzukommen oder gar sich durchzusetzen, bedurfte in dem industriell rückständigen Land neuer Qualitäten, die nicht aus der Wissenschaft selbst stammen konnten. Wir wollen versuchen, hierzu im folgenden einige Hinweise zu geben.

Paul Erman war der erste Professor für Physik an der Berliner Universität. Er hat dieses Amt von 1809 bis zu seinem Tode 1851 bekleidet, nachdem er 1791 zum Professor für Physik an der allgemeinen Kriegsschule ernannt worden war. Er wurde 1806 Mitglied der Berliner Akademie und führte von 1810 bis 1841 das Sekretariat der mathematisch-physikalischen Klasse. Erman hatte bis 1804 keine eigenen Arbeiten publiziert, wohl weil er keine Arbeitsmöglichkeiten hatte; um so reichhaltiger sind seine Veröffentlichungen ab 1806.

Sein Nachfolger im Amt an der Berliner Universität wurde Gustav Magnus, der mit einer chemischen Arbeit „de tellurio"[1] an der Berliner Universität promoviert und sich später für Technologie und dann für Physik habilitiert hatte und der, auf Grund seiner Arbeiten chemischer Richtung (vgl. die Laudatio von H. Rose 1839)[2], 1840 in die Akademie gewählt wurde.

Nachdem Magnus Anfang der vierziger Jahre das Knobelsdorffsche Palais Am Kupfergraben 7 angekauft und als erstes Physikalisches Laboratorium jüngeren Wissenschaftlern ohne Forschungsmöglichkeit zur Verfügung gestellt hatte, entfaltete sich mit seiner Unterstützung eine bedeutende Aktivität physikalisch interessierter Naturwissenschaftler. Diese befaßten sich insbesondere mit einer fundamentalen Frage, die in der damaligen Zeit für die wissenschaftliche Entwicklung entscheidend war und auch heute noch bedeutungsvoll ist: „Über die Gültigkeit der Gesetze der Physik bei Lebensvorgängen". Träger des Gedankenaustausches war die neugegründete, jedem physikalisch Interessierten offenstehende Physikalische Gesellschaft, die ihren Sitz in jenem Palais Am Kupfergraben hatte.

---

1 Dissertatio de tellurio, Berolina 1827.
2 S. 55.

Sie entstand aus den dort von G. MAGNUS abgehaltenen Kolloquien, in denen sich junge Naturforscher, Physiker, Chemiker zusammenfanden, unter denen HELMHOLTZ als „aufgehender Stern erster Größe" von allen anerkannt wurde. Die Physikalische Gesellschaft, sowohl als Ganzes wie durch einzelne Mitglieder, hat erheblich zur Entwicklung der Forscherpersönlichkeiten von HELMHOLTZ' und seiner Freunde beigetragen. Hier trafen sich interessierte Physiker, Mathematiker, Chemiker, Physiologen zu Diskussionen über gemeinsam interessierende Fragen. Der Mittelpunkt in diesem Kreis war, wie oben erwähnt, der junge Militärarzt HELMHOLTZ, der jedoch bereits damals von sich selbst gesagt hat, er sei ein geborener Physiker.

Mit den von MAGNUS zur Verfügung gestellten Mitteln führte HELMHOLTZ jene denkwürdigen Untersuchungen mit physikalischen Meßmitteln an biologischen Objekten aus, die seinem berühmten, 1847 vor der Physikalischen Gesellschaft gehaltenen Vortrag „Über die Erhaltung der Kraft" vorangingen. Die für damalige Zeit hervorragende experimentelle Ausrüstung des Laboratoriums von MAGNUS ermöglichte ihm, subtile Messungen an biologischen Objekten durchzuführen.

In dem erwähnten Nachruf sagte EMIL DU BOIS-REYMOND sinngemäß:[1]

Die Erhaltung der Kraft (wir sagen heute Energie dazu) war bereits von Leibniz formuliert, und, nachdem sie am Anfang des 18. Jahrhunderts Bestand der Wissenschaft war, hundert Jahre später in Vergessenheit geraten, bis Robert Mayer, ebenfalls ein Arzt, seine bekannten Ergebnisse publizierte.

Das Entscheidende an HELMHOLTZ' Ausführung war die Feststellung der Gültigkeit der Gesetze der Physik auch in anderen Naturwissenschaften und im biologischen Geschehen.

Diese Behauptung von HELMHOLTZ' wirkte nach Aussagen der zeitgenössischen Quellen genauso revolutionierend und sensationell im Kreise der interessierten Wissenschaftler wie 60 Jahre später die Arbeiten PLANCKS und EINSTEINS über die Quantenphysik.

Die meisten Zeitgenossen von HELMHOLTZ, unter denen man MAGNUS und DOVE nennen muß, hatten Vorbehalte gegenüber HELMHOLTZ' Feststellung; nur der große Mathematiker und Meister der theoretischen Mechanik, C. G. J. JACOBI, glaubte ihm und unterstützte ihn. POGGENDORFF verweigerte den Abdruck seiner Abhandlung in den „Annalen der Physik und Chemie". Sie erschien erst nach Intervention von DU BOIS-REYMOND bei G. E. REIMER (Berlin) als Broschüre. „Die physikalischen Autoritäten", sagte HELMHOLTZ 50 Jahre später,[2] „waren geneigt, die Richtigkeit des Gesetzes zu leugnen und in dem eifrigen Kampfe gegen HEGELS Naturphilosophie, den sie führten, auch seine Arbeit für eine phantastische Spekulation zu erklären. Nur der Mathematiker Jacobi erkannte den Zusammenhang meines Gedankenganges mit dem der Mathematiker des vorigen Jahrhunderts, interessierte sich für meinen Versuch und schützte mich vor Mißdeutung."

HELMHOLTZ war nicht der einzige „geborene" Physiker jener Tage im preußischen Berlin, der mangels Existenzmöglichkeit als Physiker sich einem anderen Tätigkeitsgebiet zuwenden mußte. W. SIEMENS begann bekanntlich seine Laufbahn als Artillerie-Offizier, und MORITZ JACOBI aus Potsdam, der ältere Bruder CARL JACOBIS, wählte

---

[1] Vgl. S. 73.

[2] Ansprachen und Reden, gehalten bei der am 2. November 1891 zu Ehren von Helmholtz veranstalteten Feier, Berlin 1892, S. 52.

nach seinem Studium in Göttingen eine Anstellung im preußischen Bauwesen, bis ihm sein Bruder Carl, der inzwischen Ordinarius für Mathematik in Königsberg i. Pr. geworden war, die Möglichkeit verschaffen konnte, dort mit privaten Mitteln seinen physikalischen Forschungen neben einer beamteten Tätigkeit im Bauwesen nachzugehen.

In der Biographie über M. H. JACOBI heißt es über diese Übersiedlung nach Königsberg:[1]

„Er wurde hierzu hauptsächlich durch den Wunsch veranlaßt, in der Nähe seines Bruders zu leben, der damals Professor der Mathematik an der dortigen Universität war, zugleich hoffte er, hier mehr Muße zu haben, einige wissenschaftliche Arbeiten, die er vorhatte, weiter ausführen zu können. Hier war es, wo er zuerst die Idee faßte, den Elektromagnetismus als bewegende Kraft bei Maschinen anzuwenden, und wo er aus seinen eigenen beschränkten Mitteln Versuche über diesen Gegenstand anstellte, welche sich den hohen Beifall der dortigen Gelehrten und namentlich Bessels erwarben. Auch Alexander von Humboldt widmete diesen Versuchen bei seiner Anwesenheit in Königsberg im Jahre 1834 ein lebhaftes Interesse. ... Als Resultat der damaligen Versuche publizierte Herr Jacobi im J. 1835 sein, Memoire sur l'Application du Galvanism[2] au Mouvement des Maschines'. Es sei gestattet, bei dieser Gelegenheit eine Stelle aus einem Briefe Humboldts an M. H. Jacobi v. 10. Jan. 1835 abzudrucken, welche neben anderen Beweis ablegt von dem Interesse, das H. diesen Bestrebungen entgegenbrachte: ,Ich freue mich, Ihnen melden zu können, daß der König Ihnen heute und auf die freundlichste Weise sechshundert Taler zur Fortsetzung Ihrer wichtigen und sinnreichen magnetischen Arbeiten bewilligt hat. Daß bei dieser Gelegenheit Ihres Bruders gedacht worden ist, der die wissenschaftlichen Bahnen des deutschen Vaterlandes so glänzend erneuert hat, brauche ich Ihnen wohl nicht zu wiederholen.'

M. H. Jacobi wurde 1835 auf Betreiben des ihm von Königsberg her bekannten Zoologen Karl Ernst v. Baer, der 1834 seine Königsberger Professur aufgegeben hatte und einem Rufe an die Petersburger Akademie gefolgt war, als außerordentlicher Professor der Zivilbaukunst nach Dorpat berufen ..."

In Dorpat (jetzt Tartu, Estnische SSR) wurde er von russischen Militärs entdeckt, die sich für die militärtechnische Nutzung der Ergebnisse der Physik, insbesondere der Elektrizitätslehre, interessierten. Nach einiger Zeit wurde er Mitglied der Petersburger Akademie, entfaltete eine außerordentlich produktive Tätigkeit in den Laboratorien der Akademie auf den Gebieten der Elektrotechnik, nahm die russische Staatsangehörigkeit an, trat wohl auch zum griechisch-orthodoxen Glauben über und hieß von da ab BORIS SEMJONOWITSCH JACOBI.

Über seine Berufung nach Petersburg (Leningrad) äußerte sich M. JACOBI in einem Brief an seinen Bruder Carl vom 10./22. 8. 1837:[3]

„Der Empfang, den ich beim Minister hatte, ließ nichts zu wünschen übrig. Ich habe, so redete er mich in reinem Deutsch an, eine wahre Freude in der Akademie verbreitet, als ich ihr mitteilte, daß ich Sie würde nach Petersburg kommen lassen. Ich trug ihm mein Exposé vor, das er mit sehr vielem Beifalle hörte, es wurde darauf

---

[1] A. A. ILJIN, Boris Semjonowitsch Jacobi, St. Petersburg 1889, S. 15—16 (russ).
[2] Im Originaltitel ,... de l'Electro-Magnétisme au Mouvement des Machines'.
[3] Briefwechsel zwischen C. G. J. JACOBI und M. H. JACOBI, Leipzig 1907, S. 44—45.

mehreres näher besprochen: die Errichtung einer Kommission, daß ich meine Versuche in Petersburg anstellen müsse, weil ich dort mehr scientifische und technische Hilfsmittel hätte, in Dorpat aber weder das eine noch das andere. Exzellenz haben vollkommen recht, meinte ich, aber ich fürchte, die großen Kosten, welche mein Aufenthalt in Petersburg machen wird, da ich mich nicht auf so lange Zeit von meiner Familie trennen könnte. ‚Dafür lassen Sie mich sorgen, da ich wünsche, daß Sie sich diesem Gegenstande ganz und mit ungeteilter Tätigkeit hingeben mögen; ich werde das alles dem Kaiser vortragen....' Was soll ich nun weiter erzählen, die Sache ist so rasch, so glatt, so ohne Weitläufigkeiten, so ohne Quärel, so ganz ohne Mühe von meiner Seite gegangen, daß ich ganz perplex und befangen wurde, als der Minister mir sagte, er habe mein Exposé dem Kaiser vorgetragen, der es mit großem Vergnügen und Aufmerksamkeit angehört habe; der Kaiser habe alle seine Vorschläge genehmigt und bestätigt, er wünsche nur, daß man seine vorzügliche Aufmerksamkeit auf die Benutzung dieses Motors zur Schiffahrt richten und daß man vor allen Dingen rasch zu Werke gehen solle. Dadurch wäre nun die praktische Richtung bestimmt, und von theoretischen Fragen sei nur so viel aufzunehmen, damit das Tatonnement in etwas vermindert werde, ich solle zwar Professor in Dorpat bleiben, aber während meines Aufenthalts in Petersburg auf 12000 Rbl.- = 3600 Tlr. gestellt werden, solle noch 1500 Rbl. zur Equipage erhalten etc. etc. ... Das mußte den Potsdamer, der gewohnt war, wenn er wie ein Pferd gearbeitet hatte, sich dennoch seine Diäten erbetteln oder erkämpfen zu müssen, wirklich etwas verblüffen, und er konnte nur antworten, daß er fürchte, man werde auch seine Ansprüche hiernach steigern. Nein, sagte der Minister, ultra posse, nemo obligetur."

Der Unterschied in der Behandlung von Wissenschaftlern in Petersburg und in Berlin war eklatant. Bei seiner Berufung nach Berlin mußte das C. Jacobi selber erleben. Koenigsberger schrieb in seiner Biographie Jacobis:[1]

„Bei der zahlreichen Familie Jacobis, der mit fünf minderjährigen Kindern Königsberg verlassen hatte, und dem ungleich teureren Leben in Berlin brachte ihm die Gehaltserhöhung keine wesentliche materielle Verbesserung in seiner Stellung, und er suchte bereits im November um einen Zuschuß von 300 Talern nach zum Ersatz für die in Königsberg verlorengegangenen Naturaleinkünfte, zumal da ihm der vom Könige gewährte Zuschuß von 1000 Talern nicht lebenslänglich gewährt worden, sondern jederzeit wieder entzogen werden konnte; in der darauf ergangenen Kabinettsorder heißt es: ‚Dagegen kann Ich Mich zu einer Erhöhung der demselben für die Dauer seines einstweiligen Aufenthaltes in Berlin gewährten jährlichen Unterstützung nicht bewogen finden', und eigenhändig fügt der König der ihm vorgelegten Kabinettsorder noch hinzu: ‚Sollte übrigens in Jahr und Tag sich ergeben, daß seine Collegia gegen alle Erwartung ohne brillantes pecuniäres Resultat sein sollten, dann bin ich nicht abgeneigt, ihm durch ein Geldgeschenk zu Hülfe zu kommen! ...'"

M. H. Jacobi ist in die Geschichte der Technik und Physik durch seine hervorragenden Entdeckungen und Erfindungen eingegangen. So entdeckte er die Galvano-Plastik, beleuchtete in Petersburg (Leningrad) den Newski-Prospekt mit Kohlen-Bogenlampen, schuf zahlreiche Typen von Telegraphen, darunter auch buchstabendruckende, die später von Siemens übernommen wurden, und baute vor allem ein Boot mit elektrischem Antrieb — den Prototyp des Antriebs späterer Unterwasserfahrzeuge.

---

[1] L. Koenigsberger, Carl Gustav Jacob Jacobi, Festschrift, Leipzig 1904, S. 331–332.

M. H. (B. S.) JACOBI, Akademiker der Petersburger Akademie, wurde 1859 auf Vorschlag von G. MAGNUS und H. W. DOVE in die Berliner Akademie der Wissenschaften gewählt. In der Laudatio[1] wurden besonders seine Verdienste in der elektrotechnisch-elektrochemischen Nutzung der Physik elektrischer Vorgänge hervorgehoben.

Die Beziehungen zwischen M. H. JACOBI und SIEMENS erleichterten letzterem offensichtlich den Start in Rußland und die Gründung einer Filiale in Petersburg, die sehr bald an Bedeutung und Umsatz das Stammhaus SIEMENS & HALSKE in Berlin überflügelte. Erst die außerordentlichen Gewinne, die das Haus SIEMENS im Krimkrieg durch Bau der Telegraphenleitung von der Hauptstadt nach der Krim und ähnliche Arbeiten erzielte, haben es ermöglicht, die Berliner Firma weiter auszubauen. Man sieht, daß es bis in die fünfziger Jahre hinein, vielleicht bis zum Beginn der siebziger Jahre, der Physik und ihren Anwendungen in Preußen an Möglichkeiten mangelte. Es gab weder Planstellen für Physiker, es sei denn in der Lehre, noch Forschungsmöglichkeiten, noch Möglichkeiten einer angemessenen industriellen Entwicklung.

Alles, was bis dahin an Ergebnissen erzielt wurde, wie die bahnbrechenden Arbeiten von HELMHOLTZ, geschah auf private Initiative mit privaten Mitteln.

Die Darstellung von W. SIEMENS in seiner Denkschrift an Kaiser WILHELM I. in Sachen der Gründung eines Physikalischen Staatsinstituts besagen dasselbe. Es ist nach dem oben Berichteten auch verständlich, warum gerade W. SIEMENS die ausreichenden Forschungsmöglichkeiten an der Petersburger Akademie kannte und erwähnte. Man kann annehmen, daß die Situation in den anderen naturwissenschaftlichen Disziplinen kaum anders war als in der Physik. Das hatte wiederum schwerwiegende Konsequenzen.

Es ist bekannt, daß ein Grundpfeiler der HUMBOLDTschen Universitäts-Reform die Einheit von Forschung und Lehre darstellt, bei der hervorragende Lehrergebnisse durch adäquate Forschungsergebnisse bedingt werden und umgekehrt. Diese Forderungen von W. VON HUMBOLDT ließen sich naturgemäß in den Geisteswissenschaften mehr oder weniger vollständig realisieren, was daraus erhellt, daß es in jenen Zeiten nicht an Mitteln für aufwendige Reisen und Expeditionen mangelte. Die experimentell arbeitenden naturwissenschaftlichen Gebiete dagegen mußten ins Hintertreffen geraten, da ihnen die angemessenen Mittel für die Forschung versagt blieben und dementsprechend ein Abwandern der Studierenden an besser dotierte Universitäten und Hochschulen die Folge war. Man denke nur daran, wie viele der bedeutendsten Wissenschaftler in Prag, Graz, Zürich z.B. ihre Ausbildung erhalten bzw. diese dort vervollständigen konnten. So wurde auch von Seiten der Einheit von Forschung und Lehre dem Übergewicht der Geisteswissenschaften kaum etwas entgegengesetzt. Es ist erstaunlich, daß unter diesen ungünstigen Bedingungen doch eine intensive interdisziplinäre Kooperation bereits am Beginn der Berliner Physik zustande kam.

Wie konnte es letzten Endes zu einer so positiven Entwicklung der Physik in Berlin kommen?

Natürlich läßt sich nicht alles auf einen Faktor reduzieren. Die Entwicklung der großen elektrotechnischen Industrie im Berliner Raum in den letzten zwei Dezennien des 19. Jahrhunderts, wie sie in Ia geschildert ist, hat zweifellos von da ab eine bestimmende Wirkung gehabt.

---

[1] Vgl. S. 67.

Naturgemäß kam hierdurch zunächst das Charakteristische der Berliner Physik in der Mitte des 19. Jahrhunderts, ihre starke interdisziplinäre Verbindung mit Chemie, Geowissenschaften und Biologie zu kurz. Aber soweit wir übersehen können, war das überall das gleiche. Die aufkommenden monopolistischen Vereinigungen, die interessiert waren, auf ihrem Betätigungsgebiet aus der Wissenschaft Profit zu machen, stimulierten naturgemäß nicht alle produktiven Ansätze der interdisziplinären Verbindungen der Grunddisziplinen. Wie immer bei der Förderung der Wissenschaft im Kapitalismus-Monopolismus muß für einen Gewinn auf einer Seite mit einer Disproportion auf der anderen gerechnet werden. Das ist allgemein bekannt und bis heute unverändert.

Wenn wir also für das Ende des Jahrhunderts und den Beginn des 20. Jahrhunderts diese Zusammenhänge anerkennen, so bleibt eine Lücke von fast vierzig Jahren, wo immerhin eine gewisse Entwicklung der Physik im Berliner Raum zustande kam, aber durch andere Faktoren.

Man muß hier wohl auf folgendes hinweisen: Die großen Erfolge der Mathematik und Physik, besonders der Mechanik, im 17. und 18. Jahrhundert haben in den entwickeltsten europäischen Ländern starken Einfluß auf die Militärtechnik ausgeübt, insbesondere auf das Fortifikationswesen und die Artillerie. Das gilt z.B. für Frankreich, wo der Artillerie-Offizier N. BONAPARTE in jungen Jahren Mitglied der Akademie, Klasse Mathematik, wurde und Partner wissenschaftlicher Gespräche mit hervorragenden Gelehrten wie MONGE, der selber ein hervorragender Fortifikations-Ingenieur war, bevor er die Leitung der école polytechnique übernahm, und LAZAR CARNOT. Daß dies nicht nur den intellektuellen Interessen NAPOLEONS entgegenkam, sondern die Leistungsfähigkeit der französischen Artillerie bedingte, war den Betroffenen seit Toulon mehr oder weniger rasch deutlich geworden.

In Preußen bedurfte es erst der Katastrophe von Jena, um den verantwortlichen Militärs klarzumachen, daß die Zeit des friderizianischen Korporalstocks vorbei war.

Die Kunst des Artillerieschießens wurde im russischen Heer ebenfalls gepflegt, und in der Zeit der Bundesgenossenschaften in den Befreiungskriegen erfolgte auch, analog zu anderen Gebieten der militärwissenschaftlichen Kausierung, von dort her eine Befruchtung des militärtechnischen Denkens in Preußen. So sehen wir, daß der junge Militärarzt und aufgehende Stern der Naturwissenschaften HELMHOLTZ von hohen militärischen Gönnern gefördert wurde, die ihm auch für seinen Vortrag „Über die Erhaltung der Kraft" hohes Lob spendeten, obgleich wie DU BOIS-REYMOND in seinem Nachruf bemerkt, irrtümlicherweise dort angenommen wurde, „daß es sich um die Erhaltung einer anderen und für den Laien allerdings interessanteren Kraft handelte".

Mag das sein, wie es will; bis zum Entstehen der großen elektrotechnischen Industrie war die Militärtechnik in einem bestimmten Ausmaß der Entwicklung der Physik förderlich — sowohl in Berlin wie in St. Petersburg. Daß der Aufbau der Physik Angehörigen der Armee im Beurlaubtenstand (HELMHOLTZ und SIEMENS) anvertraut wurde, ist sicher kein Zufall. Wir haben oben erwähnt, daß P. ERMAN viele Jahre Professor an der Allgemeinen Kriegsschule (ab 1791) war und G. MAGNUS von 1832—1840 auch an der Artillerie- und Ingenieurschule Physik unterrichtet hat. Immerhin betrifft die bekannteste wissenschaftliche Entdeckung, die seinen Namen trägt (MAGNUS-Effekt), das Verhalten von Granaten — die in Frankreich entwickelt worden waren — mit Drall bei Seitenwind, eine der frühesten und bedeutendsten Feststellungen aerodynamischer Effekte.

Unter den grundlegenden Problemen, die die Physik in Berlin gekennzeichnet haben, seien hier nur die Beziehungen Physik — Biologie (Physiologie) und der Komplex der Beziehungen Physik — Geometrie (Mathematik) angeführt.

Die Ansätze für die erstgenannten gehen zweifellos auf MAGNUS zurück, welcher 1837 eine Arbeit über die Gase im Blut machte und, wie HELMHOLTZ gesagt hat[1], damit einen Stoß ins Herz der vitalistischen Theorien ausgeführt hat; „er führte die Physik bis in den Mittelpunkt des organischen Stoffwechsels ein, indem er den wissenschaftlichen Grund für die richtige Theorie der Atmung legte". HELMHOLTZ selber hat, wie oben dargestellt, diese von MAGNUS gesetzte Linie weiterentwickelt bis zu seinem berühmten Vortrag 1847 mit Ergebnissen, auf deren Grundlage wieder Teile der Physiologie sich entwickelt haben.

Zu dem zweiten Komplex findet sich eine bemerkenswerte Äußerung von HELMHOLTZ in seinem Nachruf auf MAGNUS: [2]

„Dennoch, wenn wir uns von dem Standpunkte, den jetzt die Wissenschaft erreicht hat, umsehen, muß man anerkennen, daß auch sein Mißtrauen gegen die damalige mathematische Physik nicht unbegründet war. Auch in ihr war noch nicht rein geschieden, was erfahrungsmäßige Tatsache, was bloße Wortdefinition und was nur Hypothese war. Das unklare Gemisch aus diesen Elementen, welches die Grundlagen der Rechnung bildete, suchte man für Axiome von metaphysischer Notwendigkeit auszugeben und nahm eine ähnliche Art der Notwendigkeit auch für die Folgerungen in Anspruch . . ."

„Man hat begriffen, daß auch die mathematische Physik eine reine Erfahrungswissenschaft ist; daß sie keine anderen Prinzipien zu befolgen hat als die experimentelle Physik. Unmittelbar in der Erfahrung finden wir nur ausgedehnte mannigfach gestaltete und zusammengesetzte Körper vor uns; nur an solchen können wir unsere Beobachtungen und Versuche machen. Deren Wirkungen sind zusammengesetzt aus den Wirkungen, welche alle ihre Teile zu der Summe des Ganzen beitragen, und wenn wir also die einfachsten und allgemeinsten Wirkungsgesetze der in der Natur vorgefundenen Massen und Stoffe auf einander kennenlernen wollen, diese Gesetze namentlich befreien wollen von den Zufälligkeiten der Form, der Größe und Lage der zusammenwirkenden Körper, so müssen wir zurückgehen auf die Wirkungsgesetze der kleinsten Volumteile, oder, wie die Mathematiker es bezeichnen, der Volumenelemente. Diese aber sind nicht, wie die Atome, disparat und verschiedenartig, sondern kontinuierlich und gleichartig. . . ."

Hier findet sich ein konsequentes Programm nicht nur der Klassischen Physik, das weit über die Mechanik hinausreicht. Zweifellos ist damit ein Gedanke ausgesprochen, der in HELMHOLTZ eigenen Schriften und nach ihm bei HEINRICH HERTZ (1880—1881) weitergewirkt hat.

Wenn man etwas vereinfacht ausdrückt, ist die Physik aufzufassen als Dynamik eines kontinuierlichen Stoffes mit lokaler Wechselwirkung, in welche der Atomismus nachher hineinkommt.

Die Haltung PLANCKS zum Atomismus der BOLTZMANNschen Theorie ist bekannt, auch seine Antipathie gegen die „BOLTZMANNsche Methode", deren Überwindung ihm

[1] Gedächtnisrede auf G. MAGNUS, S. 62.
[2] Vgl. S. 62—63.

schließlich doch seine große Entdeckung eingebracht hat. Die „Berliner Auffassung“ der Physik, zu deren Begründern wir als Vorläufer der HELMHOLTZschen Gedanken zweifellos die JACOBIsche Geometrisierung der Mechanik, die HAMILTON-JACOBIsche Theorie, und KIRCHHOFFS Auffassung von der Aufgabe der Physik als Beschreibung der Ereignisse in der Natur mit den Mitteln der Mechanik zählen müssen, wirkt auch in unsere Tage nach. In einem seiner letzten Aufsätze schrieb W. HEISENBERG:[1]

„Es ist das dynamische Verhalten dieser kontinuierlichen Materie (Stoffes), das das fundamentale Problem in der Physik der Teilchen darstellt.“

An einer anderen Stelle sagt er:[2]

„In den Experimenten über Atomvorgänge haben wir mit Dingen und Tatsachen zu tun, mit Erscheinungen, die ebenso wirklich sind wie irgendwelche Erscheinungen im täglichen Leben. Aber die Atome oder die Elementarteilchen sind nicht ebenso wirklich. Sie bilden eher eine Welt von Tendenzen oder Möglichkeiten als eine von Dingen und Tatsachen.“

Es ist nützlich, darauf hinzuweisen, daß nach Aussage von J. H. VAN'T HOFF etwa in der gleichen Zeit an anderen Stellen die atomistische Auffassung intensiver entwickelt wurde. Man ersieht das aus jener Passage seiner Antrittsrede am 26. 2. 1896:[3]

„Es stand damals, in den siebziger Jahren, so ziemlich fest, daß die Chemie ihre tiefere mathematische Begründung durch die Atommechanik hindurch erhalten würde, und daß schließlich im Molekül etwa ein mikroskopisches Planetensystem zu erblicken sei. ... Wie es jedoch öfters geht, das Hauptresultat lag nicht in der Richtung des Versuchs, und so entstand auch aus der Atomlagerung im Raum nicht eine Atommechanik, sondern die Stereochemie. ... Mag es dann auch schließlich mit der Chemie zur Atommechanik kommen, so ist so viel klar, daß vor der Hand die Brücke zwischen Chemie und Mathematik in einem ganz anderen Gebiete liegt, und zwar in demjenigen der mechanischen Wärmelehre ...“

Wenn wir als Nachfolger in den Vorstellungen von VAN'T HOFF WALTHER NERNST ansehen können, dann ist wohl verständlich, warum es gerade NERNST war, der die Bedeutung der Ergebnisse von EINSTEIN für die weitere Entwicklung der Atomistik erkannte. NERNST hat immer behauptet, daß er es gewesen sei, welcher PLANCK auf das Genie EINSTEIN aufmerksam gemacht und seine Zuwahl und Berufung nach Berlin am stärksten beeinflußt habe. Wenn wir der Dialektik der Natur durch die Begriffe Kontinuum-Punkt gerecht zu werden suchen und diese Dialektik als der fortschreitenden physikalischen Erkenntnis zugrunde liegend betrachten, dann müssen wir es als glücklichen Umstand ansehen, daß Verfechter beider Auffassungen damals in Berlin tätig waren. Es spricht für die Größe dieser Männer, daß unbeschadet aller tiefen wissenschaftlichen Meinungsunterschiede ihre wissenschaftliche Kooperation, ihre Gespräche über Jahre fruchtbar blieben und so zu diesen staunenswerten Ergebnissen führten.

In diesem Zusammenhang wollen wir hier auf einige Gedanken aufmerksam machen, die bei C. JACOBI in einem Brief aus seiner Jugendzeit und in der Antrittsrede von E. SCHMIDT über den kreativen Prozeß bei theoretisch-mathematischer Tätigkeit

[1] Naturwiss. 63 (1976) 2, S. 63.
[2] W. HEISENBERG, Physik und Philosophie, Frankfurt/M. Berlin, Wien 1970, S. 156.
[3] Vgl. S. 192–193.

ausgesprochen wurden. L. DIRICHLET zitiert in seinem Nachruf auf C. JACOBI aus einem Brief des 20jährigen wie folgt:[1]

„Es ist eine saure Arbeit, die ich getan habe, und eine saure Arbeit, in der ich begriffen bin. Nicht Fleiß und Gedächtnis sind es, die hier zum Ziele führen, sie sind hier die untergeordnetsten Diener des sich bewegenden reinen Gedankens. Aber hartnäckiges hirnzersprengendes Nachdenken erheischt mehr Kraft als der ausdauerndste Fleiß Wenn ich daher durch stete Übung dieses Nachdenkens einige Kraft darin gewonnen. habe, so glaube man nicht, es sei mir leicht geworden, durch irgend eine glückliche Naturgabe etwa. Saure, saure Arbeit hab' ich zu bestehen, und die Angst des Nachdenkens hat oft mächtig an meiner Gesundheit gerüttelt. Das Bewußtsein freilich der erlangten Kraft gibt den schönsten Lohn der Arbeit, so wie wiederum die Ermutigung, fortzufahren und nicht zu erschlaffen ..."

E. SCHMIDT sagte:[2]

„Es ist den großen Errungenschaften im Gebiete der mathematischen Wissenschaften oft eigentümlich, daß, wenn auch ihre Entstehung im Geiste der Schöpfer durch die darauf hindrängende Entwicklung der Wissenschaft psychologisch bedingt war, die Schöpfung selbst logisch diese Entwicklung nicht voraussetzt. Ihr Fundament ruht tiefer in der Vergangenheit, so daß sie ihrem materiellen Gehalt nach schon um Generationen früher die Anknüpfung an den Stand der Wissenschaft gefunden hätte.

So verhält es sich auch mit der Begründung der Theorie der Integralgleichungen und der Analysis der unendlich vielen Veränderlichen durch FREDHOLM und HILBERT.

Ich hatte es oft schmerzlich empfunden, daß bei der Schnelligkeit der Entwicklung unserer Wissenschaft die Zeit vorüber ist, wo wir die größte Weisheit in den ältesten Büchern fanden und so das Glück genießen konnten, das Bewußtsein der Belehrung mit dem Gefühl der Pietät für das Ehrwürdige zu verbinden. Wir müssen heute bei Inangriffnahme eines Gegenstandes in der Regel zunächst das Neueste durchstudieren und verfallen dadurch bei der großen Zunahme der Produktion und bei der Beschwerlichkeit mathematischer Lektüre leicht einer Ermüdung, durch welche die Frische der Initiative und die Ursprünglichkeit der Auffassung, mit denen wir an das Problem herantraten, beeinträchtigt werden. Daher zog mich jener elementare, von der neuesten Entwicklung unabhängige, ihr mehr gebende als von ihr nehmende Charakter der Theorie der Integralgleichungen besonders an, und ich ließ es mir in meinen Arbeiten stets angelegen sein, diesen Vorzug zur Geltung zu bringen ..."

PLANCK und EINSTEIN haben die HAMILTON-JACOBIsche Theorie methodisch an die Spitze des Aufbaues der Physik gestellt. Die großen Forscher wie HELMHOLTZ, PLANCK und EINSTEIN förderten aber durch ihre verschiedenen Arbeiten gleichzeitig sowohl die Kontinuumsphysik als auch die Atomphysik. Sie sahen die Dialektik von Kontinuum und diskreten Partikeln in den fundamentalen physikalischen Problemen, unabhängig von ihrer eigenen erkenntnistheoretischen Orientierung auf die Feldphysik. H. HELMHOLTZ hat als erster auf Grund von FARADAYS elektro-chemischen Äquivalenzgesetzen die Existenz eines elektrischen Elementarquantums e und damit die atomistische Struktur der elektrischen Ladung konstatiert und bereits darauf hingewiesen, daß diese elektrischen Elementarquanten mit einer subatomistischen Struktur

---

[1] Vgl. S. 50–51.
[2] Vgl. S. 249.

der „ponderablen" Materie verbunden sein müssen. Grundlegende Fragestellungen in den von HELMHOLTZ geleiteten Instituten beziehen sich auf diese Problematik. HERTZ, GOLDSTEIN, LENARD und W. WIEN sind Schüler von HELMHOLTZ, die von ihm auf das Problem der Elektronen hingewiesen wurden.

PLANCK ist als Entdecker des elementaren Wirkungsquantums *h* der Begründer der Quantentheorie und erkannte in seinem elementaren Wirkungsquantum die atomistische Struktur des Phasenraumes der statistischen Mechanik. Trotz seiner langjährigen Abneigung gegen BOLTZMANNS atomistische Statistik war PLANCK schließlich derjenige Physiker, der deren Fundamental-Konstante, die von PLANCK so getaufte „BOLTZMANN-Konstante *K*" definierte.

EINSTEIN hat nicht nur PLANCKS Quantentheorie zur Theorie der atomistischen Struktur des elektromagnetischen Strahlungsfeldes, der Lichtquanten-Theorie, erweitert, sondern als erster die universelle Bedeutung von PLANCKS Entdeckung als Schlüssel zur Theorie der Materie-Struktur erkannt. Die ersten Arbeiten des jungen EINSTEIN waren Arbeiten zur Atomistik. Diese vollendeten das Werk von L. BOLTZMANN und J. W. GIBBS und bewiesen durch ihre Ergebnisse die Atomistik überhaupt gegen die positivistische Kritik von MACH und OSTWALD. — Nichtsdestoweniger erstrebte EINSTEIN eine Zurückführung der Atomistik auf die Feldphysik; er bemerkte aber, daß eine derartige Zurückführung nicht im Rahmen der üblichen linearen Mathematik der Physik möglich ist, sondern eine wesentliche Nicht-Linearität der physikalischen Grundgleichungen zur notwendigen Voraussetzung hat.

Oft waren die Antrittsreden und ihre Erwiderungen durch den Vorsitzenden Sekretar der mathematisch-physikalischen Klasse an den LEIBNIZ-Tagen, vor allem auch in den Amtsjahren PLANCKS, eine gute Gelegenheit zu tiefschürfenden Diskussionen über Grundfragen der Physik und die Perspektiven ihrer künftigen Entwicklung. Die Diskussionen zwischen SCHRÖDINGER und PLANCK vom 4. 7. 1929 warfen in voller Klarheit die Fragen nach der Bedeutung des Kausalitätsprinzips für die Physik im allgemeinen und für die Stellung der Quantenmechanik im besonderen auf. PLANCK hob gegenüber SCHRÖDINGERS „wohlwollender Neutralität" zur akausalen Interpretation der Quantenmechanik den grundsätzlichen Determinismus von SCHRÖDINGERS eigener Wellengleichung hervor. PLANCK sah dabei aber selber die physikalische Interpretation der Materiewellen als neue offene Frage an.[1]

Einen Wendepunkt in der Geschichte der Relativitäts- und Gravitationstheorie markierte die Diskussion zwischen EINSTEIN und PLANCK anläßlich EINSTEINS Antrittsrede am 2. 7. 1914. — EINSTEIN hatte schon 1913, noch in Zürich, aufgrund differentialgeometrischer Untersuchungen Gravitationsgleichungen angegeben, die die aus seiner endgültigen allgemeinen Relativitätstheorie folgenden Gleichungen vorwegnehmen. Einstein sah aber große Probleme bei der physikalischen Interpretation seines Formalismus: Die Gravitationsgleichungen mußten dem Kausalitätsprinzip genügen und daher anscheinend die Weltmetrik *g* eindeutig bestimmen; EINSTEINS

---

[1] EINSTEIN hatte bereits im Mai 1927 eine Arbeit „Bestimmt Schrödingers Wellenmechanik die Bewegung eines Systems vollständig oder nur im Sinne der Statistik?" vorgelegt, in der er zeigen wollte, „daß Schrödingers Wellenmechanik es nahelegt, jeder Lösung der Wellengleichung Bewegungen des Systems eindeutig zuzuordnen". EINSTEIN zog diese Arbeit aber am 21. 5. 1927 während des Druckes wieder zurück; sie blieb unveröffentlicht. Der Ausdruck wird jedoch im Akademie-Archiv (AAW) aufbewahrt.

Prinzip der allgemeinen Relativität der Bezugssysteme schloß dagegen eine derartige vollständige Bestimmung der *g* gerade aus. —

Inhaltlich — und z. T. auch empirisch durch astronomische Beobachtungen entscheidbar — enthielt EINSTEINS Problematik die Frage, ob und wie die Gravitation die Fortpflanzungsgeschwindigkeit des Lichtes im Vakuum, die nach EINSTEINS spezieller Relativitätstheorie eine universelle Konstante ist, beeinflußt.

Diese Fragen brachte EINSTEIN 1914 als sein Forschungsprogramm mit nach Berlin. In seiner Antrittsrede sagte er nach einer Darstellung seiner speziellen Relativitätstheorie, auf deren Erfolge er verweisen konnte, hierüber:[1]

„Andererseits aber gewährt diese Theorie vom theoretischen Gesichtspunkte aus nicht die volle Befriedigung, weil das vorhin formulierte Relativitätsprinzip die *gleichförmige* Bewegung bevorzugt. Wenn es nämlich wahr ist, daß der *gleichförmigen* Bewegung vom physikalischen Standpunkte aus eine absolute Bedeutung nicht zugeschrieben werden darf, so liegt die Frage auf der Hand, ob diese Aussage nicht auch auf ungleichförmige Bewegungen auszudehnen sei. Es zeigte sich, daß man zu einer ganz bestimmten Erweiterung der Relativitätstheorie gelangt, wenn man ein Relativitätsprinzip in diesem erweiterten Sinne zugrunde legt. Man wird dabei zu einer allgemeinen, die Dynamik einschließenden Theorie der Gravitation geführt. Es fehlt aber vorläufig das Tatsachenmaterial, an dem wir die Berechtigung der Einführung des zugrunde gelegten Prinzips prüfen könnten."

Hier traf EINSTEIN nur auf PLANCKS sofortige Kritik. Dieser betonte, daß es gerade die Aufgabe der Physik sei, aus der Mannigfaltigkeit der möglichen mathematischen Strukturen bestimmte als der Realität entsprechend auszuwählen. Im Gegensatz zu EINSTEIN glaubte PLANCK, daß die Realität eben die unbeschleunigten gegenüber den beschleunigten Bewegungen auszeichnet. PLANCK sagte, daß er „der Versuchung nicht widerstehen" könne, „meinen Einspruch anzumelden", und führte dann aus:[2]

„Wenn Sie das Prinzip der Relativität in der zuerst von Ihnen formulierten Fassung aus dem Grunde nicht voll befriedigend nennen, weil es unter den verschiedenen Arten von Bewegungen die gleichförmige Bewegung bevorzugt, so könnte man, wie ich meine, ebensogut auch umgekehrter Ansicht sein und gerade in der Bevorzugung der gleichförmigen Bewegung ein besonders wichtiges und wertvolles Merkmal der Theorie, in der Durchführung dieser Auffassung einen besonderen Fortschritt der Wissenschaft erblicken. Denn die Naturgesetze, nach denen wir suchen, stellen doch stets gewisse Beschränkungen dar, nämlich eine gewisse spezielle Auswahl aus dem unendlich mannigfaltigen Bereich der überhaupt denkbaren logisch widerspruchsfreien Beziehungen."

PLANCK wies dann Einstein noch auf dessen damaliges Dilemma hin und bemerkte, daß EINSTEIN selber sein Programm der allgemeinen Relativität gar nicht ausführen könne:[3]

„Es kommt hinzu, daß auch in Ihrem verallgemeinerten Relativitätsprinzip die Bedingung für die Berechtigung eines Koordinatensystems nur weiter gefaßt, nicht aber ganz aufgehoben wird; denn daß nicht alle beliebigen Koordinatensysteme berechtigt sein können, haben Sie selber erst kürzlich bewiesen. Eine Grenze für die

---

[1] Vgl. S. 246—247.
[2] Vgl. S. 248.
[3] Vgl. S. 248.

Berechtigung muß also in jedem Falle konstatiert werden; es fragt sich nur, ob dieselbe enger oder weiter zu ziehen ist."

Diese Inkonsistenz glaubte EINSTEIN damals tatsächlich nicht vermeiden zu können, wenn er Kausalität und Relativität vereinen wollte.

Es war bisher nicht bekannt, daß EINSTEIN PLANCK direkt auf dessen Kritik geantwortet hat. An sich waren EINSTEINS Arbeiten der folgenden Jahre mit seinen vier Vorlagen zur allgemeinen Relativitätstheorie im November 1915 eine mittelbare Antwort, die auch PLANCK überzeugte. Tatsächlich schrieb EINSTEIN aber noch unter dem Eindruck von PLANCKS Rede am 7. 7. 1914 an ihn. Dieser in seinen persönlichen Anfragen auch menschlich berührende Brief befindet sich im Akademie-Archiv[1]. In ihm schrieb EINSTEIN u. a.:

„Sodann noch eine kurze Beantwortung einer Bemerkung, die Sie neulich in der Akademie in der Begrüßungsrede gemacht haben. Es gibt einen Prinzipsunterschied zwischen derjenigen Spezialisierung des Bezugssystems, welche die klassische Mechanik bzw. die Relativitätstheorie einführt und zwischen derjenigen, welche ich in der Gravitation anwende. Die letztere kann man nämlich stets einführen, wie auch die $g_{\mu\nu}$ gewählt werden mögen. Das durch das Prinzip der Konstanz der Lichtgeschwindigkeit eingeführte Spezialsystem dagegen setzt Differentialbeziehungen zwischen den $g_{\mu\nu}$ voraus, und zwar Beziehungen, deren physikalische Interpretation sehr schwierig sein dürfte. Es gibt nach letzterer Auffassung zwei heterogene Bedingungen für die $g_{\mu\nu}$:

1. das Analogon der Poissonschen Gleichung,
2. die Bedingungen, welche die Einführung eines Systems von Konstanten c ermöglichen."

Hier ist die POISSON-Gleichung einfach die Differentialgleichung für das Gravitationspotential. EINSTEIN führt gegen PLANCK also aus, daß dessen Forderung einer Beschränkung auf das spezielle Relativitätsprinzip physikalisch nicht durchführbar ist; bereits die Konstanz der Lichtgeschwindigkeit ist mit der Gravitation unvereinbar. EINSTEIN macht weiter noch die Anmerkung: „Das Erfülltsein dieser Beziehungen kann nicht für jede gegebene Mannigfaltigkeit durch passende Wahl des Bezugssystems erzwungen werden." Diese Bemerkung, die sich auf die Bedingungen für die Konstanz der Lichtgeschwindigkeit bezieht, besagt, daß in allgemeinen Raum-Zeit-Mannigfaltigkeiten die Lichtgeschwindigkeit keine Konstante sein kann, was wieder von der speziellen auf die allgemeine Relativität führt.

EINSTEINS Antwort auf PLANCKS Kritik betonte also die physikalische Notwendigkeit des Übergangs von der speziellen zu einer allgemeinen Relativität, während EINSTEIN in seiner Antrittsrede die erkenntnistheoretische Wünschbarkeit dafür hervorgehoben hatte. PLANCKS Erwiderungsrede zeigte EINSTEIN aber, daß es erkenntnistheoretische Positionen gibt, nach denen gerade die Symmetrien der speziellen Relativitätstheorie ausgezeichnet sind.

In der zweiten Hälfte des 18. sowie im ganzen 19. Jahrhundert war die Mathematik in Berlin — sowohl an der Akademie wie später dann auch an der Universität — sehr stark vertreten. Die in Berlin wirkenden Mathematiker von EULER über LAGRANGE, JACOBI und DIRICHLET bis zu KRONECKER und WEIERSTRASS gaben fundamentale Beiträge zu der Entwicklung ihrer Wissenschaft. In der Zeit von EULER bis JACOBI

[1] AAW II—IIIa Bd. 19, Bl. 106

wurde auch all dasjenige, was später zur theoretischen Physik wurde, von den Mathematikern gestaltet. Im wesentlichen waren dies die Mechanik, die Kontinuumsphysik und die Optik. Die Arbeiten von EULER und LAGRANGE begründeten die Hydromechanik, die dann mehr als hundert Jahre später von den theoretischen Physikern HELMHOLTZ, KIRCHHOFF und KELVIN weiterentwickelt wurde. EULER, MAUPERTUIS, LAGRANGE und JACOBI sind die Entdecker von Prinzipien der Mechanik, die wie das EULER-MAUPERTUIS-LAGRANGEsche Prinzip der kleinsten Wirkung in ihrer Bedeutung weit über die Mechanik hinausführten. In der Optik entwickelte EULER u. a. die Theorie der achromatischen Linsen; JACOBI baute HAMILTONS Analogien zwischen Optik und Mechanik in einer Weise aus, die hundert Jahre später von SCHRÖDINGER zur mathematischen Grundlage seiner Wellenmechanik gemacht wurde. Der Mathematiker J. H. LAMBERT begründete im 18. Jahrhundert die Photometrie. Nach ihm werden noch heute photometrische Grundeinheiten benannt.

Ebenfalls hatte bereits im 18. Jahrhundert die Berliner Chemie eine hervorragende Stellung. Die experimentellen Arbeiten von J. H. POTT, A. S. MARGGRAF und M. H. KLAPROTH (der als Mitglied der Berliner Akademie u. a. 1789 das Uran entdeckte) waren für den allgemeinen Fortschritt der Naturwissenschaften viel bedeutender als die gleichzeitigen physikalischen Untersuchungen.

Die führende Rolle der Physik im Rahmen der Naturwissenschaften und ihre Schlüsselstellung für den Einsatz der Mathematik in den Naturwissenschaften wurde in Berlin seit HELMHOLTZ und G. R. KIRCHHOFF gerade von den Vertretern der anderen Disziplinen unterstrichen. In seiner Antrittsrede vor der Akademie betonte VAN'T HOFF, daß die Mathematisierung der Chemie nur über die physikalische Chemie als der Vereinigung der Chemie mit der theoretischen Physik erfolgen kann. VAN'T HOFF sagte,[1] „daß, da die Verknüpfung von Chemie und Mathematik eben durch die Physik hindurch in erster Linie Frucht trägt und diese Physik schon als mathematische Physik mit der Mathematik verknüpft ist, zum völligen Anschluß von Chemie an Mathematik eben das zweite verbindende Glied, die physikalische Chemie, notwendig wird".

Und auch nach der relativen Ablösung der Mathematik von der Physik durch mathematische Grundlagenforschung und Mengentheorie um 1900 bemerkte K. CARATHÉODORY in seiner Antrittsrede 1919:[2] „Man darf aber nicht vergessen, daß in den Problemen, in welchen zwischen reiner Mathematik und Naturwissenschaften eine Wechselwirkung besteht, der Mathematiker ... sehr viel öfter der Nehmende als der Gebende ist."

CARATHÉODORY verwies hier auf seine eigenen Arbeiten zur Axiomatisierung der phänomenologischen Thermodynamik, von denen er sagte, daß es gerade ihre logische Unanfechtbarkeit ist, „die sie vom allgemeinen Standpunkt des Naturforschers wenig brauchbar machen ..., vor allem, weil man durch die glatten Wände des zu kunstvoll zusammengefügten Gebäudes keinen Durchgang zwischen der Welt der sichtbaren und fühlbaren Materie und der Welt der Atome herstellen kann".

In der Einleitung zum Band 1 seiner „Opuscula"[3] bemerkte C. G. J. JACOBI 1846, daß seit etlichen Jahren die Führung der mathematischen Forschung von den franzö-

---

[1] Vgl. S. 193.
[2] Vgl. S. 252.
[3] Vgl. auch C. G. J. JACOBI, Gesammelte Werke, Bd. 7, S. 371–375.

sischen zu den deutschen Mathematikern übergegangen sei, wobei GAUSS, der Princeps mathematicorum, die Schlüsselgestalt war. – GAUSS in Göttingen war aber ein schwer zugänglicher und kontaktarmer Mann. Die neuen Methoden und Denkweisen von GAUSS wurden vor allem durch die in Berlin wirkenden Freunde und Kollegen P. G. L. DIRICHLET und C. G. J. JACOBI der Wissenschaft erschlossen. DIRICHLET wurde dann 1856 GAUSS' Nachfolger in Göttingen. JACOBI starb bereits 1851, also noch vor GAUSS (1855).

JACOBI war vor allem auch durch das intime Verhältnis zu seinem in Petersburg wirkenden Bruder, dem Physiker und Pionier der Elektrotechnik M. H. JACOBI, in engem Kontakt zur Physik. C. G. J. JACOBIS entscheidender Beitrag zur Physik ist, wie schon erwähnt, der vollendende mathematische Ausbau des Prinzips der kleinsten Wirkung. Damit bekam die Dynamik ihre abschließende „kanonische" Form. In seinen berühmten Vorlesungen in Königsberg (1842/1843) über Dynamik und in einem Akademie-Vortrag 1846[1] legte JACOBI alle möglichen Fassungen des Wirkungsprinzips von EULER über LAGRANGE bis HAMILTON dar und ergänzte sie durch sein eigenes „Prinzip des kürzesten Weges". Dieses JACOBIsche Prinzip nimmt formal die Grundprinzipe der späteren kräftefreien Mechanik von H. HERTZ und vor allem EINSTEINS Prinzip der geodätischen Linie als allgemein-kovariante Formulierung der Bewegungsgesetze von Massenpunkten vorweg.

Genauso war JACOBIS Formulierung der HAMILTON-JACOBIschen partiellen Differentialgleichung eine formale Vorwegnahme der SCHRÖDINGER-Gleichung der Wellenmechanik.

Wie bereits im Band I ausgeführt, bauten die Großen unter den Physikern von HELMHOLTZ über PLANCK bis EINSTEIN und SCHRÖDINGER auf JACOBIS Werk auf. Schon HELMHOLTZ bemerkte, daß JACOBIS Darstellung des Wirkungsprinzips so grundsätzlich ist, daß es von einem Prinzip der Mechanik zu einem Grundprinzip der Physik überhaupt gemacht werden kann.[2]

Die große physikalische Intuition zeigte sich auch darin, daß JACOBI als einziger führender Wissenschaftler sofort die fundamentale Bedeutung von HELMHOLTZ' Arbeit „Über die Erhaltung der Kraft" (1847) erkannte und die wissenschaftliche Anerkennung dieser Arbeit als mathematisch formulierte Einsicht in ein Grundprinzip der Physik gegen die Fachphysiker durchsetzte, die wie POGGENDORFF HELMHOLTZ' Arbeit als naturphilosophische Spekulation ablehnten.

Daher beginnt unsere Dokumentation über die Berliner Physiker zu Recht mit C. G. J. JACOBI.

---

[1] MB 1846, S. 351–355.

[2] EINSTEIN legte 1917 der Akademie „Eine Ableitung des Theorems von Jacobi" vor, die unmittelbar an JACOBIS Dynamik-Voslesungen anschließt. Vgl. SB 1917, 2. S. 606–608.

Quellenkundliche Erläuterungen

Dieser Band enthält eine Auswahl von Reden: Antritts-, Erwiderungs- und Gedächtnisreden, die in den öffentlichen Sitzungen der Berliner Akademie gehalten worden sind. Die Geschichtsschreibung der Wissenschaft hat in zunehmendem Maße den Aussagegehalt dieser Quellengattung gedruckter zeitgenössischer Selbstzeugnisse, Einschätzungen und Bewertungen erkannt und für Forschungen herangezogen.

Den Wiederabdruck dieser Reden halten die Herausgeber — unter den in der Einleitung dargestellten Aspekten — besonders deshalb für erwünscht, weil sie nur in den seltenen und oftmals schwer zugänglichen Periodica der Berliner Akademie originaliter vorhanden sind und sich dort über viele einzelne Jahrgänge verteilen. Andere Quellen wurden nur in zwei Fällen (Gedächtnisreden) herangezogen und nachgewiesen.

Über die Auswahl der zum Wiederabdruck bestimmten Reden ist in der Einleitung gesprochen. Sie betrifft den gleichen Kreis von Physikern, der bereits durch die Wahlvorschläge in Physiker über Physiker I dokumentiert worden ist. Da aber nach den akademischen Statuten nur die zu Ordentlichen Akademiemitgliedern gewählten Gelehrten Antrittsreden halten mußten, auf die die jeweiligen Sekretare zu erwidern hatten, und da Gedächtnisreden ebenfalls nur für diesen engeren Kreis Berliner Akademiemitglieder in Betracht kamen, sind die Korrespondierenden Mitglieder, die in Physiker über Physiker I (Wahlvorschläge) auch eine Rolle spielen, in dem vorliegenden Band unberücksichtigt geblieben. Dagegen ist der Kreis der Gelehrten um C. G. J. JACOBI, G. MAGNUS, M. H. JACOBI (als einziges Korrespondierendes Mitglied) und aus späterer Zeit E. SCHMIDT und damit auch der historische Zeitraum (1836 bis 1932) erweitert worden, um den in der Einleitung (S. 9f.) dargestellten Aspekt der Umsetzung wissenschaftlicher Erkenntnisse in die Praxis noch deutlicher werden zu lassen. Vier handschriftliche Quellen aus dem Archiv der Akademie der Wissenschaften, die nicht unter die Kategorie „Reden" fallen, wurden hierfür zusätzlich ausgewählt. Für 25 Gelehrte sind insgesamt 20 Antrittsreden, 13 Erwiderungen und 13 Gedächtnisreden aufgenommen worden. Das alphabetische Verzeichnis der berücksichtigten Gelehrten mit einer Übersicht über die Reden und Dokumente (s. S. 29) gibt Auskunft über die Quellenlage und verweist zugleich auf die in Physiker über Physiker I abgedruckten Wahlvorschläge.

Die Tatsache, daß C. G. J. JACOBI, H. VON HELMHOLTZ und G. R. KIRCHHOFF keine Antrittsreden in der Akademie gehalten haben, erklärt sich daraus, daß alle drei zuerst Auswärtige Akademiemitglieder (AM) waren, bevor sie mit ihrer Übersiedelung nach Berlin in die Kategorie der Ordentlichen Mitglieder (OM) übernommen wurden. Die AM waren satzungsgemäß den OM gleichgestellt; die Änderung der Mitgliedschaft in OM war danach nur ein formaler Akt, und die offizielle Vorstellung vor dem Kreis der Berliner Akademiemitglieder in öffentlicher, feierlicher Sitzung am LEIBNIZ-Tage unterblieb demzufolge. Dagegen ist bekannt, daß GUSTAV MAGNUS als neugewähltes Ordentliches Mitglied am LEIBNIZ-Tage 1840 seine Antrittsrede gehalten hat. Die „Berlinischen Nachrichten von Staats- und gelehrten Sachen“, Haude & Spener vom 14. 7. 1840[1], berichteten darüber. Der Abdruck seiner Rede in den Sitzungsberichten der Akademie unterblieb aus unbekannten Gründen.

Es fällt auf, daß den 20 Antrittsreden nur 13 Erwiderungsreden gegenüberstehen. Das alphabetische Verzeichnis (S.29) zeigt, daß von den 9 Erwiderungsreden in unserer Auswahl, die A. AUWERS als Sekretar hätte halten müssen, 7 in den Sitzungsberichten nicht überliefert sind. Oftmals ist dort nur vermerkt, daß A. AUWERS auf die Antrittsrede erwidert habe, der Wortlaut der Erwiderung aber nicht abgedruckt. Lediglich für seine engeren Fachkollegen W. VON BEZOLD und H. K. VOGEL haben AUWERS Erwiderungsreden Aufnahme in den Sitzungsberichten der Akademie gefunden. Von E. DU BOIS-REYMOND wurden 3 Erwiderungsreden, die Mehrzahl aber, in unserer Auswahl 8, wurde von M. PLANCK in seiner langen Amtszeit als Sekretar der Berliner Akademie (1912–1938) gehalten.[2]

Während die Antritts- und Erwiderungsreden in der Akademie eine in den Statuten[3] festgelegte Pflicht waren, konnten Gedächtnisreden von einem Mitglied freiwillig oder im Auftrag der Akademie übernommen werden. Die Akademie behielt sich jedoch das Recht vor, darüber zu beschließen, ob auf ein verstorbenes Ordentliches Mitglied eine Gedächtnisrede — ebenfalls am LEIBNIZ-Tage, der auf den Todesfall folgte — gehalten werden sollte. Diese wurde dann auch in den Sitzungsberichten der Berliner Akademie abgedruckt. Nur in drei Fällen sind hier andere Quellen zugrunde gelegt worden. Die Gedächtnisfeier für G. R. KIRCHHOFF fand in einer Sitzung der Deutschen Chemischen Gesellschaft, für W. VON BEZOLD in einer gemeinschaftlichen Sitzung mehrerer wissenschaftlicher Berliner Gesellschaften statt. Für P. DRUDE wurde in der Akademie keine Gedächtnisrede gehalten; M. PLANCK hielt sie statt dessen in der Sitzung der Deutschen Physikalischen Gesellschaft.

Dem Wiederabdruck liegen die Schriften der Akademie bzw. die angegebenen Quellen zugrunde. Die Anordnung der Texte ist so erfolgt, daß jeweils alle eine Person betreffenden Reden oder Dokumente im Zusammenhang bleiben und aufeinander folgen, auch die zeitlich zumeist viel später liegenden Gedächtnisreden. Die Reihenfolge der Personen ist chronologisch durch das Wahldatum als OM bzw. AM bestimmt. Kürzungen im Text sind nur dort vorgenommen worden, wo z.B. in einer Erwiderungsrede zugleich mehrere neue Mitglieder begrüßt wurden, die nicht zur Auswahl in diesem Band gehören.

Die Rechtschreibung der gedruckten Texte ist modernisiert worden, die handschriftlichen Dokumente sind buchstabengetreu wiedergegeben. Fußnoten, die nicht von den Herausgebern stammen, sondern — an einigen wenigen Stellen — von den

---

1 AAW II–VIf-Bd. 3.

2 MAX PLANCK in seinen Akademieansprachen, Berlin 1948 (s. S. 269).

3 Statuten der Akademie der Wissenschaften von 1809 (unbestätigt), 1812, 1838, 1881 in: A. v. HARNACK, Geschichte der Kgl. Preuß. Akademie der Wissenschaften zu Berlin, Berlin 1900, Bd. 2; dazu: Reglementarische Bestimmungen in Betreff der öffentlichen Sitzungen, in: AAW II–Ia-Bd. 7, Bl. 523.

Verfassern der Reden angemerkt wurden, werden, um Verwechslungen zu vermeiden, anders als im Original — mit Sternchen — gekennzeichnet.

Die Kommentierung richtet sich nach den in Physiker über Physiker I dargelegten Grundsätzen.

Den Mitarbeiterinnen am Akademie-Archiv, M. Friebe und B. Loose, sei für ihre Mithilfe gedankt.

Alphabetisches Verzeichnis der aufgenommenen Gelehrten mit einer Übersicht über die abgedruckten Reden und Dokumente

Name	Seite	gewählt zum*)	Wahlvorschläge**) und ergänzende Dokumente	In den Sitzungen der Akademie***) zum Leibniz-Tage gehaltene Antrittsreden	Erwiderungsreden von	Gedächtnisreden von
Bezold, W. v. 1837—1907	138	OM 1886	WV Nr. 16	1 7. 1886	A. v. Auwers	G. Hellmann***), 21. 6. 1907 in der gemeinsamen Sitzung der Dt. Physikalischen Gesellschaft, der Dt. Meteorologischen Gesellschaft und des Berliner Vereins für Luftschiffahrt
Carathéodory, K. 1873—1950	251	OM 1919 EM 1920 AM 1925	WV Nr. 56 — —	3. 7. 1919	M. Planck, zugleich für E. Schmidt	—
Drude, P. 1863—1906	206	OM 1905	WV Nr. 39	28. 6. 1906	A. v. Auwers —nicht überliefert —	M. Planck***), 30. 11. 1906 in der Sitzung der Dt. Physikalischen Gesellschaft
Einstein, A. 1879—1955	245	OM 1913	WV Nr. 52	2. 7. 1914	M. Planck	—
Hahn, O. 1879—1868	258	OM 1924	WV Nr. 64	2 7. 1925	M. Planck, zugleich für M. Bodenstein	—

*) Die Wahldaten sind angegeben nach E. Amburger, Die Mitglieder der Deutschen Akademie der Wissenschaften zu Berlin; 1700—1950; Berlin 1950; bzw. Kurt-R. Biermann, G. Duncken, Deutsche Akademie der Wissenschaften zu Berlin, Biogr. Index der Mitglieder; Berlin 1960.

**) Die hier angegebenen Siglen: WV Nr. 1ff. beziehen sich auf die in Physiker über Physiker I, Berlin 1975, unter der gleichen Nummer abgedruckten Wahlvorschläge.

***) Es wurden nur diejenigen Antritts-, Erwiderungs- und Gedächtnisreden angezogen, die in den Schriften der Berliner Akademie der Wissenschaften abgedruckt sind; wenn im Ausnahmefall andere Quellen benutzt worden sind, ist das besonders vermerkt (vgl. hierzu die quellenkundlichen Erläuterungen S. 27).

Name	Seite	gewählt zum*)	Wahlvorschläge**) und ergänzende Dokumente	In den Sitzungen der Akademie***) zum Leibniz-Tage gehaltene Antrittsreden	Erwiderungsreden von	Gedächtnisreden von
Helmholtz, H. v. 1821—1894	68	KM 1857 AM 1870 OM 1871	— WV Nr. 1 —	— — nicht erfolgt	—	E. Du Bois-Reymond, 4. 7. 1895
Jacobi, C. G. J. 1804—1851	35	KM 1829 AM 1836 OM 1844	Dankschreiben für die Wahl zum AM, 1836***)	— — nicht erfolgt	—	G. Lejeune-Dirichlet, 1. 7. 1852
Jacobi, M. H. 1801—1874	67	KM 1859	Wahlvorschlag, verfaßt von H. W. Dove, 1859***)	entfällt	—	—
Kirchhoff, G. R. 1824—1887	100	KM 1861 AM 1870 OM 1875	WV Nr. 4 WV Nr. 5 Brief von G. R. Kirchhoff an H. v. Helmholtz, 1874***)	nicht erfolgt	—	A. W. v. Hofmann***), 24. 10. 1887 in der Sitzung der Dt. Chemischen Gesellschaft
Kohlrausch, F. 1840—1910	172	KM 1884 OM 1895 EM 1905	WV Nr. 12 WV Nr. 13	2. 7. 1896	A. v. Auwers, zugleich für E. Warburg und J. H. van't Hoff — nicht überliefert —	H. Rubens, 30. 6. 1910
Kundt, A. 1839—1894	159	KM 1879 OM 1888	— WV Nr. 17	4. 7. 1889	E. Du Bois-Reymond	—
Landolt, H. 1831—1910	124	OM 1881	WV Nr. 11	29. 6. 1882	E. Du Bois-Reymond	J. H. van't Hoff, 30. 6. 1910
Laue, M. v. 1879—1960	255	OM 1920	WV Nr. 57	30. 6. 1921	M. Planck	—
Magnus, G. 1802—1870	55	OM 1839	Wahlvorschlag, verfaßt von H. Rose, 1839***)	9. 7. 1840 — nicht überliefert —	P. Erman — nicht überliefert —	H. v. Helmholtz, 6. 7. 1871

NERNST, W. 1864—1941	203	OM 1905	WV Nr. 38	28. 6. 1906	A. v. AUWERS — nicht überliefert —	
PASCHEN, F. 1865-1947	261	OM 1925	WV Nr. 65	2. 7. 1925	M. PLANCK	—
PLANCK, M. 1858—1947	169	OM 1894	WV Nr. 23	28. 6. 1894	A. v. AUWERS — nicht überliefert —	—
RUBENS, H. 1865—1922	230	OM 1907	WV Nr. 44	2. 7. 1908	A. v. AUWERS — nicht überliefert —	M. PLANCK, 28. 6. 1923
SCHMIDT, E. 1876—1959	246	OM 1918	—	3. 7. 1919	M. PLANCK, zugleich für K. CARATHÉODORY	—
SCHRÖDINGER, E. 1887—1961	264	OM 1929 AM 1936 OM 1950	WV Nr. 73 — —	4. 7. 1929	M. PLANCK	—
SCHWARZSCHILD, K. 1873—1916	238	OM 1912	WV Nr. 50	26. 6. 1913	M. PLANCK	A. EINSTEIN, 29. 6. 1916
SIEMENS, W. v. 1816—1892	106	OM 1873	WV Nr. 8	2. 7. 1874	E. DU BOIS-REYMOND, zugleich für R. VIRCHOW	A. KUNDT, 29. 6. 1893
VAN'T HOFF, J. H. 1892—1911	192	OM 1896	WV Nr. 25	2. 7. 1896	A. v. AUWERS, zugleich für F. KOHLRAUSCH und E. WARBURG — nicht überliefert —	E. FISCHER, 29. 6. 1911
VOGEL, H. K. 1841—1907	164	OM 1892	WV Nr. 21	30. 6. 1892	A. v. AUWERS	—
WARBURG, E. 1846—1931	183	OM 1895	WV Nr. 24	2. 7. 1896	A. v. AUWERS, zugleich für F. KOHLRAUSCH und J. H. VAN'T HOFF — nicht überliefert —	F. PASCHEN 30. 6. 1932

Antrittsreden

der gewählten Ordentlichen Mitglieder
der Berliner Akademie der Wissenschaften

Erwiderungen

der Sekretare der Mathematisch-Physikalischen Klasse
der Berliner Akademie der Wissenschaften

Ergänzende Dokumente

Gedächtnisreden

auf verstorbene Ordentliche Mitglieder
der Berliner Akademie der Wissenschaften
1836—1932

Brief von Carl Gustav Jacob Jacobi (1804-1851) an Johann Franz Friedrich Encke

Königsberg, den 27. Juni 1836

Hochgeehrtester Herr Professor!

Euer Hochwohlgeboren sage ich meinen verbindlichsten Dank für Ihr gütiges Schreiben, in welchem Sie mir anzeigen, daß Ihre Akademie mich zu Ihrem auswärtigen Mitgliede ernannt hat,[1] und bitte ich Sie, derselben meinen innigen Dank für diese große und unverdiente Ehre abzustatten. Auch für die Übersendung des Diploms sage ich meinen ergebensten Dank. Ich weiß nicht, ob Ihre Akademie die Schriften, welche sie publizirt, und welche sie ihren ansässigen Mitgliedern vertheilt, auch ihren auswärtigen Mitgliedern zukommen läßt; jedenfalls würde es für mich eine große Freude sein, da ich die Schriften, welche die Petersburger Akademie der Wissenschaften und die Royal Society publiziren, erhalte, auch die der vaterländischen Akademie zu erhalten, und bitte ich Sie, mir geneigtest eine gelegentliche Mittheilung hierüber zukommen lassen zu wollen.

Um dieses Schreiben nicht ohne die Zeichen des Calculs zu lassen, erlaube ich mir, Ihnen eine kleine astronomische Mittheilung[2] zu machen, welche ich auch der Akademie[3] vorzulegen bitte. Sie betrifft ein neues Integral, welches ich für den Fall der 3 Körper gefunden habe, wenn man die Bahn des störenden Planeten kreisförmig annimmt und die Masse des gestörten vernachlässigt. Das erste findet mit großer Annäherung bei allen Planeten statt, deren Störungen man in Rechnung zieht; das letztere bei den Cometen und schon weil wir ihre Masse nicht kennen, bei den neuen Planeten.

Nennt man m' die Masse des störenden Körpers, M die Sonnenmasse; x, y, t die Coordinaten des gestörten, in dem man die Bahn des störenden zur Ebene der $x, y,$ nimmt; r den radius vector des gestörten, a_1 die constante Entfernung des störenden von der Sonne, ϱ die gegenseitige Entfernung beider, $n't$ die Anomalie des störenden, so hat man das strenge Integral,

$$\frac{1}{2}\left(\frac{dx^2}{dt}+\frac{dy^2}{dt}+\frac{dz^2}{dt}\right)-n'\left(x\frac{dy}{dt}-y\frac{dx}{dt}\right)=\frac{M}{r}+m'\left(\frac{1}{\varrho}-\frac{x\,\mathrm{cs}\,n't+y\sin n't}{a_1}\right)$$
$$+\ \text{Constans}$$

oder in den veränderlichen Elementen ausgedrückt,

$$\frac{M}{2a}+\frac{\sqrt{M(M+m')}}{a_1^{3/2}}\sqrt{p}\,\mathrm{cs}\,i+m'\left(\frac{1}{\varrho}-\frac{x\,\mathrm{cs}\,n't+y\sin n't}{a_1^2}\right)=\text{Constans}\,.$$

AAW, Nachlaß J. F. Encke, Nr. 54, Bl. 1—2; Ausfertigung hsl. eigenhändig.

Man kann sich von der ersten Gleichung leicht durch Differenziation überzeugen. Es sind diese Gleichungen für die Terme, die von der Excentricität des störenden Körpers unabhängig sind, für alle Potenzen der Masse des störenden Körpers richtig.

Ich kann diesen Brief nicht schließen, ohne die Versicherung gegen Euer Hochwohlgeboren, wie zu den schönsten Freuden, welche mir die Beschäftigung mit den Wissenschaften bietet, die gehört, mit so ausgezeichneten Männern, wie Euer Hochwohlgeboren in Berührung kommen zu dürfen, und empfehle ich mich auf das wärmste der Fortdauer Ihrer mir unschätzbaren Freundschaft.

Dr. C. G. J. Jacobi
Auswärtiges Mitglied der Berliner Akademie der Wissenschaften

Gedächtnisrede auf Carl Gustav Jacob Jacobi (1804-1851) von Gustav Lejeune-Dirichlet

gehalten in der Akademie der Wissenschaften
am 1. Juli 1852

Indem ich es unternehme, die wissenschaftlichen Leistungen des größten Mathematikers zu schildern, welcher seit *Lagrange* unserer Körperschaft als anwesendes Mitglied angehört hat, treten mir lebhaft die Schwierigkeiten der Aufgabe vor Augen, die ganze Bedeutung der Schöpfungen eines Mannes darzustellen, welcher mit starker Hand in fast alle Gebiete einer durch zweitausendjährige Arbeit zu unermeßlichem Umfange angewachsenen Wissenschaft eingegriffen, überall, wohin er seinen schöpferischen Geist gerichtet, wichtige oft tief verborgene Wahrheiten zu Tage gefördert und, neue Grundgedanken in die Wissenschaft einführend, die mathematische Spekulation in mehr als einer Richtung auf eine höhere Stufe erhoben hat. Nur die Überzeugung, daß solchen der Wissenschaft und ihren Pflegern geleisteten Diensten gegenüber eine Pflicht der Dankbarkeit zu erfüllen ist, kann die Bedenken, welche das Bewußtsein meiner Unzulänglichkeit in mir hervorruft, zum Schweigen bringen; denn wem könnte die Erfüllung dieser Pflicht mehr obliegen als mir, der ich, wie alle meine Fachgenossen durch *Jacobis* wissenschaftliche Produktionen so wesentlich gefördert, überdies eine nicht geringere Belehrung meinem vieljährigen, so nahen Verkehr mit dem großen Forscher verdanke. —

Carl Gustav Jacob Jacobi wurde den 10. Dez. 1804 zu Potsdam geboren, wo sein Vater ein begüterter Kaufmann war. Die erste Unterweisung in den alten Sprachen und den Elementen der Mathematik erhielt er von seinem mütterlichen Oheim, Hrn. *Lehmann*, der den regsamen Knaben weniger zu unterrichten als zu lenken hatte und unter dessen einsichtiger Leitung dieser so rasche Fortschritte machte, daß er, noch nicht zwölf Jahre alt, in die zweite Klasse des Potsdamer Gymnasiums und schon nach einem halben Jahre in die erste aufgenommen wurde. In dieser blieb er volle 4 Jahre, da er nicht füglich vor zurückgelegtem 16ten Jahre die Universität besuchen konnte. Der mathematische Unterricht, der ganz als Gedächtnissache behandelt wurde, konnte dem jungen Primaner nicht zusagen. Sein Verhältnis zum Lehrer war daher längere Zeit sehr unangenehm, gestaltete sich jedoch zuletzt besser, da der Lehrer einsichtig genug war, den ungewöhnlichen Schüler gewähren zu lassen und es zu gestatten, daß dieser sich mit *Eulers* „*Introductio*“[1] beschäftigte, während die übrigen Schüler mühsam erlernte Elementarsätze hersagten. Wie weit *Jacobis* geistige Entwicklung damals schon vorgeschritten war, zeigt der Versuch, den er um diese Zeit zur Auflösung der Gleichungen des 5ten Grades anstellte, und dessen er in einer seiner Abhandlungen später erwähnt hat.

An dieser Aufgabe hat mehr als einer von denen, welche später einen großen Namen erlangt haben, zuerst seine Kräfte geübt, und man begreift in der Tat leicht, welchen

Abh. 1852, Gedächtnisreden, S. 1—27.

Reiz gerade dieses Problem auf ein erwachendes Talent ausüben mußte, so lange die Unmöglichkeit desselben noch nicht erwiesen war. Zu der Berühmtheit, welche so viele fruchtlose Bemühungen dieser Untersuchung gegeben hatten, gesellte sich der besondere Umstand, daß das Problem, als einem Gebiete angehörig, welches unmittelbar an die Elemente grenzt, ohne ein großes Maß von Vorkenntnissen zugänglich schien.

Auf der hiesigen Universität teilte *Jacobi* seine Zeit zwischen philosophischen, philologischen und mathematischen Studien. Als Teilnehmer an den Übungen des philologischen Seminars erregte er die Aufmerksamkeit unseres Kollegen *Böckh*, des Vorstehers dieses Instituts, welcher den jungen Mann wegen seines scharfen und eigentümlichen Geistes sehr lieb gewann und durch besonderes Wohlwollen auszeichnete.

Mathematische Vorlesungen scheint er wenig besucht zu haben, da diese damals auf der hiesigen Universität einen zu elementaren Charakter hatten, als daß sie *Jacobi*, der schon mit einigen der Hauptwerke von *Euler* und *Lagrange* vertraut war, wesentlich hätten fördern können. Desto eifriger sah er sich in der mathematischen Literatur um und suchte namentlich eine allgemeine Übersicht der großen wissenschaftlichen Schätze zu gewinnen, welche die akademischen Sammlungen enthalten. *Jacobi*, dessen Natur das bloße Einsammeln von Kenntnissen nicht zusagte und der das Bedürfnis fühlte, der Dinge, womit er sich beschäftigte, ganz Herr zu werden, erkannte nach etwa zweijährigen Universitätsstudien die Notwendigkeit, einen Entschluß zu fassen, und entweder der Philologie oder der Mathematik zu entsagen. Da die Entscheidung, welche er traf, nicht nur für ihn, sondern auch für die Wissenschaft, welcher er sich von nun ausschließlich widmete, so wichtige Folgen gehabt hat, so wird man die Gründe, welche seine Wahl bestimmten, gern von ihm selbst erfahren. Er schreibt darüber an seinen schon genannten Oheim: „Indem ich so doch einige Zeit mich ernstlich mit der Philologie beschäftigte, gelang es mir, einen Blick wenigstens zu tun in die innere Herrlichkeit des alten hellenischen Lebens, so daß ich wenigstens nicht ohne Kampf dessen weitere Erforschung aufgeben konnte. Denn aufgeben muß ich sie für jetzt ganz. Der ungeheure Koloß, den die Arbeiten eines *Euler, Lagrange, Laplace* hervorgerufen haben, erfordert die ungeheuerste Kraft und Anstrengung des Nachdenkens, wenn man in seine innere Natur eindringen will, und nicht bloß äußerlich daran herumkramen. Über diesen Meister zu werden, daß man nicht jeden Augenblick fürchten muß, von ihm erdrückt zu werden, treibt ein Drang, der nicht rasten und ruhen läßt, bis man oben steht und das ganze Werk übersehen kann. Dann ist es auch erst möglich, mit Ruhe an der Vervollkommnung seiner einzelnen Teile recht zu arbeiten und das ganze große Werk nach Kräften weiter zu führen, wenn man seinen Geist erfaßt hat."

Zu seiner Doktordissertation[2] wählte *Jacobi* einen schon vielfach behandelten Gegenstand, die Zerlegung der algebraischen Brüche. Er beweist darin zuerst merkwürdige Formeln, welche *Lagrange* ohne Beweis in den Abhandlungen unserer Akademie[3] gegeben hatte, geht dann zu einer neuen Art der Zerlegung über, welche nicht, wie die bis dahin ausschließlich betrachtete, völlig bestimmt ist, und beschließt die Abhandlung mit Untersuchungen über die Umformung der Reihen, wobei schon ein neues Prinzip bemerklich wird, von welchem er in späteren Arbeiten mehrfach Gebrauch gemacht hat.

Gleich nach seiner Promotion habilitierte sich *Jacobi* bei der Universität und hielt eine Vorlesung über die Theorie der krummen Flächen und Kurven im Raume.[4] Nach dem Zeugnis eines seiner damaligen Zuhörer muß sein Lehrtalent bei diesem ersten Auftreten schon sehr entwickelt gewesen sein und er es verstanden haben, sein Thema mit großer Klarheit und auf eine seine Zuhörer sehr anregende Weise zu behandeln. Der 21jährige Dozent zeigte auch darin eine sehr frühe Reife des Urteils, daß er unbeirrt durch den Mißkredit, in welchen die Methode des Unendlichkleinen um jene Zeit durch eine große Autorität gekommen war, gerade dieser in seiner Darstellung folgte und seine Zuhörer mit dem besten Erfolge zu überzeugen sich bemühte, daß die verdächtigte Methode nur in ihrer abgekürzten Form von der strengen Methode der Alten unterschieden ist, aber gerade durch diese Form bei allen zusammengesetzteren Fragen unentbehrlich wird.

Die Aufmerksamkeit, welche *Jacobi* zu erregen anfing, veranlaßte die höchste Unterrichtsbehörde, ihn aufzufordern, seine Lehrtätigkeit vorläufig als Privatdozent in Königsberg fortzusetzen, wo durch die eben vakant gewordene Professur der Mathematik sich zu seiner Beförderung mehr Aussichten als in Berlin darboten.

Bei seiner Übersiedlung nach Königsberg war es für *Jacobi* ein wichtiges Ereignis, den großen Astronomen *Bessel* persönlich kennenzulernen, und zum ersten Male in einem dem seinigen so nahe verwandten Fache ein Genie in der Nähe zu sehen. Die tägliche Anschauung des Feuereifers dieses außerordentlichen Mannes übte selbst auf ihn, der es doch von seiner frühesten Jugend an gewohnt war, die größten Anstrengungen von sich zu fordern, den mächtigsten Einfluß, dessen er später oft dankbar erwähnt hat.

Es war für *Jacobis* schriftstellerische Laufbahn ein glücklicher Umstand, daß der Anfang derselben mit der Gründung der mathematischen Zeitschrift[5] zusammenfiel, durch deren Herausgabe sich unser Kollege *Crelle* ein so großes und bleibendes Verdienst nicht nur um die Verbreitung, sondern auch um die Belebung des Studiums der Wissenschaft erworben hat. *Jacobi*, der zu den frühsten Mitarbeitern der Zeitschrift gehörte, ist ihr bis zu seinem Tode treu geblieben, und wenn man die beiden besondern Werke „*Fund. nova*“[6] und „*Canon arith.*“[7] ausnimmt, so sind fast alle seine andern Arbeiten zuerst im Crelleschen Journal[8] erschienen.

Jacobis erste Abhandlungen[9] zeigen ihn schon als durchaus vollendeten Mathematiker, mag er nun, wie in den Aufsätzen „über *Gauß*' neue Methode zur genäherten Bestimmung der Integrale“ und „über die *Pfaff*sche Methode für die Integration der partiellen Differentialgleichungen“, bekannte Theorien aus einem neuen Gesichtspunkte betrachten und wesentlich vereinfachen, oder noch nicht gelöste Probleme behandeln und zu neuen Resultaten gelangen. Unter den Arbeiten der letzteren Art sind hier zwei besonders zu erwähnen: eine Abhandlung von wenigen Seiten[10], in der er eine bis dahin unbekannt gebliebene Grundeigenschaft der merkwürdigen Funktion kennen lehrt, welche von *Legendre* zuerst in die Wissenschaft eingeführt, in allen spätern allgemeinen Untersuchungen über die Anziehung eine so große Rolle gespielt hat, und eine andere „über die kubischen Reste“[11]. Diese letztere enthält zwar nur Sätze ohne Beweise, aber diese Sätze sind der Art, daß sie nicht das Ergebnis der Induktion sein können und keinen Zweifel darüber lassen, daß *Jacobi* schon damals in dem wissenschaftlichen Gebiete, welches *Gauß* ein Vierteljahrhundert früher der mathematischen Spekulation eröffnet hatte und welches eben so sehr der höheren Algebra als der Theorie der Zahlen angehört, im Besitze neuer, fruchtbarer Prinzipien sein mußte, was auch durch eine spätere Publikation bestätigt wird, in der er ausdrücklich erwähnt, daß er diese Prinzipien schon damals *Gauß* brieflich mitgeteilt habe.

Von der weiteren Verfolgung dieses Gegenstandes wurde *Jacobi* zu jener Zeit durch eine andere Arbeit, seine Untersuchungen über die elliptischen Funktionen abgezogen, welche ihm bald eine so große Berühmtheit verleihen und eine Stelle unter den ersten Mathematikern der Zeit anweisen sollten.

Der junge Mathematiker, der sich schon in so vielen Richtungen mit Erfolg versucht hatte, schien längere Zeit in der Theorie der elliptischen Funktionen vom Glück nicht begünstigt zu werden. Einer seiner Freunde, der ihn eines Tages auffallend verstimmt fand, erhielt auf die Frage nach dem Grunde dieser Verstimmung von ihm die Antwort: Sie sehen mich eben im Begriff, dieses Buch (*Legendres exercices etc.*)[12] auf die Bibliothek zurückzuschicken, mit welchem ich entschiedenes Unglück habe. Wenn ich sonst ein bedeutendes Werk studiert habe, hat es mich immer zu eigenen Gedanken angeregt und ist dabei immer etwas für mich abgefallen. Diesmal bin ich ganz leer ausgegangen und nicht zum geringsten Einfalle inspiriert worden.

Wenn die eigenen Gedanken in diesem Falle etwas lange auf sich warten ließen, so stellten sie sich dafür später um so reichlicher ein, so reichlich, daß sie in Verbindung mit den gleichzeitigen Gedanken *Abels* eine unerwartete Erweiterung und die völlige Umgestaltung eines der wichtigsten Zweige der Analyse zur Folge hatten.

Indem der Fortschritt hier zu derselben Zeit von zwei verschiedenen Seiten ausging, wird es erforderlich, neben *Jacobis* Untersuchungen die gleichzeitigen Arbeiten *Abels*[13] zu erwähnen. Im Ursprung von einander unabhängig, greifen die Entdeckungen beider später so in einander ein, daß die Darstellung der einen ohne Berücksichtigung der andern kaum verständlich sein würde.

Die Theorie der elliptischen Funktionen, mit welcher *Abels* und *Jacobis* Namen auf immer verbunden sind, reicht in ihren Anfängen nicht über die zweite Hälfte des vorigen Jahrhunderts zurück. Ein italienischer Mathematiker von ungewöhnlichem Scharfsinn, der *Graf Fagnano* aus dem Kirchenstaate, machte die merkwürdige Entdeckung, daß das Integral, welches den Bogen der Kurve ausdrückt, welche damals die Mathematiker unter dem Namen Lemniskate vielfach beschäftigte, ähnliche Eigenschaften besitzt wie das einfache Integral, welches einen Kreisbogen darstellt, und daß z.B. zwischen den Grenzen zweier Integrale dieser Art, deren eines dem doppelten Werte des andern gleich ist, ein einfacher algebraischer Zusammenhang stattfindet, so daß ein Lemniskatenbogen, wenngleich eine Transzendente höherer Art, doch wie ein Kreisbogen durch geometrische Konstruktion verdoppelt oder gehälftet werden kann. *Euler* fand einige Jahre später die eigentliche Quelle dieser und anderer ähnlicher Eigenschaften in einem Satze, der zu den schönsten Bereicherungen gehört, welche die Wissenschaft diesem großen Forscher verdankt. Nach diesem *Euler*schen Satze hängt ein gewisses Integral, welches allgemeiner ist als das von *Fagnano* betrachtete und in unserer jetzigen Terminologie elliptisches Integral der ersten Gattung heißt, so von seiner Grenze ab, daß zwei solche Integrale mit beliebigen Grenzen immer in ein drittes vereinigt werden können, dessen Grenze eine einfache algebraische Verbindung der Grenzen jener ist, gerade so wie der Sinus eines zweiteiligen Bogen algebraisch aus den Sinus seiner Bestandteile gebildet werden kann. Aber das elliptische Integral ist allgemeiner als dasjenige, welches einen Kreisbogen ausdrückt. Auf die einfachste Form gebracht, hängt es nicht wie dieses bloß von seiner Grenze, sondern auch von einer andern in der Funktion enthaltenen Größe, dem sogenannten Modul, ab. Das *Euler*sche Theorem ergab nur Beziehungen zwischen Integralen mit demselben Modul. Das erste Beispiel eines Zusammenhanges zwischen Integralen, die sich durch ihre Moduln unterscheiden, bot eine spätere von *Landen* und in etwas anderer Form von *Lagrange* gemachte Entdeckung dar, nach welcher ein elliptisches Integral durch eine einfache algebraische Substitution in ein anderes Integral derselben Art verwandelt werde kann.

Es ist *Legendres* unvergänglicher Ruhm, in den eben erwähnten Entdeckungen die Keime eines wichtigen Zweiges der Analysis erkannt, und durch die Arbeit eines halben Lebens auf diesen Grundlagen eine selbständige Theorie errichtet zu haben, welche alle Integrale umfaßt, in denen keine andere Irrationalität enthalten ist als eine Quadratwurzel, unter welcher die Veränderliche den 4ten Grad nicht übersteigt. Schon *Euler* hatte bemerkt, mit welchen Modifikationen sein Satz auf solche Integrale ausgedehnt werden kann; *Legendre*, indem er von dem glücklichen Gedanken ausging, alle diese Integrale auf feste kanonische Formen zurückzuführen, gelangte zu der für die Ausbildung der Theorie so wichtig gewordenen Erkenntnis, daß sie in drei wesentlich verschiedene Gattungen zerfallen. Indem er dann jede Gattung einer sorgfältigen Untersuchung unterwarf, entdeckte er viele ihrer wichtigsten Eigenschaften, von welchen namentlich die, welche der dritten Gattung zukommen, sehr verborgen und ungemein schwer zugänglich waren. Nur durch die ausdauerndste Beharrlichkeit, die den großen Mathematiker immer von neuem auf den Gegenstand zurückkommen ließ, gelang es ihm hier, Schwierigkeiten zu besiegen, welche mit den Hilfsmitteln, die ihm zu Gebote standen, kaum überwindlich scheinen mußten.

Die Theorie wie *Abel* und *Jacobi* sie vorfanden, bot mehrere höchst rätselhafte Erscheinungen dar, zu deren Aufklärung die damals bekannten Prinzipien nicht ausreichten. So hatte man, um nur eine dieser Erscheinungen zu erwähnen, gefunden, daß der Grad der mit Hilfe des *Euler*schen Satzes gebildeten Gleichung, von deren Lösung die Teilung des elliptischen Integrals abhängt, nicht wie in der analogen Frage der Kreisteilung der Anzahl der Teile, sondern dem Quadrat dieser Anzahl gleich ist. Die Bedeutung der reellen Wurzeln, deren Anzahl mit jener übereinstimmt, war leicht ersichtlich, wogegen die zahlreicheren imaginären ganz unerklärlich erscheinen mußten. Aber daß hier ein Geheimnis verborgen liege, darüber hatte man vor *Abel* und *Jacobi* kein Bewußtsein, und ihnen war es vorbehalten, sich zuerst über diese und ähnliche Erscheinungen zu wundern, was in der Mathematik wie in anderen Gebieten oft schon eine halbe Entdeckung ist.

Obgleich die Umgestaltung der Theorie der elliptischen Funktionen, welche man *Abel* und *Jacobi* verdankt, aus dem Zusammenwirken mehrerer sich gegenseitig unterstützender Gedanken hervorgegangen ist, so scheint doch zweien dieser Gedanken die größte Wichtigkeit zugeschrieben werden zu müssen, weil sie alle Teile der neuen Theorie innig durchdringen. Während die früheren Bearbeiter dieses Gegenstandes das elliptische Integral der ersten Gattung als eine Funktion seiner Grenze ansahen, erkannten *Abel* und *Jacobi* unabhängig voneinander, wenn auch der erstere einige Monate früher, die Notwendigkeit, die Betrachtungsweise umzukehren und die Grenze nebst zwei einfachen von ihr abhängigen Größen, die so unzertrennlich mit ihr verbunden sind wie der Sinus zum Cosinus gehört, als Funktionen des Integrals zu behandeln, gerade wie man schon früher zur Erkenntnis der wichtigsten Eigenschaften der vom Kreise abhängigen Transzendenten gelangt war, indem man den Sinus und Cosinus als Funktionen des Bogens und nicht diesen als eine Funktion von jenen betrachtete.

Ein zweiter, *Abel* und *Jacobi* gemeinsamer Gedanke, der Gedanke, das Imaginäre in diese Theorie einzuführen, war von noch größerer Bedeutung, und *Jacobi* hat es später oft wiederholt, daß die Einführung des Imaginären allein alle Rätsel der früheren Theorie gelöst habe. Wäre es nicht eine so alte Erfahrung, daß das nahe Liegende sich fast immer zuletzt darbietet, so würde man es auffallend finden müssen, daß dieser Gedanke *Euler* entgangen ist, zu dessen frühsten und schönsten Leistung es gehört, die Theorie der Kreisfunktionen, indem er diese als imaginäre Exponentialgrößen behandelte, in solchem Grade vereinfacht und erweitert zu haben, daß fast das ganze Gebiet der Analysis eine wesentliche Umgestaltung dadurch erfuhr.

Indem *Abel* und *Jacobi* in die vorhin erwähnten, durch Umkehrung aus dem elliptischen Integral der ersten Gattung gebildeten Funktionen, welche nach unserer jetzigen Terminologie ausschließlich elliptische Funktionen genannt werden, das Imaginäre einführten, erkannten sie, daß diese Funktionen gleichzeitig an der Natur der Kreisfunktionen und an der der Exponentialgrößen Teil haben, und daß, während jene nur für reelle, diese nur für imaginäre Werte des Argumentes periodisch sind, die elliptischen Funktionen beide Arten der Periodizität in sich vereinigen.

Durch den Besitz dieser Grundgedanken, auf einen neuen Boden gestellt, richteten *Abel* und *Jacobi* ihre Untersuchungen auf zwei verschiedene Regionen der Theorie. *Abels* Tätigkeit wandte sich den Problemen zu, welche die Vervielfältigung und Teilung der elliptischen Integrale betreffen, und indem er mit Hilfe des Prinzips der doppelten Periode in die Natur der Wurzeln der Gleichung, von welcher die Teilung abhängt, tief eindrang, gelangte er zu der ganz unerwarteten Entdeckung, daß die allgemeine Teilung des elliptischen Integrals mit beliebiger Grenze immer algebraisch, d. h. durch bloße Wurzelausziehungen, bewerkstelligt werden kann, sobald die besondere Teilung der sogenannten vollständigen Integrale als schon ausgeführt vorausgesetzt wird. Die eben genannte besondere Teilung scheint nur für spezielle Module möglich, unter welchen derjenige der einfachste ist, dem die Lemniskate entspricht. Indem er die Lösung des Problems für diesen Fall durchführte, zeigte er, daß die Teilung der ganzen Lemniskate der Kreisteilung völlig analog ist und in denselben Fällen durch geometrische Konstruktion geleistet werden kann, in welchen nach der schönen 25 Jahre früher von *Gauß* gegebenen Theorie der Kreis eine solche Teilung zuläßt.

An diese letztere Arbeit *Abels* knüpft sich eine erwähnenswerte historische Merkwürdigkeit. In der Einleitung zum letzten Abschnitt der „Disq. arith."[14], welcher der Kreisteilung gewidmet ist, hatte *Gauß* im Vorbeigehen bemerkt, daß dasselbe Prinzip, worauf seine Kreisteilung beruht, auch auf die Teilung der Lemniskate anwendbar sei, und in der Tat liegt das *Gauß*sche Prinzip, nach welchem die Wurzeln der zu lösenden Gleichung so in einen Zyklus zu bringen sind, daß jede von der vorhergehenden auf dieselbe Weise abhängt, der Abhandlung *Abels* über die Teilung der Lemniskate wesentlich zu Grunde; wenn aber für die Kreisteilung längst bekannte Eigenschaften der trigonometrischen Funktionen genügten, um die Wurzeln dem *Gauß*schen Prinzipe gemäß zu ordnen, so war für den Fall der Lemniskate zu einer ähnlichen Anordnung, ja, um nur die Möglichkeit einer solchen zu erkennen, eine Einsicht in die Natur der Wurzeln erforderlich, welche nur das Prinzip der doppelten Periodizität gewähren konnte. Die vorhin erwähnte Äußerung ist also durch *Abels* Abhandlung zu einem unwidersprechlichen Zeugnisse geworden, daß *Gauß*, seiner Zeit weit vorauseilend, schon zu Anfange des Jahrhunderts das Prinzip der doppelten Periode erkannt hatte. Dieses Zeugnis ist jedoch erst durch die spätere Arbeit *Abels* verständlich geworden, und tut daher seinem und *Jacobis* Anrecht an diese Erfindung keinen Abbruch.

Außer den schon erwähnten auf die Teilung bezüglichen Resultaten hatten *Abels* Untersuchungen noch eine andere nicht weniger wichtige Entdeckung zur Folge. Indem er in den Formeln, durch welche er die elliptischen Funktionen eines vielfachen Argumentes durch die Funktionen des einfachen dargestellt hatte, den Multiplikator unendlich werden ließ, erhielt er merkwürdige Ausdrücke für die elliptischen Funktionen in Form von unendlichen Reihen, so wie von Quotienten unendlicher Produkte, eine Entdeckung, welche für die Analysis vielleicht von noch größerer Bedeutung ist als die von *Abel* nachgewiesene algebraische Lösbarkeit der Gleichungen für die Teilung.

Zu derselben Zeit, als *Abel* diese schönen Untersuchungen ausführte, war *Jacobi* in einem andern Teile desselben Gebietes nicht weniger erfolgreich beschäftigt[15]. Die oben erwähnte Substitution, durch welche ein elliptisches Integral in ein Integral derselben Form übergeht, war bis dahin die einzige ihrer Art. Zwar hatte *Legendre* nicht lange vor der Zeit, wo *Jacobi* sich diesem Gegenstande zuwandte, eine zweite Transformation der elliptischen Integrale aufgefunden,[16] aber diese zweite Transformation, mit welcher er den Gegenstand für abgeschlossen hielt, war damals in Deutschland noch nicht bekannt, und es gehörte daher ein seltener Scharfsinn dazu, aus *einem* sichtbaren Ringe auf das Vorhandensein einer unendlichen Kette zu schließen, und eine ebenso große Kühnheit, sich die Erkenntnis der Natur dieser Kette als Aufgabe zu stellen.

Eine glückliche Induktion, bei welcher der feine und ganz neue Gedanke eine wesentliche Rolle spielte, die Transformation und die Multiplikation aus einem gemeinschaftlichen Gesichtspunkte und letztere als einen speziellen Fall der erstern zu betrachten, leitete *Jacobi* auf die Vermutung, daß rationale Funktionen jedes Grades geeignet seien, ein elliptisches Integral in ein Integral derselben Form zu verwandeln. Diese Vermutung bestätigte sich sogleich, indem sich ergab, daß die Anzahl der willkürlichen Koeffizienten, über welche man für jeden Grad zu verfügen hatte, ausreichte, um allen Bedingungen zu genügen, welche zu erfüllen waren, wenn das transformierte Integral der Form nach mit dem ursprünglichen übereinstimmen sollte. Aber wenn eine so einfache Betrachtungsweise über die Möglichkeit der Sache kaum einen Zweifel lassen konnte, so war noch ein großer Schritt zu tun, um die innere analytische Natur der zur Transformation geeigneten gebrochenen Ausdrücke zu erkennen. Von welcher Art die hierbei zu besiegenden Schwierigkeiten waren, und durch welche geistreiche Betrachtungen *Jacobi* diese überwand, kann hier nicht ausgeführt werden, ebensowenig als es mir gestattet ist, alle wichtigen Folgerungen aufzuzählen, die sich aus dem vollständig gelösten Probleme ergaben. Ich erwähne nur des merkwürdigen Ergebnisses dieser Untersuchung, daß die Multiplikation immer aus zwei Transformationen zusammengesetzt werden kann.

Indem *Abel* und *Jacobi* so die Theorie gleichzeitig in zwei verschiedenen Richtungen vervollkommneten, schien es, als habe das Schicksal die Ehre des zu vollbringenden Fortschritts gleichmäßig unter die jungen Wettkämpfer verteilen wollen, denn die Art, wie bald darauf einer die Erfindung des andern weiter führte, ließ keinen Zweifel, daß jeder von ihnen, wäre ihm der andere nicht in einem Teile der Arbeit zuvorgekommen, den ganzen Fortschritt allein vollbracht haben würde.

Jacobi war in seinen Untersuchungen von der Annahme ausgegangen, daß bei der Transformation die ursprüngliche Variable rational durch die neue ausgedrückt sei. *Abel* behandelte das Problem in der weiteren Voraussetzung, daß zwischen beiden irgend eine algebraische Gleichung stattfinde, und gelangte zu dem Resultate, daß das so verallgemeinerte Problem immer auf den Fall zurückgeführt werden kann, den *Jacobi* so vollständig behandelt hatte.

Nicht minder erfolgreich griff *Jacobi* in die von *Abel* gegebene Theorie der allgemeinen Teilung ein. Die Art, wie *Abel* das Problem gelöst hatte, zeigte zwar, daß die Wurzeln immer algebraisch ausdrückbar sind, erforderte aber zur wirklichen Darstellung derselben die Bildung von gewissen symmetrischen Wurzelverbindungen, die nur in jedem besondern Falle bewerkstelligt werden konnte. Aus einem neuen Prinzipe, welches bald näher zu erwähnen sein wird, leitete *Jacobi* die schließlichen, für jeden Grad geltenden und unmittelbar aus den Daten des Problems gebildeten Ausdrücke der Wurzeln ab, welche Ausdrücke überdies vor den *Abel*schen eine größere Einfachheit ihrer Form voraus haben. Als *Jacobi* das Resultat dieser Arbeit in einer kurzen Notiz[17] bekannt machte, hoffte er, *Abel* durch die Vervollkommnung der Lösung des Teilungsproblems in Verwunderung zu setzen, aber diese Hoffnung blieb unerfüllt. – *Abel* war eben gestorben[18], kaum 27 Jahre alt, weniger als zwei Jahre nach der Bekanntmachung seiner ersten Arbeiten über die elliptischen Funktionen. Ein so frühes Ziel hatte der Tod der glänzenden Laufbahn dieses tiefsinnigen und umfassenden Geistes gesetzt.

Jacobis weitere Untersuchungen über die elliptischen Transzendenten, wie auch die zuletzt erwähnte, sind aus einem Gedanken hervorgegangen, dem man wegen der Folgen, die er gehabt, vielleicht die erste Stelle unter seinen Konzeptionen einräumen muß. Es war dies der Gedanke, die unendlichen Produkte, durch deren Quotienten *Abel* die elliptischen Funktionen ausgedrückt hatte, als selbständige Transzendenten in die Analysis einzuführen. Als es ihm gelungen war, diese Produkte, die übrigens alle von derselben Natur und als besondere Fälle einer Transzendente anzusehen sind, in Reihenform darzustellen, erkannte er eine Funktion, welche sich französischen Mathematikern schon in Untersuchungen der mathematischen Physik dargeboten hatte, wo sie aber wenig beachtet und nur eine ihrer Eigenschaften bemerkt worden war. *Jacobi* unterwarf sie einer tief eindringenden Untersuchung, erforschte ihre analytische Natur und führte sie dann in die Theorie der Integrale der 2ten und 3ten Gattung ein, was nicht nur die Erkenntnis des inneren Zusammenhangs schon bekannter, isoliert stehender Eigenschaften dieser Integrale, sondern auch die wichtige Entdeckung zur Folge hatte, daß die Integrale der 3ten Gattung, welche von drei Elementen abhängen, vermittelst der neuen Transzendente, welche deren nur zwei enthält, ausgedrückt werden können.

Bei der spätern Darstellung der ganzen Theorie, wie *Jacobi* sie in seinen Vorlesungen[19] zu geben pflegte, bildet die Betrachtung der erwähnten Funktion den Ausgangspunkt. Die ganze Lehre gewinnt dadurch nicht nur einen überraschenden Grad von Einfachheit und Durchsichtigkeit, sondern dieser umgekehrte Gang ist auch dadurch bemerkenswert, daß er für andere später zu erwähnende Untersuchungen das Vorbild geworden ist.

Bedenkt man, daß die neue Funktion jetzt das ganze Gebiet der elliptischen Transzendenten beherrscht, daß *Jacobi* aus ihren Eigenschaften wichtige Theoreme der höheren Arithmetik abgeleitet hat, und daß sie eine wesentliche Rolle in vielen Anwendungen spielt, von welchen hier nur die vermittelst dieser Transzendente gegebene Darstellung der Rotationsbewegung erwähnt werden mag, welche eine von *Jacobis* letzten und schönsten Arbeiten ist,[20] so wird man dieser Funktion die nächste Stelle nach den längst in die Wissenschaft aufgenommenen Elementartranszendenten einräumen müssen. Auffallenderweise hat eine so wichtige Funktion noch keine andern Namen, als den der Transzendente Θ, nach der zufälligen Bezeichnung, mit der sie zuerst bei *Jacobi* erscheint, und die Mathematiker würden nur eine Pflicht der Dankbarkeit erfüllen, wenn sie sich vereinigten, ihr *Jacobis* Namen beizulegen, um das Andenken des Mannes zu ehren, zu dessen schönsten Entdeckungen es gehört, die innere Natur und hohe Bedeutung dieser Transzendente zuerst erkannt zu haben.

Abels oben erwähnte Arbeiten sind nicht die einzige Leistung ersten Ranges dieses hervorragenden Mathematikers, sie sind nicht eimal die bedeutendste seiner Leistungen. Seine größte Entdeckung hat er in einem Satze niedergelegt, welcher seinen Namen führt,[21] und ganz das Gepräge seines außerordentlichen Geistes trägt, dessen charakteristische Eigenschaft es war, die Fragen der Wissenschaft in der umfassendsten Allgemeinheit zu behandeln.

Das schon oben bezeichnete *Euler*sche Theorem — ich rede hier von demselben als Prinzip, nicht von den daraus gezogenen Folgerungen, die sich täglich weiter erstreckten — bildete damals auf dem Gebiete, dem es angehört, die Grenze der Wissenschaft, über welche hinauszugehen *Euler* selbst, *Lagrange* und andere Vorgänger *Abels* sich vergebens bemüht hatten. Welche Bewunderung mußte daher eine Entdeckung hervorrufen, welche, die Integrale aller algebraischen Funktionen umfassend, die Grundeigenschaft derselben enthüllte.

Legendre nennt das *Abel*sche Theorem eine *monumentum aere perennius*, und *Jacobi* bezeichnet denselben Satz, „wie er in einfacher Gestalt und ohne Apparat von Kalkul den tiefsten und umfassendsten mathematischen Gedanken ausspreche, als die größte mathematische Entdeckung unserer Zeit, obgleich erst eine künftige, vielleicht späte, große Arbeit ihre ganze Bedeutung aufweisen könne".

Diese Arbeit hat bereits begonnen, und *Jacobi* selbst hat daran den wesentlichsten Anteil gehabt.

Der naheliegende Versuch, die umgekehrten Funktionen der *Abel*schen Integrale auf dieselbe Weise, wie es bei den elliptischen mit so großem Erfolge geschehen war, in die Analysis einzuführen, erwies sich bald als unausführbar, und verwickelte in unauflöslichen Widerspruch, denn *Jacobi* erkannte sogleich, daß diese umgekehrten Funktionen vier- oder mehrfach periodisch sein müßten, während doch eine analytische Funktion, wenn sie wie die elliptischen und Kreisfunktionen einwertig, und wo sie nicht unendlich wird, stetig sein soll, nur zwei Perioden zuläßt. Es bedurfte also hier eines neuen verborgenen Gedankens, wenn das *Abel*sche Theorem nicht unfruchtbar bleiben, wenn es die Basis einer großen analytischen Theorie werden sollte.

Nachdem *Jacobi* mehrere Jahre hindurch den Gegenstand nach allen Seiten erwogen hatte, fand er endlich die Lösung des Rätsels darin, daß hier gleichzeitig vier oder mehr Integrale zu betrachten, und aus ihnen durch Umkehrung zwei oder mehr Funktionen von eben so vielen Argumenten zu bilden sind. Diese Divination machte er in einer Abhandlung von 10 Seiten bekannt, der zwei Jahre später eine umfangreichere folgte, in welcher die analytische Natur dieser umgekehrten Funktionen im hellsten Lichte erschien.[22]

Gehört auch die später gefundene Darstellung dieser Funktionen nicht *Jacobi*, sondern zwei jüngern Mathematikern von ungewöhnlichem Talente, so muß ich doch auch dieses wichtigen Fortschrittes hier insofern erwähnen, als *Jacobis* Einfluß unverkennbar darin hervortritt. *Goepel* und *Rosenhain* haben beide, *Jacobis* oben erwähnte zweite Behandlung der Theorie der elliptischen Funktionen zum Vorbilde nehmend, ihren schönen Arbeiten[23] die Betrachtung von unendlichen Reihen zu Grunde gelegt, deren Bildungsgesetz allgemeiner, aber von derselben Art wie das der Reihe ist, durch welche die *Jacobi*sche Funktion ausgedrückt wird.

Obgleich ich mich bei der eben gegebenen Darstellung von *Jacobis* Entdeckungen im Gebiete der elliptischen und *Abel*schen Transzendenten auf das Wesentlichste beschränkt habe, so ist dieselbe dennoch zu einem Umfange angewachsen, der mich zwingt, die noch zu erwähnenden Leistungen *Jacobis* hier in eine kurze Übersicht zusammenzufassen, aus welcher ich viele Arbeiten, welche nur einzelne Fragen betreffen und das Detail der Wissenschaft vervollkommnet haben, ausschließen muß.

Schon oben ist von *Jacobis* Untersuchungen über die Kreisteilung und die Anwendungen derselben auf die höhere Arithmetik als zu seinen frühesten Arbeiten gehörend die Rede gewesen. Bei diesen Untersuchungen, denen er die Form zum Grunde legte, welche die zuerst von *Gauß* gegebene Auflösung der zweigliedrigen Gleichungen später durch *Lagrange* erhalten hatte, traf er in einigen Resultaten mit dem großen Mathematiker *Cauchy* zusammen, der zu derselben Zeit mit ähnlichen Forschungen beschäftigt war und dieses Umstandes erwähnte, als er während *Jacobis* ersten Aufenthaltes in Paris[24] seine Arbeiten im Auszuge veröffentlichte.[25]

Aus einem schönen aus der Kreisteilung abgeleiteten Satz, auf den auch *Cauchy* gekommen war und nach welchem alle Primzahlen, die bei der Division durch eine gegebene Primzahl oder das Vierfache derselben die Einheit zum Reste lassen, auf eine bestimmte Potenz erhoben, deren Exponent bloß von der letzteren Primzahl abhängt, durch die sogenannte quadratische Hauptform dargestellt werden, welche die negativ genommene gegebene Primzahl zur Determinante hat, schöpfte *Jacobi* die Vermutung, daß jener Exponent mit der Anzahl der voneinander verschiedenen quadratischen Formen übereinstimmen müsse, welche der erwähnten Determinante entsprechen. Da sich diese Vermutung in allen numerischen Beispielen bestätigte, so trug er kein Bedenken, diese Bemerkung in einer kurzen Notiz[26] zu veröffentlichen. Ich glaube, den bisher unbekannt gebliebenen Ursprung dieses Resultats nach *Jacobis* mündlicher Mitteilung als ein merkwürdiges Beispiel scharfsinniger Induktion hier erwähnen zu müssen, obgleich der strenge Beweis desselben nicht auf die Kreisteilung gegründet werden zu können, sondern wesentlich verschiedene, der Integralrechnung und der Reihenlehre entnommene Prinzipien zu erfordern scheint, die erst später in die Wissenschaft eingeführt worden sind.

Die im Jahre 1832 erschienene zweite Abhandlung von *Gauß*[27] über die biquadratischen Reste, die durch den tiefsinnigen Gedanken, komplexe ganze Zahlen in der höheren Arithmetik gerade so wie reelle zu behandeln, und durch das darin aufgestellte Reziprozitätsgesetz Epoche macht, welches in der Theorie der biquadratischen Reste zwischen zwei komplexen Primzahlen stattfindet, gab *Jacobi* Veranlassung, seine früheren Untersuchungen wieder aufzunehmen, und es gelang ihm, den erwähnten schönen Satz von *Gauß* und einen ähnlichen, welcher sich auf die kubischen Reste bezieht, mit großer Einfachheit aus der Kreisteilung abzuleiten.

Obgleich *Jacobi* die eben angeführten Untersuchungen und andere damit zusammenhängende, die ich nicht einmal andeutungsweise bezeichnen kann, in den Jahren 1836—39 vollständig niedergeschrieben hat,[28] so ist er doch nie dazu gekommen, sie durch den Druck zu veröffentlichen. Seine Zögerung entsprang aus dem Wunsche, einigen seiner Resultate eine größere Ausdehnung zu geben, wozu er, von so vielen andern Arbeiten in Anspruch genommen, die nötige Muße nicht gefunden hat. Ein Teil seiner Forschungen und namentlich die schon erwähnten Beweise der Reziprozitätssätze sind jedoch einigen deutschen Mathematikern durch Nachschriften der Vorlesungen bekannt geworden, welche er im Winter 1836—37 in Königsberg über die Kreisteilung und deren Anwendung auf die Theorie der Zahlen gehalten hat.

Eine andere höchst ergiebige Quelle für die höhere Arithmetik hat *Jacobi* in der Theorie der elliptischen Funktionen entdeckt, aus welcher er schöne Sätze über die Anzahl der Zerlegungen einer Zahl in 2, 4, 6 und 8 Quadrate, so wie andere über solche Zahlen abgeleitet hat, welche gleichzeitig in mehreren quadratischen Formen enthalten sind. Diese wichtigen Bereicherungen der Wissenschaft sind eine Frucht der oben erwähnten Einführung der *Jacobi*schen Funktion in die Theorie der elliptischen Transzendenten.

Jacobi hat sich wiederholt mit der Reduktion und Wertbestimmung doppelter und vielfacher Integrale beschäftigt. Ich erwähne hier besonders der einfachen Methode, durch welche er die Bestimmung der Oberfläche eines ungleichachsigen Ellipsoides auf elliptische Integrale der ersten und zweiten Gattung zurückführt, welche Zurückführung *Legendre*, zu dessen schönsten Leistungen sie gehört, nur mit Hilfe sehr verborgener Eigenschaften der Integrale der dritten Gattung gelungen war. In einer andern hierher gehörigen Abhandlung[29] hat *Jacobi* das *Euler*sche Additionstheorem auf doppelte Integrale ausgedehnt, und bald darauf bemerkt, wie auch der *Abel*sche Satz einer ähnlichen Erweiterung fähig sei.

Von *Jacobis* Arbeiten über das eben genannte Kapitel der Integralrechnung ist nur ein Teil veröffentlicht worden. Eine große Abhandlung, welche die Attraktion der Ellipsoide zum Gegenstande hat, obgleich seit langer Zeit beinahe vollendet, ist bisher ungedruckt geblieben[30], und nur durch einige gelegentliche Notizen bekannt geworden. Als er sich mit dem erwähnten Problem beschäftigte, kam er auch auf den schönen von *Poisson* um dieselbe Zeit gefundenen Satz, nach welchem die Anziehung, welche eine unendlich dünne, von zwei konzentrischen, ähnlichen und ähnlich liegenden ellipsoidischen Flächen begrenzte Schale auf einen Punkt im äußeren Raume ausübt, ohne Integralzeichen dargestellt werden kann. *Jacobi* hat dieses Umstandes nie öffentlich Erwähnung getan, obgleich er sich dabei auf das Zeugnis mehrerer Mathematiker hätte berufen können, denen er den Satz mitgeteilt hatte, ehe die erste Anzeige der *Poisson*schen Abhandlung[31] erschienen war.

Mit den eben besprochenen Untersuchungen hängt eine andere Arbeit *Jacobis*[32] zusammen, die wegen ihres überraschenden Resultates hier nicht unerwähnt bleiben darf. *Maclaurin* hat bekanntlich zuerst gezeigt, daß eine homogene flüssige Masse mit Beibehaltung ihrer äußern Gestalt sich gleichförmig um eine feste Achse drehen kann, wenn diese Gestalt die eines Rotationsellipsoides ist, und dieses schöne Resultat ist später von *d'Alembert* und *Laplace* durch den Nachweis vervollständigt worden, daß jedem Werte der Winkelgeschwindigkeit, wenn dieser unter einer gewissen Grenze liegt, zwei und nur zwei solche Ellipsoide entsprechen. *Lagrange* scheint zuerst an die Möglichkeit gedacht zu haben, daß auch ein ungleichachsiges Ellipsoid den Bedingungen der Permanenz genügen könne; wenigstens geht dieser große Mathematiker in seiner analytischen Mechanik bei Behandlung dieser Frage von Formeln aus, welche für ein beliebiges Ellipsoid gelten. Indem er aber so zu zwei zu erfüllenden Gleichungen gelangt, in welchen die beiden Äquatorialachsen auf eine symmetrische Weise enthalten sind, zieht er aus dieser Symmetrie den Schluß, daß jene Achsen gleich sein *müssen*, während doch nur daraus folgt, daß sie gleich sein *können*, wo dann beide Gleichungen in eine und mit der von *Maclaurin* zuerst aufgestellten und von *d'Alembert* und *Laplace* diskutierten zusammenfallen.

Der Verfasser eines bekannten Lehrbuchs, der in der Darstellung dieses Gegenstandes *Lagrange* gefolgt ist, und den eben erwähnten übereilten Schluß mit dem Worte „notwendig" begleitet, erregte zuerst *Jacobis* Verdacht, welcher bei genauerer Betrachtung jener zwei Gleichungen zu seiner und gewiß aller Mathematiker großen Überraschung bald fand, daß auch ein ungleichachsiges Ellipsoid den Bedingungen des Gleichgewichts genügen kann.

Der Veranlassung, welche *Jacobi* in seinen Untersuchungen über die Attraktion der Ellipsoide fand, sich mit den Flächen zweiten Grades zu beschäftigen, verdankt man die Kenntnis mehrerer interessanter Eigenschaften, und einer höchst eleganten Erzeugungsweise dieser Flächen. Die mir gestellten Grenzen zwingen mich, mich auf diese Andeutung zu beschränken, und *Jacobis* übrige der Geometrie gewidmeten Arbeiten[33] nur dem Gegenstand nach zu bezeichnen. Ich nenne daher nur die Abhandlung über ein Problem der Elementargeometrie, welches vor ihm nur in speziellen Fällen behandelt worden war, und dessen vollständige Lösung er aus der Theorie der elliptischen Transzendenten ableitet, seine Untersuchungen über die Anzahl der Doppeltangenten algebraischer Kurven und einige kleinere Aufsätze, in welchen er Sätze über die Krümmung der Flächen und kürzeste Linien mit großer Einfachheit auf rein synthetischem Wege beweist.

Zu *Jacobis* wichtigsten Untersuchungen gehören diejenigen über die analytische Mechanik[34]. *Hamilton* hatte die interessante Entdeckung gemacht, daß die Integration der Differentialgleichungen der Mechanik sich immer auf die Lösung von zwei simultanen partiellen Differentialgleichungen zurückführen läßt, aber diese Entdekkung war, wie merkwürdig sie auch erscheinen mußte, völlig unfruchtbar geblieben, bis *Jacobi* sie von einer unnötigen Komplikation befreite, indem er zeigte, daß die zu findende Lösung nur einer der beiden partiellen Differentialgleichungen zu genügen braucht. Indem er vermittelst der so vereinfachten Theorie, um nur eine der zahlreichen Anwendungen anzuführen, das noch ungelöste Problem behandelte, die geodätische Linie auf dem ungleichachsigen Ellipsoid zu bestimmen, gelang es ihm, mit Hilfe eines analytischen Instruments, welches sich schon früher in seinen Händen als sehr wirksam gezeigt hatte und jetzt unter dem Namen der elliptischen Koordinaten allgemein bekannt ist, die partielle Differentialgleichung zu integrieren, und so die Gleichung der geodätischen Linie in Form einer Relation zwischen zwei *Abel*schen Integralen darzustellen. Diese *Jacobi*sche Entdeckung ist die Grundlage eines der schönsten Kapitel der höheren Geometrie geworden, welches deutsche, französische und englische Mathematiker wetteifernd ausgebildet haben.

Durch den oben erwähnten Zusammenhang zwischen einem Systeme von gewöhnlichen Differentialgleichungen und *einer* partiellen Differentialgleichung wurde er, die Sache in umgekehrter Ordnung betrachtend, zur Theorie der partiellen Differentialgleichungen zurückgeführt, mit welcher er sich schon in einer seiner frühesten Abhandlungen über die *Pfaff*sche Methode[35] beschäftigt hatte, und gelangte jetzt zu dem Resultat, daß von der ganzen Reihe von Systemen, deren sukzessive Integration *Pfaff* fordert, die Behandlung des ersten alle übrigen überflüssig macht, daß also schon der erste Schritt der früheren Methode vollständig zum Ziele führt.

Einen ähnlichen Charakter hat die Vervollkommnung, welche die Variationsrechnung *Jacobi* verdankt. Während zur Existenz eines Maximums oder Minimums das Verschwinden der ersten Variation *notwendig* ist, so ist diese Bedingung allein nicht *ausreichend* und erst die Beschaffenheit der zweiten Variation entscheidet, ob ein Maximum oder ein Minimum oder keines von beiden stattfindet. Zufolge der Theorie, wie sie *Jacobi* vorfand, waren nach den Integrationen, die durch das Verschwinden der ersten Variation gefordert werden, neue Integrationen zu leisten, um die zweite Variation zu diskutieren: *Jacobi* zeigte, daß die ersteren die letzteren involvieren, so daß also auch hier die vollständige Lösung der Aufgabe bereits mit der Vollendung des ersten Schrittes gegeben ist.

Wenn es die immer mehr hervortretende Tendenz der neueren Analysis ist, Gedanken an die Stelle der Rechnung zu setzen, so gibt es doch gewisse Gebiete, in denen die Rechnung ihr Recht behält. *Jacobi*, der jene Tendenz so wesentlich gefördert hat, leistete vermöge seiner Meisterschaft in der Technik auch in diesen Gebieten Bewunderungswürdiges. Dahin gehören seine Abhandlungen über die Transformation homogener Funktionen des zweiten Grades, über Elimination, über die simultanen Werte, welche einer Anzahl von algebraischen Gleichungen genügen, über die Umkehrung der Reihen, und über die Theorie der Determinanten.[36] In dem letztgenannten Kapitel verdankt man ihm eine ausgebildete Theorie der von ihm mit dem Namen der Funktional-Determinanten bezeichneten Ausdrücke. Indem er die Analogie dieser Ausdrücke mit den Differentialquotienten weit verfolgte, gelangte er zu einem allgemeinen Prinzipe, welches er das Prinzip des letzten Multiplikators nannte, und welches bei fast allen in den Anwendungen vorkommenden Integrationsproblemen die letzte Integration zu bewerkstelligen das Mittel gibt, indem es den dazu erforderlichen integrierenden Faktor *a priori* angibt.

Der Einfluß, welchen *Jacobi* auf die Fortschritte der Wissenschaft geübt hat, würde nur unvollständig hervortreten, wenn ich nicht seiner Tätigkeit als öffentlicher Lehrer Erwähnung täte. Es war nicht seine Sache, Fertiges und Überliefertes von neuem zu überliefern; seine Vorlesungen bewegten sich sämtlich außerhalb des Gebietes der Lehrbücher, und umfaßten nur diejenigen Teile der Wissenschaft, in denen er selbst schaffend aufgetreten war, und das hieß bei ihm, sie boten die reichste Fülle der Abwechslung. Seine Vorträge zeichneten sich nicht durch diejenige Deutlichkeit aus, welche auch der geistigen Armut oft zuteil wird, sondern durch eine Klarheit höherer Art. Er suchte vor allem die leitenden Gedanken, welche jeder Theorie zu Grunde liegen, darzustellen, und indem er alles, was den Schein der Künstlichkeit an sich trug, entfernte, entwickelte sich die Lösung der Probleme so naturgemäß vor seinen Zuhörern, daß diese Ähnliches schaffen zu können die Hoffnung fassen konnten. Wie er die schwierigsten Gegenstände zu behandeln wußte, konnte er seine Zuhörer mit Recht durch die Versicherung ermutigen, daß sie in seinen Vorlesungen sich nur ganz einfache Gedanken anzueignen haben würden.

Der Erfolg einer so ungewöhnlichen Lehrart, wie ich sie eben geschildert habe und wie sie nur einem schöpferischen Geist zu Gebote steht, war wahrhaft außerordentlich. Wenn jetzt in Deutschland die Kenntnis der Methoden der Analysis in einem Grade verbreitet ist wie zu keiner frühern Zeit, wenn zahlreiche jüngere Mathematiker die Wissenschaft nach allen Richtungen erweitern und bereichern: so hat *Jacobi* an einer so erfreulichen Erscheinung den wesentlichsten Anteil. Fast alle sind seine Schüler gewesen, selten ist ein aufkeimendes Talent seiner Aufmerksamkeit entgangen, keinem, sobald er es erkannt, hat sein fördernder Rat, seine aufmunternde Teilnahme gefehlt.

Ich habe mich eben bemüht, *Jacobi* als Erfinder und in seiner Wirksamkeit als Lehrer darzustellen. Soll ich jetzt den Versuch wagen, ihn zu schildern wie er außerhalb der wissenschaftlichen Sphäre denen erschien, die den mathematischen Wissenschaften fern stehen, so muß ich es als den Grundzug seines Wesens bezeichnen, daß er ganz in der Welt der Gedanken lebte und daß in ihm das, wozu es bei den meisten, selbst bedeutenden Menschen eines besonderen Anlaufs bedarf, das Denken zum habituellen Zustande und wie zur zweiten Natur geworden war. Wenn etwas im Leben oder in der Wissenschaft einmal seine Aufmerksamkeit erregt hatte, so ruhte er nicht, bis er es zu eignen Gedanken verarbeitet hatte, und mit dieser ununterbrochenen geistigen Tätigkeit war in ihm ein so seltenes Gedächtnis vereinigt, daß er alles, womit er sich einmal beschäftigt hatte, sich sogleich vergegenwärtigen und darüber verfügen konnte.

Der unerschöpfliche Vorrat an Wissen und eigenen Gedanken, welcher *Jacobi* jeden Augenblick zu Gebote stand, eine seltene geistige Beweglichkeit, durch die er sich jedem Alter, jeder Fassungskraft anzupassen wußte, und eine eigentümlich humoristische, die Dinge scharf bezeichnende Ausdrucksweise verliehen dem großen Mathematiker auch im geselligen Verkehr eine ungewöhnliche Bedeutung, die noch durch die Bereitwilligkeit, wissenschaftliche Fragen aus dem Stegreif zu behandeln, erhöht wurde. Diese Bereitwilligkeit entsprang aus dem innersten Wesen seiner Natur, die in der Überwindung von Schwierigkeiten ihre eigentliche Befriedigung fand, und es lag daher für ihn ein ganz besonderer Reiz darin, wissenschaftliche Ergebnisse durch einfache Betrachtungen selbst solchen verständlich zu machen, denen die dazu scheinbar unentbehrlichen Vorkenntnisse fehlten. Nur mußte er, um einen solchen Versuch anzustellen, die Überzeugung haben, daß die, mit welchen er sich unterhielt, ein wirkliches Interesse an der Sache nahmen. Wo er hingegen gedankenlose Neugier zu bemerken glaubte, oder entschiedene Meinungen mit Selbstgefälligkeit von solchen aussprechen hörte, die sich nie die harte Arbeit des Selbstdenkens zugemutet hatten, verließ ihn die Geduld, und er machte dann gewöhnlich der Unterhaltung durch eine ironische, nicht selten scharf abweisende Bemerkung ein Ende. Man hat ihm oft vorgeworfen, daß er sich bei solchen Anlässen seiner geistigen Kraft zu sehr bewußt gezeigt habe. Aber die, welche ihn so beurteilten, würden vielleicht ihre Meinung geändert haben, hätten sie den Preis gekannt, um welchen er das Recht auf ein solches Bewußtsein erlangt hatte. Ein Brief aus dem Jahre 1824, aus einer Zeit also, zu welcher *Jacobi* noch völlig unbekannt war und daher durchaus kein Interesse haben konnte, seine geistigen Kämpfe mit übertriebenen Farben zu schildern, enthält folgende Stelle,[37] die ich als merkwürdigen Beitrag zur Charakteristik des außerordentlichen Mannes hier wörtlich mitteile. *Jacobi* war damals eben 20 Jahre geworden und seit etwa einem Jahre ausschließlich mit mathematischen Studien beschäftigt.

„Es ist eine saure Arbeit, die ich getan habe, und eine saure Arbeit, in der ich begriffen bin. Nicht Fleiß und Gedächtnis sind es, die hier zum Ziele führen, sie sind hier die untergeordnetsten Diener des sich bewegenden reinen Gedankens. Aber hartnäckiges, hirnzersprengendes Nachdenken erheischt mehr Kraft als der ausdauerndste Fleiß. Wenn ich daher durch stete Übung dieses Nachdenkens einige Kraft darin gewonnen habe, so glaube man nicht, es sei mir leicht geworden, durch irgend eine glückliche Naturgabe etwa. Saure, saure Arbeit hab' ich zu bestehen, und die Angst des Nachdenkens hat oft mächtig an meiner Gesundheit gerüttelt. Das Bewußtsein freilich der erlangten Kraft gibt den schönsten Lohn der Arbeit, so wie wiederum die Ermutigung, fortzufahren und nicht zu erschlaffen. Gedankenlose Menschen, denen jene Arbeit und jenes Bewußtsein also auch ein ganz fremdes ist, suchen diesen Trost, der doch allein machen kann, daß man auf der schwierigen Bahn den Mut nicht sinken läßt, dadurch zu verkümmern, daß sie das Bewußtsein ein eignes, freies zu sein — denn nur in der Bewegung des Gedankens ist der Mensch frei und bei sich —, unter dem Namen Eigendünkel oder Anmaßung gehässig machen. Jeder, der die Idee einer Wissenschaft in sich trägt, kann nicht anders als die Dinge darnach abschätzen, wie sich der menschliche Geist in ihnen offenbart: nach diesem großen Maßstab muß ihm daher manches als geringfügig vorkommen, was den andern ziemlich preiswürdig erscheinen kann. So hat man auch mir oft Anmaßung vorgeworfen, oder wie man mich am schönsten gelobt hat, indem man einen Tadel auszusprechen meinte, ich sei stolz gegen alles Niedre und nur demütig gegen das Höhere. Aber jener unendliche Maßstab, den man an die Welt in sich und außer sich legt, hindert vor aller Überschätzung seiner selbst, indem man immer das unendliche Ziel im Auge hat und seine beschränkte Kraft. In jenem Stolze und jener Demut will ich immer zu beharren streben, ja immer stolzer und immer demütiger werden."

Daß es bei *Jacobi* keine bloße Phrase war, wenn er von sich sagt, daß er die Dinge danach abschätze, wie sich der menschliche Geist in ihnen offenbare, und daß er wirklich alles, was die Welt der Gedanken nicht berührte, wenn nicht mit Gleichgültigkeit, doch mit Gleichmut behandelte, hat er in den schwierigsten Lagen seines Lebens gezeigt. Am bewunderungswürdigsten offenbarte sich dieser wahrhaft philosophische Gleichmut, als ihn das Unglück traf, sein ganzes von seinem Vater ererbtes Vermögen zu verlieren, ein Verlust, der ihm um so empfindlicher hätte sein können, als er, seit zehn Jahren verheiratet, für eine zahlreiche Familie zu sorgen hatte. Wer ihn damals sah, als er herbeigeeilt war, um seiner von ähnlichem Verluste betroffenen Mutter mit Rat und Tat beizustehen, konnte in seiner Stimmung nicht die geringste Veränderung wahrnehmen. Er sprach mit demselben Interesse wie immer von wissenschaftlichen Dingen und klagte nur darüber, daß die unerwartete Reise ihn aus einer Untersuchung gerissen habe, die ihn gerade lebhaft beschäftigte.

Wie *Jacobis* Gedankenkultus sich in der Anerkennung von *Abels* großer Entdeckung kund gab, habe ich schon früher erwähnt. Einen ähnlichen Sinn zeigte er für alles geistige Bedeutende, und auf ihn findet der Ausspruch eines alten Schriftstellers keine Anwendung, daß die Menschen eigentlich nur das bewundern, was sie selbst vollbringen zu können glauben. Seine Anerkennung umfaßte das ganze geistige Gebiet, und in seiner Wissenschaft war *Jacobis* Freude über eine fremde Erfindung um so lebhafter, je mehr sich diese durch ihr Gepräge von seinen eigenen Schöpfungen unterschied. Es war eine ihm natürliche Bewegung, in solchem Falle den Ausdruck seines Beifalls durch das Geständnis zu verstärken, daß er *diesen* Gedanken nie gehabt haben würde.

Es bleibt mir nun noch übrig, das, was ich oben von *Jacobis* äußern Lebensverhältnissen erwähnt habe, mit wenigen Worten zu vervollständigen.

Als er seine Untersuchungen über die elliptischen Funktionen bekannt zu machen anfing, war er noch Privatdozent; die Bewunderung, welche seine Entdeckungen bei allen denen erregten, denen in solchen Dingen ein Urteil zustand, hatte die Folge, daß er sogleich zum außerordentlichen und bald darauf zum ordentlichen Professor befördert wurde.

Indem ich von der Aufnahme rede, welche *Abels* und *Jacobis* Entdeckungen — denn beider Namen sind hier unzertrennlich — bei allen Fachgenossen fanden, kann ich nicht umhin, des Mannes namentlich zu erwähnen, der durch seine vieljährigen Forschungen ganz besonders berufen war, den unerwarteten Fortschritt nach seiner ganzen Bedeutung zu würdigen. *Legendre*, der seine Zeitgenossen so oft der Teilnahmslosigkeit angeklagt und noch kurz vor jener Zeit das Bedauern ausgesprochen hatte, daß seine Lieblingswissenschaft, von allen andern verlassen, durch ihn allein erst nach 40jähriger Arbeit, wie er glaubte, zum Abschluß gekommen sei, begrüßte *Abels* und *Jacobis* Entdeckungen, welche die Theorie weit über die Grenzen hinausführten, die ihm selbst durch die Natur des Gegenstandes gesetzt schienen, mit so warmer, ja enthusiastischer Anerkennung, daß es schwer zu sagen ist, wen eine solche Anerkennung mehr ehrte, die jungen Mathematiker, welchen sie am Eingang ihrer Laufbahn zuteil ward, oder den edlen Altmeister, der fast am Ziele angelangt, sich solcher Gefühlswärme fähig zeigte.

Eine nicht minder ehrenvolle Auszeichnung war es, als bald darauf die Pariser Akademie, obgleich sie keine Preisbewerbung über die Theorie der elliptischen Funktionen eröffnet hatte, *Abels* und *Jacobis* Arbeiten als der wichtigsten Entdeckung der Zeit einen ihrer großen mathematischen Preise[38] zuerkannte und zwischen *Jacobi* und *Abels* Erben teilte.

Ich muß mich darauf beschränken, hier die Beweise der Anerkennung zu erwähnen, welche *Jacobis* Eintritt in die wissenschaftliche Laufbahn bezeichneten, die mir gestreckten Grenzen gestatten mir nicht, alle die Auszeichnungen anzuführen, die ihm später auch in so reichem Maße zuteil wurden, und deren Erwähnung in einer ausführlichen Biographie nicht fehlen dürfte.

Bald nachdem *Jacobi* im Jahre 1829 seine *„Fundamenta nova theoriae funct. ellipt.“*, die nur einen Teil seiner Untersuchungen über diesen Gegenstand enthalten, veröffentlicht hatte, machte er die erste größere Reise ins Ausland, schlug den Weg über Göttingen ein, um *Gauß* persönlich kennen zu lernen, und wandte sich dann nach Paris, wo er mehrere Monate sich aufhielt und wo damals außer *Legendre*, mit dem er seit längerer Zeit in naher brieflicher Verbindung stand und für den er immer eine große Pietät bewahrt hat, noch *Fourier*, *Poisson* und andere hervorragende Mathematiker, die *Jacobi* überlebt haben, vereinigt waren.

Eine zweite Reise ins Ausland unternahm *Jacobi*, der seit 1831 mit einer Frau von hervorragender Geistesbildung verheiratet war,[39] erst wieder im Jahre 1842 in Gesellschaft seiner Frau. Die Veranlassung zu dieser Reise war für ihn zu ehrenvoll, als daß ich sie unerwähnt lassen könnte. Dem erleuchteten Staatsmanne,[40] welcher damals an der Spitze der Verwaltung in der Provinz Preußen stand, schien es im Interesse der Wissenschaft wünschenswert, daß *Bessel* und *Jacobi* einmal der schon oft an sie ergangenen Aufforderung zur Teilnahme an der jährlich in England stattfindenden Gelehrtenversammlung[41] Folge leisteten, und er stellte daher bei dem Könige den

Antrag auf Bewilligung der Kosten zu einer solchen Reise, welchem Antrage Sr. Majestät mit Königlicher Munifizenz zu willfahren geruhte.

Bald nach seiner Rückkehr von dieser Reise zeigten sich bei *Jacobi* die Symptome einer leider unheilbaren Krankheit[42]. Es schwebte längere Zeit in der größten Gefahr, und als diese endlich für den Augenblick beseitigt war, erklärten seine Ärzte zu seiner Kräftigung einen längeren Aufenthalt in einem südlichen Klima für notwendig. Diese ärztliche Erklärung setzte *Jacobi* in nicht geringe Verlegenheit, aber diese Verlegenheit war nicht von langer Dauer, denn die Lage der Sache war nicht sobald durch unsern Kollegen *Alex. von Humboldt*, dessen gewichtige Vermittlung nirgend fehlt, wo es die Ehre der Wissenschaft und das Wohl ihrer Vertreter gilt, zur Kenntnis Sr. Majestät des Königs gelangt, als durch einen neuen Akt königlicher Großmut eine ansehnliche Summe zu einer Reise nach Italien angewiesen wurde.

Das milde Klima von Rom, wo *Jacobi* den Winter zubrachte, wirkte so wohltätig auf ihn, daß die, welche ihn dort sahen, weit entfernt, in ihm einen Rekonvaleszenten zu erkennen, über seine wahrhaft außerordentliche Tätigkeit erstaunen mußten. Er schrieb nicht nur während der 5 Monate seines dortigen Aufenthaltes außer mehreren kleineren Aufsätzen, welche in einer wissenschaftlichen Zeitschrift[43] in Rom selbst erschienen, eine wichtige sehr umfangreiche für das *Crelle*sche Journal bestimmte Abhandlung[44], sondern unternahm auch die Vergleichung der im Vatikan aufbewahrten Handschriften des *Diophantus*[45], mit welchem er sich seit längerer Zeit angelegentlich beschäftigt hatte.

In sein Vaterland zurückgekehrt, wurde er von Königsberg nach Berlin versetzt, wo das wenigstens relativ mildere Klima seine Gesundheit weniger zu bedrohen schien. Ohne hier der Universität anzugehören, hatte er nur die Verpflichtung, Vorlesungen zu halten, so weit es mit der Schonung, deren sein Gesundheitszustand so sehr bedurfte, verträglich sein würde. Seine schriftstellerische Tätigkeit während seines hiesigen Aufenthaltes stand gegen die der besten Königsberger Zeit kaum zurück, wie es die hier in etwa 6 Jahren geschriebenen Abhandlungen bezeugen, welche 2 starke Quartbände füllen.

Zu Anfang des Jahres 1851 hatte er einen Anfall der Grippe zu bestehen; da er sich jedoch schnell erholte und wieder mit großem Eifer zu arbeiten anfing, so durften seine Freunde sich der Hoffnung überlassen, daß er ihnen und der Wissenschaft noch lange erhalten bleiben würde, als er plötzlich am 11ten Februar von neuem erkrankte. Sein Zustand erregte sogleich die größten Besorgnisse, und als man nach einigen Tagen erkannte, daß er von den Blattern ergriffen sei, die auf dem durch das alte Übel unterwühlten Boden den bösartigsten Charakter zeigten, schwand jede Hoffnung. Den 18ten Februar abends 11 Uhr, acht Tage nach seiner Erkrankung, erlag er ohne Kampf.

Jacobis wissenschaftliche Laufbahn umfaßt gerade ein Vierteljahrhundert, also einen weit kürzeren Zeitraum als die der meisten frühern Mathematiker ersten Ranges, und kaum die Hälfte der Zeit, über welche sich *Eulers* Wirksamkeit erstreckt hat, mit dem er wie durch Vielseitigkeit und Fruchtbarkeit so auch darin die größte Ähnlichkeit hat, daß ihm alle Hilfsmittel der Wissenschaft immer gegenwärtig waren und jeden Augenblick zu Gebote standen.

Der Tod, welcher ihn so früh und so plötzlich im Besitze seiner vollen Kraft von der Arbeit hinweggenommen, hat der Wissenschaft die großen Bereicherungen nicht gegönnt, die sie von *Jacobis* nie ermüdender Tätigkeit noch erwarten durfte. Indem ich dies ausspreche, tue ich es nicht nur in der Voraussetzung, daß ich einem solchen

Geiste die schöpferische Kraft nur mit der physischen zugleich erlöschen konnte, ich habe auch eine Reihe von fast vollendeten Arbeiten vor Augen, an die er selbst in kurzer Zeit – vielleicht während des Drucks, wie er es in der letzten Zeit so gern tat – die letzte Hand hätte legen können und die jetzt durch seine Freunde als Bruchstücke, in unvollkommener Form ans Licht treten müssen. Noch während seiner Krankheit, kaum vier Tage vor seinem Tode, beklagte er das Mißgeschick, welches über vielen seiner größeren Arbeiten gewaltet habe, die Krankheit oder häusliches Unglück unterbrochen habe. Wenn ich dann, setzte er wehmütig hinzu, später an die Arbeit zurückkehrte, habe ich lieber etwas Neues anfangen als Untersuchungen wieder aufnehmen wollen, die so traurige Erinnerungen in mir erweckten. Aber ich sehe ein, daß ich nicht länger zögern darf, jene ältern Arbeiten, denen ich einen so großen Teil meiner besten Kraft gewidmet habe, der Öffentlichkeit zu übergeben, wenn sie noch erfolgreich in den Gang der Wissenschaft eingreifen sollen. Glücklicherweise bedarf es dazu nur sehr kurzer Zeit, die mir ja hoffentlich nicht fehlen wird.

Wahlvorschlag für Gustav Magnus (1802-1870) zum OM

von Heinrich Rose

Berlin, den 22. April 1839

Unterzeichneter nimmt sich die Freiheit, Herrn Magnus zum Mitglied der mathematisch-physicalischen Klasse der Academie vorzuschlagen.

Derselbe ist unstreitig allen Mitgliedern durch seine wissenschaftlichen Forschungen in der Chemie sehr vorteilhaft bekannt, weshalb ich hier nur diejenigen Arbeiten von ihm anführen will, welche von besonderm Einfluß auf die Wissenschaft gewesen sind und durch welche daher dieser mein Vorschlag vorzüglich motiviert wird.

1) Ueber die Eigenschaft metallischer Pulver, sich bei der gewöhnlichen Temperatur von selbst zu entzünden.[1]
2) Ueber die Entdeckung zweier der Weinschwefelsäure ähnlichen Säuren.[2]
3) Ueber die Entdeckung der Ueberjodsäure.[3]
4) Ueber die im Blute enthaltenen Gase.[4]

Heinrich Rose

AAW II—IIIa-Bd. 4, Bl. 99; Ausfertigung hsl. eigenhändig.
Datum der Wahl zum OM 27. 1. 1840.

Gedächtnisrede auf Gustav Magnus (1802-1870) von Hermann von Helmholtz

gehalten in der Akademie der Wissenschaften am 6. Juli 1871

Es ist mir der ehrenvolle Auftrag geworden, im Namen dieser Akademie auszusprechen, was sie an *Gustav Magnus* verlor, der ihr dreißig Jahre lang angehörte. Als dankbarem Schüler, als Freund, endlich als dem Amtsnachfolger des Geschiedenen war es mir eine Freude, wie eine Pflicht, einer solchen Aufforderung nachzukommen. Aber ich finde den besten Teil meines Werkes bereits getan durch unseren Kollegen *Hofmann* im Auftrage der Deutschen chemischen Gesellschaft, deren Vorsitzender er ist. Er hat die Aufgabe, von *Magnus'* Leben und Wirken ein Bild zu geben, in eingehendster und liebevollster Weise gelöst.[1] Er ist mir nicht nur der Zeit nach zuvorgekommen, sondern er hat zu dem Geschiedenen auch in viel engeren und häufigeren persönlichen Beziehungen gestanden als ich; andernteils ist er für eine Hauptseite von *Magnus'* Tätigkeit, nämlich die chemische, viel mehr als ich berechtigt, ein sachverständiges Urteil abzugeben.

Dadurch beschränkt sich erheblich das, was für mich zu tun noch übrig bleibt. Ich werde kaum noch als Biograph von *Magnus* reden dürfen, sondern nur noch davon, was *Magnus uns* war, und davon, was er der Wissenschaft war, deren Vertretung die uns zugewiesene Aufgabe ist.

Auch war in der Tat sein Leben nicht gerade reich an äußeren Ereignissen und Wechselfällen; es war das friedliche Leben eines Mannes, der in sorgenfreien äußeren Verhältnissen, erst als Glied, dann als Leiter einer geachteten, begabten und liebenswürdigen Familie, seine Befriedigung in wissenschaftlicher Arbeit, in der Verwertung wissenschaftlicher Ergebnisse zur Lehre und zum Nutzen der Menschen suchte und reichlich fand. Am 2ten Mai 1802 wurde *Heinrich Gustav Magnus* zu Berlin geboren, als der vierte von sechs Brüdern, die sich nach mannigfachen Richtungen hin durch ihre Fähigkeiten ausgezeichnet haben. Der Vater *Johann Matthias* war der Chef eines wohlhabenden Handlungshauses, und suchte seinen Kindern vor allem eine freie Entwicklung ihrer individuellen Anlagen und Neigungen zu gewähren. Unser geschiedener Freund zeigte schon frühe größere Neigung zu mathematischen und naturwissenschaftlichen Studien als zu sprachlichen. Der Vater regelte seinen Unterricht dementsprechend, indem er ihn von dem *Werder*schen Gymnasium wegnahm und an das *Cauer*sche Privat-Institut[2] sendete, in welchem den realistischen Fächern mehr Rechnung getragen wurde. Später von 1822 bis 1827 widmete sich *Magnus* an der Berliner Universität ganz dem naturwissenschaftlichen Studium. Ehe er seine ursprüngliche Absicht, sich für Technologie zu habilitieren, ausführte, wendete er noch zwei Jahre dazu an, sich auf Reisen fortzubilden, vorzugsweise bei *Berzelius* längere Zeit in Stockholm verweilend, dann in Paris bei *Dulong*, *Thénard*, *Gay-Lussac*. Auf

---

Abh. 1871, S. 1—17.

diese Weise ungewöhnlich gut und reich vorbereitet, habilitierte er sich 1831 an der hiesigen Universität[3] zunächst für Technologie, später auch für Physik, wurde 1834 zum außerordentlichen, 1845 zum ordentlichen Professor ernannt, und zeichnete sich durch seine wissenschaftlichen Arbeiten in dieser Zeit so aus, daß er schon neun Jahre nach seiner Habilitation, am 27. Januar 1840, zum Mitgliede dieser Akademie erwählt wurde. Von 1832 bis 1840 hat er auch an der Artillerie- und Ingenierschule Physik gelehrt, von 1850 bis 1856 an dem Gewerbeinstitut[4] chemische Technologie. Lange Zeit hielt er die Vorlesungen in seinem eigenen Hause mit seinen eigenen Instrumenten, die allmählich zu einer der stattlichsten physikalischen Sammlungen anwuchsen, wie sie zur Zeit existierten, und die später vom Staate für die Universität angekauft wurden. Dann verlegte auch *Magnus* seine Vorlesungen in das Universitätsgebäude, und behielt nur das Laboratorium für seine eigenen und die Arbeiten seiner Schüler im eigenen Hause.

So floß sein Leben in ruhiger, aber unablässiger Wirksamkeit für seine Wissenschaft ungestört dahin; Reisen bald für wissenschaftliche oder technische Studien, mehrere Male auch im Auftrage des Staats unternommen, bald der Erholung bestimmt, unterbrachen von Zeit zu Zeit seine hiesige Arbeit. Daneben wurden seine sachverständige Erfahrung und seine Geschäftskenntnis vom Staate in mancherlei Kommissionen in Anspruch genommen; unter diesen ist namentlich seine Teilnahme an den chemischen Beratungen des Landes-Ökonomie-Kollegiums zu erwähnen, denen er großes Interesse und viel von seiner Zeit widmete, vor allem in bezug auf die großen praktischen Fragen der Agrikulturchemie.

Nach 67 Jahren fast ungestörter Gesundheit verfiel er gegen Ende des Jahres 1869 in eine schmerzhafte Krankheit*. Bis zum 25ten Februar 1870 hat er noch seine Vorlesungen über Physik fortgesetzt, im Laufe des März aber kaum mehr sein Lager verlassen können; am 4ten April verschied er.

Magnus ist eine reich angelegte Natur gewesen, welche unter glücklichen äußeren Umständen sich nach ihrer Eigenart entwickeln und sich ihre Tätigkeit frei nach eigenem Sinne wählen durfte. Dieser Sinn aber war so beherrscht von Besonnenheit und erfüllt, ich möchte sagen, von künstlerischer Harmonie, die das Maßlose und Unreine scheute, daß er die Ziele seiner Arbeit weise zu wählen und deshalb auch fast immer zu erreichen wußte. Ebendarum stimmt auch die Richtung und die Art von *Magnus'* Tätigkeit mit seiner geistigen Eigenart so vollkommen zusammen, wie das bei nur wenigen Glücklichen unter den Sterblichen der Fall zu sein pflegt. Die harmonische Anlage und Ausbildung seines Geistes gab sich auch äußerlich in der natürlichen Anmut seines Betragens, in der wohltuenden Heiterkeit und Sicherheit seines Wesens, in der warmen Liebenswürdigkeit seines Verkehrs mit anderen zu erkennen. Es lag in allem diesem viel mehr, als die bloße Erlernung der äußeren Formen der Höflichkeit jemals erreichen kann, wo sie nicht von warmer Teilnahme und feinem Gefühl für das Schöne durchleuchtet wird.

Von früh her gewöhnt an die geregelte und besonnene Tätigkeit des kaufmännischen Hauses, in dem er aufwuchs, behielt er von diesem die Gewandtheit in Geschäften, die er so oft in den Verwaltungsangelegenheiten dieser Akademie, der philosophischen Fakultät und verschiedener staatlicher Kommissionen zu betätigen hatte. Er behielt von daher die saubere Ordnungsliebe, die Richtung auf die Wirklichkeit und das

* Carcinom Recti.

Praktisch-Erreichbare, wenn auch das Hauptziel seiner Tätigkeit ein ideales wurde. Er hatte begriffen, daß nicht der behagliche Genuß einer sorgenfreien Existenz und des Verkehrs in dem liebenswürdigsten Kreise von Angehörigen und Freunden eine dauernde Befriedigung gibt, sondern nur die Arbeit, und zwar nur die uneigennützige Arbeit für ein ideales Ziel. So arbeitete er, nicht für die Vermehrung seiner Reichtümer, sondern für die Wissenschaft; nicht dilettantisch und launisch, sondern nach einem festen Ziel und unermüdlich; nicht in Eitelkeit, nach auffallenden Entdeckungen haschend, die seinen Namen hätten schnell berühmt machen können, sondern er wurde im Gegenteil ein Meister der treuen, geduldigen und bescheidenen Arbeit, welche ihr Werk immer wieder prüft, und nicht eher davon abläßt, als bis sie nichts mehr daran zu bessern weiß. Solche Arbeit ist es aber auch, die durch die klassische Vollendung ihrer Methode, durch die Genauigkeit und Zuverlässigkeit ihrer Resultate den besten und dauerndsten Ruhm verdient und erringt. Meisterstücke mustergültiger Vollendung sind unter den Arbeiten von *Magnus* namentlich die über die Ausdehnung der Gase durch die Wärme[5] und über die Spannkraft der Dämpfe[6]. Ohne von *Magnus* zu wissen, arbeitete damals gleichzeitig mit ihm ein anderer Meister in solcher Arbeit, und zwar der erfahrensten und berühmtesten einer, nämlich *Regnault* in Paris, an den gleichen Aufgaben. Die Resultate beider Forscher wurden fast gleichzeitig veröffentlicht und zeigten durch ihre außerordentlich nahe Übereinstimmung, mit welcher Treue und mit welchem Geschick beide gearbeitet hatten. Wo aber noch Differenzen sich zeigten, wurden diese schließlich zu *Magnus'* Gunsten entschieden.

In ganz besonders charakteristischer Weise aber zeigte sieh die Reinheit und Uneigennützigkeit, mit der *Magnus* den idealen Zweck seines Strebens festhielt, in der Art und Weise, wie er jüngere Männer zu wissenschaftlichen Arbeiten heranzog, und sobald er bei ihnen Eifer und Fähigkeit für wissenschaftliche Arbeiten zu entdecken glaubte, ihnen seine Instrumente und die Hilfsmittel seines Privatlaboratoriums zur Verfügung stellte. Dies war die Art, wie ich selbst einst in nähere Beziehung zu ihm getreten bin, als ich mich zur Absolvierung der medizinischen Staatsprüfungen in Berlin befand.[7] Er forderte mich damals auf — ich selbst würde nicht gewagt haben, ihn darum zu bitten —, meine Versuche über Gärung und Fäulnis noch nach neuen Richtungen hin auszudehnen und andere Methoden, die größere Hilfsmittel erforderten, als ein junger von seinem Sold lebender Militärarzt sich verschaffen konnte, dazu anzuwenden. Ich habe damals etwa drei Monate bei ihm fast täglich gearbeitet, und habe dadurch einen tiefen und bleibenden Eindruck von seiner Güte, seiner Uneigennützigkeit, seiner vollkommenen Freiheit von wissenschaftlicher Eifersucht gewonnen. Nicht allein, daß er durch ein solches Verfahren den äußerlichen Vorteil aufgab, den einem ehrgeizigen Manne der Besitz einer der reichsten Instrumentensammlungen vor allen Mitbewerbern gesichert haben würde; er nahm auch mit freundlichem Gleichmut alle die kleinen Ärgerlichkeiten und Belästigungen hin, welche die Ungeschicklichkeit und Hastigkeit jugendlicher Experimentatoren beim Gebrauche kostbarer und in peinlichster Sauberkeit gehaltener Instrumente mit sich bringt. Noch weniger war die Rede davon, daß er nach der Sitte der Gelehrten anderer Nationen die Arbeitskräfte der Jüngeren für seine eigenen Zwecke und zur Verherrlichung seines eigenen Namens ausgebeutet hätte. Chemische Laboratorien nach *Liebigs* Vorgang fingen damals an, eingerichtet zu werden; von physikalischen, die übrigens sehr viel schwerer zu organisieren sind, bestand meines Wissens damals kein einziges. Ihre Gründung ist von *Magnus* in der Tat ausgegangen.

In diesem Verhältnisse besonders zeigt sich ein wesentlicher Teil von der inneren Richtung des Mannes, den wir bei der Beurteilung seines Wertes nicht vernachlässigen dürfen; er war nicht nur ein *Forscher*, er war auch ein *Lehrer* der Wissenschaft, diesen Begriff im höchsten und weitesten Sinne genommen. Er wollte sie nicht in der Studierstube und im Hörsaale abgeschlossen wissen, er wollte, daß sie direkt hinauswirkte in alle Verhältnisse des Lebens; in seinem regen Interesse für die Technologie, in seiner eifrigen Teilnahme an den Arbeiten des Landes-Ökonomie-Kollegiums spiegelt sich diese Seite seines Strebens deutlich ab, ebenso in der großen Sorgfalt, die er auf die Vorbereitung der Vorlesungsversuche verwendete, wie in der sinnreichen Ausbildung des instrumentalen Apparates für diese Art von Versuchen. Hierfür ist die von ihm gegründete, später in den Besitz der Universität übergegangene und jetzt mir als seinem Nachfolger zur Benutzung überwiesene Sammlung seiner Instrumente der beredteste Zeuge. Alles ist in sauberster Haltung und in vortrefflichster Leistungsfähigkeit; wo zu dem auszuführenden Versuche ein seidener Faden, eine Glasröhre oder ein Kork nötig sind, kann man darauf rechnen, sie neben dem Instrumente zu finden. Alle von ihm herrührenden Apparate sind gebaut mit den besten Mitteln, die dazu herbeigeschafft werden konnten, ohne am Material oder an der Arbeit des Mechanikers zu sparen, so daß der Erfolg des Versuchs möglichst gesichert wird, und derselbe in nicht zu kleinem Maßstabe und möglichst weithin sichtbar in die Augen fällt.

Ich weiß mich aber auch sehr wohl noch des Erstaunens und der Bewunderung zu erinnern, mit der wir, als Studenten, ihn experimentieren sahen. Nicht bloß, daß alle Experimente glänzend und vollständig gelangen, sondern sie störten und beschäftigten ihn scheinbar gar nicht in seinen Gedanken. Der ruhige und klare Fluß seiner Rede ging ohne Unterbrechung vorwärts; jeder Versuch trat an seiner Stelle ein, vollendete sich rasch, ohne Hast und ohne Stocken und wurde wieder verlassen.

Daß die kostbare Sammlung der Demonstrationsapparate noch während seines Lebens in den Besitz der Universität überging, habe ich schon erwähnt. Er wollte aber überhaupt nicht, daß, was er als Hilfsmittel wissenschaftlicher Arbeit gesammelt und konstruiert hatte, zerstreut und dem Zwecke entfremdet würde dem er sein Leben gewidmet hatte. In diesem Sinne hat er denn auch den Rest der Apparate aus seinem Laboratorium, die eigentlichen Arbeitsinstrumente, sowie seine sehr reiche und wertvolle Bibliothek testamentarisch der Universität vermacht, und so einen kostbaren Grund zur weiteren Entwicklung eines öffentlichen physikalischen Instituts gelegt.

Es wird genügen, in diesen wenigen Zügen die geistige Individualität des geschiedenen Freundes zurückgerufen zu haben, so weit in ihnen die Quellen für die Richtung seiner Tätigkeit zu finden sind. Ein lebhafteres Bild wird Ihnen allen, die sie dreißig Jahre mit ihm zusammenwirkten, die persönliche Erinnerung gewähren.

Wenn wir uns nun zur Besprechung der Ergebnisse und Erfolge seiner Arbeiten wenden, so genügt es dazu nicht, daß wir die Reihe seiner akademischen und wissenschaftlichen Schriften durchgehen und zu beurteilen suchen. Ich habe schon hervorgehoben, daß ein hervorragender Teil seiner Wirksamkeit auf die Mitlebenden gerichtet war; und dazu kommt, daß sein Leben in eine Zeitperiode fällt, in welcher die Naturwissenschaften einen Entwicklungsprozeß von einer solchen Schnelligkeit durchgemacht haben, wie ein ähnlicher in der Geschichte der Wissenschaften wohl in keinem anderen Falle vorgekommen ist. Die Männer aber, welche einer solchen Zeit angehören und an einer solchen Entwicklung mit gearbeitet haben, erscheinen ihren Nachfolgern, denen sie den Platz bereitet, leicht in falscher Perspektive, weil der beste Teil ihrer

Arbeit diesen schon als etwas Selbstverständliches erscheint, von dem zu sprechen kaum noch der Mühe lohnt.

Es wird uns jetzt schwer, uns zurückzuversetzen in den Zustand der naturwissenschaftlichen Bildung, wie er in den ersten zwanzig Jahren dieses Jahrhunderts in Deutschland wenigstens bestand. *Magnus* wurde 1802 geboren, ich selbst 19 Jahre später; aber wenn ich auf meine frühesten Jugenderinnerungen zurückgreife, als ich aus den im Besitz meines Vaters, der selbst einst im *Cauer*schen Institute unterrichtet hatte, befindlichen Lehrbüchern anfing, Physik zu studieren, so taucht mir noch ein dunkles Bild eines Vorstellungskreises auf, der uns jetzt ganz mittelalterlich alchimistisch anmuten würde. Von *Lavoisiers* und von *H. Davys* umwälzenden Entdekkungen war noch nicht viel in die Schulbücher gedrungen. Obgleich man den Sauerstoff schon kannte, spielte daneben doch auch das Phlogiston, der Feuerstoff, seine Rolle. Das Chlor war noch die oxigenierte Salzsäure, das Kali und die Kalkerde waren noch Elemente. Die wirbellosen Tiere teilten sich noch in Insekten und Würmer, und in der Botanik zählte man Staubfäden.

Es ist seltsam zu sehen, wie spät und zögernd sich die Deutschen in unserm Jahrhundert dem Studium der Naturwissenschaften zugewendet haben, während sie doch an deren früherer Entwicklung hervorgehenden Anteil genommen hatten. Ich brauche nur *Copernicus*, *Kepler*, *Leibniz*, *Stahl* zu nennen.

Wir dürfen uns doch sonst einer leidenschaftlichen, rücksichtslosen und uneigennützigen Liebe zur Wahrheit rühmen, die vor keiner Autorität und vor keinem Scheine Halt macht, kein Opfer und keine Arbeit scheut, und sehr genügsam in ihren Ansprüchen auf äußeren Erfolg ist. Aber eben deshalb treibt sie uns immer an, vor allem die prinzipiellen Fragen bis in ihre tiefsten Gründe zu verfolgen, und uns wenig zu kümmern um das, was mit den letzten Gründen der Dinge keinen deutlichen Zusammenhang hat, namentlich auch wenig um die praktischen Konsequenzen und die nützlichen Anwendungen. Dazu kam aber wohl noch ein äußerer Grund, nämlich der, daß die selbständige geistige Entwicklung der letzten drei Jahrhunderte unter politischen Zuständen begann, die das Hauptgewicht auf die theologischen Studien fallen ließen. Deutschland hat Europa von der Zwingherrschaft der alten Kirche befreit; aber es hat auch einen viel teureren Preis für diese Befreiung zahlen müssen als die anderen Nationen. Es blieb nach den Religionskriegen zurück, verwüstet, verarmt, politisch zerbrochen, an seinen Grenzen beschädigt, wehrlos übermütig gewordenen Nachbarn preisgegeben. Um die Konsequenz der neuen sittlichen Anschauungen zu ziehen, sie wissenschaftlich zu prüfen, in alle Gebiete des Geisteslebens hinein durchzuarbeiten, dazu war während der Stürme des Krieges keine Zeit gewesen; da mußte jeder zu seiner Partei halten, jeder Anfang von Meinungsverschiedenheit erschien als Verrat und erregte bitteren Zorn. Das geistige Leben hatte durch die Reformation seinen alten Halt und seinen alten Zusammenhang verloren, alles mußte in neuem Lichte erscheinen und neue Fragen aufregen. Mit äußerlicher Uniformität konnte sich der deutsche Geist nicht beruhigen; wo er nicht überzeugt und befriedigt war, ließ er seine Zweifel nicht schweigen. So war es die Theologie, neben ihr die klassische Philologie und die Philosophie, welche teils als Hilfswissenschaften der Theologie, teils durch das, was sie selbst für die Lösung der neu auftauchenden sittlichen, ästhetischen und metaphysischen Probleme leisten konnten, das Interesse der wissenschaftlich Gebildeten fast ausschließlich in Anspruch nahmen. Deshalb erklärt es sich wohl, daß die protestantischen Nationen, sowie der Teil der Katholiken, welcher, in seinem alten Glauben wankend gemacht, nur äußerlich bei seiner Kirche blieb, sich mit verzehrendem Eifer auf die Philosophie stürzten. Man hatte ja hauptsächlich ethische und metaphysische Probleme zu lösen; auch die Kritik der Erkenntnisquellen mußte vorgenommen werden, und sie wurde es mit viel tieferem Ernst als früher. Ich brauche an die wirklichen Resultate, die das vorige Jahrhundert aus dieser Arbeit gewann, hier nicht zu erinnern. Sie erregten schwungvolle Hoffnungen, und die Metaphysik hat, wie sich nicht leugnen läßt, eine gefährliche Anziehung für den Deutschen Geist; er konnte nicht eher von ihr wieder ablassen, als bis er alle ihre Schlupfwinkel durchsucht und sich überzeugt hatte, daß dort für jetzt nichts mehr zu finden sei.

Daneben fing in der zweiten Hälfte des vorigen Jahrhunderts das verjüngte geistige Leben der Nation an, seine künstlerischen Blüten zu treiben, die unbeholfene Sprache bildete sich zu einem der ausdrucksvollsten Werkzeuge des menschlichen Geistes um; aus den meist noch harten, ärmlichen und unerquicklichen bürgerlichen und politischen Zuständen, den Folgen der Religionskriege, in welche die Gestalt des preußischen Heldenkönigs nur eben die erste Hoffnung einer besseren Zukunft geworfen, denen dann freilich wieder das Elend der Napoleonischen Kriege gefolgt war, aus dieser freudlosen Existenz flüchteten sich alle empfindsamen Gemüter gern in das Blütenland, welches die Deutsche Poesie, mit den Besten aller Zeiten und Völker wetteifernd, aufschloß, oder in die erhabenen Aussichten der Philosophie; man suchte die Wirklichkeit durch Vergessen zu überwinden.

Und die Naturwissenschaften lagen auf der Seite dieser gern übersehenden Wirklichkeit. Nur die Astronomie konnte schon damals große und erhabene Ausblicke bieten; in allen andern Zweigen war noch lange und geduldige Arbeit nötig, ehe sie zu großen Prinzipien aufsteigen, ehe sie mitsprechen konnten in den großen Problemen des menschlichen Lebens, oder ehe sie das gewaltige Mittel der Herrschaft des Menschen über die Naturmächte wurden, welches sie seitdem geworden sind. Die Arbeit des Naturforschers erschien eng, niedrig, gleichgültig neben den großen Konzeptionen der Philosophen und Dichter; höchstens solche Naturforscher, welche, wie *Oken*, sich in philosophisch-dichterischer Anschauungsform bewegten, fanden williges Gehör.

Fern sei es von mir, in einseitiger Betonung der naturwissenschaftlichen Interessen diese Zeit begeisterten Rausches schelten zu wollen; in der Tat verdanken wir ihr die sittliche Kraft, welche das Napoleonische Joch brach, wir verdanken ihr die großen Dichtungen, welche der edelste Schatz unserer Nation sind; aber die Wirklichkeit behält ihr Recht gegen jeden Schein, auch gegen den schönsten, und Individuen, wie Nationen, welche zur Mannesreife sich entwickeln wollen, müssen lernen, der Wirklichkeit in das Gesicht zu schauen, um die Wirklichkeit unter die Zwecke des Geistes zu beugen. Sich in eine ideale Welt flüchten, ist eine falsche Hilfe von kurzdauerndem Erfolge, sie erleichtert nur den Gegnern ihr Spiel; und wenn das Wissen immer nur sich selbst spiegelt, so wird es gegenstandslos und leer, oder löst sich in Illusionen und Phrasen auf.

Die Reaktion gegen die Verirrungen einer Geistesrichtung, die anfangs dem natürlichen Schwung eines jugendfrischen Anlaufs entsprach, dann aber im Epigonenzeitalter der romantischen Schule und der Identitätsphilosophie in sentimentales Haschen nach Erhabenheit und Begeisterung verfiel, ist, wie wir alle wissen, eingetreten und durchgeführt worden, nicht bloß im Gebiete der Naturwissenschaften, sondern auch im Kreise der Geschichte, der Kunstwissenschaft, der Sprachforschung. Auch in den ietztgenannten Gebieten, wo man mit Tätigkeitsäußerungen des menschlichen Geistes direkt zu tun hat, und wo deshalb eine Konstruktion a priori aus den psychologischen Gesetzen viel eher möglich erscheint als der Natur gegenüber, hat man begriffen, daß man erst die Tatsachen kennen muß, ehe man ihre Gesetze aufstellen kann.

Gustav Magnus' Entwicklung fällt in die Zeit dieses Kampfes hinein; es lag in der ganzen Richtung seines Geistes, daß er, so sehr er sonst nach seiner milden Art Gegensätze zu versöhnen suchte, entschieden Partei ergriff, und zwar zu Gunsten der reinen Erfahrung gegen die Spekulation. Wenn er auch vermied, Personen zu verletzen, so muß man anerkennen, daß er von dem Prinzip, was er mit sicherem Takt als das richtige erkannt hatte, nicht ein Jota nachließ; und er kämpfte an entscheidendster Stelle in doppeltem Sinne; einmal, weil es sich in der Physik um die Grundlagen der ganzen Naturwissenschaft handelt, und dann, weil die zahlreich besuchte Universität Berlin die am längsten gehaltene Festung der Spekulation war. Er predigte seinen Schülern fortdauernd, daß der Wirklichkeit gegenüber kein Raisonnement, und sähe es noch so plausibel aus, daß vielmehr nur die Beobachtung und der Versuch entscheidet; und er verlangte stets, daß jeder ausführbare Versuch, der eine tatsächliche Bestätigung oder Widerlegung eines hingestellten Gesetzes oder einer Erklärung geben könne, gemacht werde. Er selbst ging hierin mit dem besten Beispiele voran. Er beschränkte auch die Anwendbarkeit der echten naturwissenschaftlichen Methode keineswegs auf die Erforschung der leblosen Natur, sondern er führte in seiner Arbeit über die Gase des Blutes (1837)[8] einen Stoß bis in das Herz der vitalistischen Theorien; er führte die Physik bis in den Mittelpunkt des organischen Stoffwechsels ein, indem er den wissenschaftlichen Grund für die richtige Theorie der Atmung legte, einen Grund, auf dem eine große Anzahl späterer Forscher weiter gearbeitet haben, und auf dem sich eines der wichtigsten und folgenreichsten Kapitel der Physiologie entwickelt hat.

Nicht zu *wenig* Entschiedenheit in der Durchführung seines Prinzips konnte man ihm vorwerfen; wohl aber muß ich gestehen, daß ich selbst und manche meiner Genossen früher der Meinung waren, daß *Magnus* sein Mißtrauen gegen die Spekulation namentlich in bezug auf die mathematische Physik zu weit triebe. Er hatte sich in mathematisch-physikalische Studien wohl niemals sehr vertieft, und das bestärkte uns damals in unserem Zweifel. Dennoch, wenn wir uns von dem Standpunkte, den jetzt die Wissenschaft erreicht hat, umsehen, muß man anerkennen, daß auch sein Mißtrauen gegen die damalige mathematische Physik nicht unbegründet war. Auch in ihr war noch nicht rein geschieden, was erfahrungsmäßige Tatsache, was bloße Wortdefinition und was nur Hypothese war. Das unklare Gemisch aus diesen Elementen, welches die Grundlagen der Rechnung bildete, suchte man für Axiome von metaphysischer Notwendigkeit auszugeben und nahm eine ähnliche Art der Notwendigkeit auch für die Folgerungen in Anspruch. Ich brauche nur daran zu erinnern, eine wie große Rolle in den mathematisch durchgeführten Theorien aus der ersten Hälfte dieses Jahrhunderts die Hypothesen über den atomistischen Bau der Körper spielten, während man von den Atomen noch so gut wie nichts wußte, und zum Beispiel den außerordentlichen wichtigen Einfluß, den die Wärmebewegung auf die Molekularkräfte hat, noch kaum ahnte. Jetzt wissen wir zum Beispiel, daß das Ausdehnungsstreben der Gase *nur* auf der Wärmebewegung beruht; in jener Periode galt die Wärme noch bei weitem den meisten Physikern als ein imponderabler Stoff. Über die Atome in der theoretischen Physik sagt *Sir W. Thomson* sehr bezeichnend, daß ihre Annahme keine Eigenschaft der Körper erklären kann, die man nicht vorher den Atomen selbst beigelegt hat. Ich will mich, indem ich diesem Ausspruch beipflichte, hiermit keineswegs gegen die Existenz der Atome erklären, sondern nur gegen das Streben, aus rein hypothetischen Annahmen über Atombau der Naturkörper die Grundlagen der theoretischen Physik herzuleiten. Wir wissen jetzt, daß manche von diesen Hypothesen, die ihrer Zeit viel Beifall fanden, weit bei der Wahrheit vorbeischossen. Auch die mathematische Physik hat einen andern Charakter angenommen unter den Händen von *Gauß*, von *F. E. Neumann* und ihren Schülern unter den Deutschen, sowie von denjenigen Mathematikern, die sich in England an *Faraday* anschlossen, *Stokes*, *W. Thomson*, *Cl. Maxwell*. Man hat begriffen, daß auch die mathematische Physik eine reine Erfahrungswissenschaft ist; daß sie keine anderen Prinzipien zu befolgen hat als die experimentelle Physik. Unmittelbar in der Erfahrung finden wir nur ausgedehnte mannigfach gestaltete und zusammengesetzte Körper vor uns; nur an solchen können wir unsere Beobachtungen und Versuche machen. Deren Wirkungen sind zusammengesetzt aus den Wirkungen, welche alle ihre Teile zu der Summe des Ganzen beitragen, und wenn wir also die einfachsten und allgemeinsten Wirkungsgesetze der in der Natur vorgefundenen Massen und Stoffe auf einander kennenlernen wollen, diese Gesetze namentlich befreien wollen von den Zufälligkeiten der Form, der Größe und Lage der zusammenwirkenden Körper, so müssen wir zurückgehen auf die Wirkungsgesetze der kleinsten Volumteile, oder, wie die Mathematiker es bezeichnen, der Volumenelemente. Diese aber sind nicht, wie die Atome, disparat und verschiedenartig, sondern kontinuierlich und gleichartig.

Die charakteristischen Eigenschaften der Volumenelemente verschiedener Körper sind auf dem Wege der Erfahrung zu finden, entweder direkt, wo die Kenntnis der Summen genügt, um die Summanden zu finden, oder hypothetisch, wo dann die berechnete Summe der Wirkungen in möglichst verschiedenartigen Fällen durch Beobachtung und Versuch mit der Wirklichkeit verglichen werden muß. Somit ist anerkannt, daß die mathematische Physik nur die einfachen, von den Zufälligkeiten der Körperform befreiten Wirkungsgesetze der Körperelemente auf rein empirischem Wege zu suchen hat und der Kontrolle der Erfahrung genau ebenso unterworfen ist wie die sogenannte experimentelle Physik; ja daß beide prinzipiell gar nicht geschieden sind und die erstere nur das Geschäft der letzteren fortsetzt, um immer einfachere und allgemeinere Gesetze der Erscheinungen zu entdecken.

Es ist unverkennbar, daß auch diese analysierende Richtung der physikalischen Forschung einen anderen Charakter angenommen hat, daß sie gerade das abgelegt hat, was *Magnus* zu ihr in einen, wenn auch meist nur leise angedeuteten inneren Widerspruch brachte. Er pflegte, wenigstens in früheren Jahren, darauf zu bestehen, daß das Geschäft des mathematischen und des experimentellen Physikers ganz von einander zu trennen sei; daß ein junger Mann, der Physik betreiben wolle, sich zwischen der einen und der andern Richtung zu entscheiden habe. Gegenwärtig scheint es mir, als wenn immer mehr und mit Recht die Überzeugung Boden gewönne, daß in dem entwickelteren Zustande der Wissenschaft nur derjenige fruchtbar experimentieren könne, der eine eindringende Kenntnis der Theorie hat und ihr gemäß die rechten Fragen zu stellen und zu verfolgen weiß; und andererseits daß nur derjenige fruchtbar theoretisieren könne, der eine breite praktische Erfahrung im Experiment habe. Die Entdeckung der Spektralanalyse[9] war eines der glänzendsten Beispiele einer solchen Durchdringung des theoretischen Verständnisses und der Experimentierkunst, was unserer Erinnerung noch ganz nahe liegt.

Ich weiß nicht, ob *Magnus* in späterer Zeit sich über das Verhältnis der experimentellen und mathematischen Physik anders als früher geäußert hat. Jedenfalls müssen auch die, welche seine frühere Abwendung von der mathematischen Physik als eine etwas zu weit getriebene Reaktion gegen den Mißbrauch der Spekulation auffassen möchten, anerkennen, daß ihm die ältere mathematische Physik wohl manchen Grund zu einer solchen Abwendung gab, und daß er andrerseits mit der größten Freudigkeit aufnahm, was *Kirchhoff*, *W. Thomson* und andere aus theoretischen Ausgangspunkten von neuen Tatsachen entwickelt hatten. Es sei mir erlaubt, in dieser Beziehung hier mein eigenes persönliches Zeugnis abzulegen. Meine eigenen Arbeiten sind meist auf diese Weise erwachsen, gegen welche *Magnus* Verwahrung einzulegen pflegte; dennoch habe ich bei ihm nie etwas anderes als die bereitwilligste und freundlichste Anerkennung gefunden.

Aber natürlich ist es, daß jeder, auf seine eigene Erfahrung gestützt, den Weg, der seiner eigenen Natur am besten entsprach, auf dem er selbst am schnellsten vorwärts gekommen ist, auch andern als den förderlichsten empfiehlt. Und wenn wir nur alle darüber einig sind, daß die Wissenschaft zur Aufgabe hat, die *Gesetze* der *Tatsachen* zu finden, so kann man es jedem überlassen, je nach seiner Neigung sich entweder frisch in die Tatsachen zu stürzen und zu suchen, wo ihm die Spuren noch unbekannter Gesetze aufstoßen mögen, oder aber von den schon bekannten Gesetzen her die Punkte aufzusuchen, wo neue Tatsachen zu entdecken sein werden. Aber ebenso gut, wie wir alle mit *Magnus* Widerspruch einlegen werden gegen den Theoretiker, der nicht für nötig hält, die Folgerungen aus seinen ihm als Axiome erscheinenden Hypothesen an der Erfahrung zu prüfen, so würde sich *Magnus* — das zeigen seine Arbeiten entschieden — mit uns gegen diejenige Art des modernsten übertriebenen Empirismus erklären, welche darauf ausgeht, Tatsachen zu entdecken, die sich unter keine Regel sollen fügen lassen, und die es auch sorgfältig zu vermeiden pflegt, nach einem Gesetze oder möglichen Zusammenhange der etwa neu entdeckten Tatsachen zu suchen.

Zu erwähnen ist übrigens, daß genau in demselben Sinne und mit dem gleichen Zwecke in England ein anderer großer Physiker, *Faraday*, wirkte, mit dem *Magnus* daher auch in dem herzlichsten Einvernehmen verbunden war. Bei *Faraday* sprach sich der Gegensatz gegen die bisherigen physikalischen Theorien, welche mit Atomen und in die Ferne wirkenden Kräften operieren, sogar noch schärfer aus als bei *Magnus*.

Wir müssen übrigens anerkennen, daß *Magnus* meist mit Erfolg auch da gearbeitet hat, wo er zu Aufgaben hingeführt wurde, die anscheinend überwiegend für eine mathematische Behandlung geeignet waren; so zum Beispiel in seiner Arbeit über die Abweichung der rotierenden Geschosse aus gezogenen Läufen;[10] so in seiner Abhandlung über die Form der Wasserstrahlen und ihren Zerfall in Tropfen.[11] In der ersteren hat er durch sehr geschickt angelegte Versuche nachgewiesen, wie der von der unteren Seite gegen die Kugel wirkende Luftwiderstand sie als rotierenden Körper nach einer Seite hin ablenken muß — nach welcher, hängt von der Richtung der Rotation ab — und wie in Folge dessen auch die Flugbahn in demselben Sinne abgelenkt wird. In der zweiten Abhandlung hat er die verschiedenen Formen der ausfließenden Wasserstrahlen untersucht, wie sie teils durch die Form der Öffnung, aus der sie fließen, teils durch die Art des Zuflusses zu dieser verändert werden, und wie von außen hinzukommende Erschütterungen ihr Zerfallen in Tropfen bedingen. Dabei hat er zur ruhigen Beobachtung der Erscheinungen eine sehr glückliche Anwendung vom Prinzip der stroboskopischen Scheiben gemacht, indem er den Strahl durch eine rotierende

Scheibe mit schmalen Ausschnitten beobachtete. Mit eigentümlicher Kunst gruppiert er die äußerst mannigfaltigen Erscheinungen, so daß das Ähnliche in ihnen übersichtlich heraustritt und eine die andere erläutert. Und wenn auch das letzte mechanische Verständnis nicht immer gewonnen wird, so wird doch der Grund für eine große Anzahl charakteristischer Züge der einzelnen Erscheinungen deutlich. In dieser Beziehung sind viele seiner Arbeiten — ich möchte hier namentlich gerade die über die ausfließenden Wasserstrahlen rühmen — vortreffliche Muster für das, was *Goethe* theoretisch richtig forderte und in seinen physikalischen Arbeiten[12] zu leisten trachtete, aber freilich nur mit teilweisem Erfolge.

Aber auch wo *Magnus* sich von seinem Standpunkte aus und mit den Kenntnissen seiner Zeit ausgerüstet vergebens abmüht, den Kern der Lösung einer schwierigen Frage zu fassen, wird immer eine Fülle neuer wertvoller Tatsachen an das Licht gefördert. So in der Arbeit über die thermoelektrischen Ketten[13], wo er richtig sah, daß eine prinzipielle Frage zu lösen war, und selbst am Schlusse erklärt: „Als ich die eben beschriebenen Versuche begann, hoffte ich zuversichtlich zu finden, daß die thermoelektrischen Ströme von einer Bewegung der Wärme herrührten." In diesem Sinne prüfte er namentlich die Fälle, wo die thermoelektrische Kette aus einem einzigen Metalle bestand, welches aber abwechselnd harte und durch Wärme weich gemachte Abteilungen darbot, oder dessen zur Berührung gebrachte Stücke sehr verschiedene Temperatur hatten. Er überzeugt sich, daß weder das Wärme-Ausstrahlungsvermögen noch die Leitungsfähigkeit für Wärme (diesen Begriff im gewöhnlichen Sinne genommen) den thermoelektrischen Strom bedingen, und muß sich schließlich mit der ihn selbst offenbar nicht befriedigenden Erklärung beruhigen, daß sich zwei ungleich warme Stücke desselben Metalls wie zwei ungleichartige Leiter, die nach Art der Flüssigkeiten dem galvanischen Spannungsgesetze nicht folgen, zu einander verhalten. Erst die beiden allgemeinen Gesetze der mechanischen Wärmetheorie führten später zur Lösung. *Magnus'* Hoffnung war nicht falsch gewesen; *W. Thomson* erkannte, daß Änderungen in der Leitungsgeschwindigkeit der Wärme, aber solche, die durch die elektrischen Ströme selbst erst hervorgebracht werden, die Quelle dieser Ströme sind.

Es liegt in der Natur der wissenschaftlichen Richtung, der *Magnus* in seinen Arbeiten folgte, daß sie viele Steine zu dem großen Gebäude der Wissenschaft hinzuführt, die ihm immer breitere Stützung und immer höheren Wuchs geben, ohne daß notwendig dem neu hinzutretenden Beschauer sogleich ein abgesonderter und sich auszeichnender Teil des Gebäudes als das alleinige Werk dieses oder jenes Forschers nachgewiesen werden könnte; und will man im einzelnen erklären, wie wichtig jeder einzelne Stein an seiner Stelle ist, wie schwer er zu beschaffen war, wie sinnreich bearbeitet er ist, so muß man bei dem Hörer entweder die Kenntnis der ganzen Geschichte des Baus voraussetzen, oder sie ihm erst auseinandersetzen, wozu mehr Zeit gebraucht wird, als ich heute hier in Anspruch nehmen darf.

So ist es auch mit den Arbeiten von *Magnus*. Überall, wo er angegriffen hat, hat er eine Fülle neuer und oft überraschender Tatsachen hervorgeholt, er hat sie sorgfältig und zuverlässig beobachtet und in den Zusammenhang des großen Baus der Wissenschaft eingefügt. Er hat ferner als einen für die Wissenschaft ebenso wertvollen Schatz eine große Zahl sinnreich erfundener und fein ausgebildeter neuer Methoden hinterlassen, als Instrumente, mit denen auch künftige Generationen fortfahren werden, verborgene Adern edlen Metalls ewiger Gesetze in dem scheinbar wüsten und wilden Spiele des Zufalls aufzudecken. *Magnus'* Namen wird immer mit in erster Linie zu nennen sein, wenn die genannt werden, auf deren Arbeit der stolze Bau der Wissenschaft von der Natur beruht, dieser Wissenschaft, welche das Leben der modernen Menschheit so eingreifend umgestaltet hat, sowohl durch ihren geistigen Einfluß wie durch die Unterwerfung der Naturkräfte unter die Zwecke des Geistes.

Ich habe nur von *Magnus'* physikalischen Arbeiten geredet, und auch von diesen nur diejenigen genannt, welche mir charakteristisch für seine Individualität erschienen. Aber die Anzahl seiner Arbeiten ist sehr groß, und sie erstrecken sich über weitere Gebiete, als gegenwärtig noch von einem Forscher umfaßt werden können. Er fing als Chemiker an, bevorzugte aber damals schon Fälle, welche auffallende physikalische Verhältnisse zeigten, später wurde er ganz Physiker. Daneben her lief ein außerordentlich ausgedehntes Studium der Technologie, wie es für sich allein schon ein Menschenleben auszufüllen im Stande wäre.

Er ist geschieden nach einem reichen Leben und einer reichen Tätigkeit. Das alte Gesetz, daß keines Menschen Leben frei von Schmerz sei, wird wohl auch ihn getroffen haben; und doch erscheint sein Leben als ein bevorzugt glückliches. Was die Menschen gewöhnlich am meisten beneiden, war ihm zugefallen; aber er wußte die äußeren Güter zu adeln, indem er sie in den Dienst eines uneigennützigen Zwecks stellte. Was dem Gemüte eines edlen Menschen am teuersten ist, war ihm vergönnt, in der Mitte einer liebenswürdigen Familie, in einem Kreise treuer und bedeutender Freunde sich zu erwärmen. Als das seltenste Glück aber möchte ich es preisen, daß er in reiner Begeisterung für ein ideales Prinzip arbeiten durfte und daß er die Sache, der er diente, siegreich wachsen und sich entfalten sah zu ungeahntem Reichtum und zu breithin wirkendem Segen.

Und schließlich müssen wir hinzufügen: soweit Besonnenheit, Reinheit der Absicht, sittlicher und intellektueller Takt, Bescheidenheit und echte Humanität die Launen des Glücks und der Menschen beherrschen können, so weit war *Magnus* selbst der Schmied seines Glücks; eine der seltenen befriedigenden und in sich befriedigten Naturen, denen die Liebe und die Gunst der Menschen entgegenkommt, die mit sicherer Ahnung die rechte Stelle für ihre Tätigkeit zu finden wissen, und von denen man sagen möchte: der Neid des Schicksals verkümmert ihnen ihre Erfolge nicht, weil sie, für reine Zwecke und mit reinen Wünschen arbeitend, auch ohne äußere Erfolge ihre Befriedigung finden würden.

Wahlvorschlag für Moritz Hermann (Boris Semjonowitsch) Jacobi (1801-1874) zum KM

von Heinrich Wilhelm Dove

[Berlin, 1859]

Die Unterzeichneten schlagen der Akademie zum Correspondenten der physikalisch-mathematischen Klasse H[er]rn Jacobi vor, Mitglied der Petersburger Akademie der Wissenschaften, den Bruder unsres ehemaligen ausgezeichneten Collegen.[1] Wenn der Werth wissenschaftlicher Untersuchungen auch nicht zu beurteilen ist nach den unmittelbar praktischen Erfolgen, welche aus ihnen hervorgehen, so sind einige derselben doch der Art, daß sie gerade die Anerkennung einer Akademie für sich beanspruchen dürfen, indem sie andern Disciplinen Hülfsmittel darbieten, welche die Zwecke derselben wesentlich fördern. Die elektrische Telegraphie dient nicht allein der Förderung der Correspondenz, sie ist für die Bestimmung der Lage der Orte ein unschätzbares Mittel, das uralte Problem der Längen dadurch auf eine weniger zeitraubende und weniger kostbare Weise gelöst, als durch irgend eine andere Bestimmungsweise. Der Daguer[re]otypie und Photographie ist die Archaeologie zu dem größten Danke verpflichtet und der von Jacobi entdeckte kalte Guß, den er Galvanoplastik[2] genannt hat, giebt die Nuancierungen eines Reliefs in so treuer Weise wieder, daß wie die vorgezeigte Platte der Sixtinischen Madonna zeigt, selbst ein Daguer[re]otyp feine Unebenheiten, die der Hand unfühlbar, von dem Auge nur durch die Influenz des Lichtes erkannt werde, verrathen muß.

Von den übrigen Arbeiten Jacobis erwähne ich nur seine vieljährigen Untersuchungen sur l'application de l'electromagnetism au mouvement des machines,[3] seine Beobachtungen über die Inductions Phaenomene bei Oeffnen und Schließen der Voltaschen Kette,[4] die von ihm mit Lenz in Gemeinschaft unternommene Entwicklung des allgemeinen Gesetzes für die elektromagnetische Spirale,[5] sämtliche Untersuchungen im Gebiete der galvanischen Elektricität,[6] deren letzte eben im Bulletin der Petersb[urger] Akademie unter dem Titel sur quelques expériences concernant la mesure des resistences[7] erschienen ist.

Dove

AAW II—IIIb-Bd. 6, Bl. 306; Ausfertigung hsl. eigenhändig.
Der Wahlvorschlag wurde von H. W. Dove bereits 1852 in einer kürzeren Fassung vorgelegt. Auf Veranlassung von G. Magnus wurde die hier abgedruckte Fassung des Wahlvorschlages von H. W. Dove 1859 erneut eingebracht. (Vgl. auch die Anmerkungen 1 und 7 zu diesem Wahlvorschlag, S. 272—273).

Gedächtnisrede auf Hermann von Helmholtz (1821-1894) von Emil Du Bois-Reymond

gehalten in der Akademie der Wissenschaften am 4. Juli 1895

Er ist nicht mehr! Wo immer auf Erden die Wissenschaft eine noch so bescheidene Stätte sich bereitete; wohin immer das elektrische Nervensystem der Kulturmenschheit ihr Allgegenwart verlieh; wo dann an jenem verhängnisvollen Septemberabend zwei Männer sich begegneten, die noch so entfernt in irgend einer Beziehung zu irgend einem Punkt der Naturlehre standen: „Wissen Sie es schon?", war ihr bekümmerter Ausruf: „Wissen Sie es schon? Er ist nicht mehr!"

Wer war es, von dessen vorzeitigem Hingange die Welt dergestalt schmerzlich ergriffen war? War es ein auf der Menschheit Höhen gekrönt einherschreitender Sterblicher? Ein gewaltiger Staatsmann, dessen Genie und Charakter das Werk unserer Tage ruhmvoll aufrecht erhalten, ja fortführen zu können schien? Ein neuer Schlachtendenker, der an der Spitze von Hunderttausenden das Vaterland nötigenfalls zu beschirmen, und ihm weithin hier Furcht, dort bewundernde Achtung zu sichern vermocht hätte? War es ein Künstler, dem unerhörte neue Schöpfungen im bildnerisch Schönen gelangen, oder ein Dichter, dessen Gestaltungen und Laute alle Gemüter erschütternd packten? Oder endlich ein Erfinder, der durch sinnreiche Anwendung der Naturkräfte die Macht und die Genüsse unseres Geschlechtes ins Unbegrenzte zu steigern versprach?

O nein, das alles war es nicht. HERMANN VON HELMHOLTZ, denn von ihm ist die Rede, war einfach ein Forscher und Lehrer, und unserer Genossen einer. Eine Wirkung nach außen üben zu wollen, lag ihm ganz fern, und wenn das Geschick sie ihm in die Hand gab, wie in dem Falle des Augenspiegels, so geschah es nach dem FONTENELLEschen Prinzip, daß große praktische Funde nicht absichtlich als solche gemacht werden, sondern meist als Folge idealer Bestrebungen nebenher sich ergeben. Was aber abgesehen von dieser rein theoretischen Natur seiner Arbeiten die Höhe seines Ruhmes und die allgemeine Teilnahme an seinem frühen Hinscheiden noch bedeutsamer erscheinen läßt, das ist die Richtung seiner wissenschaftlichen Tätigkeit. HELMHOLTZ ist der vollkommenste und höchste Typus des theoretischen Naturforschers. Nun können wir uns aber nicht verhehlen, daß wenigstens in Deutschland das Interesse der weitaus überwiegenden Mehrheit trotz des unermeßlichen Einflusses, den die Naturforschung nach allen Seiten auf das menschliche Leben übt, den geschichtlichen, literarischen, künstlerischen Dingen fast ausschließlich zugewendet ist und bleibt. Man frage sich nur, wie viele Gebildete, die sich nicht verzeihen würden, von einem Klavier- oder Geigen-Virtuosen nicht alles Erdenkliche zu wissen, keine Ahnung haben von der Größe eines GAUSS, eines FARADAY. Zum Teil erklärt sich die beispiellose Anerkennung, deren HELMHOLTZ genoß, aus der gleich beispiellosen, den

Abh. 1896, Gedächtnisreden 2, S. 1–50.

ganzen Kreis der theoretischen Naturforschung, von der physiologischen Anatomie bis zur Psychophysik umfassenden Mannigfaltigkeit seiner Leistungen, da denn unter den theoretischen Naturforschern von Fach selber kaum einer war, dessen Arbeit nicht in irgend einer Art mit den seinigen zusammentraf. Allein, was neben dieser erstaunlichen Vielseitigkeit ihm eine Überlegenheit sondergleichen verlieh, das war das unübertroffene Geschick, diejenigen Fragen auszufinden und siegreich zu beantworten, die an jedem Punkte gerade die wichtigsten waren und deren Behandlung den besten Erfolg versprach.

Der hervorragendste Zug in HELMHOLTZ' wissenschaftlicher Gestalt ist indes neben so vielen anderen Gaben sein transzendentes mathematisches Talent. Dies Talent hat mit dem musikalischen Talent, mit welchem es oft und auch bei ihm vereint gefunden wird, das gemein, daß es schon in früher Jugend sich verrät, wovon auf der einen Seite BLAISE PASCAL, auf der anderen MOZART bekannte Beispiele sind. Von HELMHOLTZ wissen wir durch ihn selber, daß er als Schüler im Gymnasium zu Potsdam — wo er am 31. August 1821 geboren war —, manches Mal, wenn die Klasse Cicero oder Virgil las, welche beide ihn höchlichst langweilten, unter dem Tische den Gang der Strahlenbündel durch Teleskope berechnete und dabei schon einige optische Sätze fand, von denen in den Lehrbüchern nichts zu stehen pflegte, die ihm aber nachher bei der Konstruktion des Augenspiegels nützlich wurden.

Von erblicher Herkunft des mathematischen Talentes ist bei ihm nicht füglich die Rede. HELMHOLTZ' Vater war Professor an demselben Gymnasium, von Fach Philologe und Philosoph, ein hoch intellektueller, freidenkender und gebildeter Mann, dessen Einfluß auf seinen Sohn aber vielmehr dahin ging, ihn zum Sprachstudium, zur Philosophie etwa im Sinne KANTS und FICHTES, allenfalls zur Pflege der schönen Literatur anzuhalten. Diesem Einfluß ist es wohl eher zuzuschreiben, daß HELMHOLTZ noch als Student die Fabeln des LOKMÂN in der Ursprache lesen konnte. Ebensowenig ist natürlich daran zu denken, daß jenes Talent ihm durch seine Mutter zugeflossen sei, von der wir nur wissen, daß sie, eine geborene PENNE, in männlicher Linie von dem bekannten amerikanischen Bürger WILLIAM PENN, in weiblicher aus einer zum *Refuge*[1] gehörigen Familie SAUVAGE abstammte, so daß, wie die Brüder VON HUMBOLDT, HELMHOLTZ zum Teil französischen Ursprunges war.

Wenn nun aber dergestalt sein mächtiges Talent gleichsam durch Urzeugung entstand, so ist nicht weniger auffallend, daß es sich auch ganz selbständig weiter entwickelte, ohne daß ein bedeutender Lehrer ihm zu Hilfe kam und die Bahn wies. In der Tat ist nicht einmal etwas von einer mathematischen Vorlesung bekannt, die er gehört hätte. So in der Stille vollzog sich diese Entwicklung, daß BRÜCKE und ich, seine nächsten Freunde, während wir uns in die dem preußischen Gymnasiasten heute bekanntlich höheren Ortes untersagte analytische Geometrie auf eigene Hand hineinarbeiteten, nichts von der ungeheuren Stärke ahnten, welche damals noch, wohl ihm selber halb unbewußt, in ihm schlummerte, sondern in ihm nur einen besonders gescheiten Mediziner erblickten.

Die Vermögensverhältnisse seiner Familie erlaubten nämlich unserem HERMANN nicht — außer ihm waren noch ein Bruder und zwei Schwestern zu versorgen —, seinen geistigen Neigungen frei zu folgen. Es war ein merkwürdiges Schicksal, daß er, anstatt, wie es etwa jetzt der Fall sein würde, durch ein Stipendium dazu in Stand gesetzt zu werden, in das Königliche medizinisch-chirurgische Friedrich-Wilhelms-Institut[2] Aufnahme fand, eine Anstalt, deren Zöglinge, zu Militär-Ärzten bestimmt, übrigens an der Universität gleich den Medizinstudierenden vom Zivil die beste eben verfügbare Bildung erhalten, und dann im Charité-Krankenhause eine Zeitlang lehrreiche praktische Dienste tun; die Anstalt, aus welcher von bekannteren Forschern neuerlich MEYEN und REICHERT hervorgingen, und zur selben Zeit wie HELMHOLTZ noch eine glänzende Zierde des gelehrten Berlins, unser VIRCHOW. Ich sage, es war ein merkwürdiges Schicksal, welches HELMHOLTZ diesen Weg führte, indem er so die Richtung und die natürliche Grundlage zu physiologischen Arbeiten erhielt, da er sonst wohl unzweifelhaft ein mathematischer Physiker ersten Ranges geworden wäre, aber schwerlich zugleich der tiefste Erforscher der Muskeln, Nerven und Sinnesorgane, ein Lehrer der Anatomie, der Physiologie und der Allgemeinen Pathologie, und nebenher sogar ein tüchtiger praktischer Arzt. Er selber wußte wohl, was er diesem Bildungsgange verdankte, und auch auf dem Gipfel wissenschaftlicher Höhe, zu dem er sich emporschwang, hörte er nicht auf, sich als Mediziner zu fühlen. „Ich betrachte das medizinische Studium", sagte er in der von ihm am 2. August 1877 zur Feier des Stiftungstages der militärärztlichen Bildungsanstalten gehaltenen Rede über ‚das Denken in der Medizin'[3], „als diejenige Schule, welche mir eindringlicher und überzeugender, als es irgend eine andere hätte tun können, die ewigen Grundsätze aller wissenschaftlichen Arbeit gepredigt hat, Grundsätze, so einfach und doch immer wieder vergessen, so klar und doch immer wieder mit täuschendem Schleier verhängt. . . . Die Medizin ist doch nun einmal das geistige Heimatland, in dem ich herangewachsen bin, und auch der Auswanderer versteht und findet sich verstanden am besten in der Heimat." Immerhin befand er sich als Élève der Pépinière[4] in einer wundersam zwiespältigen Lage: wenn er auf der einen Seite in der Bibliothek des Institutes D'ALEMBERTS *Traité de Dynamique* entdeckt und mit geistigem Heißhunger verschlingt, auf der anderen sich dem hinreißenden Zauber von JOHANNES MÜLLERS anatomisch-physiologischen Lehrvorträgen gefangen gibt, welcher naturgemäß für lange Zeit die Oberhand gewinnt.

So kommt es denn, daß seine erste, in seiner medizinischen Inaugural-Dissertation vom 2. November 1842 niedergelegte Arbeit[5] — *De Fabrica Systematis nervosi Evertebratorum* — ihn uns als mikroskopisch-anatomischen Beobachter vorführt, indem er am Nervensystem von wirbellosen Tieren, vom Blutegel, Krebs u. a., den lange vergeblich gesuchten Zusammenhang der Nervenfasern mit den von EHRENBERG 1833 entdeckten Ganglienkugeln nachwies: ein von JOHANNES MÜLLER, dem die Dissertation gewidmet ist, als theoretisch notwendig gefordertes Verhalten, welches seit kurzem in neuer Gestalt die Histologen wieder lebhaft in Anspruch nimmt. Es ist rührend zu vernehmen, wie HELMHOLTZ zu dem Mikroskope kam, mit welchem er diese denkwürdige Leistung vollbrachte. Im Charité-Krankenhaus am Typhus daniederliegend, und als Élève unentgeltlich verpflegt, sah er sich als Rekonvaleszent im Besitze seiner aufgesparten kleinen Einkünfte. Mit diesen erwarb er das Mikroskop. Das Instrument war nicht schön; um so mehr gereicht ihm zum Ruhme, was ihm damit gelang.

Hier beginnt die unermeßliche, dichtgedrängte, bis zu seinem Tode ununterbrochene Reihe seiner Arbeiten. Da diese oft kurz nach einander, ja zu gleicher Zeit ganz verschiedene Gegenstände betreffen, so ist es unausführbar, davon eine völlig folgerichtige Darstellung zu geben, vollends diese mit der Erzählung seiner Lebensereignisse Schritt halten zu lassen. Es bleibt nichts übrig, als die Arbeiten ohne bestimmte Regel, ohne allzu strenge Rücksicht auf ihren Inhalt, auf Zeit und Ort ihrer Entstehung, sonst so zweckmäßig wie möglich an einander zu reihen.

Wir machen den Anfang mit denen, zu welchen HELMHOLTZ einigermaßen den Anstoß erhielt durch den Kreis von MÜLLERS Jüngern, in welchen er jetzt geriet und mit dem ihn natürliche Sympathie verband, insofern diese jungen Leute, gleich ihm, wenn auch mit geringerer Befähigung, neben der Physiologie der Physik oblagen. In dem Kollequium bei ihrem Lehrer GUSTAV MAGNUS hatten sie sich mit anderen jungen Naturforschern, Physikern und Chemikern, zusammengefunden, hatten mit diesen die Physikalische Gesellschaft gegründet, und waren glücklich, ihr in HELMHOLTZ offenbar einen aufgehenden Stern erster Größe zuführen zu können, der sich denn auch über ein Jahrzehnt lang an der Berichterstattung in den ‚Fortschritten der Physik' für Tierische Wärme und für Akustik beteiligte. Die Physikalische Gesellschaft, sowohl als Ganzes, wie durch ihre einzelnen Mitglieder, hat für HELMHOLTZ' Entwicklung eine nicht zu unterschätzende Bedeutung gehabt, zum Beweise wofür es wohl genügt, neben den eigentlichen Stiftern der Gesellschaft, neben GUSTAV KARSTEN, BEETZ, BRÜCKE, HEINTZ, KNOBLAUCH und dem Redner, an die Namen CLAUSIUS, KIRCHHOFF, QUINCKE, WERNER SIEMENS, TYNDALL, WIEDEMANN u. a. zu erinnern. Ich kann nicht umhin, hier wiederholt zu betonen, daß es ein Fehler ist, der fortwährend begangen wird, und in den seltsamerweise HELMHOLTZ selber verfällt, zu diesem Kreise von MÜLLERS Schülern auch LUDWIG zu zählen, der in Marburg lebte, nie bei MÜLLER hörte, und gerade das Verdienst hat, in dieser Vereinsamung selbständig das Befreiungswerk aus dem Vitalismus unternommen zu haben.

Es war die Zeit, da LIEBIG gegen die von SCHWANN und CAGNIARD-LATOUR entdeckte belebte Natur der Hefe und deren Rolle bei der weinigen Gärung zu Gunsten der rein chemischen Theorie von Gärung und Fäulnis, wie sie GAY-LUSSACS Versuchen entnommen wurde, einen erbitterten Krieg führte. In MAGNUS' Privatlaboratorium wurde es HELMHOLTZ vergönnt, den Beweis zu liefern, daß unter Bedingungen, welche eine chemischen Wirkung nicht, wohl aber eine solche durch geformte Fermente ausschließen, Gärung und Fäulnis ausbleiben, woraus die belebte Natur der Fermente aufs neue sich ergab. Während hier der Vitalismus scheinbar einen Sieg davontrug, bereitete sich von einer anderen Seite her, unter wesentlicher Beihilfe von HELMHOLTZ, eine Wendung vor, welche sein nahes Ende verkündete. Eine täglich sich mehrende Summe von Tatsachen und Einsichten hatte die Naturforschung gezwungen, die so lange gehegte Vorstellung von der Wärme als einem unwägbaren Stoff, zu deren Prüfung einst VOLTAIRE riesenhafte Versuche angestellt hatte, aufzugeben, und in der Wärme nur noch eine Art von innerer Bewegung der Materie zu erblicken. Auch ohne Flamme erschien neben Druck, Stoß und Reibung der Chemismus überall als Kraft- und Wärmequell. In diesem Sinne sehen wir HELMHOLTZ nun zunächst bemüht, bei der Muskelaktion Stoffverbrauch wie auch Wärmeentwicklung nachzuweisen. Bei dem ersten Unternehmen ist er wohl minder glücklich gewesen, als wir ihn sonst zu finden gewohnt sind. Die Säurung der Muskeln beim Absterben und durch Tetanus entging ihm, doch hat er das Verdienst, durch Experimentieren am Frosch die am Warmblüter aus dem Blutumlauf und dem schnellen Absterben entspringenden Schwierigkeiten und durch Reizung der Muskeln mittels elektrischer Entladungsschläge etwaige elektrolytische Täuschungen vermieden zu haben. In der Untersuchung über Wärmeentwicklung bei der Muskelaktion entfaltet er alsbald sein außerordentliches technisches Vermögen. Wieder wendet er sich an „die alten Märtyrer der Wissenschaft, die Frösche". Er lehrt mit deren Gliedmaßen in mit Wassergas gesättigten Räumen experimentieren, um Erkältung und Trocknis zu verhüten. Einen Thermomultiplikator von noch kaum dagewesener Empfindlichkeit verwandelte er durch empirische Graduation in ein Thermometer für tausendstel Grade. Indem er dann eine dreigliedrige Eisen-Neusilber-Säule in die Muskeln beider Oberschenkel so versenkte, daß sich je drei zusammengehörige Lötstellen in jedem Oberschenkel befanden, erhielt er beim Tetanisieren des einen Oberschenkels vom Rückenmark aus mittels eines NEEFFschen Magnetelektromotors Anzeichen einer Temperaturerhöhung, welche zwar äußerst gering war, jedoch sicher von nichts herrühren konnte, als von Molekularprozessen in den Muskeln selber. An den Nerven war die entsprechende Wirkung, wenn überhaupt vorhanden, gegen die in den Muskeln verschwindend klein. In dieselbe Reihe von Arbeiten gehört auch der freilich nur theoretische, jedoch höchst gedankenreiche, Begriffe klärende und erweiternde Aufsatz über tierische Wärme im Berliner ‚Encyklopaedischen Wörterbuch der medicinischen Wissenschaften'.[6]

Der diesen Arbeiten zu Grunde liegende Gedanke wurde, wie gesagt, damals vielfach gehegt, und war unter verschiedener Gestalt schon ans Licht getreten. SADI CARNOT, CLAPEYRON, JULIUS ROBERT MAYER, HOLTZMANN, FRANZ ERNST NEUMANN, JOULE, COLDING hatten ihn schon in einzelnen Fällen mit befriedigender Schärfe, sonst im Allgemeinen auf die bloße Anschauung hin gefaßt und verfolgt, und zwischen den Naturvorgängen des Verschwindens und des Auftretens von Kraft eine Äquivalenz mit mehr oder weniger Wahrscheinlichkeit behauptet, wovon das kühnste Beispiel wohl GEORGE STEPHENSONS, des Erfinders des Eisenbahn-Dampfwagens, genialer Ausspruch ist, „die Kraft seiner Lokomotive sei vor Millionen Jahren in den Steinkohlen auf Flaschen gezogenes Sonnenlicht".

Hier nun ist es, wo HELMHOLTZ mit einer Tat einsetzte, welche zuerst die allgemeine Aufmerksamkeit auf ihn lenkte, und im Laufe der Zeit weltberühmt wurde. Am 23. Juli 1847 trug er in der Physikalischen Gesellschaft seine Abhandlung über die Erhaltung der Kraft[7] vor, in welcher er sich zu unserem Erstaunen mit einem Schlage als einen jeder Aufgabe gewachsenen Physiko-Mathematiker offenbarte. Unter Erhaltung der Kraft als Bewegungsursache verstand er deren Konstanz in der Physik in derselben Art, wie Konstanz der Materie von LAVOISIER als Fundamentalprinzip der Chemie erkannt worden war. Er unternahm und vollbrachte es, durch das ganze Feld der hinreichend bekannten Naturerscheinungen die Erhaltung der Kraft mathematisch in der Form darzutun, daß die Summe der lebendigen und der von ihm sogenannten Spannkräfte konstant sei. Er fand, daß die Richtigkeit dieses Gesetzes den höchsten Grad von Wahrscheinlichkeit für sich hat, insofern es „keiner der bisher bekannten Tatsachen der Naturwissenschaften widerspricht, von einer großen Zahl derselben aber in einer auffallenden Weise bestätigt wird".

Eine unmittelbare Folge davon ist die Unmöglichkeit eines *Perpetuum mobile.* Die sichere Begründung dieser Einsicht ist natürlich an und für sich eine Leistung vom höchsten Wert, allein an dieser Stelle hat sie für uns noch eine andere Bedeutung. HELMHOLTZ hatte nämlich schon als Knabe aus Gesprächen seines Vaters mit einem mathematischen Kollegen von der Frage gehört, ob ein *Perpetuum mobile* möglich sei, und von den vielen vergeblichen Versuchen ein solches herzustellen. Als er später STAHLS Theorie der Lebenskraft kennen lernte, fand er, daß diese Theorie jedem lebenden Körper die Natur eines *Perpetuum mobile* beilegte.

Es wäre ein Wunder gewesen, wenn eine Aufstellung von so unermeßlicher Tragweite, durch welche die materielle Welt zu einem verständlichen Mechanismus wird, ohne Gegenrede geblieben wäre. Die älteren Berliner Physiker, MAGNUS, DOVE, RIESS, wollten nichts davon wissen, selbst Mathematiker wie LEJEUNE-DIRICHLET und EISENSTEIN schüttelten dazu den Kopf, nur JACOBI erwies sich einsichtiger. POGGENDORFF verweigerte die Aufnahme der HELMHOLTZschen Schrift in seine Annalen aus dem Grunde, daß ihr rein theoretischer Inhalt nicht in deren Rahmen passe. Ich ging aber mit dem Manuskript zu dem großsinnigen Verleger meiner damals im Druck befindlichen ‚Untersuchungen über thierische Elektricität', GEORG ERNST REIMER, und verbürgte mich bei ihm für den Wert der ‚Erhaltung der Kraft'. Sofort wanderte sie in die berühmte Reimersche Druckerei, und HELMHOLTZ erhielt sogar einen buchhändlerisch angemessenen Ehrensold. Was ihm aber vielleicht noch mehr Vergnügen machte, war, daß ihm von hoher militärischer Seite die wärmsten Lobsprüche gespendet wurden für die wichtige praktische Richtung, die er seinen Studien zu geben gewußt habe. Sein Gönner hatte nämlich geglaubt, daß es sich um die Erhaltung einer ganz anderen und für den Laien allerdings interessanteren Kraft handele, als der von HELMHOLTZ gemeinten.

Von noch anderer Seite wurde nun zwar Richtigkeit und Wichtigkeit der Lehre zugegeben, jedoch, wie es zu gehen pflegt, HELMHOLTZ das Verdienst abgesprochen, sie gefunden zu haben. Er sollte sie dem Heilbronner Arzte JULIUS ROBERT MAYER entlehnt haben, welcher fünf Jahre früher eine populäre Darstellung in ähnlichem Sinne gegeben, auch schon ein mechanisches Wärmeäquivalent herausgerechnet hatte.[8] Diese Anklage hat sich, wie der Ruhm der HELMHOLTZschen Abhandlung, bis auf den heutigen Tag erhalten, und wird von denen, die es lieben, das Strahlende zu schwärzen, gern geglaubt. Die Tadler bemerken nicht, daß sie dabei sich selber eine gröbliche Blöße geben. Man kann bedauern, daß HELMHOLTZ in seiner Schrift es versäumt hat, seine Vorgänger in diesem Gebiete zu erwähnen, welche er übrigens versichert, nicht gekannt zu haben, und denen er später bemüht gewesen ist, Gerechtigkeit widerfahren zu lassen. Allein die Lehre von der Erhaltung der Kraft gehört JULIUS ROBERT MAYER gerade so wenig wie ihm. Sie ist, mathematisch ganz richtig formuliert, schon im Jahre 1686 von LEIBNIZ ausgesprochen worden, sie findet sich sogar im Anschlusse an LEIBNIZ 1742 von der Marquise DU CHÂTELET[9] in ihren *Institutions physiques adressées à Mr. son fils* so klar und bündig auseinandergesetzt, daß von dem, was sie sagt, nichts zu streichen, und dazu nichts, was sie damals hätte sagen können, hinzuzufügen ist. Es wäre hier nicht der Ort, zu untersuchen, wie es hat kommen können, daß eine so große Erkenntnis, wie die Erhaltung der Kraft, nachdem sie während der ersten Hälfte des vorigen Jahrhunderts ein Gemeingut der Gelehrtenwelt gewesen war, dann so verlorenging, daß sie erst in unserer Zeit wiedergefunden wurde, und schließlich von HELMHOLTZ bis auf die ja wohl von RANKINE herrührenden Namen der Potential- und der kinetischen Energie ihren endgültigen Ausdruck erhielt.

HELMHOLTZ selber hat, während seines Aufenthaltes in Königsberg, in einem Vortrage „über die Wechselwirkung der Naturkräfte und die darauf bezüglichen neuesten Ermittelungen der Physik"[10], eine gemeinfaßliche Darstellung seiner Lehre gegeben, welche unter einer Fülle geistreicher Bemerkungen in unscheinbarer Form einen seiner großartigsten Funde birgt. Eines der größten Rätsel war nämlich bis zu ihm der Ursprung der Sonnenwärme, welche hienieden die beiden Kreisläufe unterhält, von deren einem, abgesehen vom Vulkanismus und von Ebbe und Flut, alle unorganische Bewegung, von dem anderen alles Leben stammt, den Kreislauf des Wassers durch Wolkenbildung, Niederschläge und Ströme, und den Kreislauf des Lebens durch den

Stoffwechsel der Pflanzen und Tiere. Einen größeren Gegenstand gibt es nicht. Man wußte genau genug, wie heiß die Sonne sei und wieviel Wärmeeinheiten sie seit ungezählten Jahrtausenden unaufhörlich allerwärts entsende, aber keine irgend stichhaltige Vermutung über deren Quell ließ sich ausdenken. Bekanntlich hatten KANT und nach ihm LAPLACE ein anderes Problem gleicher Erhabenheit glücklich gelöst. Indem sie annahmen, daß die jetzt in der Sonne und den Planeten nebst ihren Trabanten verteilte Materie vor unvordenklicher Zeit in Gestalt eines kreisenden Nebelballes den Raum erfüllte, von dessen Umfang die Bahn des äußersten Planeten noch weit entfernt bleibt, und daß diese Materie durch Gravitation allmählich den Mittelpunkten der heutigen Sonne und der Planeten sich näherte, hatten sie die Entstehung unseres Planetensystemes begreifen gelehrt, dessen Glieder fast sämtlich in dem Sinne, wie einst jener Nebelball, um sich selber und um die Sonne sich drehen. An der Hand der mechanischen Wärmetheorie ergänzte jetzt HELMHOLTZ diese astronomische Konzeption, von der einer seiner populären Vorträge eine vortreffliche Darstellung gibt, zu einer physikalischen, indem er die Wärme berechnete, welche durch das Zusammenstürzen der Materie entstehen mußte, sofern die durch die Potentiale aller Himmelskörper auf sich selber beim Anlangen in den Mittelpunkten der Sonne und der Planeten geleistete Verdichtungsarbeit in Wärme verwandelt wurde. Für die Sonne ergab sich so, auch wenn man ihr die größte bekannte Wärmekapazität, die des Wassers, zuschrieb, die unvorstellbare Temperatur von 28611000 hundertteiligen Graden, was für alle ihre Leistungen eine genügende Erklärung gab, freilich mit dem wenig tröstlichen Ausblick auf eine Zeit, wo jene ursprüngliche Wärmemitgift der Sonne erschöpft sein wird, und der Menschheit das jüngste Gericht einer ewigen Eiszeit droht. Hinausgerückt wird dies durch Lord KELVIN, damals WILLIAM THOMSON, schon vorhergesehene Verhängnis, wie HELMHOLTZ bemerkte, dadurch, daß die Sonne bei ihrer Zusammenziehung in Folge der Abkühlung stets wieder einen gewissen Wärmezuschuß erhält. Beiläufig gesagt, kein viel besserer Trost, als der, den hinzuzufügen er für nötig hält: „Wie der Einzelne den Gedanken seines Todes ertragen muß, muß es auch das Geschlecht; aber es hat vor anderen untergegangenen Lebensformen höhere sittliche Aufgaben voraus, deren Träger es ist, und mit deren Vollendung es seine Bestimmung erfüllt."

Die Lehre von der Erhaltung der Kraft, oder, wie wir jetzt zu sagen vorziehen, der Energie, wurde aber auch in der Biologie von bahnbrechender Bedeutung. Sie erklärte den Stoffwechsel im Tierkörper, der dem Vitalismus stets eine unüberwindliche Schwierigkeit geboten hatte, und erteilte dem Truggebilde einer Lebenskraft den letzten Stoß. Die Gruppe von MÜLLERS Jüngern, zu der HELMHOLTZ sich hielt, war es, welche, obschon zu den Füßen des Meisters sitzend, sich doch von seinen vitalistischen Träumereien losgesagt hatte und jenes Truggebilde nach allen Richtungen zu erschüttern sich bemühte. Ohne gerade polemisch aufzutreten, was seiner Natur fern lag, leistete HELMHOLTZ diesen Bestrebungen den mächtigsten Vorschub, indem in der Lehre von der Erhaltung der Energie den Bekämpfern der Lebenskraft eine unschätzbare Bundesgenossin erwuchs.

Es kam HELMHOLTZ sehr zu statten, daß damals den physikalischen Versuchsweisen durch die Einführung elektrischer Mechanismen eine bisher ungeahnte Bereicherung und Verfeinerung zuteil ward. POUILLET hatte, ursprünglich zu artilleristischen Zwecken, eine Art angegeben, die kürzesten Zeiträume mit vollendeter Genauigkeit durch den Ausschlag zu messen, welchen ein elektrischer Stromstoß einer Galvanometernadel erteilt, unter der Voraussetzung, daß dessen Dauer gegen die Schwingungsdauer der Nadel verschwindet, und daß man Anfang und Ende des Zeitraumes mit denen des Stromstoßes zusammenfallen lassen kann. Hier nun gab es wiederum ein Problem von höchstem Interesse zu lösen. Zwischen dem Augenblicke der Reizung eines Nerven und dem der Zuckung des zugehörigen Muskels, ja der durch Reflex übertragenen Zuckung, kann die gespannteste Aufmerksamkeit keinen Unterschied wahrnehmen. Doch muß ein solcher vorhanden sein, und es fehlte auch in früherer Zeit nicht ganz an Versuchen, dessen Dauer, oder, was auf dasselbe hinausläuft, die Fortpflanzungsgeschwindigkeit der Reizung im Nerven zu schätzen. Die Iatromathematiker von Montpellier glaubten, daß diese Geschwindigkeit zu der des Blutes in der Aorta sich so verhalten müsse wie der Querschnitt der Aorta zu dem einer Nervenfaser, wonach sie über sechshundermal größer sein sollte als die des Lichtes. HALLER legte die Anzahl der Schwingungen der Zunge beim Aussprechen des Buchstaben *R* zu Grunde, und gelangte durch eine Reihe von Schlüssen, deren jeder ein handgreiflicher Fehlschluß war, merkwürdigerweise zu einem Ergebnis, welches der Wirklichkeit, wie wir sie jetzt kennen, ziemlich nahe steht. JOHANNES MÜLLER durchschaute natürlich die kindische Unvollkommenheit dieser Bemühungen, er schrieb aber wegen der Unmöglichkeit, mit bloßem Auge einen Zeitunterschied zwischen Reizung und Zuckung wahrzunehmen, dem Nervenprinzip wieder eine Geschwindigkeit von gleicher Ordnung mit der des Lichtes oder der Elektrizität zu, und hielt daher, wegen der Kürze der Nervenbahnen in einem Tier, deren experimentelle Bestimmung für unausführbar. Das war die Lage der Dinge, als HELMHOLTZ sich ihrer mit jener unbegreiflichen Biegsamkeit des Talentes bemächtigte, vermöge welcher er sich an einem winzigen Froschpräparat, wo es sich um Tausendstel von Sekunden handelt, so vollkommen zu Hause fand, wie in den Welt- und Zeiträumen des Planetensystemes. Vor allen Dingen vervollkommnete er POUILLETS Methode, indem er an Stelle der empirischen Graduation der chronometrischen Bussole, womit jener sich begnügt hatte, ein theoretisch streng begründetes Verfahren setzte. Sein Versuchsplan war nun der, daß in demselben Augenblicke, wo ein Öffnungsinduktionsstrom von verschwindender Dauer ein Nervmuskelpräparat reizte, der zeitmessende Strom geschlossen werden sollte, um nach der zu bestimmenden Zeit durch die Zuckung selber wieder geöffnet zu werden. In bewunderungswürdig sinnreicher und einfacher Art brachte HELMHOLTZ beides zustande. Dann traf er solche Einrichtungen, daß er die Reizung des Muskels bald an ihm selber, bald an einem ihm möglichst nahen, bald an einem möglichst weit von ihm entfernten Punkte des Nerven vornehmen konnte. Es zeigte sich, daß auch bei Reizung des Muskels selber die Zuckung nicht unmittelbar eintrat, sondern erst nach einem kleinen, aber doch merklichen Bruchteil einer Sekunde. Das war das bei dieser Gelegenheit entdeckte Latenzstadium der Reizung, womit der von EDUARD WEBER aufgestellte Unterschied zwischen organischer und animalischer Bewegung hinfällig ward. Die Verzögerung des Reizerfolges wuchs aber, wenn die Reizung am Nerven selber stattfand, und um so mehr, je entfernter vom Muskel er gereizt wurde. Die Länge der Nervenstrecke zwischen den beiden Reizungspunkten, dividiert durch den Unterschied der beiden letzteren Zeiträume ist die gesuchte Geschwindigkeit des Nervenprinzipes, und zwar wurde sie über zehnmal kleiner gefunden als die Schallgeschwindigkeit in der Luft, so daß zunächst jede Verwandtschaft zwischen Nervenprinzip und Elektrizität abgeschnitten zu sein schien. Bei niedrigerer Temperatur fiel die Geschwindigkeit noch kleiner aus.

Dabei blieb aber HELMHOLTZ nicht stehen. Der Begriff der durch eine Kurve darstellbaren Funktion war seit kurzem in seiner Umgebung rein theoretisch in die Biologie eingeführt worden, und schon hatte ihn auch LUDWIG durch die von JAMES WATT und THOMAS YOUNG erfundene autographische Methode mittels seines Kymographions für unsere Wissenschaft so fruchtbar gemacht, daß selbst deren äußere Gestalt, wie ein Blick in eine physiologische Abhandlung oder ein Handbuch vor und nach jener Zeit lehrt, eine ganz andere ward. LUDWIG ließ so den Blutdruck in den Gefäßen eines lebenden Tieres seine Schwankungen oder Wellen verzeichnen, daher der Name seines Apparates. HELMHOLTZ seinerseits konstruierte ein Myographion, an welchem ein Muskel seine Verkürzung mit solcher Treue aufschrieb, daß man nicht allein zum ersten Mal ein Bild von deren Gesetz erhielt, sondern daß auch durch die Verschiebung der vom Muskel selber und von zwei Punkten des Nerven aus gezeichneten Kurven gegen einander die dabei in Betracht kommenden Zeitverhältnisse mit aller Sicherheit wahrgenommen wurden.

Der Muskel zeichnete diese Kurven mittels einer Stahlspitze auf einem berußten Glaszylinder über einem weißen Grunde. Den dem Augenblick der Reizung entsprechenden Punkt auf dem Umfang des Zylinders erfuhr man, indem man den Muskel bei so langsam aus der Hand gedrehtem Zylinder reizte, daß der auf- und der absteigende Schenkel der Zuckungskurve mit einander zu einer senkrechten Geraden verschmolzen. Ein einziger Versuch, dessen Ergebnis HELMHOLTZ überdies noch leicht und sicher beliebig lange aufbewahren lehrte, ließ so mit einem Blick alles das erkennen, wozu es bei dem POUILLETschen Verfahren einer ganzen Versuchsreihe bedurft hätte, und eine Fülle von Fragen drängte sich jetzt zur Beantwortung, an welche früher nicht einmal gedacht hatte werden können. So stellte HELMHOLTZ fest, daß die eine sekundäre Zuckung erzeugende negative Schwankung des Muskelstromes früher eintritt als die Zusammenziehung des Muskels; daß der Elektrotonus der Nerven dagegen nicht später eintritt als der ihn erregende elektrische Strom. Er untersuchte, was bei einer doppelten Reizung, d. h., bei zwei einander so dicht folgenden Reizungen, sich begibt, daß ihre Wirkungen sich summieren; endlich, wann die reflektierten Zuckungen eintreten, von denen man früher meinte, daß sie von der Reizung durch gar keinen merklichen Zeitraum getrennt seien. Im geraden Widerspruch damit zeigte sich, daß bei den scheinbar blitzschnell eintretenden Strychninreflexen die Übertragung der Reizung im Rückenmarke eine mehr als zwölfmal so große Zeit beanspruchte wie die Leitung in den zu- und abführenden Nerven.

Dies alles geschah noch am Frosch. Nun aber wandte sich HELMHOLTZ auch an Muskeln und Nerven des lebenden Menschen, zuerst in der Weise, daß der Experimentierende auf eine augenblickliche elektrische Reizung einer mehr oder weniger vom Gehirne entfernten Hautstelle mit einer bestimmten Handlung zu antworten hatte, welche um so später eintrat, je länger die sensible Bahn zum Gehirne gewählt war. In später mit Hrn. N. BAXT aus Petersburg angestellten Versuchen wurde aber an einer motorischen Nervenbahn und den zugehörigen Muskeln ganz wie am Frosch verfahren, wobei sich, in vollkommener Übereinstimmung mit dem dort Wahrgenommenen, ergab, daß die Fortpflanzungsgeschwindigkeit der Reizung in den Nerven bei höherer Temperatur, beispielsweise des Armes, über doppelt so groß ausfiel als bei niederer. Noch später wurde wiederum mit Hrn. BAXT die Zeit bestimmt, welche für das Bewußtwerden eines mehr oder minder zusammengesetzten Gesichtsbildes nötig ist. Diese Versuche sind der Ausgangspunkt gewesen für die wichtigen Ermittlungen besonders von DONDERS über die Zeit, welche verschiedene Vorgänge im Gehirne für ihren Ablauf beanspruchen. Aus dieser Art von Bestimmungen und dem WEBER-FECHNERschen Grundgesetze besteht zur Zeit das empirische Material der sogenannten Psychophysik. Übrigens hat HELMHOLTZ das Ganze der von ihm hier erfundenen und meisterhaft angewandten Methoden der Messung kleinster Zeitteile und ihrer Anwendung für physiologische Zwecke zum Gegenstande eines gemeinfaßlichen Vortrages gemacht.[11]

Mittlerweile hatte BRÜCKE die Anatomie des Auges in einem monumentalen Werke[12] zu hoher Vollkommenheit gebracht. Zwei Entdeckungen waren es vorzüglich, durch die er dabei der physiologischen Optik neue Wege eröffnete, und einen mächtigen Fortschritt, wenn auch nicht selber vollendete, doch ermöglichte und anbahnte. Die erste dieser Entdeckungen war die Erkenntnis, daß der bis dahin als *Corpus ciliare* beschriebene Körper zwischen dem SCHLEMMschen Kanal und der *Zonula Zinnii* ein Muskel von völlig gleicher Beschaffenheit mit der Iris sei. Mit mehr Emphase als man sonst bei ihm gewohnt ist, sagt BRÜCKE: „Der Muskel ist sehr leicht zu finden, denn er ist nichts anderes als der hellgraue Ring, welchen man auf der äußeren Fläche des vorderen Teiles der Chorioidea nach Ablösung der Sklerotika findet und der bis jetzt in der Anatomie unter dem Namen *Ligamentum ciliare, Orbiculus ciliaris, Circulus ciliaris, Plexus ciliaris, Ganglion ciliare* usw. eine so traurige Rolle gespielt hat." Wir nennen ihn nach seiner Funktion *Tensor Chorioideae* oder mit DONDERS seinem Entdecker zu Ehren *Musculus Brückianus*; seine physiologische Bedeutung hat HELMHOLTZ aufgeklärt. Denn auch hier gab es ein fundamentales Problem zu lösen, welches seit langer Zeit den Bemühungen der ausgezeichnetsten Forscher getrotzt hatte, das Problem der Akkommodation des Auges für das Sehen in verschiedene Entfernungen. Alle nur denkbaren Gestaltveränderungen, Verschiebungen, sogar substantiellen Wandlungen des Augapfels, bzw. seiner Teile, waren seit KEPLER und SCHEINER zur Erklärung der Akkommodation ersonnen und herangezogen worden. Einiges Richtige fand sich darunter, nichts hatte seiner Zeit völlig befriedigt, geschweige sich dauernd bewährt. Nur zweierlei stand fest. Durch einen klassischen Versuch hatte THOMAS YOUNG bewiesen, daß keine Veränderung der Cornea die Akkommodation begleite. Andererseits wußte man längst, daß bei der Akkommodation für die Nähe die Pupille sich verengere, doch ließ sich damit zur Erklärung des deutlichen Sehens in die Nähe nichts Rechtes anfangen. Dagegen hatten MAX LANGENBECK und der Holländer A. CRAMER in Groningen einen Weg betreten, der sie, namentlich den letzteren, über kurz oder lang wohl zum Ziele geführt hätte, wäre nicht HELMHOLTZ auf eben demselben Wege ihnen erfolgreich zuvorgekommen. Dieser Weg bestand darin, anstatt Gestaltveränderung oder Verschiebung der optischen Medien des Auges bei der Akkommodation unmittelbar zu beobachten, vielmehr die von deren Flächen entworfenen drei Spiegelbilder, welche fälschlich statt nach PURKINĚ, nach dem englischen Augenarzte SANSON genannt werden, zum Gegenstande der Untersuchung zu machen. CRAMER hatte dazu ein Ophthalmoskop angegeben, HELMHOLTZ aber schuf mit siegreicher Überlegenheit sein Ophthalmometer, ein Instrument von astronomischer Feinheit, mit welchem er jene Bildchen so genau zu messen vermochte, daß sie ihm von der veränderlichen Krümmung der Augenmedien und ihrer Lage im Augapfel sichere Kunde brachten. Es ergab sich, daß die Linse im Zustande der Ruhe des Auges, wo es in die Ferne deutlich sieht, merkwürdigerweise nicht ihre natürliche Gestalt hat, sondern durch benachbarte Gebilde plattgedrückt gehalten wird, daß ihr aber durch den Zug des BRÜCKEschen Muskels gestattet wird, vermöge ihrer Elastizität ihre stärker gekrümmte natürliche Gestalt und größere Dicke anzunehmen, und so das Auge für das Sehen in die Nähe zu befähigen. Die aus den Messungen berechnete optische Wirkung genügte zur Erklärung der Akkommodation, und die ausgeschnittenen Kristallinsen von Leichen zeigten dieselben Maße wie die Linsen von Lebenden im akkommodierten Auge.

BRÜCKES zweite Entdeckung betraf das sogenannte Leuchten der Augen. Es war natürlich jederzeit bekannt, daß die Augen gewisser Tiere, insbesondere der nächtlichen Räuber, wie Katzen und Eulen, im Dunkeln leuchten, und noch 1811 hatte unser PALLAS davon die Erklärung gegeben: vielleicht sehe man dabei die nackte Elektrizität der Nervenhaut — *forte nudum electrum retinae nervosae.* Aber schon JOHANNES MÜLLER hatte überzeugend die Richtigkeit der Lehre HASSENSTEINS dargetan, daß die sogenannten leuchtenden Augen nicht wirklich leuchten, sondern nur Licht reflektieren, so daß sie in einem wahrhaft dunklen Raume nicht leuchten, und es fand sich auch, daß die Nervenhaut der stärker leuchtenden Augen in einem sogenannten Tapetum einen hellen, zur Zurückwerfung des Lichtes besonders geeigneten Hintergrund habe. BRÜCKE stellte nun zuvörderst die Art fest, wie man am besten die Augen leuchten sieht, nämlich indem man in einem sonst dunklen Raume eine Blendlaterne auf das zu beobachtende Auge richtet, und an ihr vorbei in das Auge blickt. So weit gekommen, begab er sich nachts mit seiner Laterne in die Ställe des Zoologischen Gartens, und fand, daß er bei passender Stellung die Augen aller Tiere zum Leuchten bringen konnte. Diese Tatsache und gewisse Erinnerungen erweckten in ihm die Vermutung, daß auch die Augen des Menschen leuchten möchten. Aus dem Hause seiner Pflegeeltern in Stralsund war ein Dienstmädchen entfernt worden, weil man dessen Augen hatte leuchten sehen, wodurch es ihnen unheimlich wurde. So ließ er mich denn eines Abends ihm in passender Weise meine Augen darbieten, die auch wirklich die ersten menschlichen Augen waren, welche ein wissenschaftlicher Beobachter zweckbewußt leuchten sah. Denn nun fand es sich, daß schon einer unserer Studiengenossen, Hr. Dr. CARL VON ERLACH aus Bern, welcher gelegentlich eine Hohlbrille trug, bei gewissen Stellungen ihrer Gläser die Augen von Menschen hatte leuchten sehen, was auch seitdem bei gehöriger Anleitung jedem Brillenträger gelang.

Damit begnügten wir uns: Der weiter blickende und tiefer überlegende HELMHOLTZ aber sagte sich, daß das von der Nervenhaut diffus reflektierte Licht mittels passender optischer Medien dazu gebracht werden könne, ein deutliches Bild zu entwerfen, und daraus ward, zunächst nach Analogie des GALILEIschen Fernrohres, der Augenspiegel[13], der neben der Lehre von der Erhaltung der Kraft wohl am meisten dazu beigetragen hat, den Ruhm seines Erfinders zu begründen und zu verbreiten.

Noch nie hatte sich wie bei HELMHOLTZ die vollendetste Kenntnis der physikalisch-mathematischen Optik mit eben so genauer und lebendiger Anschauung der anatomischen Bedingungen des Sehens verbunden. In jener bewährte er sich nebenher als vollkommener Meister, indem er in der Theorie des Mikroskopes mit Hrn. ABBE in Jena wetteiferte, und die theoretische Grenze für die Leistungsfähigkeit der Mikroskope zog, wie auch, indem er durch eine tiefgehende Untersuchung die erst unlängst von CHRISTIANSEN in Kopenhagen entdeckte, von AUGUST KUNDT weiter verfolgte paradoxe Erscheinung der anomalen Dispersion auf Grund der SELLMEYERschen Annahme verständlich machte, daß in den Äther ponderable, des Mitschwingens fähige Molekeln eingelagert sind. Von HELMHOLTZ' späteren, das Verhältnis zwischen Licht und Elektrizität betreffenden optischen Arbeiten kann hier noch nicht die Rede sein. Interessant ist seine Äußerung, daß das Auge, trotz seiner bewunderungswürdigen Leistungen, als optisches Werkzeug so voll arger Fehler sei, daß er einem Künstler, der ihm ein solches Instrument brächte, die Türe weisen würde. Nachdem er aber einmal, wie wir sahen, in der physiologischen Optik Fuß gefaßt hatte, hörte er sobald nicht wieder auf, sich mit hervorragenden Punkten dieser ihn offenbar besonders fesselnden Disziplin zu beschäftigen. Sofort finden wir ihn bei dem Gegenstande tätig, der ihn lange auf das Lebhafteste beanspruchen sollte, bei der Zusammensetzung der Farben, besonders der Spektralfarben. Er klärte die Begriffe von der Farbenmischung auf, indem er zeigte, daß nicht, wie die Maler jederzeit glaubten und wie jeder Schulknabe nach Aussage seines Tuschkastens beschwören würde, gelb und blau grün geben, sondern weiß. Er widerlegte BREWSTERS neue Analyse des Sonnenlichtes. Er machte das ultraviolette Licht sichtbar. Er berichtigte die Erklärung des Glanzes. Er studierte auf seine Weise Nachbilder und Farbenblindheit. Er zerstreute das Trugbild der Irradiation. Er entdeckte die Fluoreszenz der Hornhaut, Linse und Netzhaut. Er bewältigte die schwierige Aufgabe der Augenbewegungen und ihrer Beziehungen zum binocularen Sehen, mit Inbegriff der sogenannten Raddrehung des Auges[14]. Auch sie ist dem Willen unterworfen, sobald sie nötig ist, „um der einzig möglichen Willensintention zu dienen, welche für die Augenbewegungen gebildet werden kann, nämlich die: einfach und deutlich zu sehen". Er erfand das Telestereoskop[15]. Er löste vollständig das altberühmte Problem des Horopters[16], von dessen hyperboloidaler Fläche einst VIETH und JOHANNES MÜLLER einen einzelnen Kreis erkannt hatten. Er wiederbelebte endlich THOMAS YOUNGS Lehre von den drei Urfarben, als welche er rot, grün und violett bestimmte.

Doch es ist unmöglich, ihm weiter in die unzähligen Einzelheiten zu folgen, mit welchen er die physiologische Optik bereicherte. Aber hier lernen wir mit einem Male HELMHOLTZ von einer neuen Seite kennen. In einem umfangreichen, einheitlichen, doch auf das Feinste gegliederten Werke, seinem ‚Handbuche der physiologischen Optik'[17] stellte er diesen Zweig der Physiologie systematisch und literar-geschichtlich in größter Vollständigkeit dar, von den mathematischen Anfangsgründen der geometrischen Optik bis zu den letzten erkenntnistheoretischen und ästhetischen Gesichtspunkten. Man kann ohne Übertreibung sagen, daß keine wissenschaftliche Literatur irgend einer Nation ein Buch besitzt, welches diesem an die Seite gestellt werden kann, von welchem Hr. Prof. ARTHUR KÖNIG die noch von HELMHOLTZ begonnene zweite Auflage vollenden wird; nur ein zweites Werk von HELMHOLTZ selber kann daneben genannt werden; nur er selber kam ihm selber gleich.

Man errät, daß von seiner ‚Lehre von den Tonempfindungen als physiologischer Grundlage für die Theorie der Musik'[18] die Rede sein soll. Während er gänzlich in die physiologische Optik versenkt erschien, zeitigte er zugleich dies noch merkwürdigere Werk, merkwürdiger, weil es dem erfahrungsmäßigen wie dem theoretischen Inhalt nach neuer und origineller erscheint als das optische Seitenstück. Auch hier traten ihm zunächst gewisse physiologische Fragen entgegen, deren Interesse nicht wenig erhöht wurde, teils durch das ehrwürdige Alter, welches sie ungelöst erreicht hatten, teils durch ihre Bedeutung für Musik und Sprachwissenschaft. Vor allen Dingen indes stellt er sich wieder als eben solcher Meister in der physikalischen Akustik dar, wie vorher in der physikalischen Optik. In einer umfangreichen Untersuchung von grenzenloser Tiefe gibt er eine Theorie der Luftschwingungen in Röhren mit offenen Enden,[19] welche mit Berücksichtigung des von seinen Vorgängern vernachlässigten Überganges der Schwingungen in den freien Raum, wie auch der Reibung in der Luft und an den Wänden, besser als deren Bestimmungen mit der Erfahrung paßt. Zu den von SORGE früh entdeckten Kombinationstönen, die er als Differenztöne unterscheidet, fügt er eine zweite Klasse, die der Summationstöne, deren Schwingungszahl gleich ist der Summe der primären Töne. Er findet, daß man es in den akustischen Untersuchungen mit Funktionen zu tun hat, die unter gewissen Voraussetzungen in die Formen der elektrischen Potentialfunktionen übergehen und mit diesen eine ganze Reihe von interessanten Eigenschaften gemein haben.

Was nun jene in erster Linie sich zudrängenden physiologischen Fragen betrifft, so steht obenan die nach dem Wesen der fälschlich sogenannten Klangfarbe, deren Namen er jedoch beibehalten hat. Wenn die Stärke des Klanges von der Amplitude der Schwingungen, seine Höhe und Tiefe von deren Anzahl in der Zeiteinheit herrührt, so schien nichts näher zu liegen, als die Klangfarbe abhängig zu machen von der scheinbar letzten noch übrigen Variablen, der Gestalt der die Schwingungen darstellenden periodischen Kurve. HELMHOLTZ fand eine andere schon von WILLIS vorbereitete und von GEORG SIMON OHM weiter entwickelte Auskunft, indem er die Zusammensetzung der gewöhnlichen Klänge aus einem Grundton und einer in der Norm harmonischen Reihe von Obertönen dartat, welche durch einfach pendelartige oder sinusoide Schwingungen der Luftteilchen zustande kommen, und durch ihre verschiedene Anzahl und relative Stärke die Klangfarbe bedingen. Als Typus von Klängen verschiedener Farbe erscheinen namentlich die durch dasselbe musikalische Instrument, den menschlichen Kehlkopf, erzeugten Vokale. Sie sind durch gewisse Eigentöne charakterisiert, welche zum Teil von der Gestaltung der Mundhöhle als des Ansatzrohres eines membranösen Zungenwerkes herrühren. Die doppelte Art, wie HELMHOLTZ dies bewies, nämlich synthetisch durch den ihm vom König MAXIMILIAN von Bayern geschenkten Stimmgabelapparat, und analytisch mittels seiner Resonatoren, ist so allgemein bekannt, daß es genügt, hier daran zu erinnern. Bei der synthetischen Darstellung gesungener Vokale mittels elektromagnetisch erregten Stimmgabeln konnte er die Phasen der Schwingungen der Obertöne ohne Einfluß auf die Klangfarbe gegen einander verschieben, eine wichtige Tatsache, woraus die Unrichtigkeit der Erklärung der Klangfarbe aus der Gestalt der Schwingungskurve sich besonders deutlich ergibt, und auf welcher, wie Redner gezeigt hat, die Möglichkeit des Telephonierens beruht.

Von nicht leicht vorauszusehender Bedeutung und bezeichnend für HELMHOLTZ' stets allumfassende Forschung ist nun aber seine Erläuterung der Funktion der Schnecke und der Akustikusfasern beim Hören überhaupt und insbesondere bei dem der Klangfarben. Seine Vorstellung knüpft an JOHANNES MÜLLERS berühmte Lehre von der spezifischen Energie der Nerven an, welche so durch HELMHOLTZ endgültig aus den gesamten Nerven in die einzelnen Fasern und weiter in das Zentralorgan verlegt wurde. Er denkt sich zunächst, daß jedes Element des CORTIschen Organes oder, wie man jetzt annimmt, jede Falte der *Membrana basilaris* nur durch eine bestimmte sinusoide Schwingung in Mitschwingung versetzt wird. Die mit dem Element oder der Falte verbundene Akustikusfaser wird dadurch erregt und überträgt ihre Erregung auf eine zur Empfindung einer gewissen Tonhöhe vorgerichtete diminutive Provinz der seitdem durch Hrn. HERMANN MUNK ermittelten Hörsphäre des Zentralorganes. Der Vorgang in jeder Nervenfaser ist dabei qualitativ ganz und stets der nämliche, nur nach den Umständen quantitativ verschieden, entsprechend der Tatsache, daß alle

Nervenfasern mikroskopisch, chemisch und physikalisch sich ganz gleich verhalten. Durch die Erregung jener bestimmten Provinz der Hörsphäre gelangt eben nur die bestimmte Sinusoide mit der entsprechenden Intensität zur Wahrnehmung. Bei Erregung mehrerer Elemente des CORTIschen Organes oder mehrerer Basilarfalten werden gleichzeitig, obschon völlig von einander getrennt, die zugehörigen Akustikusfasern und weiterhin die entsprechenden Provinzen der Hörsphäre erregt, und so die betreffenden Sinusoiden, beispielsweise die Sinusoiden der charakteristischen Obertöne eines gegebenen Vokales, zur Wahrnehmung gebracht. Der ganze Mechanismus des Hörens wird dergestalt auf das Prinzip des Mitschwingens zurückgeführt. Es war ein glückliches Zusammentreffen, daß zur selben Zeit, wo HELMHOLTZ diese Dinge enträtselte, Hr. VICTOR HENSEN in Kiel bei seinen Studien über das Gehörorgan der Dekapoden das von HELMHOLTZ mit geistigem Auge Gesehene mit leiblichem Auge zu sehen bekam. Er sah, wie von den Hörhärchen am Schwanze von *Mysis* gewisse Töne eines Klapphornes einzelne in starke Vibration versetzten, andere Töne andere Härchen. Durch die Beachtung der Obertöne berichtigte auch HELMHOLTZ die Grenze der Hörbarkeit tiefer Töne, indem er zeigte, wie sich durch die Obertöne der an sich unhörbaren Schwingungen die Beobachter, unter ihnen SAVART, hatten täuschen lassen.

Ein zweites fundamentales Problem, welches sich hier HELMHOLTZ darbot, ist die Deutung der bekanntlich schon von PYTHAGORAS gemachten Entdeckung, daß Schwingungen von einfachem Zahlenverhältnis, wie Oktave, Quint, Duodezime, große Terz, einen angenehmen Eindruck hervorbringen, daher die Reihe der in solchem Verhältnis einander folgenden Obertöne harmonisch genannt wird, während die Töne von mehr verwickeltem Verhältnis der Schwingungszahl, wie die Septime, dissonant sind. Man pflegte davon die Erklärung zu geben, daß die Seele an dem einfachen Verhältnis der Schwingungen Vergnügen empfinde. Erst nach mehr als zweitausend Jahren hat HELMHOLTZ an die Stelle dieser, um das Geringste zu sagen, höchst unbefriedigenden Erklärung eine andere gesetzt. Er hat beobachtet, daß die Obertöne der konsonierenden Töne mit denen des Grundtones entweder noch zusammenfallen oder mit ihnen harmonisch erklingen, dagegen die Obertöne der dissonierenden Grundtöne Schwebungen erzeugen, welche dem Ohr einen widrigen Eindruck machen, wie dem Auge das unerträgliche Flackern eines Lichtes. Unleugbar ist so ein wichtiger Unterschied zwischen Konsonanz und Dissonanz aufgedeckt. Doch verdient zweierlei bemerkt zu werden, erstens, daß man den himmlischen Wohlklang eines KÖNIGschen Stimmgabel-Akkordes noch vernimmt und im wesentlichen ungestört genießt, wenn auch dicht daneben gefeilt, gesägt oder gehämmert wird, zweitens, daß, auch zugegeben, daß die Schwebungen der Grund der Dissonanz seien, dadurch doch nur erklärt würde, weshalb dissonierende Töne unangenehm, nicht aber, weshalb konsonierende angenehm seien, so daß unmusikalischerseits gespöttelt werden konnte, HELMHOLTZ habe ja wohl jetzt erklärt, weshalb nicht alle Musik unangenehm sei.

Wie dem auch sei, auf seiner erschöpfenden Kenntnis der bis zu ihm nur unvollständig beobachteten Partial- oder Obertöne führte nun HELMHOLTZ ein System der Akustik in physikalisch-mathematischer, physiologischer und ästhetischer Hinsicht auf, von welchem hier eine einigermaßen zutreffende Darstellung zu geben auch dann kaum möglich sein würde, wenn der Gegenstand dem Redner so vertraut wäre, wie er ihm leider, wenigstens in der letzten Richtung, fremd geblieben ist. Wie in der Optik kann hier nur erinnert werden an einige der hervorragendsten Leistungen, durch die auch auf diesem Gebiete HELMHOLTZ' Name der Geschichte der Wissenschaft unauslöschlich eingeprägt ist. Der Physiko-Mathematiker HELMHOLTZ, welcher in den Beilagen zu dem in Rede stehenden Werke sich in den höchsten rechnerischen Regionen ergeht, legt zunächst, durch seine medizinische Schule befähigt, selber Hand an die überaus schwierige feinere Anatomie des inneren Ohres, und erläutert mittels der von ihm beschriebenen und verstandenen Einrichtungen den Mechanismus der Schwingungen des Trommelfelles und der Gehörknöchelchen[20]. Das Gelenk zwischen Amboß und Hammer vergleicht er den Gelenken der mit Sperrzähnen versehenen Uhrschlüssel, welche in einer Richtung frei drehbar, in der anderen, wenn sich ihre Sperrzähne aufeinander stemmen, nicht die kleinste Drehung erlauben. Die Folge davon ist, daß, wenn der Hammer mit seinem Stiel nach innen gezogen wird, er den Amboß fest packt und mitnimmt. Wird er nach außen getrieben, so braucht der Amboß nicht mitzugehen. Dies hat den sehr großen Vorteil, daß der Steigbügel nicht aus dem ovalen Fenster gerissen werden kann, wenn die Luft im Gehörgang erheblich verdünnt wird. Eintreibung des Hammers durch Verdichtung der Luft im Gehörgange ist ebenfalls ohne Gefahr, da sie durch die Spannung des trichterförmig eingezogenen Trommelfelles selber kräftig gehemmt wird. Nicht minder tief und fein hat HELMHOLTZ die Bewegungsart des Trommelfelles ergründet, wovon sich aber ohne Abbildungen keine Vorstellung geben läßt.

Die Musik betreffend, führt HELMHOLTZ in die Lehre von der Melodie den Begriff der Klangverwandtschaft ein, welche darin besteht, daß zwei Klänge gleiche Partialtöne haben. Doch vermißt man ungern die Erörterung der Rolle, welche der Rhythmus oder Takt in der Melodie spielt. Nach einem von LISSAJOUS gemachten Anfang konstruierte er ein Vibrationsmikroskop, mittels dessen er die merkwürdige Schwingungsform der Violinsaiten festzustellen vermag. Er lehrt einfache Töne herstellen und ein Harmonium in natürlicher reiner Stimmung bauen. Er entwickelt die schon von DOVE vervollkommnete Sirene CAGNIARD-LATOURS zu seiner mehrstimmigen Sirene. Dabei beherrscht er vollständig die Geschichte der Musik in ihrer Erscheinung zu verschiedenen Zeiten und bei verschiedenen Völkern. Die Lehre von den Tonleitern und den Tonarten, die Gesetze der Stimmführung, allgemeine Betrachtungen über das Wesen des musikalischen Genusses beschließen das Werk. Von seiner Tätigkeit während dieser seiner Arbeitsperiode gibt es ein Bild, daß er gelegentlich des Telephones mir schrieb, „die Sache sei ihm so selbstverständlich erschienen, daß er es nicht für nötig gehalten habe, eine Theorie davon zu geben; aber freilich, er sei jahrelang mit FOURIERschen Reihen im Kopfe zu Bett gegangen und wieder aufgestanden, und dürfe in diesem Falle keinen Schluß von sich auf andere machen". Von welchen Abenden jedoch wohl die auszunehmen sind, an denen er auf dem von den HH. STEINWAY in New York in begeisterter Anerkennung seiner Verdienste um die Musik ihm verehrten Flügel durch BACHsche Fugen seinen rastlos arbeitenden Verstand zur Ruhe gewiegt hatte, oder wo er den köstlichen Versuch anstellte, eine geübte Sängerin in den Flügel bei gehobenem Dämpfer auf irgend einen Saitenton die Reihe der Vokale kräftig singen zu lassen, die dann der Flügel wieder aus sich heraus singt.

Zu HELMHOLTZ' physiologisch-akustischen Studien gehören noch seine Versuche über das schon von dem alten GRIMALDI, später von WOLLASTON und PAUL ERMAN beobachtete, die Muskelzusammenziehung begleitende Geräusch. Trotz seiner Bedeutung für die Lehre von den Herztönen wurde es erst von HELMHOLTZ genauer untersucht, welcher zunächst zeigte, daß der willkürlich tetanisierte Muskel 18 bis 20 Stöße in der Sekunde gibt, so daß nur seine Obertöne hörbar sind. Dann aber den elektrisch tetanisierten Muskel behorchend, vernahm er den Ton des in einem durch zwei geschlossene Türen getrennten Zimmer befindlichen, 240 Schwingungen vollziehenden Induktoriums. So wurde EDUARD WEBERS auch schon durch den sekundären Tetanus untergrabene Auffassung des Tetanus als eines zweiten Gleichgewichtszustandes der Muskelsubstanz vollends unmöglich gemacht, und die innere Arbeit des tetanisierten Muskels aufs Neue erwiesen.

Es wird hier der beste Ort sein, um von einigen kleineren physiologischen Arbeiten HELMHOLTZ'[21] Nachricht zu geben. So sei denn angeführt, wie er in einem Anfall von Heufieber, woran er zu leiden pflegte, pathogene Algen auf seiner eigenen Nasenschleimhaut nachwies, und mit Chinin erfolgreich bekämpfte, zu einer Zeit, wo von Antisepsis noch kaum die Rede war; wie er die Temperaturerhöhung seines eigenen Körpers durch das Besteigen des Königsstuhles von Heidelberg aus durch die höhere Temperatur des auf dem Gipfel gelassenen Harnes maß; wie er sich mit Lord KELVIN in dem Vorschlage begegnete, die Schwierigkeit der Urzeugung auf Erden durch das Herüberfliegen von Keimen in Meteoriten aus schon belebten Welten zu beseitigen; endlich wie er in die seit HAMBERGER und HALLER schwebende Kontroverse über die Funktion der Zwischenrippenmuskeln eingriff, und die Wirkungen der Muskeln der oberen Extremität einer genauen Musterung unterwarf, unter anderem auf die bisher nicht beachtete Rotation der ersten Phalangen um ihre eigene Achse aufmerksam machte, welche bei gebogener Stellung durch die M. interossei zustande kommt.

Wenn wir nun zu elektrischen Untersuchungen unseres Forschers übergehen, so ist zunächst wieder zu bemerken, daß auch in diesem Felde physiologische Fragen anfänglich seinen Gang bestimmten. Er war Zeuge und Teilnehmer meiner Versuche über tierische Elektrizität[22] gewesen, und hatte sich sogar bemüht, aus Silber in Silbersalzlösung unpolarisierbare Elektroden herzustellen, was nicht gelang. Die einzigen seitdem entdeckten unpolarisierbaren Elektroden aus verquicktem Zink in Zinklösung sind theoretisch unverständlich, konnten folglich auch nicht theoretisch vorhergesehen, sondern nur durch glücklichen Zufall gefunden werden. HELMHOLTZ hat die Ergebnisse meiner Versuche in einem eigenen gemeinfaßlich gehaltenen Aufsatz zusammengestellt.[23] Ich stieß bei diesen Untersuchungen fortwährend und überall auf die Aufgabe, in unregelmäßig gestalteten Leitern, in denen elektromotorische Kräfte tätig gedacht werden, die daraus entspringende Stromverteilung zu erschließen. Die Gesetze der Stromverteilung in nicht prismatischen Leitern waren zwar schon durch KIRCHHOFF für zwei, durch WILLEM SMAASEN für drei Dimensionen ermittelt worden, doch reichte dies nicht hin, um sich in so verwickelten Verhältnissen, wie die der tierischen Erreger, zurechtzufinden. Es handelt sich darum, aus der anderweitig gerechtfertigten Annahme den Muskel erfüllender peripolar-elektromotorischer Molekeln die an seiner Oberfläche hervortretenden Potentialunterschiede abzuleiten. Dies gelang wohl für die Ströme zwischen Längs- und Querschnitt, nicht aber für die sogenannten schwachen Ströme zwischen Punkten des Längsschnittes oder des Querschnittes allein. Diesem Widerspruch zwischen Theorie und Erfahrung stand ich um so ratloser gegenüber, als die scheinbar gesetzwidrigen Ströme auch an meinen elektromotorischen Muskelmodellen aus Kupfer, Zink und verdünnter Schwefelsäure sich kundgaben.

Hier nun kam mir HELMHOLTZ' überlegene Zergliederung zu Hilfe. Durch Weiterentwicklung der Lehre von der Stromverteilung in nicht prismatischen Leitern gelangte er zu mehreren Sätzen, von denen an dieser Stelle nur das Prinzip der elektromotorischen Oberfläche und das Theorem von der gleichen gegenseitigen Wirkung zweier elektromotorischer Flächenelemente erwähnt werden können, mittels welcher die früher unüberwindlichen Aufgaben fast zu elementaren wurden. An ihrer Hand zeigte er, daß bei meiner Annahme die ganze Muskelmasse durchsetzender überall gleich starker peripolar-elektromotorischer Molekeln in der Tat keine schwachen Ströme am Längsschnitt und am Querschnitt zustande kommen dürften, und daß auch nicht, wie ich gefunden hatte, der Potentialunterschied zwischen Längs- und Querschnitt mit den Dimensionen des Muskels wachsen würde. Er deutete aber zugleich an, daß diese Abweichungen zwischen den Tatsachen und meiner Vermutung über den elektromotorischen Bau des Muskels einfach daher rühren könnten, daß „die oberflächlichen Teile der tierischen Gebilde, welche der Eintrocknung, der Berührung der Luft und fremdartiger Flüssigkeiten ausgesetzt sind, ihre elektromotorischen Kräfte nicht ungeschwächt erhalten", und daß diese Kräfte vielleicht, sicher aber die der Muskelmodelle, durch Polarisation inkonstant seien, wodurch gleichfalls jene Abweichungen erklärt würden. Durch meine Versuche über die innere Polarisierbarkeit der Muskeln und ihre von Hrn. Ludimar Hermann festgestellte Oberflächenzehrung ist somit die früher hier waltende Schwierigkeit gehoben.

Es ist mir, beiläufig gesagt, unverständlich, wie der verstorbene Donders in einer Helmholtz gewidmeten Festrede ihm als ein ganz besonders bewundernswertes Verdienst habe anrechnen können, daß er schon in der Art, wie später ein bekannter Physiologe, die Präexistenz der elektrischen Kräfte des Muskels geleugnet habe. Helmholtz gibt allerdings an, daß am unverletzten Muskel zwischen Längsschnitt und natürlichem Querschnitt kein Strom nachweisbar sei, übersieht aber dabei, wie er mir mündlich bedauernd zugestand, daß dies auf einem Mißverständnis beruhe, und nur ein seltener Ausnahmefall sei; daß man vielmehr den unversehrten natürlichen Querschnitt bald schwach negativ, bald unwirksam, bald sogar schwächer positiv gegen den Längsschnitt finde. So wenig dachte aber Helmholtz daran, die Präexistenz der elektrischen Muskelkräfte zu leugnen, daß er im Gegenteil in dem hier in Rede stehenden Aufsatze meine Hypothese peripolar-elektromotorischer Molekeln als Ursache des Muskelstromes vollständig gelten läßt, emphatisch billigt, und sogar unumwunden es ausspricht: „daß ... die elektrischen Kräfte der stromumflossenen Molekeln in einer Theorie ihrer Bewegungen mit in Betracht gezogen werden müssen, versteht sich von selbst". Ja, noch mehr, Helmholtz hat offenbar ausdrücklich darüber nachgedacht, wie dies wohl am besten geschehen könne, und hat auch wirklich eine seiner ganz würdige, ungemein sinnreiche und ansprechende Vermutung über die Teilnahme der elektromotorischen Kräfte der Molekeln an der Zusammenziehung, mit Berücksichtigung der negativen Schwankung, zustande gebracht, welche er mir gleichsam zum Geschenk machte und zur Publikation überließ, da ich sie denn bei nächster Gelegenheit veröffentlichen werde.[24]

Helmholtz war es, der, um meine tierisch-elektrischen Versuche seinen Königsberger Zuhörern vorzuführen, zuerst das so schöne und so nützlich gewordene Verfahren anwandte, einen mit dem astatischen Systeme verbundenen Spiegel einen Lichtstrahl auf eine an der Wand befindliche weithin sichtbare Teilung zurückwerfen zu lassen. Ihm gelang es auch, an dem bekannten Schlitteninduktorium eine wesentliche Verbesserung anzubringen, nämlich die physiologischen Wirkungen des Schließungs- und des Öffnungs-Induktionsstromes nach Bedürfnis einander dadurch gleich zu machen, daß der Wagnersche Hammer nicht durch Schließen und Öffnen des primären Stromes, sondern durch Öffnen und Schließen einer Nebenleitung zu diesem Strom in Gang erhalten wird, so daß der durch das Verschwinden des primären Stromes induzierte Extrakurrent das Sinken des Stromes ebenso verzögert wie der durch das Entstehen induzierte sein Ansteigen.

Eine elektrische Arbeit unseres Forschers sodann, welche ihn immer noch in naher Beziehung zur Physiologie zeigt, ist seine Theorie der Dauer und des Verlaufes der so vielfach physiologisch und therapeutisch angewandten Induktionsströme[25]. Er berichtigt dabei einen Fehler, in welchen MARIANINI und ich selber in Folge mangelhafter Isolation an unseren Induktorien verfallen waren, indem wir fanden, daß in der sekundären Rolle noch ein Strom entsteht, auch wenn sie erst eine gewisse Zeit nach dem Öffnen der primären Rolle geschlossen wird. In Hinblick auf die Umgestaltung des WAGNERschen Hammers habe ich übrigens die HELMHOLTZsche Theorie auf den Fall ausgedehnt, daß die Induktion durch Öffnen und Schließen einer Nebenleitung zustande kommt. Hier knüpfen sich Untersuchungen an über die physiologische Wirkung kurz dauernder elektrischer Schläge im Inneren von ausgedehnten leitenden Massen, über elektrische Oszillationen und über die Gesetze der inkonstanten elektrischen Ströme in körperlich ausgedehnten Leitern. HELMHOLTZ wurde dazu geführt teils durch die Ergebnisse an Froschpräparaten, teils durch die Erfahrungen der Elektrotherapeuten, und wohl auch durch gewisse Versuche von BRÜCKE am Menschen. Hierher gehört nebenher ein Unternehmen, welches er nicht zu Ende brachte, weil ihm KIRCHHOFF darin zuvorkam, nämlich die numerische Bestimmung der in den Formeln von F. E. NEUMANN und von W. WEBER vorkommenden Konstanten ε, von welcher die Intensität induzierter elektrischer Ströme abhängt. Ich erwähne dies, weil bei dieser Gelegenheit sich uns wieder die erstaunliche Vielseitigkeit und Beweglichkeit seines wissenschaftlichen Interesses offenbarte. Von den zu jener Bestimmung nötigen Rechnungen und Versuchen erholte er sich von Zeit zu Zeit, indem er mit dem Fernrohr aus dem Fenster seines in einem Türmchen an der Dorotheen- und Sommerstraßen-Ecke gelegenen Laboratoriums die Bewegungen der durch das Brandenburger Tor aus- und eingehenden Personen beobachtete und sie mit den Darstellungen in dem klassischen WEBERschen Werke über die menschlichen Gehwerkzeuge[26] verglich. Er entdeckte in der Art, wie die WEBERschen Figuren den Fuß aufsetzen, einen Fehler von einiger praktischen Bedeutung, sofern daraufhin Tausende von Rekruten zu unnatürlicher Haltung ihrer Füße beim Parademarsch gezwungen werden, und seine Bemerkung wurde lange nachher durch die Augenblicksphotographie bestätigt.

Es folgen nun elektrische Arbeiten, welche sich mehr auf die Entstehung von Strömen und auf deren Wirkungen im Kreise selber beziehen: über galvanische Polarisation in gasfreien Flüssigkeiten, über die Elektrolyse des Wassers, über galvanische Ströme, verursacht durch Konzentrationsunterschiede, mit Folgerungen aus der mechanischen Wärmetheorie; über elektrische Grenzschichten, über Bewegungsströme am polarisierten Platin, über galvanische Polarisation des Quecksilbers und darauf bezüglich neue Versuche des Prof. ARTHUR KÖNIG, wobei das LIPPMANNsche Kapillarelektrometer zur Sprache kommt. Hier tritt naturgemäß die mathematische Behandlung etwas zurück gegen die induktorisch-experimentelle, da wir denn HELMHOLTZ auch in solcher Forschung als Meister bewundern lernen. Der Grundgedanke, der in diesen Arbeiten immer wieder durchblickt, ist die Erhaltung der Energie auch unter oft sehr dunklen und verwickelten Bedingungen. Eine neue elektrische Versuchsreihe schuf HELMHOLTZ, indem er aus der Wärmelehre in die Elektrizitätslehre den

Begriff der Konvektion übertrug, worunter er hier dem dortigen Gebrauch entsprechend die Fortführung der Elektrizität durch Bewegung ihrer ponderablen Träger versteht. Sie wurde in seinem Laboratorium durch Hrn. HENRY A. ROWLAND[27] ins Werk gesetzt; ihre Bedeutung besteht unter anderem darin, daß die so gewonnenen Konvektionsströme gleichsam ein Surrogat liefern für die Elektrizitätsbewegung in ungeschlossenen Leitern, und dadurch zur Entscheidung wichtiger theoretischer Fragen die Möglichkeit eröffnen, hinsichtlich deren, wie HELMHOLTZ sagt, noch die üppigste Flora von Hypothesen wuchert. Eine andere Gattung von Konvektionsströmen sind die elektrolytischen, bei welchen in der elektrolytischen Flüssigkeit gelöste Gase eine Rolle spielen, worauf hier nicht näher eingegangen werden kann.

Ein weiteres neues Moment in HELMHOLTZ' Polarisationsarbeiten wurde ihm durch die von THOMAS GRAHAM entdeckte Okklusion der Gase in Metallen, besonders des Wasserstoffes in Platin und Palladium, geboten. Am schönsten und einfachsten springt dieser wunderbare Erfolg in die Augen in dem von HELMHOLTZ dem Dr. ELIHU ROOT aus Boston an die Hand gegebenen Versuche,[28] ob der durch Elektrolyse gegen die eine Seite einer dünnen Platinplatte geführte Wasserstoff nach einiger Zeit sich auch an der entgegengesetzten Seite dadurch bemerkbar machen würde, daß er auch dort galvanische Polarisation hervorbringe, d. h. das Platin positiver erscheinen lasse: wie sich das in der Tat herausstellte.

Hier schließt sich eine längere Reihe von mathematisch-physikalischen Abhandlungen über die Theorie der Elektrodynamik an.[29] Es handelt sich darin vorwiegend um die Vergleichung der verschiedenen für die elektrodynamischen Kräfte aufgestellten Gesetze, des AMPÈREschen und des NEUMANNschen, sowie des auf einer bisher in der Physik unbekannten Vorstellungsweise beruhenden WEBERschen Gesetzes, welches nämlich die Fernkräfte der Elektrizität außer von deren Entfernung und Menge von ihrer Geschwindigkeit und ihrer relativen Beschleunigung abhängen läßt. In wiederholten Auseinandersetzungen zeigt HELMHOLTZ, daß dies letztere Gesetz unhaltbar ist, indem es, im Widerspruch mit der Erhaltung der Energie, das Gleichgewicht der ruhenden Elektrizität zu einem labilen macht, und weiterhin zu unendlicher Geschwindigkeit und zu noch anderen Unmöglichkeiten führt. Er spricht sich, unter gewissen Vorbehalten, für das NEUMANNsche Potentialgesetz aus, und übt gelegentlich an einigen Gegnern eine sonst nicht in seinen Gewohnheiten liegende Kritik. Die Theorie der ungeschlossenen Ströme und der sogenannten Gleitstellen wird erörtert, und der Begriff der ponderomotorischen Kräfte im Gegensatz zu solchen, welche nur zwischen elektrischen Teilchen tätig sind, wird eingeführt. In diese Gruppe von Arbeiten gehört auch noch eine Studie über absolute Maßsysteme für elektrische und magnetische Größen und deren Dimensionen.[30]

So weit etwa reicht bei ihm und überwiegt offenbar noch die alte Lehre von der Elektrizität, wie sie durch COULOMB im Anschluß an die NEWTONsche Gravitation, und unter dem Anschein entstanden war, daß die elektrischen Fernkräfte sich gleich der Schwere durch den leeren Raum fortpflanzen, und daß ihre Leistung mit dem Produkt der auf einander wirkenden Elektrizitätsmengen wächst, mit der Entfernung in dem Maß abnimmt, wie deren Quadrat zunimmt. Mittlerweile hatte jenes außerordentliche experimentelle Genie, welches angeblich zwar kein Binom zu quadrieren verstand, aber des tiefsten Einblicks in die Naturgeheimnisse teilhaftig war, FARADAY hatte sich, auf NEWTON selber sich berufend, über die seit einem Jahrhundert herrschende Gravitationslehre abfällig geäußert, und an Stelle der nach deren Vorbild aufgestellten Lehre von der Elektrizität und dem Magnetismus polarisierte Kraftlinien gesetzt und nachgewiesen. Ein Mathematiker ersten Ranges, in diesem Felde HELMHOLTZ wohl ebenbürtig zu nennen, JAMES CLERK MAXWELL, hatte diese Theorie, die sich kurz als die der dielektrischen Polarisation beschreiben läßt, in eine mathematische Form gegossen, und zu der Theorie des Lichtes in der Art in Beziehung gebracht, daß beide, Licht und Elektrizität, fortan auf Ätherschwingungen[31] als auf den nämlichen letzten Grund zurückgeführt, und als wesentlich einerlei erkannt waren. Noch fehlte für diese Synthese der handgreifliche, experimentelle Beweis. Wenn er nicht von HELMHOLTZ selber geliefert wurde, so geschah es doch durch denjenigen seiner Schüler, der ihm in diesem Gebiete nach Richtung und vielleicht nach Begabung am nächsten stand, durch den leider kurz nach dem hier von ihm erfochtenen Siege verstorbenen HEINRICH HERTZ. Dieser zeigte, daß von elektrischen Funken ausgehende Strahlungen ganz wie die Ätherschwingungen des Lichtes interferieren, reflektiert, gebrochen und polarisiert werden; sie pflanzen sich mit einer der des Lichtes vergleichbaren, wenn nicht gleichen Geschwindigkeit fort; genug, sie sind transversale Ätherschwingungen gleich denen des Lichtes, nur ungleich länger. HELMHOLTZ hat sich denn auch in seinen späteren Arbeiten der FARADAY-MAXWELLschen Theorie rückhaltlos angeschlossen, ja er hat die elektrische Theorie des Lichtes in einem wichtigen Punkte vervollständigt, indem er die elektromagnetische Theorie der Farbenzerstreuung entwickelte, wobei er die zur Erklärung der anomalen Dispersion schon früher von ihm angenommene SELLMEYERsche Hypothese von ponderablen, des Mitschwingens fähigen Molekeln im Äther zu Grunde legt. Er hat auch in einem von der *Chemical Society* gehaltenen Vortrage FARADAYS neue Auffassung der Elektrizität dargestellt,[32] und zugleich die elektrische Theorie der chemischen Verbindungen und die Theorie der Elektrolyse in ihrer neuen Gestalt abgeleitet, wobei er als Grundvoraussetzungen das Gesetz von der Konstanz der Energie und die strenge Gültigkeit von FARADAYS elektrolytischem Gesetze festhielt. Letzterem entsprechend kann Elektrizität aus der Flüssigkeit an die Elektroden nur unter äquivalenter chemischer Zersetzung übergehen, was aber nur dann möglich ist, wenn die Zerlegung der chemischen Verbindungen durch die vorhandenen elektrischen Kräfte geleistet werden kann. Daß diese hierzu ausreichen, ergibt sich aus der von HELMHOLTZ berechneten überraschenden Größe der bei diesen Prozessen ausgetauschten elektrischen Äquivalente.

HELMHOLTZ hat später, als das sogenannte Prinzip der kleinsten Aktion seine Aufmerksamkeit fesselte, die Theorie der Elektrodynamik auch aus diesem abgeleitet.[33] Er hat auch in seinen Folgerungen aus MAXWELLS Theorie über die Bewegungen des reinen Äthers unter der Voraussetzung, daß der reine Äther eine reibungslose, inkompressible Flüssigkeit ohne Beharrungsvermögen sei, gefunden, daß die von MAXWELL aufgestellten, von HERTZ vervollständigten Gesetze in der Tat geeignet seien, Aufschluß über die im Äther auftretenden Bewegungen zu geben.

Wenn wir endlich noch hinzufügen, daß HELMHOLTZ eine den Schwankungen des Erdmagnetismus entzogene elektrodynamische Waage konstruierte, zu der hin und von der fort in sinnreicher Weise Streifen von Rauschgold die Ströme leiteten, so dürfte das Vorige bei aller Unvollkommenheit wohl für ein ziemlich vollständiges Bild von HELMHOLTZ' elektrischen Arbeiten gelten. Dabei konnte dieser aber nicht stehen bleiben. Es liegt in der Natur der Dinge, daß, wie er die Rolle der Elektrizität in den chemischen Vorgängen aufgeklärt hatte, er ebenso, und noch viel unmittelbarer, die der Wärme in den Kreis seiner Betrachtungen ziehen mußte. Die von

CLAUSIUS vervollständigte mechanische Wärmetheorie führt er in die Theorie der chemischen Vorgänge ein. Er lehrt die ins Spiel kommende gesamte innere Energie eines körperlichen Systemes in zwei Teile trennen, in die freie und die gebundene Energie, von denen die erste freier Verwandlung in reversible Arbeitsformen fähig ist, die zweite als zum Teil irreversible Wärme zu Tage treten muß. Seine Bestimmungen entsprechen im allgemeinen den von CLAUSIUS aufgestellten Begriffen der Energie und der Entropie, und CLAUSIUS' Ergal heißt bei HELMHOLTZ die Quantität der Spannkräfte. Doch es ist unmöglich, bei dieser Gelegenheit tiefer in diese äußerst schwierigen und verwickelten Dinge einzugehen. Es genüge, daran zu erinnern, daß diese unscheinbaren Ermittlungen es sind, welche schließlich zu der schon oben angedeuteten tragischen Einsicht führen, daß die Welt, wenn auch erst nach unendlicher Zeit, als ein Eisklumpen von einer nur unendlich wenig über dem absoluten Nullpunkt erhabenen Temperatur enden werde.[34]

Von hier ab fehlt es noch mehr als bisher an einem die HELMHOLTZschen Arbeiten stetig verknüpfenden Faden, und wir gehen ohne weiteres zu einigen seiner Leistungen im Gebiete der allgemeinen Physik über. An ihrer Spitze steht die berühmte Abhandlung über Integrale der den Wirbelbewegungen entsprechenden hydrodynamischen Gleichungen,[35] durch welche er unstreitig einen der ersten Plätze unter den Physiko-Mathematikern aller Zeiten einnahm, und eine Fülle wunderbarer Tatsachen ans Licht zog, die dadurch noch bedeutsamer scheinen, daß zwischen den Wirbelbewegungen des Wassers und den elektromagnetischen Wirkungen elektrischer Ströme eine auffallende Analogie stattfindet. Wirbellinien nennt er Linien, welche durch die Flüssigkeitsmasse so gezogen sind, daß ihre Richtung überall mit der Richtung der augenblicklichen Rotationsachse der in ihnen liegenden Wasserteilchen zusammentrifft. Wirbelfäden nennt er dann Teile der Wassermasse, welche man dadurch aus ihr herausschneidet, daß man durch alle Punkte des Umfanges eines unendlich kleinen Flächenelementes die entsprechenden Wirbellinien konstruiert. Die Wirbelfäden müssen innerhalb der Flüssigkeit in sich zurücklaufen, endigen können sie nur an deren Grenzen. Geschieht das erstere, so entstehen in reibungsloser Flüssigkeit Wirbelringe, in welchen die lebendige Kraft der Zeit noch konstant ist. Haben zwei Wirbelringe gleiche Achse und Rotationsrichtung, so schreiten sie beide in gleichem Sinne fort; es wird der vorangehende sich erweitern, dann langsamer fortschreiten, der nachfolgende sich verengern, dann schneller fortschreiten, schließlich bei nicht zu verschiedener Fortpflanzungsgeschwindigkeit den anderen einholen, ja durch ihn hindurchgehen. Dann wird sich dasselbe Spiel mit dem anderen wiederholen, so daß die Ringe abwechselnd der eine durch den anderen hindurchgehen. Haben die Wirbelringe gleiche Radien, gleiche und entgegengesetzte Rotationsgeschwindigkeit, so werden sie sich einander nähern und sich gegenseitig erweitern, so daß schließlich ihre Bewegung gegen einander immer schwächer wird, die Erweiterung dagegen mit wachsender Geschwindigkeit geschieht.

Wegen einiger Punkte in dieser Darlegung wurde HELMHOLTZ von dem Pariser Akademiker Hrn. BERTRAND mehrfach angegriffen, es ward ihm aber leicht, nachzuweisen,[36] daß dessen Kritik nur auf Mißverständnissen beruhe. Besser erging es seinen Ergebnissen in England. Lord KELVIN gründete nämlich auf die von HELMHOLTZ eingeführte Vorstellung der Wirbelringe eine eigene Theorie der Konstitution der Materie. Er stellte sich vor, daß die Atome kleinste, von und Ewigkeit her und in Ewigkeit fort sich drehende Wirbelringe seien, und daß die chemische Verschiedenheit der Atome darin bestehe, daß wir es in ihnen mit verschiedentlich geknoteten Wirbelringen zu tun haben. Wir werden später sehen, wie merkwürdig HELMHOLTZ selber Lord KELVINS Auffassung auszugestalten versuchte.

In einer besonderen Abhandlung über diskontinuierliche Flüssigkeitsbewegungen[37] geht HELMHOLTZ aus von der oben erwähnten Übereinstimmung zwischen den hydrodynamischen Gleichungen und den für stationäre Ströme der Elektrizität oder Wärme bestehenden, und sucht die trotz dieser scheinbaren Analogie doch vorhandenen, in vielen Fällen leicht erkennbaren und sehr eingreifenden Unterschiede auf, welche sich namentlich auffallend zeigen, wenn die Strömung durch eine Öffnung mit scharfen Rändern in einen weiteren Raum eintritt.

Eine andere für die hydrodynamischen Theorien grundlegende Forderung war die genauere Bestimmung der Reibung tropfbarer Flüssigkeiten. HELMHOLTZ unternahm diese in zwei Arbeiten, deren eine sich die Vervollkommnung der Theorie der stationären Ströme in reibenden Flüssigkeiten vorsetzt,[38] die andere, bei welcher Dr. G. VON PIOTROWSKI ihm experimentell zur Seite stand, die Frage nach den Vorgängen an der Grenze der Flüssigkeit und der sie umschließenden Wandungen näher ins Auge faßt.[39] Diese Untersuchung geschah, indem eine mit verschiedenen Flüssigkeiten gefüllte, innen polierte und vergoldete Kugel mittels eines besonderen Apparates in reine Schwingungen um ihre senkrechte Aufhängungsachse versetzt, und die durch die Flüssigkeit bewirkte Verzögerung der mit Spiegel und Fernrohr beobachteten Schwingungen gemessen wurde. Leider zeigte der Erfolg, daß die gewöhnliche, durch POISEUILLES Versuche an sehr langen und dünnen Röhren scheinbar bestätigte Annahme, wonach die oberflächlichste Schicht der Flüssigkeit den Wänden des Gefäßes fest anhaftet, für die wässerigen Flüssigkeiten in polierten und vergoldeten Metallgefäßen nicht zutrifft, während dies für Alkohol und Äther allerdings nahehin der Fall ist.

Zu den Überraschungen, welche man beim Durchmustern der HELMHOLTZschen Arbeiten erfährt, gehört es wohl, daß man den Mathematiker und Experimentator, den wir bisher in ihm kennen gelernt haben, plötzlich der geographischen Physik und der Meteorologie mit gleicher Liebe und Meisterschaft sich zuwenden sieht. Seine erste Leistung in diesem Sinne betrifft das Eis und die Gletscher, und sie verdankt ihre Entstehung sichtlich zweierlei Umständen, erstens den von HELMHOLTZ unternommenen Gletscherwanderungen, zweitens den gerade damals aufgestellten Gletschertheorien, und den daran sich knüpfenden Erörterungen über die Eisbildung. FARADAY hatte entdeckt, daß zwei an einander gepreßte Eisstücke von null Grad zusammenfrieren und sich fest vereinigen, und JAMES THOMSON hatte dies durch die Erniedrigung des Gefrierpunktes erklärt, welche nach ihm den Druck begleitet. Es entstand aber die Schwierigkeit, daß FARADAY die *Regelation* auch bei sehr kleinem Drucke, freilich erst im Laufe einiger Stunden, eintreten sah. Diese Tatsachen waren von hohem Interesse, indem dadurch die von RENDU, FORBES, TYNDALL erkannte Ähnlichkeit der Bewegung der Gletscher mit einem Strome zähflüssiger Substanz ihre Erklärung zu finden schien. Durch eine Reihe von zweckmäßig ersonnenen Versuchen, in welchen gefrorenes Wasser in allen erdenklichen Zuständen verschiedenem Druck ausgesetzt wurde, gelang es HELMHOLTZ, das Entstehen des charakteristischen Gletschereises aus dem Firn mit überzeugender Treue nachzuahmen.[40]

Die Abhandlung über ein Theorem, geometrisch ähnliche Bewegungen flüssiger Körper betreffend, nebst Anwendung auf das Problem, Luftballons zu lenken,[41] knüpft noch an die Hydrodynamik an, indem sie lehrt, an einer Flüssigkeit und an Apparaten von gewisser Größe und Geschwindigkeit gewonnene Beobachtungsresultate zu übertragen auf eine geometrisch ähnliche Masse einer anderen Flüssigkeit und Apparate von anderer Größe und anderer Bewegungsgeschwindigkeit, beispielsweise aus den Bewegungen eines Schiffes auf die eines Luftballons zu schließen. Vögel anlangend, erscheint es wahrscheinlich, daß im Modell der großen Geier die Natur schon die Grenze erreicht habe, welche mit Muskeln, als arbeitleistenden Organen, und bei möglichst günstigen Bedingungen der Ernährung, für die Größe eines Geschöpfes erreicht werden kann, das sich durch Flügel selber heben und längere Zeit in der Höhe erhalten soll. Unter diesen Umständen ist es nach Helmholtz kaum als wahrscheinlich zu betrachten, daß der Mensch auch durch den allergeschicktesten flügelähnlichen Mechanismus, den er durch seine eigene Muskelkraft zu bewegen hätte, in den Stand gesetzt werden würde, sein eigenes Gewicht in die Höhe zu heben und dort zu erhalten. Neuere Versuche von Hrn. S. P. Langley und Hrn. O. Lilienthal über den Luftwiderstand wenig geneigter ebener Flächen bei starker horizontaler Bewegung lassen jedoch diesen Schluß vorläufig noch als nicht ganz unbedenklich erscheinen.

Die Reihe von Helmholtz' meteorologischen Arbeiten beginnt mit einem gemeinfaßlichen Vortrage über ‚Wirbelsturm und Gewitter'[42], der aber zur Erläuterung des Vorgangs der Bildung von Wirbelstürmen einen merkwürdigen schematischen Versuch enthält, in welchem durch eine kreisende Wassermasse eine senkrechte mit Luft gefüllte Röhre sich bildet, genau von der Form, in der man die Wasserhosen darzustellen pflegt. Demnächst hat es den Anschein, als hätte eine zufällig vom Gipfel des Rigi aus Helmholtz sich darbietende Wolken- und Gewitterbildung seine Aufmerksamkeit diesen Naturerscheinungen zugelenkt. Zwei gewaltige Abhandlungen ‚über atmosphärische Bewegungen'[43] und eine dritte über ‚die Energie der Wogen und des Windes'[44] enthalten in meist streng mathematischer Form die Ergebnisse, zu denen Helmholtz gelangte, und welche hier nicht näher dargelegt werden können. Der Grundgedanke ist indessen der, daß eine ebene Wasserfläche, über die ein gleichmäßiger Wind hinstreicht, sich in einem Zustande labilen Gleichgewichtes befindet, und daß die Entstehung von Wasserwogen wesentlich diesem Umstande zuzuschreiben ist. Der gleiche Vorgang muß sich auch an der Grenze verschieden schwerer und an einander entlang gleitender Luftschichten wiederholen, hier aber viel größere Dimensionen annehmen. Da wir bei den am Erdboden vorkommenden mäßigen Windstärken oft genug Wellen von einem Meter Länge haben, so würden dieselben Wellen in die Luftschichten von 10° Temperaturdifferenz übersetzt, 2 bis 5 km Länge erhalten. Größeren Meereswellen von 5 bis 10 m würden Luftwellen von 15 bis 30 km entsprechen, die schon das ganze Firmament des Beschauers bedecken können. An den Grenzflächen verschieden schwerer Luftschichten müssen dergleichen Wellensysteme außerordentlich häufig vorkommen, wenn sie uns auch in den meisten Fällen unsichtbar bleiben. Der Vorgang wird gelegentlich nur sichtbar durch die gestreiften Zirruswolken, welche sich zeigen, wenn an der Grenze der beiden Schichten Nebel niedergeschlagen werden. Unter solchen Bedingungen, wo wir Wasserwellen branden und Schaumköpfe bilden sehen, werden zwischen den Luftschichten sich ausgiebige Mischungen herstellen müssen. Um uns Helmholtz' wissenschaftliche Gestalt vollständig zu vergegenwärtigen, darf übrigens nicht unerwähnt bleiben, daß er die Meteorologie keineswegs so zu sagen am Schreibtische trieb, sondern beispielsweise es nicht verschmähte, auf dem Cap d'Antibes mit einem kleinen tragbaren Anemometer selber Beobachtungen über Windstärke und Wellengang anzustellen, und seine Formeln mit der Wirklichkeit zu vergleichen.

Diese Arbeiten von HELMHOLTZ sind die letzten, welche im engeren Sinne als naturwissenschaftlich bezeichnet werden können, insofern darin von Darstellung, Beobachtung und Deutung von Naturerscheinungen die Rede ist. Es folgen nun zunächst fünf Studien zur Statik monozyklischer Systeme,[45] welche lediglich analytisch-mechanischen Inhaltes sind. Monozyklische Systeme sind solche, in deren Innerem eine oder mehrere stationäre, in sich zurücklaufende Bewegungen vorkommen, die aber, wenn deren mehrere sind, nur von einem Parameter abhängen. Das Hauptinteresse solcher Untersuchungen liegt darin, daß auch die Wärmebewegung, wenigstens in ihren nach außen beobachtbaren Wirkungen, die wesentlichen Eigentümlichkeiten eines monozyklischen Systemes zeigt, und daß namentlich die beschränkte Verwandlungsfähigkeit der in die Form von Wärme übergegangenen Arbeitsäquivalente unter gewissen Bedingungen auch für die Arbeit der monozyklischen Systeme gilt.

Denselben analytisch-mechanischen Charakter haben die Aufsätze ,über die physikalische Bedeutung' und ,zur Geschichte des Prinzips der kleinsten Aktion'.[46] Dies von MAUPERTUIS aufgestellte Prinzip besagt, daß das von LEIBNIZ Aktion genannte Produkt aus der Zeit in die lebendige Kraft stets ein Minimum sei, so daß man aus der Bedingung für das Minimum Bahn und Geschwindigkeit der bewegten Masse eindeutig erhalte. MAUPERTUIS legte indes seinem Prinzipe eine ungemeine Wichtigkeit ganz anderer Art bei, indem er darin den sichersten und unwiderleglichsten Beweis für das Dasein Gottes erblickte. Er vermochte aber nicht einmal einen mathematisch stichhaltigen Beweis für das Prinzip zu geben, welches somit, wie seiner Zeit das Prinzip der Erhaltung der Energie, lange unter dem Vorurteile litt, daß es nur eine halb metaphysische Fiktion sei. Zwar hatte eine Reihe von Mathematikern ersten Ranges, von EULER bis zu JACOBI, sich schon bemüht, es korrekt zu gestalten. Es ist aber ein eigenes Zusammentreffen, daß es HELMHOLTZ, der schon dem Prinzipe der Erhaltung der Energie solchen Dienst leistete, vorbehalten war, nun auch noch dem Prinzipe der kleinsten Aktion die höchste Weihe zu erteilen.

Was uns jetzt noch von HELMHOLTZ' Arbeiten zu betrachten bleibt, führt uns wieder in ein ganz neues, diesmal sogar dem gewöhnlichen Naturforscher einigermaßen fremdes Gebiet, in welchem aber jener sich mit gleichem Vermögen und gleichen Belangen bewegt, wie vorhin in der Mechanik, der Physik, der Physiologie; in das Gebiet der Erkenntnistheorie. Auf dreifachem Wege kam er dazu, sich damit zu beschäftigen.[47] Einmal, indem er den Ursprung der richtigen Deutung unserer Sinneseindrücke als bloßer Zeichen, nicht etwa Abbilder, der äußeren Gegenstände klarzulegen suchte. Dann, indem er die der Geometrie zu Grunde liegenden Tatsachen auf die Richtigkeit der ihnen als Axiome zugeschriebenen Bedeutung prüft. Endlich, indem er in dem Aufsatze über ,Zählen und Messen erkenntnistheoretisch betrachet' das nämliche mit den Axiomen der Arithmetik vornahm. Wie in dem Vorigen das Prinzip der Erhaltung der Energie uns stets als sicherer Leitfaden durch HELMHOLTZ' Gedankenwege diente, so fehlt es auch in diesem Abschnitt nicht an einem ähnlichen Führer. Der diese Untersuchungen beherrschende Gedanke ist die empiristische Weltanschauung, welcher HELMHOLTZ huldigt, im Gegensatze zu der von ihm verworfenen nativistischen. Es ist dies derselbe Gegensatz, der schon im siebzehnten Jahrhundert zwischen der LEIBNIZschen prästabilierten Harmonie und dem LOCKEschen Sensualismus bestand, dem aber dann KANT eine entschiedene Wendung zu Gunsten der ersteren Lehrmeinungen gab. Der Königsberger Weltweise behauptete bekanntlich, daß seine zwölf Kategorien des Verstandes, insbesondere das Kausalgesetz, daß die Anschauung der Zeit, des Raumes mit seinen drei Dimensionen, und die geometrischen Axiome, transzendentalen Ursprunges, daß sie uns *a priori* vertraute, eingeborene Einsichten seien. Gegen diesen von ihm sogenannten Nativismus erhob sich HELMHOLTZ sichtlich aus dem Grunde, daß er einen supernaturalistischen Ursprung voraussetze, und somit gegen jenes erste, in der ‚Erhaltung der Kraft' von ihm an die Spitze gestellte Prinzip verstoße, „daß die Wissenschaft, deren Zweck es ist, die Natur zu begreifen, von der Voraussetzung ihrer Begreiflichkeit ausgehen müsse". Er zieht also vor, sich zu denken, daß das neugeborene Tier, daß der Säugling durch die zunächst ganz zufälligen und zwecklosen Bewegungen seiner Gliedmaßen und Sinnesorgane und die dadurch bewirkten Veränderungen von Sinneseindrücken zur Vorstellung der Außenwelt gelange. Übrigens bemerkte er, daß der einzige Einwurf, der gegen die empiristische Erklärung „vorgebracht werden könnte, die Sicherheit der Bewegung vieler neugeborener oder eben aus dem Eis gekrochener Tiere ist. Je weniger geistig begabt dieselben sind, desto schneller lernen sie das, was sie überhaupt lernen können.... Das neugeborene menschliche Kind dagegen ist im Sehen äußerst ungeschickt, es braucht mehrere Tage, ehe es lernt, nach dem Gesichtsbilde die Richtung zu beurteilen, nach der es den Kopf wenden muß, um die Brust der Mutter zu erreichen. Junge Tiere sind allerdings von individueller Erfahrung viel unabhängiger. Was aber dieser Instinkt ist, der sie leitet, ob direkte Vererbung von Vorstellungskreisen der Eltern möglich ist, ... darüber wissen wir Bestimmtes noch so gut wie nichts".[48]

Eine hierher gehörige Betrachtung scheint aber HELMHOLTZ entgangen zu sein. Vielleicht hat in unserer Übersicht seiner Arbeiten der eine oder andere mit Befremden eine Äußerung über das größte in diesem Zeitraum die Biologie bewegende Ereignis vermißt: über DARWINS Theorie des Ursprunges der Arten. Nun, wo immer dazu Gelegenheit war, hat HELMHOLTZ nicht versäumt, sogar eifriger als es sonst seine Art ist, sein Einverständnis mit der neuen Lehre und seine Bewunderung der Großtat des britischen Forschers und Denkers an den Tag zu legen. Hier jedoch, in der Streitfrage zwischen Nativismus und Empirismus, dürfte er die durch den Darwinismus herbeigeführte Veränderung der Sachlage übersehen oder doch nicht gebührend gewürdigt haben. Denn so bedenklich der Nativismus klingt, wenn er so verstanden wird, daß eine Generation auf die nächstfolgende unmittelbar der Wirklichkeit entsprechende Vorstellungen vererbe, so annehmbar gestaltet er sich, wenn man eine allmähliche Entwicklung durch eine beliebig ausgedehnte Reihe von Geschlechtern zu Hilfe nimmt. Dies ist die von Hrn. HERBERT SPENCER und dem Redner unabhängig von einander vorgeschlagene Versöhnung zwischen Nativismus und Empirismus, welche mindestens ebenso berechtigt erscheint, wie nach Darwinistischen Prinzipien die Entstehung eines Auges oder Ohres. Von supernaturalistischer Einmischung ist dabei keine Rede mehr. Viel schwieriger als solch nativistisches Werden einer Tierseele ist es jedenfalls, sich empiristisch vorzustellen, wie ein eben erst der Larve entschlüpfter Schmetterling in der kurzen Frist seines neubewußten Daseins den Raum mit seinen drei Dimensionen, die Gravitation, den Luftwiderstand, das Aussehen der ihm vorteilhafte Gelegenheiten darbietenden Blumen erfahrungsmäßig erkennen solle. Seine Erlebnisse als Raupe werden ihm dabei kaum von Nutzen sein. Und da HELMHOLTZ selber geneigt scheint, in dieser Art von Tatsachen eine Schwierigkeit für den Empirismus anzuerkennen, so wird es vielleicht am Platze sein, weiter zu fragen, wie das Menschenkind während der ersten drei Lebensmonate, von denen es, wohl bemerkt, etwa elf Zwölftel schlafend verbringt — des dummen Vierteljahres, wie unsere Wärterinnes es nennen —, den Gebrauch seiner Augen und Hände durch Tastversuche sich aneignen könne, die, um es zu belehren, eigentlich die Vorstellungen schon voraussetzen, welche sie nach der empiristischen Theorie erst erwecken sollen. Womit nicht gesagt sein soll, daß es nicht Fälle gebe, in denen der empiristischen Auffassung der Vorzug mit vollem Rechte gebühre. Es wird ja wohl hier, wie an so vielen Stellen, das Vorsichtigste und Richtigste sein, wenn man beide Vorstellungsweisen im Auge behält und nach den Umständen bald der einen, bald der anderen den Vorzug schenkt.

Der besondere Gesichtspunkt nunmehr, aus welchem Helmholtz die beiden Weltanschauungen einander vergleichend gegenüberstellt, und auf ihre Berechtigung prüft, ist die oben schon erwähnte Kantsche Auffassung des Raumes und der geometrischen Axiome. Zunächst führt er an die Stelle der üblichen geometrischen Betrachtungsweise, welche mancherlei Täuschungen ausgesetzt ist, die analytische Behandlung ein, aus der sich eine neuere rechnende Geometrie ergibt. Sodann wird gezeigt, daß aus Tatsachen wie die Selbstverständlichkeit der Axiome und die Unmöglichkeit, uns eine vierte Dimension vorzustellen, keineswegs auf den transzendentalen, aprioristischen Ursprung unserer Anschauungen zu schließen sei. Man kann sich nämlich verstandbegabte Wesen denken, welche, anstatt in einem dreidimensionalen Raume, auf der Oberfläche irgend eines unserer festen Körper lebten und nicht die Fähigkeit hätten, irgend etwas außerhalb dieser Oberfläche wahrzunehmen, wohl aber vermöchten, den unserigen ähnliche Wahrnehmungen innerhalb der Ausdehnung der Fläche zu machen, in der sie sich bewegen. Wenn sich solche Wesen ihre Geometrie ausbildeten, so würden sie ihrem Raume natürlich nur zwei Dimensionen zuschreiben. Sie würden in diesem Raume, den wir uns im einfachsten Falle als eine unendliche Ebene denken können, gewisse Axiome unseres Raumes auffinden und für angeborene Einsichten halten, wie, daß zwischen zwei Punkten nur eine Gerade, durch einen dritten Punkt nur eine Parallele mit jener möglich sei, usw. Aber sie würden von einem weiteren räumlichen Gebilde, was entstände, wenn eine Fläche sich aus ihrem flächenhaften Raume herausbewegte, sich ebensowenig eine Vorstellung machen können, als wir es können von einem Gebilde, das durch Herausbewegung aus dem uns bekannten Raume entstände. Man kann dergestalt neben unserer Geometrie, welche als die Euklidische zu bezeichnen ist, mehrere andere Geometrien entwickeln, welche die auf die Oberfläche bestimmter räumlichen Gebilde beschränkten intelligenten Wesen sich konstruieren würden: außer jener der unendlichen Ebene entsprechenden, welche mit unserer Planimetrie zusammenfiele, eine sphärische Geometrie, welche die gedachten Wesen auf einer Kugelfläche, eine pseudosphärische Geometrie, welche sie auf einer sattelförmigen Fläche ersinnen würden u.d.m. Solche Nicht-Euklidische Geometrien sind schon vor längerer Zeit von Lobatschewskij in Kasan, später von Hrn. Beltrami in Bologna ausgearbeitet worden, während von Gauss selber und dem früh verstorbenen Riemann der Grund zu den metamathematischen Untersuchungen gelegt wurde, in welchen neben unserem Raume von gekrümmten Räumen die Rede ist. Dieser Ideenkreis höchster mathematischer und erkenntnistheoretischer Spekulation ist es, aus welchem Helmholtz zu dem Schlusse gelangt, daß Kants Annahme einer Kenntnis der Axiome aus transzendentaler Anschauung erstens eine unerwiesene, zweitens eine unnötige, drittens eine für die Erklärung unserer Kenntnis der wirklichen

Welt gänzlich unbrauchbare Hypothese ist. Der Raum kann übrigens transzendental sein, ohne daß es die Axiome sind, und das Kausalgesetz wirklich ein *a priori* gegebenes transzendentales Gesetz, worin also HELMHOLTZ von JOHANNES MÜLLER abweicht, der gerade umgekehrt an dem Begriff der Kausalität seine eigene empiristische Auffassung der Verstandeskategorien entwickelt.

Wir haben nunmehr einen zwar äußerst flüchtigen, übrigens ziemlich vollständigen Überblick über HELMHOLTZ' wissenschaftliches Lebenswerk erlangt, ausreichend um das eingangs Gesagte zu begründen, daß dies Werk von der physiologischen Anatomie bis zur Erkenntnistheorie alles theoretisch Zugängliche umfasse, und haben dabei überall neben der feinsten Technik in Beobachtung und Versuch den Gipfel mathematischer und metaphysischer Befähigung zu bewundern gefunden. Um ein Beispiel solcher unerhörten Allseitigkeit im Wissen und Können anzutreffen, muß man um zwei Jahrhunderte, bis zu den Riesengestalten eines LEIBNIZ, eines DESCARTES zurückgehen, wobei aber zu bemerken ist, wie unvergleichlich reicher und bunter, und also schwieriger zu bewältigen seit deren Tagen der Inhalt der Wissenschaft ward. Von denen, die es vergeblich unternahmen, die unermeßliche Reihe von HELMHOLTZ' Schöpfungen in den drei Bänden seiner gesammelten wissenschaftlichen Abhandlungen[49] sich anzueignen, wird vielleicht mancher DIDEROTS Empfindung teilen, der von LEIBNIZ sagt: „Wenn man auf sich zurückkehrt, und die Talente, die man empfing, mit denen eines LEIBNIZ vergleicht, wird man versucht, die Bücher von sich zu werfen und in irgend einem versteckten Weltwinkel ruhig sterben zu gehen." Und doch geben diese streng wissenschaftlichen Aufsätze, von deren Seiten Differentialgleichungen und Integrale einer großen Mehrzahl von Lesern abschreckend entgegenstarren, von HELMHOLTZ' geistiger Produktionskraft noch keine entsprechende Vorstellung. Denn nebenher läuft damit vielfach eng zusammenhängend eine Reihe gemeinfaßlicher Vorträge und Reden,[50] welche bei verschiedenen Gelegenheiten bald hier, bald dort gehalten, in willkommener Weise die Ergebnisse jener schwierigen Darlegungen vor Augen führen. Von einigen unter ihnen ist im obigen schon die Rede gewesen; von anderen, wie ‚über die Natur der menschlichen Sinnesempfindungen', ‚über das Sehen des Menschen', ‚über das Verhältnis der Naturwissenschaften zur Gesamtheit der Wissenschaften', ‚über die Axiome der Geometrie', ‚über die Tatsachen in der Wahrnehmung', ‚Optisches über Malerei', können hier nur die Titel angeführt werden. Noch andere, wie die Rede ‚zum Gedächtnis an GUSTAV MAGNUS', die Rektoratsrede ‚über die akademische Freiheit der deutschen Universitäten', die ‚Rede beim Empfang der GRAEFE-Medaille', die ‚bei der hunderjährigen Gedenkfeier von JOSEPH FRAUNHOFERS Geburt', die Rede ‚über GOETHES naturwissenschaftliche Arbeiten' vom Jahre 1853, die ‚über GOETHES Vorahnungen kommender naturwissenschaftlicher Ideen' vom Jahre 1892, — stehen mehr selbständig da. Darunter werden naturgemäß die beiden letztgenannten am meisten anziehen, mit um so größerem Rechte, als sie, von verschiedenen Gesichtspunkten aus, über den Dichter als Naturforscher zu weit auseinander gehenden Urteilen gelangen. Denn während in der ersten Rede HELMHOLTZ mit dem Verfasser der Farbenlehre und fanatischen Gegner NEWTONS ins Gericht geht, preist er in der zweiten ebenso rückhaltlos den prophetischen Scharfblick, mit welchem GOETHE die großen Grundgedanken der vergleichenden Anatomie erfaßte und ihre Folgerungen voraussah. In allen diesen Aufsätzen, welche zwei ansehnliche Bände füllen, erfreuen nicht minder die durch tiefste Sachkenntnis ermöglichten sinnreichen Gedankenwendungen, wodurch die schwierigsten Kombinationen leicht verständlich werden, als der stets völlig natürliche, gelenkige und doch klangvolle Stil.

Wer nun von HELMHOLTZ nur als Gelehrten wüßte, tröstete sich vielleicht, um den allzu peinlichen Eindruck einer so überwältigenden Überlegenheit einigermaßen zu mildern, mit der Vorstellung, jener habe, um Kraft und Muße für eine solche Fülle vollendeter Leistungen zu erübrigen, so zu sagen nichts anderes zu tun gehabt, mit anderen Worten, er habe stets ruhig bei der Stange bleiben können, wie man sich dies von manchem deutschen Universitätslehrer, im Auslande etwa von einem CUVIER, BERZELIUS, FARADAY zu denken geneigt ist. Allein dies wäre ein vollkommener Irrtum, wie sich alsbald ergibt, wenn man, wozu es jetzt an der Zeit ist, HELMHOLTZ' äußere Lebensschicksale in Augenschein nimmt.

Wir verließen den Dr. HERMANN HELMHOLTZ, als so eben promovierten Zögling des medizinisch-chirurgischen Friedrich Wilhelm-Institutes, und müssen ihm zunächst, als Charité-Chirurgus in das bekannte große Krankenhaus, das Jahr darauf, im Oktober 1843, als Eskadron-Chirurgus in die Kaserne des Königlichen Leib-Garde-Husaren-Regimentes in Potsdam folgen. Hier führte er 1845 seine Versuche über den Stoffverbrauch bei der Muskelaktion aus, wozu ich ihm eine von HALSKE mit eigner Hand für mich zu einer unterbliebenen Malapterurus-Reise[51] gebaute tragbare Waage hinüberbrachte. Am 1. Juni 1847 wurde er in das Königliche Regiment der *Gardes-du-Corps*, gleichfalls in Potsdam, versetzt. In dieser Stellung hielt er im Juli desselben Jahres in der Physikalischen Gesellschaft den epochemachenden Vortrag über Erhaltung der Kraft. Ein Jahr später, am 30. September 1848, hatte er so volle sechs Jahre als Militärarzt gedient und es bis zum Oberarzt gebracht. Inzwischen hatte das Revolutionsjahr eine glückliche Veränderung in seiner Lage herbeigeführt, wenn auch nicht durch seine politische Bewegung. Doch gibt es einen Begriff von den damaligen Stimmungen, daß nach dem 18. März unser Freund von Potsdam herüberkam, um nach BRÜCKE und mir zu sehen, und durch Kuß und Händedruck seine tiefe Erregung verriet.

BRÜCKE, welcher Lehrer der Anatomie bei der Akademie der Künste und Assistent an der anatomisch-zootomischen Sammlung war, erhielt nun aber einen Ruf als BURDACHS Nachfolger für die Professur der Physiologie und Allgemeinen Pathologie in Königsberg. Da mein Vater die Güte hatte, trotz seinen beschränkten Vermögensverhältnissen, mich, ohne auf praktische Ziele zu drängen, in meinen tierisch-elektrischen Untersuchungen gewähren zu lassen, und ich somit für den Augenblick genügend versorgt schien, so wurde unter uns verabredet, daß HELMHOLTZ BRÜCKES Stellen erhalten sollte. Es kostete wenig Mühe, um mit Hilfe des damals über die Berliner wissenschaftlichen Geschicke waltenden guten Genius ALEXANDERS VON HUMBOLDT, HELMHOLTZ von seinen noch übrigen drei pflichtmäßigen Dienstjahren zu befreien und ihn an BRÜCKES Stelle bei der Kunstakademie und der anatomisch-zootomischen Sammlung unterzubringen. Die Akademie und JOHANNES MÜLLER waren es zufrieden; allein der Zustand wurde nicht von Dauer, denn schon ein Jahr später erhielt BRÜCKE den für seine ganze Laufbahn entscheidenden Ruf als Professor der Physiologie nach Wien. HELMHOLTZ folgte ihm 1849 auch in seiner Königsberger Stellung, und ich selber nahm nun seine hiesigen Stellungen ein. In Königsberg hatte HELMHOLTZ also als BURDACHS und BRÜCKES Nachfolger Physiologie und Allgemeine Pathologie zu dozieren. Dort war es, wo er mehrere seiner bedeutendsten Jugendarbeiten ausführte, die Geschwindigkeit des Nervenprinzipes maß, die Muskelzuckung sich aufschreiben ließ, den Augenspiegel erfand. Sieben Jahre später, 1856, als Aug. Franz Jos. Karl Mayer in Bonn die Professur der Physiologie und Anatomie niederlegte, ward Helmholtz dessen Nachfolger. In dieser Stellung entstanden seine anthropotomischen Arbeiten über die Muskeln des Brustkastens und die Wirkungen der Muskeln des Armes. Aber schon das Jahr darauf, 1857, wurde er nach Heidelberg berufen, um die dort neubegründete Professur der Physiologie und die Leitung des physiologischen Institutes zu übernehmen. Sein dortiges Zusammenwirken mit Henle als Anatomen, Kirchhoff als Physiker, Bunsen als Chemiker war für die süddeutsche Universität eine Zeit des Glanzes, wie sie selten für irgend eine da war und nicht leicht wiederkehren wird. Aus Heidelberg sind die Vorreden zu den ersten Ausgaben des Handbuches der physiologischen Optik und der Lehre von den Tonempfindungen gezeichnet.

In Heidelberg war endlich Helmholtz eine rein physiologische Lehrtätigkeit, ohne anatomische, geschweige pathologische Beimischung zuteil geworden, doch hatte er noch lange nicht die ihm durch das Geschick zugedachte Höhe erreicht. Im April 1870 starb Gustav Magnus, und die Professur der Physik an der Berliner Universität wurde frei. Als damaliger Rektor der Universität erhielt ich von dem Minister von Mühler den ehrenvollen Auftrag, mich nach Heidelberg zu begeben, und nach dem Beschluß der hiesigen philosophischen Fakultät in erster Linie Kirchhoff, oder wenn dieser nicht zu haben wäre, Helmholtz für uns zu gewinnen. Kirchhoff wurde von der Großherzoglich Badischen Regierung festgehalten, dagegen Helmholtz, dessen Wünschen der Minister mit dankeswerter Freigebigkeit entgegenkam, der unserige ward. So geschah das Unerhörte, daß ein Mediziner und Professor der Physiologie den vornehmsten physikalischen Lehrstuhl in Deutschland erhielt, und so gelangte Helmholtz, der sich selber einen geborenen Physiker nannte, endlich in eine, seinem spezifischen Talente und seinen Neigungen zusagende Stellung, da er damals, wie er mir schrieb, gegen die Physiologie gleichgültig geworden war und eigentliches Interesse nur noch für die mathematische Physik hatte. Es versteht sich, daß er nach seiner Übersiedelung hierher aus einem auswärtigen Mitgliede der Akademie, was er seit dem 1. Juni 1870 war, statutenmäßig am 1. April 1871 unser ordentliches Mitglied wurde.

Doch sollte noch einmal, und noch viel wesentlicher als bisher, seine Lage sich ändern. Es kam die Zeit, wo unser großer Freund, Werner von Siemens, zum Teil mit eigenen, nur ihm möglichen riesigen Geldopfern, die Gründung einer Physikalisch-Technischen Reichsanstalt in Charlottenburg zuwege brachte. Nun war uns nicht unbekannt, daß Siemens immer mit Bedauern sah, wie Helmholtz einen großen Teil seiner Zeit und Kraft, anstatt der Fortführung seiner unvergleichlichen Arbeiten, seinem Lehramte widmen mußte, und so blieb uns auch nicht verborgen, daß er Helmholtz die Stelle eines Präsidenten jener Anstalt zugedacht hatte, als eine solche, welche ihn von jeder anderen, als einer wissenschaftlichen Tätigkeit befreien würde, eine Lage, wie nur ein reiner Akademiker sie sich als Ideal träumen könnte. Seine gute Absicht wurde aber nur unvollkommen erreicht. Da Helmholtz aus gewissen Gründen Universitätsprofessor bleiben mußte; so mußte er notwendig auch noch Vorlesungen halten, wenn auch zwei Stunden wöchentlich genügten, um seine Verpflichtungen zu erfüllen. So las er bis zu seinem Tode kleinere Spezialcollegia, wie über die mathematische Theorie der oszillatorischen Bewegungen, über die Theorie der Elektrodynamik, über mathematische Optik, über die mathematische Wärmetheorie u. d. m., welche stenographiert eine höchst wertvolle Ergänzung zu seinen systematischen

Schriften bilden. Dann aber liegt es in der Natur der Dinge, daß der Präsident eines so umfangreichen, vielfach gegliederten, zum Teil den Charakter einer Unterrichtsanstalt, zum Teil den einer Fabrik tragenden Institutes mit einem Personal von fünfzig Beamten, eine gewaltige Menge von täglich sich erneuernden Verwaltungsgeschäften zu erledigen hat, welche weit entfernt HELMHOLTZ im Vergleich zu seinen bisherigen Beschäftigungen eine Erleichterung zu gewähren, durch ihre Neuheit und Fremdartigkeit ihn vielmehr erst recht belasteten. Dieser Übergang von HELMHOLTZ zu dem ihm von SIEMENS geschaffenen Wirkungskreise fand im Oktober 1887 statt. Drei Jahre später, den 13. Dezember 1890, gab er eine ‚Denkschrift über die bisherige Tätigkeit der Physikalisch-Technischen Reichsanstalt'[52] heraus, die, zur Kenntnisnahme durch den Reichstag bestimmt, Zeugnis davon ablegt, mit welchem Eifer und welcher Tatkraft er auch in dieser Stellung allen Anforderungen zu genügen vermochte. Diese Denkschrift, zweiundzwanzig enggedruckte Seiten stark, zerfällt, wie die Reichsanstalt selber, in zwei Abteilungen. Die erste, physikalische, umfaßt thermometrische Fundamentalarbeiten, und handelt unter dieser Aufschrift vom Normal-Quecksilberthermometer, der Auswahl der Röhren, der Herstellung der Teilung, der Abweichung der Kapillare von der idealen Zylindergestalt, den Verbesserungen für den Fundamentalabstand wegen des inneren und äußeren Druckes; dann von barometrischen Untersuchungen, Ausdehnungsbestimmungen, Normalgewichten, elektrischen Fundamentalarbeiten. Die zweite, technische Abteilung beschäftigt sich unter der Aufschrift ‚Thermometrische Arbeiten' mit der Prüfung ärztlicher Thermometer, deren nahezu 25000 in den drei Jahren des Bestehens der Reichsanstalt von dieser geprüft und gestempelt worden waren; dann der Thermometer für wissenschaftliche und solcher für chemische Zwecke, der Alkoholthermometer für niedere Temperaturen. Es folgt die Prüfung von Quecksilberbarometern und Aneroiden, von Manometern und Petroleumproben und von Schmelzringen, von elektrischen Meßgeräten, worüber eine besondere Bekanntmachung in der ‚Zeitschrift für Instrumentenkunde' Auskunft gibt. Dann kommen auf Herstellung einer unveränderlichen Lichteinheit gerichtete photometrische Arbeiten, ebenso zur Erzeugung von Normal-Stimmgabeln geeignete Versuche, endlich auf Einführung einheitlicher Schraubengewinde abzielende Studien, die Anlauffarben der Metalle, Störungen der Libellen. Diese sehr unvollständige Aufzählung genügt wohl schon, um einen Begriff von der Art von Untersuchungen zu geben, welche HELMHOLTZ zur Abwechselung von seinen erkenntnistheoretischen Spekulationen jetzt gleichsam zur Pflicht gemacht wurden.

Bedarf es mehr, um das Irrtümliche der Meinung ins Licht zu stellen, daß er durch die ruhige und gleichmäßige Natur seiner Berufsarbeiten in seiner produktiven Tätigkeit begünstigt gewesen sei? Sieht man nicht, daß er im Gegenteil ungleich öfter als die meisten Universitätslehrer in die kraft- und zeitraubende Lage gekommen ist, nicht bloß Ort und Umgebung, sondern sogar Lehrauftrag und Natur seines Unterrichtes von Grund aus zu ändern? Das Geheimnis seiner dennoch auch in der Fülle der Erzeugnisse beispiellosen Produktivität lag denn auch vielmehr, wie kaum gesagt zu werden braucht, in seinem unermüdlichen Fleiße und seiner Fähigkeit, eine ungeheure Mannigfaltigkeit von Tatsachen und Gedanken sich stets gegenwärtig und gleichsam zum Zugreifen und zum Verwerten bereit zu halten.

Daß die letztere Eigenschaft, verbunden mit einer wissenschaftlichen Erfahrung und einem geistigen Überblick ohnegleichen, ihn auch zu einem der wirksamsten Lehrer machte, versteht sich von selber. Auf dem Katheder wie im Laboratorium gab er in eindringlicher Weise das Beste, was er hatte, aber freilich mehr an die Minderzahl sich wendend, welche imstande war, es zu empfangen und zu würdigen. Nie ließ er, wozu es ihm doch an Gelegenheit nicht fehlte, andere seine Überlegenheit peinlich fühlen, und es war nur deren eigene Empfindung, wenn sie ihnen doch zum Bewußtsein kam.

Nichts wäre aber irriger, als sich nun vorzustellen, daß HELMHOLTZ durch seine wissenschaftliche Tätigkeit völlig in Anspruch genommen gewesen sei. Neben dem allen war er ein ganzer Mensch. Er hatte sich früh, 1849, in Potsdam mit Fräulein OLGA VON VELTEN verheiratet, die er aber kurz nach seiner Niederlassung in Heidelberg verlor. Von den beiden Kindern aus dieser Ehe starb die Tochter als Gattin des Professors der Geologie Hrn. BRANCO, der Sohn lebt in München als angesehener Techniker. 1861 schloß HELMHOLTZ in Heidelberg eine neue Ehe mit Fräulein ANNA VON MOHL, aus der berühmten württembergischen Gelehrtenfamilie, welche nicht allein sein Leben fortan wieder verschönerte, sondern auch durch ihre hervorragende Persönlichkeit sein Haus zu einem Mittelpunkte bedeutender Geselligkeit machte. Von den aus dieser Verbindung entsprossenen Kindern wurde ihm der ältere Sohn leider durch den Tod entrissen, als er eben anfing, als Physiker sich seines Namens würdig zu zeigen; durch eine Tochter ist seine enge Beziehung zu WERNER VON SIEMENS ein verwandtschaftliches Verhältnis geworden.

HELMHOLTZ' Äußeres zu schildern, würde in diesem Kreise, dem er so lange angehörte, überflüssig sein. Der Mit- und Nachwelt wird es in Bildnis und Büste durch die besten deutschen Künstler vergegenwärtigt und aufbewahrt. Für die, denen es fremd geblieben sein sollte, sei hier gesagt, daß es ganz seiner inneren Größe entsprach. Ein fast übermächtiger Schädel, aber von reinster Form, barg das wundervolle Denkorgan, ein Paar herrlicher Augen ließ nicht erkennen, welches gefährliche Maß von Anstrengung in subjektiven Versuchen es ohne Schaden ertragen hatte, während die untere Hälfte des bräunlichen Antlitzes durch die Kleinheit und Zierlichkeit die Feinheit seiner geistigen Neigung spiegelte.

Er war von mehr als mittlerer Größe, kräftigem Wuchs und edler Haltung, ein rüstiger Bergsteiger, und als Sohn der Havel ein tüchtiger Schwimmer. Weite Spaziergänge, an welche er in Potsdams schöner Umgebung durch seinen Vater früh gewöhnt war, hatten, wie er berichtet, für ihn noch eine andere als hygienische Bedeutung erlangt. Es war beim gemächlichen Steigen über waldige Berge in sonnigem Wetter, daß ihm über die ihn gerade beschäftigenden Probleme Aufschlüsse kamen, die ihm mit der Feder in der Hand am Schreibtische versagt blieben. Durch Reisen, welche sich gelegentlich bis über die Meerenge von Gibraltar und über den Atlantischen Ozean erstreckten, erhielt er sich frisch und seinen erstaunlichen Leistungen gewachsen. Wie die Natur, war auch die Kunst für ihn ein Element der Abspannung und des heiteren Genusses. Von seinem Sinn für Musik war schon oben die Rede, und zwar gehörte er zu RICHARD WAGNERS Bewunderern. In der Malerei hatte er seine Freude an BÖCKLINS phantastischen Fischgestalten.

Von unzähligen Auszeichnungen aller Art, welche ihm im In- und im Ausland von allen Seiten zuteil wurden, seien schließlich hier nur zwei erwähnt.

Des Kaisers und Königs Majestät verliehen HELMHOLTZ durch Erhebung in den Adelstand und durch Ernennung zum Wirklichen Geheimen Rate die höchsten bürgerlichen Ehren, und geruhten, die Errichtung seines Standbildes auf öffentlichem Platze zu befehlen.

Die andere Ehrung, welche HELMHOLTZ in ihrer Art als die stolzeste erschien, die ihm erwiesen werden konnte, war die Gründung der internationalen Stiftung,[53] welche bei der Königlichen Akademie der Wissenschaften seinen Namen trägt, und aus der in gemessenen Zeiträumen eine mit seinem Bilde und Namen bezeichnete Medaille einem hervorragenden Gelehrten und Forscher in einem seiner zahlreichen Arbeitsgebiete als Preis verliehen wird. Die jedesmalige Wahl des Preisträgers ist bis auf weiteres HELMHOLTZ vorbehalten. Ich selber hatte so das unschätzbare Glück, aus HELMHOLTZ' eigener Hand das erste von ihm verliehene Exemplar seiner Medaille entgegennehmen zu dürfen.

Sein früher Tod, der am 8. September 1894 durch Hirnblutung ihn aus voller Schaffenskraft hinwegraffte, ist nicht bloß, wie eingangs geschildert, als ein für die Wissenschaft unsagbarer Verlust, sondern sogar als nationales Unglück empfunden worden. Wir aber, die Königlich Preußische Akademie der Wissenschaften, sind es, welche dieser Verlust am schmerzlichsten trifft. Wir wissen am besten, was wir an ihm besaßen und was wir von ihm noch erhoffen durften. Der Glanz seines Namens bestrahlte unsere Körperschaft, der Ruhm alles dessen, was er vollbracht hatte, kam uns in ihm zugute. Nichts verhindert uns zu träumen, daß, nachdem mit seiner Hilfe Licht und Elektrizität als einerlei erkannt worden waren, es ihm auch noch glücken würde, das seit NEWTON scheinbar dunkle Wesen der Gravitation in etwas zu enthüllen.

Er ist nicht mehr. Nichts bleibt uns als jener zweifelhafte Trost des Dichters: Er war unser. Wir werden nimmer seinesgleichen sehen: ja es ist die Frage, ob eine Gestalt, wie die seinige, je wieder zum Vorschein kommen kann.

Brief von Gustav Robert Kirchhoff (1824-1887) an Hermann von Helmholtz

Heidelberg, den 17. November 1874

Verehrter Freund!

Ich danke Ihnen herzlich für den Gruß, den Sie mir geschickt haben. Ihre Mitteilung, die an sich schon mich sehr erfreut hat, war auch deßhalb mir sehr interessant, weil sie mich schließen ließ, daß das Berliner Ministerium meiner Berufung günstig gesinnt ist, und daß die Verwirklichung dieser große Wahrscheinlichkeit für sich hat.

Ihren Auftrag bei Jung[1] (dessen Brief ich wieder beilege) habe ich so ausgeführt, daß ich ihn angewiesen habe, die Nadel an einem Wollaston'schen Platindrahte aufzuhängen. Diese Aufhängungsart bildete gerade das Wesentlichste bei dem Instrumente, das ich bei Jung habe machen lassen. Ich wollte durch sie die Schwefelsäure vermeiden, in die Thomson einen an der Nadel befestigten Draht tauchen läßt, um die Elektricität dieser zuzuführen, da ich Störungen bemerkt hatte, die nur von der Bewegung dieser Schwefelsäure herrühren konnten.

In diesen Tagen habe ich Ihre Frau Tochter besucht und über ihr verhältnismäßig gesundes Aussehen mich sehr gefreut. Ihr Enkelchen habe ich dabei auch kennen gelernt und muß in das Loblied einstimmen, das über dieses von Jedermann gesungen wird.

Mit vielen Empfehlungen an
Ihre Frau Gemahlin

Ihr
G. Kirchhoff

AAW, Nachlaß Helmholtz; Ausfertigung hsl. eigenhändig.

Gedächtnisrede auf Gustav Robert Kirchhoff (1824-1887) von August Wilhelm Hofmann

gehalten in der Sitzung der Deutschen Chemischen Gesellschaft am 24. Oktober 1887

Seit die chemische Gesellschaft zum letzten Male vereint war, ist ein Forscher aus unserer Mitte geschieden, welcher wie wenige andere in diesem Jahrhundert die Grenzen der menschlichen Erkenntnis erweitert hat.

Am 17. Oktober [1887] ist *Gustav Kirchhoff*, dessen gefeierten Namen wir glücklich waren, auf der Rolle unserer Ehrenmitglieder zu besitzen, der Wissenschaft und seinen Freunden durch den Tod entrissen worden.

Die Trauerkunde hat viele von uns nahezu unvorbereitet getroffen. Wohl wußten wir, daß der berühmte Gelehrte schon seit längerer Zeit leidend war, und daß er sich während der letzten Jahre veranlaßt gesehen hatte, seine Lehrtätigkeit — auf einige Zeit, wie wir alle dachten — zu unterbrechen. Die Freunde, die Schüler, die Fachgenossen hofften gleichwohl mit Zuversicht, daß längere Ruhe, fern von dem Getriebe der großen Stadt, genügen werde, seine Kräfte neu zu beleben und zu befestigen. Nur wenigen war bekannt, daß dieses kostbare Leben ernstlich gefährdet sei. Auch hatten Nahestehende, welche den Kranken noch in den letzten Tagen sahen, keine Ahnung, daß sein Schicksal unaufhaltsam der Erfüllung zueile.

Der Tod *Gustav Kirchhoffs* hat überall, weit über die wissenschaftlichen Kreise hinaus, die schmerzlichste Teilnahme wachgerufen. Wie selten ist es aber auch einem Forscher beschieden, daß ihn seine Studien zur Lösung von Fragen führen, deren Beantwortung der menschliche Geist seit Jahrtausenden vergeblich angestrebt hatte! Wohl müssen viele es sich versagen, in die Tiefe der Gedankenarbeit einzudringen, welche dem scharfsinnigen Denker die Erkenntnis so lange verborgen gebliebener Wahrheiten erschloß; aber die Antwort, welche der glückliche Frager errang, ist einem jeden verständlich, und einem jeden ist die Einfachheit dieser Antwort Bürgschaft für ihre Richtigkeit! Kein Wunder, daß der Name *Gustav Kirchhoff* für die Gebildeten aller Nationen wie eine Leuchte auf der Bahn des geistigen Fortschrittes erscheint, und daß sein frühes Dahinscheiden aller Orten als ein unersetzbarer Verlust, nicht nur des deutschen Volkes, sondern der ganzen Menschheit, auf das Tiefste empfunden wird!

Und wenn der Verewigte von so vielen betrauert wird, welche nur die Forschungen des berühmten Gelehrten kennen, welch' unheilbare Wunde hat sein Tod den Herzen derer geschlagen, die ihr guter Stern in die Nähe des unvergleichlichen Mannes geführt hatte! Unser inniges Beileid gehört zunächst der Familie und zumal der vereinsamten Gattin. Möge ihr die Kundgebung des aufrichtigsten Mitgefühls, welches

---

Ber. dt. chem. Gesellsch. 20 (1887) 15, S. 2771—2777; abgedruckt auch in: A. W. Hofmann, Zur Erinnerung an vorangegangene Freunde, Bd. 3, Braunschweig 1888, S. 147—156.

allseitig laut wird, in ihrem Kummer Trost gewähren! Aber wir gedenken hier auch der zurückgebliebenen Freunde und vor allem des großen Forschers, dessen Namen wir so oft mit dem seines vorangegangenen Arbeitsgeführten genannt haben. In einer Versammlung von Pflegern der Chemie, welche das Andenken *Gustav Kirchhoffs* feiert, drängt sich der Name *Robert Bunsen* auf jede Lippe. Wir alle fühlen die tiefe Lücke, welche in seinem Leben entstanden ist. Möge die aufrichtige Verehrung derer, die ihm in weiter Entfernung auf den Wegen der Wissenschaft folgen, möge ehrerbietige Begeisterung, mit welcher die chemische Jugend zu ihm aufblickt, seinem Schmerze einige Linderung bringen!

Es kann mir nicht wohl in den Sinn kommen, an dieser Stelle die glorreiche Lebensarbeit des Dahingeschiedenen im einzelnen zu verfolgen. Wer dieser Aufgabe gerecht werden wollte, der müßte den ganzen Umfang seiner schöpferischen Tätigkeit überblicken. Ein großer Teil dieser Tätigkeit gehört überdies Gebieten an, welche an das von unserem Vereine bebaute nicht mehr unmittelbar angrenzen.

Kirchhoffs Arbeiten[1], namentlich die aus früherer Zeit, beschäftigen sich fast ausschließlich mit der mathematischen Bearbeitung physikalischer Fragen. Probleme der Mechanik, der Elastizität, der Wärmelehre, der Elektrizität, der Optik dienen ihm nacheinander als Gegenstand der Forschung. Insbesondere sind es die elektrischen Erscheinungen, welche schon frühzeitig sein lebhaftes Interesse in Anspruch nehmen; in der Tat ist es eine Abhandlung „über den Durchgang des elektrischen Stromes durch eine kreisförmige Ebene“, an deren Spitze wir dem Namen des damals (1845)[2] kaum mehr als zwanzigjährigen Forschers zum ersten Male in der Literatur begegnen. Und dieser ersten Untersuchung reihen sich nun während mehr als eines Jahrzehnts in fast ununterbrochener Folge jene grundlegenden Arbeiten über die Bewegung des elektrischen Stromes in Leitern an, welche zu den schönsten Beispielen der erfolgreichen Lösung physikalischer Aufgaben auf mathematischem Wege zählen. Diese Forschungen führen ihn schließlich zu der umfassenden, auf jedwedes System der Stromverzweigung anwendbaren Verallgemeinerung des *Ohm*schen Gesetzes, welcher die Elektrizitätskundigen mit Recht den Namen des *Kirchhoff*schen Gesetzes beigelegt haben.[3] Und wenn wir heute das elektrische Licht, mit den Strahlen der Sonne wetteifernd, auf unseren Straßen und in unseren Prachtbauten erglänzen sehen, und wenn der Beleuchtung selbst unserer Wohnstätten ein Umschwung bevorsteht, wie ihn vor einem halben Jahrhunderte das Gaslicht gebracht hat, so wollen wir uns jederzeit dankbar daran erinnern, daß es zumal *Gustav Kirchhoff* gewesen ist, welcher der neuen Verwertung des Stromes im Dienste des Lebens die wissenschaftliche Grundlage gegeben hat.

Aber auch noch nach anderer Richtung hin hat sich *Kirchhoff* in diesem Dienste hilfsbereit erwiesen, indem er *Middeldorpff*, dem Begründer der galvanokaustischen Operationsmethode, welche einen wichtigen Fortschritt in der Chirurgie bezeichnet, den reichen Schatz seiner Erfahrungen auf elektrischem Gebiete selbstlos zur Verfügung stellte.

Zu Ende der fünfziger Jahre sehen wir den noch immer jugendlichen Forscher in neue Bahnen einlenken. Im Jahre 1859 erscheint die Abhandlung über das Sonnenspektrum,[4] bald darauf wird die Arbeit über die *Fraunhofer*schen Linien[5] und endlich die über den Zusammenhang zwischen Emission und Absorption von Licht und Wärme[6] veröffentlicht. Wie Schuppen fällt es von den Augen der Physiker. Das Rätsel der dunklen Linien, welche geheimnisvoll das Sonnenspektrum durchfurchen, ist gelöst, und mit der Lösung hat sich der chemischen Forschung eine neue Welt erschlossen. Wohl hatten jene Bruchstücke in Trümmer zerfallener Himmelskörper, welche von Zeit zu Zeit auf unserem Planeten anlangen, Kunde von dem Vorkommen tellurischer Elemente in dem Weltenraume gegeben; das war indes auch alles, was man wußte. Mit der Erkenntnis der Beziehung zwischen den dunklen Linien im Sonnenspektrum und den glänzenden Farbenlinien im Flammenspektrum der tellurischen Elemente war die Zusammensetzung der Gestirne unzweifelhaft geworden. Selten hat eine Entdeckung auf die Menschen berückendere Macht geübt! War es schon als höchste Errungenschaft erschienen, daß der Lichtstrahl, dem menschlichen Geiste untertan, das ehedem nur flüchtig dem Auge anvertraute Bild dauernd in unserer Hand zurückließ, so klang es fast wie Offenbarung, als wir vernahmen, daß derselbe Lichtstrahl, von *Kirchhoffs* Genius in den Dienst der Wissenschaft gestellt, sich hatte bequemen müssen, den Sterblichen selbst die Natur der Himmelskörper zu entschleiern.

Aber wenn wir in der Elementaranalyse der Sonne und der Gestirne durch Spektralbeobachtung einen der schönsten Triumphe des menschlichen Geistes erblicken, kaum minder hoch dürfen wir den Gewinn anschlagen, welcher der Erforschung unseres heimischen Planeten aus solcher Beobachtung erwachsen ist. Durch die Spektralanalyse, wie sie *Bunsen* im Vereine mit *Kirchhoff* ausgebildet hat,[7] ist die analytische Chemie um eine Methode bereichert worden, welche durch Leichtigkeit der Ausführung und Schärfe alle früher bekannten Verfahrungsweisen in den Schatten stellt. Es war eine Gunst des Schicksals, welche die Lebenspfade dieser beiden Forscher zusammenführte; denn nur durch die Verbrüderung des auf der Höhe des chemischen Wissens und Könnens Stehenden mit dem das Gesamtgebiet der physikalischen Erscheinungen Beherrschenden konnte ein Werk zustande kommen, welches die Ergebnisse früherer Forschung, durch eigene unermüdliche Arbeit gesichtet, ergänzt und erweitert, zu einem neuen Systeme der chemischen Analyse gestaltete; nur durch solche Bundesgenossenschaft konnten wir in den Besitz eines Apparates gelangen, welcher, das stärkste Mikroskop weit überflügelnd, Spuren der Materie zur Anschauung zu bringen vermag, die sich vordem jeglicher Wahrnehmung entzogen hatten.

Den mit dem Spektroskope Beschenkten enthüllen sich nunmehr auch auf terrestrischem Gebiete neue Wunder. Elemente, denen man bisher nur ganz ausnahmsweise begegnet war, geben sich alsbald in weitester Verbreitung zu erkennen. Allein mehr noch: Elemente, bisher verborgen in der Schatzkammer des Unbekannten, werden plötzlich aus dem Dunkel hervorgezogen. Den glücklichen Erfindern des Spektroskops ist es vergönnt, den Reigen dieser ungeahnten Entdeckungen zu eröffnen. Nie zuvor geschaute glänzend blaue und rote Linien, welche *Bunsen* und *Kirchhoff* im Flammenspektrum des Dürkheimer Solsalzes aufleuchten sehen, zeigen den Weg, welcher die mit eiserner Beharrlichkeit Vordringenden zur Auffindung der beiden neuen Metalle, des Caesiums und des Rubidiums, führt. Aber weit entfernt, ausschließlich für die Lösung rein wissenschaftlicher Aufgaben einzutreten, erscheint das Spektroskop, kaum erst dem schöpferischen Geiste seiner Urheber entsprungen, auch schon inmitten der praktischen Tätigkeit des geschäftigen Lebens. Dem Arzte liegt es ob, die Gegenwart von Kohlenoxyd im Blute zu erkennen: die spektroskopische Methode ist ihm zuverlässige Führerin. Damit der moderne Gußstahlprozeß gelinge, darf der Luftstrom nicht über das Entkohlungsstadium hinaus in dem flüssigen Metalle aufsteigen; ein Blick durch das Spektroskop in den Flammenkegel des Konvertors, und der richtige Zeitpunkt ist mit zweifelloser Sicherheit festgestellt. Die Zahl der neuen Farbstoffe, welche die tinktoriale Industrie der Gegenwart zu Tage fördert, ist Legion: ohne das Spektroskop würde man sich in diesem Gewühle kaum mehr zurechtfinden. Aber wozu noch weitere Beispiele anführen in diesem Kreise von Fachgenossen, von denen ein jeder, Tag um Tag, das Spektroskop in Händen hat!

Das höchste Vollbringen in der Wissenschaft bedingt nicht notwendig gleichfalls die Lust am Lehren. Bei *Kirchhoff* gingen beide in seltener Weise Hand in Hand. Es war ihm nicht genug, die Wahrheit erforscht zu haben, er fühlte auch das Bedürfnis, sie zu verkünden. Und nicht geringer als die Freude war bei ihm die Gabe des Lehrens. Schon um den jungen Privatdozenten in Berlin hatten sich eifrige Schüler gesammelt, deren Zahl nach Übernahme einer Professur in Breslau erheblich gewachsen war. Der Höhepunkt seiner akademischen Laufbahn fällt aber in die glücklichen Jahre, in denen er in fruchtbringendem Vereine mit *Bunsen, Helmholtz, Kopp, Königsberger* u. a. an der Heidelberger Hochschule wirkte; indessen auch nachdem er der unsrige geworden war, hat er, den größeren Hörerkreisen entsprechend, noch eine Lehrtätigkeit geübt, wie sie umfassender und segensreicher nicht gedacht werden kann.

So hat denn *Kirchhoff* auf drei Universitäten unseres Vaterlandes den Samen der Wissenschaft mit vollen Händen weithin in die Herzen der Jugend ausgestreut; doch nicht genug: gleich zu Anfang seines Berliner Aufenthaltes hat er uns mit einer herrlich gereiften Frucht seiner Lehre beschenkt, welche ihm unter den Wissensdurstigen aller Völker dankbare Schüler gewonnen hat und für alle kommenden Zeiten gewinnen wird. Die von ihm veröffentlichten Vorlesungen über Mechanik,[8] wie sie die alljährliche Neuverarbeitung des Lehrstoffes für die von ihm gehaltenen Vorträge ausgestaltet hatte, zeigen uns den Lehrer gleichzeitig in seiner vollen Eigenart wie in der unnachahmlichen Klarheit, mit welcher die schwierigsten Aufgaben bewältigt sind.

Allein in dem lebendigen Vortrage *Kirchhoffs* war es nicht nur die vollkommene Durchbildung in der Form, nicht nur die vollendete Abklärung der Gedankenfolgen, welche den Zauber ausübten; es kam noch anderes hinzu. Wie oft habe ich von den aus *Kirchhoffs* Vorlesungen Kommenden die unermüdliche Geduld und das liebevolle Eingehen preisen hören, mit welchem der Vortragende solchen, denen eine Lücke des Verständnisses geblieben war, am Schlusse der Vorlesung Red' und Antwort stand! In der heutigen Versammlung sehe ich nicht wenige, welche das Glück gehabt haben, dem edlen Meister zu Füßen zu sitzen: in ihren Augen lese ich die Bestätigung meiner Worte.

Und wenn von dem, was der Lehrer den Schülern war, die Rede ist, wie wäre es möglich, nicht auch der liebevollen Gesinnung zu gedenken, welche das Haupt der Familie den Seinigen, der Freund den Freunden, der Mensch den Menschen gegenüber bekundete? Sie erwarten nicht, daß ich es auch nur versuchte, das Bild dieses spiegelreinen Charakters auszuführen. Dies könnte nur dem Jugendfreunde gelingen, dem in der Vertrautheit langjährigen Umganges unverkürzt Gelegenheit geboten war, sich in das Wesen des Mannes allseitig zu vertiefen. Aber auch dem erst in späterem Lebensalter mit ihm in Verkehr Getretenen ist es immer noch vergönnt gewesen, den vollen Eindruck seiner edlen Persönlichkeit in sich aufzunehmen. Wer je, wie flüchtig immer, mit *Kirchhoff* in Berührung kam, dem sind die opferwillige Herzensgüte, die werktätige Menschenliebe, welche ihm eigen waren, in der Erinnerung geblieben; wer je in sein klares blaues Auge schaute, mußte die Überzeugung mitnehmen, daß jene *anima candidissima* keine andere als reine und große Gedanken kannte, Grundton aber in der Natur des Mannes war vollendete Selbstlosigkeit.[9] Auf meinem langen Lebenspfade bin ich keinem begegnet, bei welchem, wie bei *Kirchhoff*, höchstes Vollbringen gesellt gewesen wäre mit fast demutsvoller Bescheidenheit.

Das stolze, aber wahre Wort, welches der römische Dichter von sich selber aussprach, der bescheidene deutsche Gelehrte würde es nicht über die Lippen gebracht haben, und doch hätte keiner mit größerem Rechte sagen können:[10]

Non omnis moriar, multaque pars mei
Vitabit Libitinam.

Antrittsrede von Werner von Siemens (1816-1892)
Erwiderung von Emil Du Bois-Reymond

gehalten in der Akademie der Wissenschaften
am 2. Juli 1874

Durch meine Aufnahme unter die Zahl ihrer Mitglieder hat die Akademie mir eine Ehre erwiesen, welche ich nicht erstrebt habe und die ich auch nicht zu erwarten berechtigt war. Zu diesen, durch die hohen wissenschaftlichen Leistungen früherer wie gegenwärtiger Inhaber ehrwürdigen Sitzen wurden bisher nur Gelehrte berufen, welchen die Wissenschaft Lebensberuf war und welche derselben ihre ganzen geistigen Kräfte erfolgreich gewidmet hatten. Es sprachen auch gewichtige Gründe für die Aufrechterhaltung dieser Sitte. Die deutsche Wissenschaft verdankt die allgemeine Huldigung, welche die Welt ihr darbringt, dem wohlbegründeten Ruf der Gediegenheit ihrer Leistungen, der Tiefe ihrer Forschungen, wesentlich dem strengen Gebote der gründlichen und planmäßigen Vorbildung für den wissenschaftlichen Beruf. Diese flößt dem Jüngling die Liebe zur Wissenschaft ein und stärkt ihn bei der Durchführung des Entschlusses, ihr fortan sein Leben zu weihen. Sie ist es, die der deutschen Wissenschaft die Reinheit des wissenschaftlichen Strebens bewahrt hat, welche ihre höchste Zierde bildet. Der deutsche Gelehrte fragt nicht, ob das Problem, dessen Lösung er unternehmen, ob die Untersuchung, der er sich hingeben will, ihm selbst oder anderen unmittelbaren Nutzen bringen wird, es ist die reine selbstlose Liebe zur Wissenschaft, welche ihm seine Aufgaben vorzeichnet, es ist der Wissensdrang, welcher ihn anspornt, ihrer Durchführung seine ganze Geisteskraft — oft unter drückenden Lebenssorgen — bis zur Erschöpfung zu widmen. Als Lohn genügt ihm das Bewußtsein, den einzig wahrhaften Schatz der Menschheit, ihren Wissensschatz, vermehrt zu haben, und sein Ehrgeiz ist befriedigt, wenn sein Name mit der Auffindung einer neuen Wahrheit, einer neuen wissenschaftlichen Tatsache oder Folgerung, dauernd verknüpft ist.

Die Akademie ist mit meiner Wahl von dem Systeme abgewichen, welches so Großes erwirkte. Sie hat einen Mann für würdig erklärt, in ihre Reihen einzutreten, dessen berufsmäßige Tätigkeit weder der Wissenschaft selbst noch dem ihr nahe stehenden wissenschaftlichen Lehrfache angehörte, dem es auch nicht vergönnt war, als Jünger hoher Meister unter deren sicherer Führung die lichte Höhe des heutigen Wissens zu erklimmen, und dann, von diesem festen Grunde der in einer langen Reihe von Jahrtausenden angesammelten geistigen Arbeit des ganzen Menschengeschlechtes aus, mit verhältnismäßig leichter Mühe am weiteren Aufbau desselben mitarbeiten zu können.

Ich bin nicht anmaßend genug, um zu glauben, daß die rein wissenschaftlichen Leistungen, welche ich aufzuweisen habe, allein entscheidend hierfür gewesen sind.

MB 1874, S. 464—467 und S. 474—478.
Die Erwiderung erfolgte zugleich für R. VIRCHOW. Die darauf bezogenen Textstellen der Erwiderung wurden nicht abgedruckt.

Ich glaube, und finde eine Beruhigung in dieser Annahme, daß schwerer wiegende Gründe für die Akademie maßgebend waren. Diese erkenne ich darin, daß — dank der besseren Schulbildung und der höheren Entwicklung des geistigen Verkehrs, welcher heute jeden neuen Gedanken, jede neue wissenschaftliche Tatsache schnell zum fortan unverlierbaren Gemeingute der Menschheit macht — die wissenschaftliche Kenntnis und Methode nicht mehr auf den engen Kreis der Berufsgelehrten beschränkt ist, sondern belebend und befruchtend auf größere Gesellschaftskreise eingewirkt hat. Das Lehrfach, das Beamtentum, die Industrie, die Landwirtschaft, ja fast jedes Gewerbe hat sich wesentliche Bestandteile derselben angeeignet. Es sind dadurch der Wissenschaft Tausende von Mitarbeitern erwachsen, welche zwar größtenteils nicht auf einer weiten Überblick gewährenden Wissenshöhe stehen, dafür aber ihr Spezialfach gründlich kennen und bei dem Bestreben, dasselbe mit Hilfe der erworbenen wissenschaftlichen Kenntnisse weiter auszubilden, überall den Grenzen unseres heutigen Wissens begegnen. Die Kenntnis neuer Tatsachen, bisher unbekannter Erscheinungen fließt daher von hier in lebendigem Strome zur Wissenschaft zurück. Doch nicht allein im eigenen Interesse der Wissenschaft liegt es, in engere Verbindung mit der Anwendung ihrer Forschungsresultate im praktischen Leben zu treten, weil dasselbe ihr reichlich zurückbringt, was es empfängt, es ist für sie auch ein Gebot der Pflicht. Denn dadurch erhält die Wissenschaft erst ihre höhere Weihe, das gibt ihr erst ein Anrecht auf die dankbare Liebe und Verehrung der Völker, daß sie nicht ihrer selbst wegen besteht, zur Befriedigung des Wissensdranges der beschränkten Zahl ihrer Bekenner, sondern daß ihre Aufgabe die ist, den Schatz des Wissens und Könnens des ganzen Menschengeschlechtes zu erhöhen und dasselbe damit einer höheren Kulturstufe zuzuführen. Sie bildet gleichsam das Nervennetz, welches den Organismus menschlicher Kultur durchzieht, das auch in seinen feinsten, kaum noch bemerkbaren Verzweigungen noch neues frisches Leben in ihm erzeugt und dadurch nicht allein die idealen Güter der Menschheit vermehrt, sondern ihr auch durch Dienstbarmachung der noch unerkannt schlummernden Kräfte der Natur den schweren Kampf um das materielle Dasein erleichtert.

Diesem Endzwecke wissenschaftlichen Strebens waren auch meine Kräfte in meiner Berufstätigkeit, der wissenschaftlichen Technik, stets zugewandt. Leider ließ mir dieselbe bisher nur wenig Muße für rein wissenschaftliche Forschungen, zu denen ich mich immer besonders hingezogen fühlte. Meine Aufgaben wurden mir gewöhnlich durch meine Berufstätigkeit vorgeschrieben,[1] indem die Ausfüllung wissenschaftlicher Lücken, auf welche ich stieß, sich als ein technisches Bedürfnis erwies. Ich will hier nur flüchtig erwähnen meine Methode der Messung großer Geschwindigkeiten durch den elektrischen Funken, die Auffindung der elektrostatischen Ladung telegraphischer Leitungen und ihrer Gesetze, die Aufstellung von Methoden und Formeln für die Untersuchung unterirdischer und unterseeischer Leitungen sowie für die Bestimmung des Ortes vorhandener Isolationsfehler, meine Experimentaluntersuchung über die elektrostatische Induktion und die Verzögerung des elektrischen Stromes durch dieselbe, die Aufstellung und Darstellung eines reproduzierbaren Grundmaßes für den elektrischen Leitungswiderstand, den Nachweis der Erwärmung des Dielektrikums des Kondensators durch plötzliche Entladung, die Auffindung und Begründung der dynamoelektrischen Maschine. Ich glaube, auch anführen zu können, daß manche meiner technischen Leistungen nicht ohne wissenschaftlichen Wert sind. Ich nenne von denselben den Differential-Regulator, die Herstellung isolierter Leitungen durch Umpressung mit Guttapercha, die telegraphischen Gegen-Doppel-Induktions- und automatischen Sprechapparate, den Ozon-Apparat und Meßinstrumente verschiedener Art. Mir ward die Ehre, dies seitens der Berliner Universität durch meine Promotion zum Doctor phil. hon. c. anerkannt zu sehen.[2] Ich kann auch nicht unterlassen, an dieser Stelle dankend hervorzuheben, daß das freundliche Wohlwollen, mit welchem viele der älteren Mitglieder dieser Akademie meine Bestrebungen stets begleiteten, so wie die Freundschaftsbande, welche mich mit manchen der jüngeren verknüpfen, wesentlich dazu mitwirkten, die Liebe zur Wissenschaft während meiner langen technischen Laufbahn in mir lebendig zu erhalten. Freilich blieb mir nur selten die Muße, neue Erscheinungen, die mir begegneten, über die Grenzen des technischen Bedürfnisses hinaus mit wissenschaftlicher Konsequenz zu verfolgen, und auch künftig wird die Arbeitslast meiner Berufstätigkeit mich hindern, meiner wissenschaftlichen Neigung gänzlich Folge zu leisten.

Doch die Akademie hat durch meine Wahl zu ihrem Mitgliede zur Neigung die Pflicht gestellt — eine Mahnung, die im Staate *Friedrichs* des Großen besonders kräftig zu wirken pflegt und auch auf mich nicht ohne Einfluß bleiben wird!

Auf die Antrittsreden der beiden neuaufgenommenen Mitglieder der physikalisch-mathematischen Klasse, der HH. *Siemens* und *Virchow*, antwortete Hr. *Du Bois-Reymond* als Sekretar der Klasse folgendes:

Dein Eintritt in die Akademie, mein teurer *Siemens*, und der Ihre, Herr *Virchow*, treffen nicht bloß zeitlich zusammen, sondern noch in mehreren anderen Punkten. Beide gehören nicht zu den gewöhnlichen Ereignissen im Leben unserer Körperschaft. In der Regel füllt diese die Lücken, welche das Verhängnis in ihrem Kreise riß, mit jüngeren Kräften aus, deren reicher Entfaltung in der Zukunft sie sich versichert hält. Nicht selten auch sind es schon gereifte und allgemein anerkannte Männer, die sie sich einverleibt: doch geschieht dies meist bei deren Übersiedelung nach Berlin. Die Namen *Siemens* und *Virchow* dagegen waren längst eine hervorragende Zierde des gelehrten Berlins. Könnte am heutigen Vorgang etwas die Außenstehenden befremden, so wäre es, daß er erst heute vor sich ging. Aber die Verdienste, mit denen die Welt gewohnt ist, beide Namen zu verknüpfen, sind zum Teil einer Art, der Akademien naturgemäß fremd bleiben; und indem ihr Glanz den doch darin enthaltenen akademischen Kern blendend verdeckte, trugen sie seltsamerweise eher dazu bei, den heutigen Tag zu verspäten, als ihn rascher herbeizuführen.

Die praktische Anwendung der Wissenschaft, ihre Dienstbarmachung für technische Zwecke, in welcher Du, mein teurer *Siemens*, so Großes geleistet, liegt außerhalb des Kreises unserer Beschäftigungen. Insofern diese Anwendung dem, der sich ihr mit Erfolg widmet, Reichtum, Macht und Ansehen sichert, wird sie ohne Schaden sich überlassen, und bedarf sie keiner ihr vom Staate bereiteten Stätte. Es wird ihr an Kräften und Mitteln, an ermunternder Teilnahme nie fehlen. Die Entwicklung der Industrie seit einem Jahrhundert, zu welcher die gelehrten Gesellschaften unmittelbar sehr wenig beitrugen, zeigt dies genugsam. Jedenfalls dürfte eine gute Patentgesetzgebung der Industrie mehr nützen als unmittelbare Beteiligung der Akademien an der Lösung industrieller Aufgaben, ja ein nur zu nah liegendes Beispiel lehrt, daß, um lebenskräftig zu gedeihen, die Industrie nicht einmal diese Hilfe braucht.

Benjamin Franklin, einen der ersten Apostel des Utilitarianismus, nannte den Menschen das werkzeugmachende Tier. Kaum ein Jahrhundert verfloß seitdem, und stolz fügen wir hinzu, er ist das Tier, das mit dem Dampfe reist, mit dem Blitze schreibt, mit dem Sonnenstrahle malt. Planmäßige Ausbeutung der Naturschätze, methodische Bändigung der Naturkräfte sind unstreitig eines der erhabensten Ziele, welche die Menschheit sich stecken kann, und wir nähern uns heute diesem Ziele mit einer Sicherheit und Stetigkeit, die fast jede Hoffnung berechtigt und den Menschen gottähnlicher erscheinen lassen als je zuvor. Denn unter den gegebenen Bedingungen die Summe unseres Wohlbefindens, unserer Genüsse zu einem Maximum, die unserer Leiden und Entbehrungen zu einem Minimum zu machen, ist eine Aufgabe ähnlich der, welche nach *Leibniz*, in dessen Namen wir heute hier versammelt sind,[1] der Gottheit selber bei Erschaffung der Welt vorschwebte.

Aber der Mensch lebt nicht von Brot allein, und man kann mit *Novalis* fragen: Was ist praktischer, den Menschen Brot, oder ihnen eine Idee geben? Nachdem auch der Schönheitssinn befriedigt ist, den nach *Darwin* der Vogel mit uns teilt, wirkt im Menschen noch ein Trieb, der, wie die Sprache, unter allen Lebendigen einzig ihm gehört. Das Wort: Warum? welches von den Lippen der Kinder ungelehrt uns entgegentönt, wie es vor Jahrtausenden von denen morgenländischer Weisen klang, ist unter den Wörtern der menschlichen Sprache so zu sagen das menschlichste Wort. Die Sehnsucht nach dem zureichenden Grunde erscheint gleichsam als Blüte dessen, was die zum Hirn zusammengefügte, Bewußtsein erzeugende Materie vermag.

Die Stillung dieses Sehnens, die Befriedigung des Kausalitätstriebes ist die abgezogene Höhe, wo der akademische Geist weilt, ohne einige Veranstaltung aber bald vereinsamen würde. Denn wer nur dem ewig Wahren nachspürt, braucht sich nicht umzusehen, um zu wissen, daß nur wenige seines Weges gehen. Irdische Güter beut die Wissenschaft nicht, und der wissenschaftliche Ehrgeiz ist mehr ein Zeichen des Talentes, als daß er an sich der Forschung Jünger erweckte.

Daher ist zum Fortbau an der wissenschaftlichen Erkenntnis um ihrer selber willen die Akademie da. Daß noch kein demokratisches oder oligarchisches Gemeinwesen eine Akademie gründete, wirft ein eigenes Licht auf den Geist der verschiedenen Regierungsformen.

Der idealistisch gesinnten Renaissance entsprossen, ragen die Akademien in den heute sie umdrängenden Realismus fast als fremdartige Schöpfungen hinein. Auch ist unvermeidlich, daß ihr Standpunkt nach den Forderungen der Zeit sich etwas verrücke. Aber eine wissenschaftliche Gestalt, gleich der Deinigen, mein teurer *Siemens*, sich anzueignen, braucht keine Akademie ihren Grundsätzen untreu zu werden.

Dein ist das Talent des mechanischen Erfindens, welches nicht mit Unrecht Urvölkern göttlich hieß, und dessen Ausbildung die Überlegenheit der modernen Kultur ausmacht. Ohne in der praktischen Mechanik selber Hand anzulegen, hast Du als schaffender und organisierender Kopf das Höchste in der Kunst erreicht. Hellen Blicks und kühnen Sinnes ergriffst Du früh die großen praktischen Aufgaben der Elektrotelegraphie, und sichertest Deutschland darin einen Vorsprung, den nicht *Gauß* und *Wilhelm Weber* und nicht *Steinheil* ihm hatten verschaffen können. Lange, ehe der wiedererwachte deutsche Genius auf dem Schlachtfeld und im Parlament das höhnische Vorurteil zerstreute, wir seien ein Volk von Träumern, zwangen Deine und unseres *Halskes* Apparate auf jeder der großen Weltausstellungen das mißgünstige Ausland zur bewundernden Anerkennung dessen, was deutsches Wissen und deutscher Kunstfleiß zu leisten imstande sind. Deine Werkstätten wurden für Elektrizität, was einst die *Fraunhofer*sche für Licht, und Du selber der *James Watt* des Elektromagnetismus. Nun gebietest Du einer Welt, die Du schufest. Deine Telegraphendrähte umstricken den Erdball. Deine Kabeldampfer befahren den Ozean. Unter den Zelten Bogen und Pfeil führenden Nomaden, deren Weidegründe Deine Botschaften durchfliegen, wird Dein Name mit abergläubischer Scheu genannt.

Aber nicht diese Art von Erfolgen, die Dir solche Lebensstellung und weithin solchen Ruhm gewannen, öffnete Dir die Tore der Akademie. Sondern daß Du auf solcher Höhe, als ein Fürst der Technik, die Fäden unzähliger Kombinationen in der Hand haltend, hundert Pläne im Kopfe wälzend, im Innersten der deutsche Gelehrte in des Wortes edelstem Sinne bliebst, als der Du geboren bist, zu dem Du nicht einmal erzogen wurdest; daß in jedem Augenblick, wo die Last der Geschäfte es Dir erlaubte, Du mit Liebe zum Phänomen, mit Treue zum Experiment, mit Unbefangenheit zur Theorie, genug mit echter Begeisterung zur reinen Wissenschaft zurückkehrtest: das stempelte Dich, von Deinem Scharfsinn, Deiner Erfindsamkeit, Deiner Beobachtungsgabe zu schweigen, in unseren Augen zum Akademiker. Gerade weil Du nicht den gewöhnlichen Bildungsgang des deutschen Fachgelehrten durchmachtest, zählt die Akademie besonders auf Dich. Nicht bloß in dem Sinne, daß der ungewöhnliche Weg, auf dem Du Dich emporschwangst, ein Wahrzeichen ungewöhnlicher Befähigung ist, sondern weil dadurch, wie wir dies von manchen englischen Physikern rühmen, Dein Blick frischer, Deine Auffassung unbeirrter, Dein Urteil freier blieb, als wenn Du gleich anderen an den Lehrmeinungen der Schule gegängelt worden wärest.

Mir aber, der ich Deinen Wert früh erkannte und seit dreißig Jahren Dir durch eine Freundschaft verbunden bin, die ich zu den größten Segnungen meines Lebens rechne, mir konnte als Sprecher dieser Körpereigenschaft Erfreulicheres nicht begegnen, als Dich in deren Namen heut in unserer Mitte willkommen zu heißen.

Gedächtnisrede auf Werner von Siemens (1816-1892) von August Kundt

gehalten in der Akademie der Wissenschaften am 29. Juni 1893

Als am 6. Dezember vorigen Jahres die Drähte, mit denen er selbst Kontinente und Meere umspannt hat, überall hin die Nachricht trugen, *Werner von Siemens* sei von uns geschieden, da rief diese Nachricht auch überall das Gefühl hervor, daß die Menschheit einen schweren, fast unersetzlichen Verlust erlitten habe. War doch sein Name seit Jahrzehnten in der alten und neuen Welt gleich geläufig gewesen dem Ohr und Munde der Großen der Erde, der Gelehrten, wie der einfachsten Fabrikarbeiter. Es schien beinahe unfaßbar, daß dieser Name solle für immer ausgelöscht sein aus der Liste der Lebenden, daß der Träger desselben fortan nicht mehr an der gemeinschaftlichen Arbeit der Menschen mitschaffen werde.

Wie war es gekommen, daß sein Name überall gekannt und genannt wurde? Nicht hatte er in hervorragender Weise mitgeholfen, auf dem Schlachtfeld über die Geschicke von Nationen und Erdteilen zu entscheiden, nicht durch die Kunst der Diplomatie die Beziehungen der Völker zu einander geleitet, auch nicht eine große, neue philosophische oder soziale Idee in die Welt geworfen; nur ein Mann der Technik und der Wissenschaft, auf welche jene begründet ist, war er gewesen, aber wie wenige hat er mit mächtiger Hand in die kulturelle Entwicklung der letzten Hälfte unseres Jahrhunderts eingegriffen. Was er zu dieser Entwicklung beigetragen hat, ist den Hohen wie den Niederen in gleichem Maße zugute gekommen, und gleich war daher überall die Trauer über seinen Verlust.

In zahllosen Gedächtnisfeiern ist dieser Trauer Ausdruck gegeben; in allen Sprachen ist sein Wirken und Schaffen gefeiert. Wollte man alles sammeln, was in jenen Wochen nach *Siemens'* Tode über ihn gesprochen und geschrieben ist, es würde sich eine stattliche *Siemens*-Literatur ergeben.[1]

Fast durchgehend wird aber in derselben nur der große Techniker geschildert, der von kleinen bescheidenen Anfängen aus eine Weltindustrie schuf, die zum großen Teil auf seine eigenen Erfindungen begründet war, der Unternehmungen begann und leitete, durch die der Verkehr der fernsten Völker untereinander fast zu einem Verkehr des täglichen Lebens wurde, der durch die Schärfe seines Geistes, die Genialität seiner Ideen, die Energie seines Wollens in der Technik wie ein unbeschränkter Herrscher waltete. Daneben findet der Geschiedene seine Würdigung als Mann, als Bürger, der unentwegt eintritt für alles Gute und Edle im Leben, der immer freudig bereitwillig ist, wenn es gilt zu helfen, sei es im kleinen, sei es im großen, im engen Kreis der Familie, im großen Kreise seiner Mitbürger, seines Volkes. Er hatte ja noch kurz vor seinem Ende in seinen „Lebenserinnerungen"[2] auch den Fernerstehenden einen Ein-

---

Abh. 1893, 2, S. 1—21.

blick in die Gesamtheit seines Wesens tun lassen, wie man denselben nur selten in das Leben eines bedeutenden Mannes gewinnt.

Heute noch ein *Gesamtbild* des Wesens und Schaffens von *Werner Siemens* entwerfen zu wollen, wäre verspätet; zu dem, was über ihn als Mann der Technik und des praktischen Lebens gesagt und geschrieben ist, läßt sich Neues kaum hinzufügen.

Doch hat unsere Akademie gemeint, daß am heutigen Tage das Andenken an ihn, der so lange in unserem Kreise weilte und an unserer Arbeit teilnahm, noch einmal wachgerufen werden solle, und mir ist als nahestehendem Fachmann die Aufgabe geworden, die Worte zur Erinnerung an ihn, zu seinem Gedächtnis zu sprechen. Ich glaube dieser Aufgabe am ehesten gerecht zu werden, wenn ich es versuche, Ihnen in kurzem Überblick den Teil seiner Arbeit darzulegen, der bei den Gedächtnisfeiern bisher am wenigsten Berücksichtigung fand, der ihn aber gerade uns nahe brachte, der ihn in unsere Akademie führte, den rein *wissenschaftlichen*, wenn ich nachzuweisen versuche, worin diese wurzelte, woher sie ihre Nahrung zog, welches ihre Früchte waren.

Als am 2. Juli 1874 *Siemens* in die Akademie aufgenommen wurde, betonte er in seiner Antrittsrede, daß, während sonst in dieselbe nur Gelehrte von Beruf gewählt werden, die Akademie mit seiner Wahl von dem üblichen System abgewichen sei. „Sie hat einen Mann für würdig erklärt", sagt er, „in ihre Reihen einzutreten, dessen berufsmäßige Tätigkeit weder der Wissenschaft selbst, noch dem ihr wissenschaftlich nahestehenden Lehrfach angehört", und weiter: „ich bin nicht anmaßend genug zu glauben, daß die rein wissenschaftlichen Leistungen, welche ich aufzuweisen habe, allein entscheidend hierfür gewesen sind".

Im ferneren Verlauf der Ansprache heißt es dann: „dadurch erhält die Wissenschaft erst ihre höhere Weihe, das gibt ihr erst ein Anrecht auf die dankbare Liebe und Verehrung der Völker, daß sie nicht um ihrer selbst willen besteht, zur Befriedigung des Wissensdranges der beschränkten Zahl ihrer Bekenner, sondern daß ihre Aufgabe die ist, den Schatz des Wissens und Könnens des ganzen Menschengeschlechtes zu erhöhen und dasselbe damit einer höherer Kulturstufe zuzuführen" ... „diesem Endzwecke wissenschaftlichen Strebens waren auch meine Kräfte in meiner Berufstätigkeit, der wissenschaftlichen Technik, stets zugewandt".

Hierin findet *Siemens* selbst, indem er bescheiden seine rein wissenschaftlichen Arbeiten in den Hintergrund schiebt, die Berechtigung für seine Aufnahme in unseren Kreis.

Mit Recht antwortet ihm darauf in seiner Erwiderung der Sekretar, Hr. *du Bois-Reymond*: „... daß Du auf solcher Höhe, als ein Fürst der Technik, die Fäden unzähliger Kombinationen in der Hand haltend, hundert Pläne im Kopfe wälzend, im Innersten der deutsche Gelehrte in des Wortes edelstem Sinne bliebst, als der Du geboren bist, zu dem Du nicht einmal erzogen wurdest; daß in jedem Augenblick, wo die Last der Geschäfte es Dir erlaubte, Du mit Liebe zum Phänomen, mit Treue zum Experiment, mit Unbefangenheit zur Theorie, genug, mit echter Begeisterung zur reinen Wissenschaft zurückkehrtest: das stempelte Dich, von Deinem Scharfsinn, Deiner Erfindsamkeit, Deiner Beobachtungsgabe zu schweigen, in unseren Augen zum Akademiker."

Ich habe diese Stellen der Antrittsrede und der Erwiderung angeführt, weil durch sie besser als ich selbst es mit vielen Worten tun könnte, dokumentiert wird, daß in *Siemens* zwei Naturen gepaart waren, daß sich in ihm in seltener Weise mit dem Bestreben, die Resultate der Wissenschaft in die Praxis zu übertragen, eine innige Liebe zur reinen Wissenschaft vereinte. Jede wissenschaftliche Frage führte ihn sofort dazu, zu überlegen, in welcher Beziehung sie zur Technik stehe, jede technische Neuerung zur Stellung neuer wissenschaftlicher Fragen. Diese eigentümliche Verquickung macht es auch so schwer, die rein wissenschaftlichen Untersuchungen und Ideen von den technischen Arbeiten zu sondern, und, wenn ich nun dazu übergehe, die Resultate seiner wissenschaftlichen Tätigkeit zu besprechen, so werde ich nicht umhin können, öfters rein technische Dinge zu berühren.

Die ersten physikalischen Versuche stellte *Siemens* auf elektrochemischem Gebiete an. 1840 hatte *Jacobi*[3] in Petersburg gefunden, daß man die elektrolytische Zersetzung eines Kupfersalzes so leiten kann, daß das Kupfer sich in kohärenter Schicht auf der Kathode niederschlägt; man kann dann den Niederschlag von der Kathode abheben und erhält mithin ein getreues negatives Bild derselben. Die Galvanoplastik war damit erfunden.

Es regte sich selbstverständlich bald das Verlangen, nun auch edle Metalle in dünner anhaftender Schicht auf minder wertvollere niederzuschlagen. Es gelang dies bald in England; in Deutschland blieb das Verfahren zunächst unbekannt. Zu längerer Festungshaft wegen Beihilfe zu einem Duell verurteilt, richtete sich der junge Leutnant *Siemens* in seiner vergitterten Zelle in der Zitadelle zu Magdeburg ein kleines Laboratorium ein, in welches die nötigen Chemikalien eingeschmuggelt wurden. Es gelang ihm bald der galvanoplastische Niederschlag von Gold aus der Lösung eines Goldsalzes in unterschwefligsaurem Natron. Er sagt darüber: „Ich glaube es war eine der größten Freuden meines Lebens, als ein neusilberner Teelöffel ... sich schon in wenigen Minuten in einen goldenen Löffel von schönstem reinstem Goldglanz verwandelte." Bald darauf gelang es ihm auch, Nickel aus einem Doppelsalz in glänzender Schicht zu erhalten, ein Verfahren, das dann später durch andere eine so große Verbreitung fand. Es gehört nicht hierher zu erzählen, in wie geschickter Weise die Brüder *Siemens*, ihr Verfahren in England ausnützten und wie diese erste wissenschaftlich-technische Untersuchung sie plötzlich aller materiellen Bedrängnis enthob.

Es scheint, daß *Siemens* seit dieser ersten Zeit eine gewisse Vorliebe für elektrochemische Untersuchungen behalten hat. Wir verdanken ihm einen Apparat zur schnellen und bequemen Herstellung des aktiven Sauerstoffs, des Ozons; noch in den letzten Jahren hat er eifrig daran gearbeitet und daran arbeiten lassen, die Methoden zur Ozonbereitung zu vervollkommnen; er hoffte auf eine vielfache, ausgearbeitete Verwendung dieses chemisch so interessanten und wirksamen Körpers. Er war ferner ein erfolgreicher Mitarbeiter an den Methoden zur Reindarstellung der Metalle auf elektrolytischem Wege. Als Elektriker und als Mitbesitzer des Kupferbergwerkes Kedabeg im Kaukasus[4] lag ihm die Reindarstellung des Kupfers am nächsten. Seine Bemühungen führten schließlich zu einem kontinuierlich verlaufenden Prozeß, bei welchem aus unverhütteten oder nur wenig gerösteten Kupfererzen direkt das reine Kupfer elektrolytisch gewonnen wurde. Seine letzte große Reise galt der betreffenden Anlage in Kedabeg. In seinen Lebenserinnerungen heißt es darüber: „Ist auch diese, bis in die Details theoretisch wie praktisch vollständig ausgearbeitete Anlage fertig, so wird im fernen Kaukasus ein Hüttenwerk existieren, das an der Spitze der wissenschaftlichen Technik steht und mit ihrer Hülfe die Ungunst seiner Lage siegreich zu überwinden vermag."

Es will mich bedünken, als ob die Neigung von *Siemens* zur Elektrochemie ihren Grund in der Überzeugung hatte, daß in der Zukunft die Elektrizität ihre wichtigsten und bedeutendsten Anwendungen auf dem Gebiet der Elektrolyse finden werde. Die wissenschaftlichen Fundamente der, wenn ich mich so ausdrücken darf, mechanischen Elektrotechnik, der Konstruktion der Dynamo-Maschinen, Elektromotoren, Transformatoren u. s. f. sind in der Hauptsache gelegt; wie Untersuchungen über Konstruktion und Wirksamkeit der Dampfmaschine nicht in ein physikalisches Laboratorium gehören, so gehören auch dort Untersuchungen über elektrische Maschinen, Motoren, elektrische Kraftübertragung u. dergl. nicht mehr hin. Die weitere Ausbildung dieses Teiles der Elektrotechnik ist wesentlich Sache der Techniker. Auf dem Gebiet der Elektrochemie sind aber teilweise noch die Grundlagen zu gewinnen, und da ist wissenschaftliche Forschung an ihrem Platz. Es ist gewiß immer bedenklich, prophezeien zu wollen, wie die Fortentwicklung einer Wissenschaft und ihrer Anwendungen sich gestalten werden; ich möchte aber doch die Anschauung aussprechen, die, wie es scheint, auch *Siemens* teilte, daß ein sehr wesentlicher Teil der Weiterentwicklung der Elektrotechnik auf dem Gebiete der Chemie liegen wird, daß wir lernen werden, eine Anzahl von Prozessen, die heute auf rein chemischem Wege nur schwierig gelingen, leicht und bequem mit Benutzung der Elektrizität auszuführen.

Gleich im Anfang der wissenschaftlichen und technischen Tätigkeit von *Siemens* tritt die große Vielseitigkeit seiner Veranlagung hervor. Noch beschäftigt mit den erwähnten elektrolytischen Untersuchungen macht er sich mit seinem Bruder *Wilhelm* an ein schwieriges mechanisches Problem, die Regulierung einer Arbeits-, speziell der Dampf-Maschine. Der von *Watt* erfundene Regulator in seiner ursprünglichen Form ist nicht imstande, einen völlig gleichmäßigen Gang der Dampfmaschine zu erzielen, wenn die von derselben zu leistende Arbeit variiert. Prinzipiell leistet der *Siemens*sche Differentialregulator das Verlangte in höherem, vollkommnerem Maße. Der geistreich ausgesonnene Apparat hat eine durchgehende Verwendung in der Technik nicht gefunden, er war für dieselbe wohl zu kompliziert; an dem Urteil über die Bedeutung desselben als hervorragende Leistung auf dem Gebiet der Kinematik wird dadurch nichts geändert.

Gegen die Mitte der vierziger Jahre beginnt dann die eigentliche Tätigkeit auf dem Gebiete der Telegraphie. Schlag auf Schlag folgt aufeinander die Erfindung neuer Apparate, überraschend durch die Originalität der ihnen zu Grunde liegenden Ideen, bewundernswert in der Präzision der technischen Ausführung. Die für die neue Technik nötigen wissenschaftlichen Untersuchungsmethoden werden geschaffen, sobald sich das Bedürfnis herausstellt; mit sicherem Blick wird die Verwendbarkeit der Materialien erkannt, werden die Maschinen zu ihrer Verarbeitung erfunden. Es ist fast ausschließlich das Verdienst von *Siemens*, wenn Deutschland, wo *Gauß* und *Weber* den ersten funktionierenden Telegraphen errichteten, wo *Steinheil* die wichtige Entdekkung machte, daß man die Erde als Rückleiter benutzen könne, in der Telegraphentechnik eine führende Rolle behielt. Durch diese technischen Arbeiten wurde *Siemens* aber auch zur Ausführung zweier Untersuchungen veranlaßt, die von hoher wissenschaftlicher Bedeutung waren; es sind das diejenigen über die sogenannten Ladungserscheinungen der Kabel,[5] und über die Quecksilbereinheit.[6]

Bei der Prüfung eines Kabels in der Fabrik wurde die Beobachtung gemacht, daß, wenn das eine Ende eines isolierten, in Wasser liegenden Kabels mit dem Pol einer Batterie verbunden wurde, deren anderer Pol abgeleitet war, ein kurzer Strom eintrat; das Kabel nahm eine gewisse ihm zuströmende Menge Elektrizität als elektrostatische Ladung auf. Als dann eine Anzahl unterirdischer Leitungen gebaut wurde, zeigten sich bei ihnen, besonders bei der 1848 von Berlin nach Frankfurt a. M. gelegten, Unregelmäßigkeiten und Schwierigkeiten beim Telegraphieren, von denen *Siemens* sofort erkannte, daß sie auf die erwähnten Ladungserscheinungen zurückzuführen seien. Die Kabel verhielten sich wie eine große Leydener Flasche, deren innere Belegung der leitende Kupferdraht, deren äußere das feuchte Erdreich bildete. Später wurden ähnliche Ladungserscheinungen an langen oberirdischen Leitungen konstatiert. In England war man gleichfalls auf diese neuen Tatsachen aufmerksam geworden, und Sir *William Thomson* entwickelte eine Theorie derselben. 1857 erschien dann in *Poggendorffs* Annalen der Physik eine ausführliche Arbeit von *Siemens* unter dem Titel: „Über die elektrostatische Induction und die Verzögerung des Stromes in Flaschendrähten“[7]. Er gibt in derselben eine sehr sorgfältige experimentelle Untersuchung der betreffenden Phänomene nach den verschiedensten Richtungen; die erlangten Resultate werden in der Wissenschaft dauernd ihren Wert behalten. Aber noch in einer andern Beziehung ist diese Arbeit bedeutungsvoll. Gegenüber der früheren, allgemein angenommenen Ansicht, daß die elektrischen Kräfte Fernwirkungen zwischen den elektrisierten Körpern seien, hatte *Faraday* seinen großen Untersuchungen die Anschauung zu Grunde gelegt, daß die Wirkung elektrischer Leiter auf einander durch eine eigentümliche Modifikation des isolierenden Zwischenmediums vermittelt werde, die er dielektrische Polarisation nannte. So sehr man auch den großen Experimentator und seine Entdeckungen bewunderte, seine theoretische Auffassung der Erscheinungen wurde entweder nicht beachtet oder mißachtet, von einzelnen als wissenschaftliche Ketzerei verfolgt.

Erst als *Maxwell* in seinem „Treatise on Electricity and Magnetism“[8] die *Faraday*schen Ideen einer mathematischen Behandlung unterzogen hatte, fanden sie allmählich allgemeiner in die Physik Eingang. Heut ist die *Faraday-Maxwell*sche Theorie Gemeingut der Physiker. *Siemens* steht bereits 1857 voll und ganz auf dem Boden derselben. Indem er für seine Flaschendrähte verschiedene Isoliermaterialien anwendet, und für sie die Ladungsgrößen bestimmt, erhält er die „Verteilungs-Koeffizienten“ dieser Isolatoren; dieselben sind nichts anderes als die Dielektrizitätskonstanten der Materialien nach der *Faraday-Maxwell*schen Ausdrucksweise. Für Schwefel erhält er sogar eine Zahl, die der heute genauer festgestellten ziemlich nahe liegt, für Paraffin allerdings eine von unseren heutigen Bestimmungen weit abliegende. Am Schlusse der Abhandlung heißt es: „Ich will nur schließlich noch darauf aufmerksam m achen, daß es sehr wahrscheinlich ist, daß der Sitz der Elektrizität von den Leitern in die sie umgebenden Nichtleiter zu verlegen, und sie selbst als eine elektrische Polarisation der Moleküle der letzteren zu definieren ist. Die Leiter würden dann als nicht polarisierte Räume im elektrisch polarisierten Medium mit der Eigenschaft, die Polarisation ihrer Umgebung von einem Punkte ihrer Grenzfläche zu jedem andern übertragen zu können, aufzufassen sein.“ Die Worte klingen, als ob sie einem ganz modernen Vortrag über Elektrizität entnommen wären. Ich weiß niemand, wenigstens nicht in Deutschland zu nennen, der bereits Ende der fünfziger Jahre die Bedeutung und Tragweite der *Faraday*schen Ideen so voll und klar erkannt hätte wie *Siemens*.

Als zweites wissenschaftliches Ergebnis der Beschäftigung mit der Telegraphentechnik habe ich vorhin die Einführung der Quecksilber-Einheit oder, wie sie jetzt allgemein heißt, der *Siemens*schen Widerstands-Einheit erwähnt.

Die Intensität eines konstanten galvanischen Stromes hängt ab von der Größe der wirkenden elektromotorischen Kräfte und von einer anderen Größe, die wir den Widerstand des Stromkreises nennen. Letztere ist bedingt durch die geometrischen Dimensionen und die Natur der den Stromkreis bildenden Leiter. Für die wissenschaftliche Physik wie für die Technik ist in unzähligen Fällen die Bestimmung des Widerstandes irgend welcher Stromleiter erforderlich. Für jede Größe, die gemessen werden soll, braucht man aber eine scharf definierte und wenn möglich leicht reproduzierbare Einheit. Als solche wurde von *Jacobi* für den galvanischen Widerstand derjenige vorgeschlagen, welchen ein Kupferdraht von bestimmter Länge und bestimmtem Querschnitt bietet.[9] Die Erfahrung ergab aber, daß der Widerstand eines solchen Drahtes sich mit der Zeit ändert, und daß verschiedene Kupferdrähte von gleichen geometrischen Dimensionen je nach ihrer Herstellung erheblich verschiedenen Widerstand zeigen können. Der *Jacobi*sche Widerstands-Etalon war mithin unbrauchbar. Nun hatte allerdings *Weber* im Anschluß an das zuerst von *Gauß* für den Magnetismus aufgestellte sogenannte absolute Maß ein absolutes elektromagnetisches Maßsystem entwickelt, in welchem eine definierte Maßeinheit für den galvanischen Widerstand enthalten ist.[10] Die Methoden, eine solche *Weber*sche absolute Widerstands-Einheit herzustellen, waren aber zu jenen Zeiten noch schwierig und mit erheblichen Fehlern behaftet. In England ging man nichtsdestoweniger daran, Etalons der *Weber*schen Widerstands-Einheit oder ein Multiplum derselben anzufertigen. *Siemens* griff die Sache anders an; er suchte nach einem Material, welches von den Fehlern des Kupfers der *Jacobi*schen Einheit frei sei. Das Quecksilber erwies sich als ein solches; so entstand 1860 die Quecksilber- oder *Siemens*sche Einheit; dieselbe ist definiert durch den Widerstand einer Quecksilbersäule von einem Meter Länge und einem Quadratmillimeter Querschnitt bei 0 °C. Es wurden dann Drahtkopien dieser Einheit mit großer Sorgfalt angefertigt und an die Physiker verteilt.[11] Dadurch wurde sofort in der Bestimmung galvanischer Widerstände eine Sicherheit und Genauigkeit erlangt, die man zu erreichen früher kaum hatte hoffen können. Man ist später auf den internationalen Pariser Elektriker-Kongressen freilich für die Ausmessung der sämtlichen elektrischen Größen, also auch des Widerstandes, zu dem auf das *Weber*sche elektromagnetische Maß begründete **cm. gr. sec.** System übergegangen, doch hat die *Siemens*sche Einheit auch heute dadurch ihre Bedeutung noch nicht verloren, denn die Festlegung der absoluten Widerstands-Einheit, des Ohm, beruht darauf, daß das Verhältnis derselben zur Quecksilber-Einheit bestimmt wird.

Auf den erwähnten Kongressen wurde auch nach dem Vorschlage von *Violle* eine Einheit der Lichtmenge festgesetzt. Als solche sollte diejenige Lichtmenge gelten, welche von 1 qcm geschmolzenen reinen Platins bei der Erstarrungstemperatur ausgestrahlt wird. Diese Einheit ist praktisch sehr schwierig herzustellen. *Siemens* gelang es, einen kleinen Apparat zu konstruieren, mit welchem ein Bruchteil derselben schnell und bequem darstellbar ist.

Aber noch in anderer Weise hat *Siemens* die Genauigkeit und Verfeinerung elektrischer Messungen gefördert. Die oft sehr komplizierten Apparate, deren sich der Physiker zu seinen Untersuchungen, seinen Messungen bedient, kann er selbst nicht anfertigen, er bedarf dazu des Mechanikers. Ein neues brauchbares Instrument entsteht immer nur dann, wenn Physiker und Mechaniker Hand in Hand arbeiten, wenn ersterer die Bedingungen für das, was der Apparat leisten soll, vollständig und genau angibt und letzterer den gestellten Forderungen in dem spröden Material am einfachsten und in der präzisesten Weise genügt.

Siemens war der sinnende Physiker und der praktisch konstruierende Mechaniker in einer Person. Daher haben die von ihm konstruierten Apparate, seine Galvanometer, Rheostaten und welche die Instrumente alle sein mögen, die aus seiner Werkstatt hervorgingen, das Gepräge der technischen Vollendung; sie sind als mustergültig in die Hände der Physiker fast aller Länder übergegangen und sind noch heute vielfach die Typen, nach denen mit kleinen Änderungen konstruiert wird. Es darf nicht unerwähnt bleiben, daß er bei diesen mechanischen Konstruktionen und bei dem Bau der Telegraphenapparate in seinem Freunde *Halske* einen verständnisvollen, treuen Mitarbeiter hatte.

Wenden wir uns jetzt zu den physikalischen Arbeiten von *Siemens*, durch welche die moderne Großtechnik der Elektrizität begründet wurde. Der Ausbau des Telegraphenwesens hatte ihm Veranlassung gegeben zu versuchen, die Ströme der galvanischen Batterien durch sogenannte Induktionsströme zu ersetzen. Die Entdeckung der Induktion durch *Faraday* hatte bald zur Konstruktion von Maschinen geführt, welche bei Drehung solche Ströme hervorbringen; man nannte sie magnet-elektrische Maschinen. Ihr Prinzip beruht darauf, daß, wenn geschlossene metallische Strombahnen und Stahlmagnete einander genähert oder von einander entfernt werden, bei dieser Annäherung und Entfernung in der Drahtleitung Ströme auftreten. Schon Ende der fünfziger Jahre baute man solche Maschinen von erheblicher Größe, um elektrisches Licht, insbesondere für die Beleuchtung von Leuchttürmen, zu erzeugen. Dieselben genügten den Anforderungen nur in unvollkommenem Maße. Stahl nimmt nur eine verhältnismäßig geringe Menge Magnetismus dauernd auf, und wendet man für eine Maschine eine große Zahl von Magneten an, so schwächen sich diese gegenseitig, verlieren auch wohl mit der Zeit einen Teil ihres Magnetismus. *Siemens* verbesserte zwar diese Maschinen erheblich, indem er dem bewegten Teil derselben, dem sogenannten Anker, eine ganz neue Form gab. Aber auch bei Benutzung des *Siemens*schen Doppel-T-Ankers blieben die Übelstände der zu verwendenden Stahlmagnete bestehen. Es war daher ein großer Fortschritt, als der Engländer *Wilde* an Stelle der Stahlmagnete einen Elektromagnet setzte, der durch den Strom einer galvanischen Batterie oder den einer kleinen magnet-elektrischen Maschine erregt wurde.

So lag die Sache, als *Siemens* durch eine glückliche Ideenkombination der Konstruktion dieser Maschinen ein neues Prinzip zu Grunde legte; er erfand, oder richtiger, er entdeckte das nach ihm benannte *Siemens*sche dynamo-elektrische Prinzip. Mit Hilfe desselben ließen sich sofort Maschinen konstruieren, die mit Leichtigkeit dauernde elektrische Ströme von bisher ungeahnter Stärke erzeugten. Wie unser Freund sich einmal in einem Vortrage ausdrückte, war bis zu diesem Zeitpunkt die Anschauung der Elektrotechniker gewesen, daß die Elektrizität für feine Arbeit bestimmt sei, sie kommandiere, dirigiere, löse Kräfte ein und aus, aber schwere Arbeit, Hausknechtsarbeit zu verrichten, sei nicht ihre Sache. Nach der Konstruktion der Dynamomaschinen konnte plötzlich die Elektrizität nicht die Arbeit von Hausknechten, sondern von Giganten leisten. Der Tag, an dem im Haupte des sinnenden Forschers die verschiedenen, anscheinend schon länger in demselben verarbeiteten Vorstellungen über magnet-elektrische Maschinen sich zu dem Bild der *dynamo-elektrischen* verdichteten, war der Geburtstag der modernen Elektrotechnik.

Um dem Gang seiner Ideen folgen zu können, muß man sich erinnern, daß schon lange vorher die Physiker bemüht waren, leistungsfähige Elektromotoren zu konstruieren, d. h. Maschinen, bestehend aus festen und beweglichen, von Drähten in geeigneter Weise umwundenen Eisenmassen, bei denen die drehbaren Massen in Rotation kommen, wenn ein Strom durch die Drähte gesandt wird. Die Bewegung wird hervorgerufen durch die ins Spiel tretenden elektrodynamischen Kräfte zwischen den stromdurchflossenen Drähten und den durch dieselben magnetisierten Eisenmassen. Man hatte gehofft, die Triebkraft des Dampfes in dieser Weise durch die Elektrizität als Triebkraft zu ersetzen. Der deutsche Bundestag hatte sogar eine Nationalbelohnung auf die Erfindung einer leistungsfähigen Maschine dieser Art gesetzt. *Jacobi* in Petersburg hatte ein Boot mit einem solchen Elektromotor versehen, welches einige Zeit auf der Newa fuhr; er hatte aber auch erkannt, daß die von galvanischen Batterien gelieferten Ströme nie in Konkurrenz mit dem Dampf treten könnten, da letzterer durch Verbrennen von Kohle, erstere durch Verbrennen von Zink in den Batterien erzeugt werden, und Kohle eben billiger ist als Zink. *Jacobi* bemerkte ferner, daß in dem Elektromotor bei der Bewegung Induktionsströme auftreten müssen, welche dem Strom der Batterie entgegengesetzt sind und mithin die wirkende Kraft desselben vermindern müssen. Hier setzt *Siemens* ein. Er überlegt, daß, wenn bei der Rotation der Maschine durch den Strom die Induktionsströme jenen entgegengesetzt sind, dieselben dem Batteriestrom gleichgerichtet sein müssen, mithin ihn verstärken, wenn man den Motor durch Aufwendung mechanischer Arbeit im umgekehrten Sinne dreht. Ich kann nun nicht besser fortfahren als mit seinen eigenen Worten:[12] „Da diese Verstärkung des Stromes auch eine Verstärkung des Magnetismus des Elektromagneten, mithin auch eine Verstärkung des folgenden induzierten Stromes hervorbringt, so wächst der Strom der Kette in rascher Progression bis zu einer solchen Höhe, daß man sie selbst ganz ausschalten kann, ohne eine Verminderung desselben wahrzunehmen. Unterbricht man die Drehung, so verschwindet natürlich auch der Strom, und der feststehende Elektromagnet verliert seinen Magnetismus. Der geringe Grad von Magnetismus, welcher auch im weichen Eisen zurückbleibt, genügt aber, um bei wieder eintretender Drehung das progressive Anwachsen des Stromes im Schließungskreis von neuem einzuleiten.“ Diese Überlegung enthält das sogenannte „dynamo-elektrische Prinzip“; sie konnte nur in einen hervorragend wissenschaftlich spekulativen Kopfe nach längerer Beschäftigung mit den wissenschaftlichen Prinzipien der magnet-elektrischen Maschinen und der Elektromotoren entspringen.

Es war allerdings schon unabhängig von einander durch die HH. *Holtz* und *Töpler*[13] etwa zwei Jahre früher eine ähnliche Überlegung bezüglich der Erzeugung größerer Mengen statischer Elektrizität angestellt und hatte dieselben zur Konstruktion der Influenzmaschinen geführt. *Siemens* selbst sagt in einem Vortrage, daß das Prinzip, auf welchem die dynamo-elektrische Maschine beruht, dasselbe sei, wie dasjenige, auf welchem die Elektrisiermaschinen von *Töpler* und *Holtz* begründet sind. Ob ihm dieser Zusammenhang erst später klar geworden ist, oder ob die Erfolge auf dem Gebiet der Elektrostatik ihn bei der Konstruktion seiner Maschine für strömende Elektrizität mitleiteten, ist wohl nicht mehr zu entscheiden.

Man hat in England, wo *Wheatstone* bald nach *Siemens* gleichfalls mit einer dynamo-elektrischen Maschine hervortrat, letzterem die Priorität streitig machen wollen. Durch die Mitteilung: „Über die Umwandlung von Arbeitskraft in elektrischen Strom ohne Anwendung permanenter Magnete“, welche *Gustav Magnus* am 17. Januar 1867 unserer Akademie vorlegte,[14] ist jene Priorität unantastbar gesichert. Schon wenige Monate später wurde eine größere Maschine einer Anzahl hervorragender Berliner Physiker und anderer Gelehrter in Tätigkeit vorgeführt. Es war mir vergönnt, als

Assistent von *Magnus* dieser Demonstration beizuwohnen, und der Eindruck, den es machte, als die Maschine mittels der Transmission von einer Dampfmaschine in Rotation versetzt wurde, und nun plötzlich der Hof der Fabrik in der Markgrafenstraße in hellem elektrischem Lichte erstrahlte, ist mir unvergeßlich geblieben.

Auf die weitere Entwickelung der Dynamomaschine — so lautet jetzt abgekürzt die Bezeichnung — einzugehen, ist hier nicht der Ort, nur einen kurzen Blick auf die Verwendung derselben zu werfen, sei mir gestattet. Daß ein so weitblickender Mann wie *Siemens* sofort die ganze praktische Bedeutung derselben übersah, liegt auf der Hand. Es wurde zunächst die elektrische Beleuchtung ausgearbeitet, der durch die Erfindung der Glühlampen ein viel größeres Feld der Verwendung als vorher geboten war; es wurden die geeigneten Maschinen niederer Spannung für die früher erwähnten elektrolytischen Prozesse konstruiert; dann aber wandte sich *Siemens* mit aller Energie der Übertragung von mechanischer Arbeit auf elektrischem Wege zu.

Wird durch eine Dampfmaschine oder eine mittels Wasserkraft getriebene Turbine eine Dynamomaschine gedreht und der in ihr erzeugte Strom durch metallische Leiter einer entfernt stehenden zweiten Maschine zugeführt, so gerät diese in Drehung und kann nun ihrerseits mechanische Arbeit abgeben, also eine Arbeitsmaschine treiben. Steht diese zweite Maschine auf Rädern, so kann die zugeführte Energie zum Drehen derselben, zur Lokomotion, benutzt werden. *Siemens* war der erste, der nach diesem Prinzip eine elektrische Eisenbahn ausführte. 1879 lief auf der Berliner Gewerbe-Ausstellung eine solche;[15] am 12. Mai 1881 fand die Probefahrt auf der jetzt noch in Betrieb befindlichen Lichterfelder Bahn statt. Durch diese Bahn war der Beweis erbracht, daß, wenigstens für gewisse Zwecke, die elektrischen Lokomotiven mit den durch Dampf getriebenen in Konkurrenz treten können. Sie werden voraussichtlich immer mehr in den großen Städten und zwischen nicht zu entfernten Ortschaften den Transport der Menschen übernehmen. Seit man ferner gelernt hat, die von den Dynamomaschinen gelieferte Energie in den Akkumulatoren aufzuspeichern und somit von ihrer Erzeugungsquelle loszulösen und für sich transportabel zu machen, scheint es wenigstens prinzipiell nicht mehr ausgeschlossen, auch den Transport im kleinen, den eines einzelnen Menschen, durch Elektromotoren zu bewerkstelligen. Es liegt daher durchaus nicht außer dem Bereiche der Möglichkeit, daß im Laufe der Zeit in den Verkehrsadern unserer großen Städte das Pferd eine seltene Erscheinung sein wird, da alsdann die harte Arbeit, die es jetzt in denselben als Zugtier leistet, von der Elektrizität getan werden wird.

Ich möchte meinen kurzen Überblick über die Verwendungen der dynamo-elektrischen Ströme nicht schließen, ohne dankbar anzuerkennen, daß auch für die rein wissenschaftlichen Arbeiten in den physikalischen Laboratorien dieselben von eminenter Bedeutung geworden sind. Wurden früher für eine Demonstration oder eine Untersuchung starke galvanische Ströme gebraucht, so mußten 40—50 Bunsensche Elemente zusammengesetzt werden. Wer dies noch oft selbst getan hat, der weiß, wie mühsam und zeitraubend es war, wie der Aufenthalt in einem Raum, der eine solche Batterie enthielt, durch die Dämpfe der Salpetersäure zu einer fast unerträglichen Qual werden konnte, und welche Energie in Folge dessen dazu gehörte, eine längere Untersuchung mit sehr starken Strömen durchzuführen.

Heute hat jedes Laboratorium eine Dynamomaschine, die durch einen Gasmotor getrieben wird, oder es erhält direkt den Strom aus einer elektrischen Straßenleitung.

Ohne Mühe und ohne Belästigung stehen zu jeder Zeit Ströme von fast unbeschränkter Intensität zur Verfügung, und es können daher Untersuchungen unternommen werden, an deren Durchführung man früher gar nicht hatte denken können.

Während *Siemens* anfangs seine großen Überland- und Untersee-Telegraphenlinien anlegte und alle hierfür nötigen Apparate und Untersuchungsmethoden ersann, während er später die Anwendungen der Dynamoströme ausarbeitete und praktisch einführte, fand er immer noch Zeit zu rein wissenschaftlichen Arbeiten,[16] die mit jenen technischen Aufgaben nur lose oder gar nicht zusammenhingen. Er verbesserte einen Apparat, den er als junger Artillerieleutnant zur Bestimmung der Geschwindigkeit der Geschosse konstruiert hatte, und unternahm mit demselben eine Bestimmung der Fortpflanzungsgeschwindigkeit der Elektrizität in einem eisernen Telegraphendraht; die Arbeit ist dadurch vor allen früheren ausgezeichnet, daß die Verzögerung, welche die durch den Draht gegebenen Zeichen durch die sogenannte Flaschenladung erfahren, berücksichtigt wird. Bei Gelegenheit seiner Kabellegungen entwirft er mit seinem Bruder *Wilhelm* zusammen eine sinnreiche Methode zur fortlaufenden Beobachtung der Meerestemperatur bei Tiefenmessungen; auf der Spitze der Cheopspyramide macht er eine interessante Beobachtung über Elektrizitätserregung durch den vom Wind aufgewirbelten Wüstensand. Ich habe schon angeführt, daß er einer der ersten Vertreter der *Faraday*schen Anschauung über die Natur der elektrischen Vorgänge war; er sucht eine experimentelle Bestätigung derselben durch den Nachweis, daß ein Dielektrikum bei abwechselnder Ladung und Entladung sich erwärmt.

Die Einführung der Quecksilbereinheit hatte ihm Veranlassung gegeben, die Änderung der Leitfähigkeit einiger Metalle und Metallegierungen mit der Temperatur und beim Übergang vom festen in den flüssigen Zustand zu bestimmen. Bezüglich der Kohle bestand zwischen den Resultaten früherer Beobachter keine Übereinstimmung; *Matthiessen* hatte eine Abnahme des Widerstandes mit steigender Temperatur gefunden, andere Beobachter bestritten dieses Resultat. In einer sorgfältigen Untersuchung wies *Siemens* nach, daß alle Kohlensorten bei Änderung der Temperatur sich verhalten, wie es *Matthiessen* angegeben hatte. Dann folgen mehrere Arbeiten über das eigentümliche elektrische Verhalten, welches Selen bei Beleuchtung zeigt. Verschiedene Beobachter hatten konstatiert, daß amorphes, die Elektrizität nicht leitendes Selen durch Erhitzen über 100 °C in eine leitende kristallinische Modifikation übergeht; diese Modifikation ist lichtempfindlich, das heißt, sie ändert ihren Widerstand durch Belichtung. *Siemens* wies nach, daß andauernde Erwärmung auf 200° eine dritte Modifikation ergibt, welche in noch höherem Maße ihr Leitungsvermögen durch Belichtung ändert.

Er zeigte zugleich, daß die zweite Modifikation den galvanischen Strom wie ein Elektrolyt leitet, insofern das Leitungsvermögen mit steigender Temperatur wächst, während die dritte sich wie ein Metall verhält, in welchem die Leitung mit wachsender Temperatur abnimmt. Ich kann nicht umhin, hier darauf hinzuweisen, daß *Siemens* bei den verschiedenen erwähnten Arbeiten über galvanischen Widerstand stets eine bestimmte Anschauung im Auge behält, nämlich die, „daß der elektrische Leitungswiderstand eines Körpers ein Äquivalent der im freien sowohl wie im gebundenen Zustande in ihm aufgespeicherten Wärmemenge sei“. Er sucht in einer Reihe einzelner Tatsachen immer neue Bestätigung dieses Satzes zu gewinnen. Welche, ich möchte sagen, mechanisch-physikalische Vorstellung er sich von dieser Beziehung der im Körper enthaltenden Wärme zum Leitungsvermögen gebildet hatte, ist nirgends recht ersichtlich; die Zukunft kann also erst entscheiden, inwieweit der ausgesprochenen Idee eine Bedeutung und Tragweite zukommt.

In den Jahren 1881 und 1884 erschienen zwei Abhandlungen,[17] in denen sich der Verfasser mit der Theorie des Magnetismus beschäftigt. In der ersten untersucht er die Magnetisierung des Eisens, wenn zwei magnetisierende Kräfte in verschiedenen Richtungen auf dasselbe wirken, und weist nach, daß eine Schirmwirkung des Eisens für magnetische Fernwirkung, abgesehen von der scheinbaren, durch eigene Magnetisierung bedingten, entweder gar nicht oder nur in ganz geringem Maße existiere. In der zweiten wird die Anschauung zu Grunde gelegt, daß die Magnetisierung wie der konstante elektrische Strom nur in geschlossenem Kreise existiert. Ein einfacher Stahlmagnet ist danach durch die umgebende Luft magnetisch geschlossen. Es führt ihn diese Betrachtung zur Einführung des magnetischen Verteilungswiderstandes. Er findet, daß die magnetische Leitungsfähigkeit des weichen Eisens annähernd 500mal so groß ist wie die der Luft.

Ähnliche Betrachtungen über geschlossene magnetische Kreise sind auch von anderen angestellt und haben in der letzten Zeit für die theoretische Behandlung aller elektromagnetischen Apparate eine erhebliche Bedeutung erlangt.

Die letzten, nur im Fluge gestreiften Arbeiten gehören sämtlich dem Gebiet der Elektrizität an; zwischen sie hinein fällt eine wichtige fundamentale Untersuchung über das Leuchten der Gase.[18] *Siemens* wies nach, daß bis zu den höchsten Temperaturen, die wir in unseren Stahlschmelzöfen erreichen können, reine Gase, in denen keine chemischen Prozesse vor sich gehen, nicht zum Selbstleuchten gebracht werden. Die Gase strahlen bei diesen hohen Temperaturen wohl dunkle Wärmestrahlen in geringer Menge, aber keine leuchtenden Strahlen aus. Neuere umfassende Versuche bestätigen dieses Resultat durchaus.

Es erübrigt noch, einen Blick auf eine letzte Klasse von Untersuchungen zu werfen; dieselben beziehen sich auf die Konstitution des Erdinnern, das elektrische Verhalten der Sonne und die Wirkungen desselben auf das elektrische und magnetische Verhalten der Planeten, speziell der Erde;[19] endlich auf die Bewegungen in unserer Atmosphäre.[20] Diese Arbeiten bilden insofern eine Gruppe für sich, als es sich in ihnen nicht um neue experimentelle Tatsachen handelt, sondern um allgemeine Betrachtungen, in die die verschiedensten Teile unserer physikalischen und meteorologischen Kenntnisse zur Begründung bestimmter Anschauungen und Hypothesen hineingezogen werden. Es würde zu weit führen, hier auf Einzelheiten einzugehen. *Siemens* gibt selbst an, daß ein Teil der von ihm in diesen Arbeiten vorgetragenen Ansichten nicht die von ihm gewünschte allgemeine Billigung gefunden habe.[21] Daß durch dieselben aber eine Reihe wichtiger naturwissenschaftlicher Fragen neu in Fluß gekommen sind, daß sie nach den verschiedensten Richtungen anregend gewirkt haben, und noch wirken, kann nicht bezweifelt werden.

Was ich an wissenschaftlichen Untersuchungen von *Siemens* aufzählte, genügt sicher, ihn in die Reihe der besten Physiker seiner Zeit zu stellen. Bedenkt man, daß diese Arbeiten nur in der karg bemessenen freien Zeit ausgeführt werden konnten, die ihm die Leitung seiner über alle Weltteile ausgedehnten technischen Werke ließ, so vermag man kaum zu ermessen, was er der Wissenschaft geleistet hätte, wäre es ihm vergönnt gewesen, sich von Anfang an ihr allein zu widmen. Der Zwang der Verhältnisse führte ihn der militärischen Laufbahn zu; in seinen „Lebenserinnerungen", diesem Volksbuche im besten Sinne des Wortes, von dem nur zu wünschen und zu hoffen ist, daß es den nachwachsenden Generationen noch lange ein Schatz bleibe, aus dem sie Begeisterung für edles männliches Streben, Mut für unentwegtes Fortschreiten und Liebe zur unermüdlichen Arbeit schöpfen mögen, hat er uns gezeigt, wie sich aus diesen engen Verhältnissen heraus äußerlich sein reiches Leben gestaltete, und wie Schritt für Schritt an den Verhältnissen und durch sie seine geistige Entwicklung erstarkte und wuchs. Welche außergewöhnlichen Eigenschaften des Verstandes und Charakters ihm von der Natur mitgegeben waren, die diese Entwicklung eines so seltenen Mannes ermöglichten und bedingten, läßt er in seinen Erinnerungen bescheiden unerörtert; nur in kurzen Worten spricht er an einzelnen Stellen davon, wie leicht er sich in die mathematischen Disziplinen habe hineinfinden können, wie ihm seine Veranlagung zur Technik allmählich klar geworden sei.

Es sei mir gestattet, zum Schluß noch kurz hierauf einzugehen, um, wie ich es eingangs sagte, erkennen zu lassen, welches die Wurzeln waren, aus denen ein so mächtiger Stamm entsproß und seine Nahrung zog.

Daß *Siemens* eine ausgesprochene Begabung für mathematische Studien hatte, zeigte sich schon auf dem Gymnasium und auf der Artillerie- und Ingenieur-Schule.

In die Tiefe der mathematischen Wissenschaften durch planmäßiges Universitätsstudium einzudringen, wurde ihm durch die Verhältnisse unmöglich gemacht; mathematisches Denken bekundete er aber überall. Bei angeregten Diskussionen über mathematisch-mechanische Probleme, die er liebte, verblüffte er oft durch die Schnelligkeit und Klarheit, mit der er dieselben durchschaute und den Kern der Sache, das Prinzip, um das es sich handelte, herausschälte. Die Erkenntnis seiner technischen Begabung kam ihm erst, wie er sagt, bei den Schießübungen als junger Offizier, „da mir alles selbstverständlich schien, was den meisten schwer wurde zu begreifen". Hervorragende Veranlagung für die Technik, die ihn auszeichnete, scheint ein Vorzug seiner Familie zu sein, da dieselbe außer ihm auch einigen seiner Brüder zukommt. Talent und selbst Genie schafft aber auf diesem Gebiete und in der Wissenschaft ohne andauerndes ernstes Studium selten Großes. Es ist bewundernswert, wie *Siemens*, während er noch Soldat von Beruf ist, seine Kenntnis zu erweitern und zu bereichern sucht; außer aus Büchern sucht er Anregung und Belehrung durch intimen persönlichen Verkehr mit hervorragenden Gelehrten, in den Sitzungen und Diskussionen der physikalischen und polytechnischen Gesellschaft in Berlin. So wächst der Umfang seines Wissens und Könnens schnell. Für die Durchführung der mannigfachen Ideen und Pläne, die auf Grundlage dieses sich immer vermehrenden Wissens, in seinem Kopfe entspringen, kommt ihm seine zähe Beharrlichkeit und sein eiserner Wille zustatten. Gelingt es seinen Gehilfen und Mitarbeitern nicht, einen von ihm ersonnenen Apparat zur gewünschten Funktion zu bringen, will die Idee zu einer Untersuchung sich nicht verwirklichen lassen, so heißt es, „die Sache muß aber gehen"; er legt selbst Hand an und ruht nicht eher, bis er zum erstrebten Ziel gelangt ist oder bis er sich überzeugt hat, daß die Idee wirklich irrig war, oder daß die technischen Schwierigkeiten unüberwindlich sind.

Dazu kommt eine unbezwingliche freudige Lust am Ersinnen und Schaffen von Neuem in der Wissenschaft und in der Praxis; ein schneller sicherer Blick für die Bedeutung von allem Neuen, das von anderen gefunden wird.

Das sind die Eigenschaften, die ihn befähigten, zu werden, was er geworden ist.

In unseren Kreis ist er geführt worden, unser Kollege ist er geworden durch die Arbeiten, die ich zu schildern versuchte, die wissenschaftlichen. Mit warmer Liebe ist er immer zur Wissenschaft zurückgekehrt, und aus seinen „Lebenserinnerungen" klingt oft ein fast melancholisches Bedauern, daß er ihr nicht habe sein ganzes Leben weihen können. Sollen wir es bedauern, daß ein großer Teil seiner Tätigkeit einem anderen Gebiete galt? Ich meine nicht. Gerade durch die Mannigfaltigkeit seiner Arbeit ist er der mächtige Förderer der modernen Kultur geworden. Seine Natur trieb ihn unwiderstehlich dazu, die Resultate wissenschaftlicher Forschung den Menschen direkt nutzbar zu machen. Die genialen technischen Erfindungen, die großen industriellen Unternehmungen, die diesem Triebe entsprossen, haben die Bewunderung der Gesamtheit seiner Mitlebenden erregt, sie haben ihm ein Anrecht auf den dauernden Dank der Nachkommenden erworben. Seine wissenschaftliche Arbeit, die die Grundlage jener Anwendungen bildete, sichert ihm für immer einen hervorragenden, ehrenvollen Platz in der Geschichte der Wissenschaft. Wir aber, die mit ihm durch das Band unserer Akademie verknüpft waren, können mit Recht und Stolz sagen, er war der Besten und Edelsten einer, die an unserer gemeinschaftlichen wissenschaftlichen Arbeit teilnahmen.

Antrittsrede von Hans Landolt (1831-1910)
Erwiderung von Emil Du Bois-Reymond

gehalten in der Akademie der Wissenschaften
am 29. 6. 1882

Selten bin ich in die Lage gekommen, einen Dank mit größerer Freude auszusprechen, als denjenigen, den ich heute abstatten möchte. Die Ernennung zum Mitgliede der Akademie der Wissenschaften, welche mir durch Ihr Wohlwollen zuteil wurde, ist für mich nicht allein eine hohe Ehre, sondern sie hat noch andere Bedeutungen. Wenn ich auch dieselbe zunächst als eine Anerkennung meiner bisherigen Arbeiten auf dem Gebiete der physikalischen Chemie auffassen darf, erblicke ich darin doch vor allem eine Aufmunterung, in jener Richtung zu verharren und ihr meine Kräfte in noch höherem Grade als bis dahin zu widmen. Ein zweiter wichtiger Umstand, welchen die Aufnahme in die Akademie für mich zur Folge hat, ist die Möglichkeit, über das bezeichnete Fach an der hiesigen Universität Vorlesungen halten zu können. Obgleich mehrfache andere Berufsgeschäfte meiner Tätigkeit in dieser Hinsicht eine Schranke setzen, so bringt dieselbe doch mir selbst eine Menge neuer Anregungen, und ich darf vielleicht auch die Hoffnung hegen, daß sie nicht ohne Nutzen für die Studierenden sich gestalten werde.

Die physikalische Chemie im engern Sinne ist die Lehre von den Beziehungen zwischen physikalischen Eigenschaften und chemischer Konstitution der Körper; sie verfolgt die Einwirkungen, welche die ersteren erleiden, wenn in den Molekülen zusammengesetzter Substanzen die Art, Zahl und Verbindungsweise der Atome sich ändert. Dieser Gesichtspunkt ist zuerst festgehalten worden in einer Abhandlung E. Mitscherlichs: „Über die Kristallisation der Salze, in denen das Metall der Basis mit zwei Proportionen Sauerstoff verbunden ist", welche derselbe am 19. Dezember 1819 in unserer Akademie las.[1] Mit Bestimmtheit wurde darin nachgewiesen, daß die Kristallform gewisser Verbindungen in Relation zu der atomistischen Zusammensetzung steht, und indem Mitscherlich diesen Gegenstand durch zahlreiche Beobachtungen weiter verfolgte, entwickelte sich daraus eine der wertvollsten Lehren der Wissenschaft, diejenige vom Isomorphismus. Damit war die physikalische Chemie glänzend eröffnet, aber es trat sodann ein Stillstand von über zwanzig Jahren ein, und auch später mehrten sich die Arbeiten auf diesem Gebiete nur sehr langsam. Die Ursache hiervon liegt in der natürlichen Entwicklung, welche die Chemie nahm. Seitdem dieselbe mit Beginn dieses Jahrhunderts in das Zeitalter der quantitativen Untersuchungen getreten, und durch die Auffindung der Zahlengesetze, nach denen die Elemente sich untereinander vereinigen, zur exakten Wissenschaft geworden war, hatten sich unermeßliche Fehler zur Bearbeitung aufgetan. Die Analyse der im Mineralreich sowie in der organischen Natur vorkommenden Körper, die Darstellung einer zahllosen Menge chemischer Verbindungen teils schon bekannter, teils neu entdeckter Elemente, und endlich

---

SB 1882, 2, S. 723–727 und S. 728–731.

die Erforschung der gegenseitigen Reaktionen aller dieser Substanzen erforderten eine Arbeit, welche sämtliche Kräfte absorbierte. So kam es, daß, obgleich seit Errichtung der Unterrichtslaboratorien die Zahl der Chemiker in immer wachsendem Grade zunahm, doch nur bei wenigen Neigung oder Veranlassung auftrat, die große geebnete Straße zu verlassen und Nebenpfade einzuschlagen, die zudem mühsam wurden, wenn hierfür noch ein tieferes Studium anderer Wissenschaften wie der Physik erforderlich war. Aber es liegt noch ein anderer Grund vor, welcher einen raschern Fortschritt der physikalischen Chemie nicht zuließ, und dieser ist der jeweilige Zustand, in dem sich die chemische Theorie befand. Die allmählich durch immer mehr Fälle festgestellte Tatsache, daß Körper von gleicher Zusammensetzung existieren, welche dennoch verschiedene physikalische Eigenschaften besitzen, wies darauf hin, daß die letzteren nicht bloß von der Art und Zahl der Atome im Molekül abhängig sind, sondern daß auch die Gruppierungsweise der Atome einen wesentlichen Einfluß ausübt. Indem sich die Notwendigkeit der Berücksichtigung chemischer Konstitutionsformeln herausstellte, bedurfte es erst der nötigen Entwicklung der organischen Chemie, besonders der Lehre von der Isometrie, um weitere Fortschritte auf dem physikalischen Gebiete möglich zu machen.

Wohl sind in dem Zeitraum von 1820 bis etwa 1870 manche Arbeiten sowohl von Chemikern wie von Physikern geliefert worden, welche auf dem Grenzgebiete der beiden Wissenschaften liegen; man hatte vielfach physikalische Konstanten unorganischer und organischer Körper mit Genauigkeit bestimmt, allein in Beziehung zu der chemischen Konstitution der Substanzen wurden die Zahlen selten gebracht. Der einzige Forscher, welcher diesen Gesichtspunkt stets im Auge behielt und alle seine Kräfte der physikalischen Chemie zuwandte, ist Hermann Kopp. Dessen Arbeiten über Molekularvolume organischer Verbindungen, die Regelmäßigkeiten in den Siedepunkten der letzteren, sowie die ausgedehnten Untersuchungen über die spezifische Wärme fester Körper sind jedem Chemiker bekannt. Mit unermüdlicher Ausdauer hat Kopp mehr als fünfundzwanzig Jahre (1839—1865) darauf verwandt, um das nötige Beobachtungsmaterial zu sammeln, die Präparate darzustellen und ihre physikalischen Eigenschaften wie spezifisches Gewicht, Ausdehnung durch die Wärme, Siedepunkt u. s. w. mit möglichster Genauigkeit zu bestimmen. Ebenso sorgfältig verfuhr er bei der Ableitung der Resultate. Durch den Umfang dieser Arbeiten ist die physikalische Chemie erst zu einem selbständigen Zweige der Wissenschaft erhoben worden, sie hatte vorher viel zu wenig Material, und man muß daher mit Recht Kopp als den eigentlichen Schöpfer dieses Gebietes bezeichnen. Seine Untersuchungen werden stets das Muster bleiben, nach welchem physikalisch-chemische Arbeiten auszuführen sind, und wenn auch bezüglich der von ihm aus den Beobachtungen gezogenen Schlüsse mit den Fortschritten der Wissenschaft Änderungen eintreten können, so bleibt der Wert der Versuchszahlen doch für alle Zeiten bestehen, weil sie den Stempel der Genauigkeit tragen.

Außer Kopp hatten indes noch andere Chemiker, wenn auch nicht so ausschließlich, die physikalische Richtung gepflegt. Rammelsberg erweiterte durch zahlreiche kristallographische Messungen die Kenntnis des Isomorphismus, und Groth verfolgte bei organischen Substanzen die Veränderungen, welche die Kristallform erleidet, wenn gewisse Atome austreten oder sich durch andere substituieren. Schröder bestimmte die spezifischen Gewichte einer großen Zahl unorganischer und organischer Verbindungen, um daraus die Regeln der Volumkonstitution fester Körper abzuleiten. Die

Lehre vom Molekularvolum erfuhr zudem wichtige Bereicherungen durch sorgfältige Versuche, welche Lothar Meyer über die Transpiration der Dämpfe angestellt hatte. Eine eingehende Berücksichtigung fanden ferner die optischen Eigenschaften. Kirchhoffs und Bunsens glänzende Entdeckung der Spektralanalyse, obgleich dieselbe nicht direkt in das anfangs bezeichnete engere Gebiet der physikalischen Chemie gehört, da sie nur in Beziehung zur qualitativen und nicht zur quantitativen Zusammensetzung der Körper steht, brachte wertvolle neue Hilfsmittel. Es wurde möglich, statt des unzuverlässigen Sonnenlichts künstliche Spektrallinien zur Bestimmung von Berechnungsexponenten anzuwenden, und dieser große Vorzug ist auch sofort benutzt worden. Auf Grund vorangegangener Untersuchungen von Dale und Gladstone über die Abhängigkeit der Brechungsindizes von der Körperdichte hatte ich den Einfluß der atomistischen Zusammensetzung organischer Substanzen auf die Fortpflanzung des Lichtes geprüft, und hierzu sind in neuerer Zeit weitere Arbeiten von Brühl und anderen getreten, welche diesem Gegenstand bereits eine große Ausdehnung gegeben haben. Ebenso ist auch die Erscheinung der Drehung des polarisierten Lichtstrahles durch organische Körper, auf deren Erforschung schon Biot einen großen Teil seines Lebens verwandt hatte, in Beziehung zu der chemischen Konstitution gebracht worden. Was endlich die Wärmeentwicklung bei chemischen Vorgängen betrifft, so hat dieser Gegenstand fleißige Bearbeiter in J. Thomsen und Berthelot nach der experimentellen, in Naumann und Horstmann nach der theoretischen Seite gefunden, und es ist derselbe schon zu einem großen selbstständigen Gebiete, dem der Thermochemie, herangewachsen.

Während die genannten Arbeiten nur vereinzelt und in langen Zwischenräumen erschienen, hat sich in der neuesten Zeit das Bild verändert. Unverkennbar beginnt ein allgemeineres Interesse für die physikalisch-chemische Richtung hervorzutreten; man fängt an, einzusehen, daß in der reinen Chemie wesentliche neue Gesichtspunkte für die nächste Zukunft kaum aufzufinden sein werden, und es macht sich daher das Bedürfnis nach anderen Wegen für den Fortschritt der Wissenschaft geltend. Durchblättert man die letzten Jahrgänge der chemischen Journale, z.B. der Berichte der deutschen chemischen Gesellschaft, so findet sich kaum ein Heft, welches nicht Mitteilungen aus dem Gebiete der physikalischen Chemie enthält, während früher in ganzen Bänden kaum eine einzige anzutreffen war. In allen Ländern treten junge Mitarbeiter auf, welche das Gebiet nach verschiedenen Richtungen experimentell verfolgen, und ebenso ist auch bereits die selbständige Literatur desselben in erfreulichem Wachstum begriffen. Rammelsbergs wertvolles Handbuch der kristallographisch-physikalischen Chemie,[2] Naumanns Lehr- und Handbuch der Thermochemie,[3] J. Thomsens thermochemische Untersuchungen,[4] Jahns Grundsätze der Thermochemie,[5] welche sämtlich in diesem Jahre erschienen, sie sind alle sprechende Zeichen der Zeit.

Was die physikalische Chemie in der Zukunft leisten wird, läßt sich nur zum kleinen Teile voraussehen. Ihr nächstes Bestreben, Mittel zu liefern, um aus der Messung physikalischer Eigenschaften zusammengesetzter Körper Schlüsse auf die atomistische Konstitution der letzteren zu ziehen, weist bereits Erfolge auf, und es ist keinem Zweifel unterworfen, daß sie in den Stand kommen wird, bei den Fragen nach der Bindungsweise der Atome mit immer größerer Sicherheit mitzusprechen. Was aber die weitere Aufgabe betrifft, die Chemie ihrem letzten Ziele, der Kenntnis der Statik und Mechanik der Atome, entgegen führen zu helfen, so ist die Fernsicht noch tief verschleiert. Lothar Meyers ausgezeichnetes Buch: „Die modernen Theorien der Chemie und ihre Bedeutung für die chemische Mechanik"[6] enthält alles, was die physikalische Richtung bis jetzt zu leisten vermochte; es zeigt, daß nur die schwächsten Anfänge vorhanden sind. Der künftige Erfolg wird in erster Linie von dem Eingreifen der Physik abhängen. Weit ist diese gegenwärtig ihrer Schwesterwissenschaft vorangeeilt; sie hat in der Lehre von der Erhaltung der Energie ein Prinzip gewonnen, welches die scheinbar verschiedensten Phänomene von einem allgemeinen Gesichtspunkte aus umfaßt, die Gesetze derselben unter einander verbindet und die gleichen Maße an alle Bewegungen anlegt. Die Zeit wird kommen, und sie dürfte nicht fern sein, wo das Licht der modernen Physik auch hinüber zu strahlen beginnt in die Chemie, und dann läßt sich hoffen, daß diese zu Errungenschaften gelangt, um deren Besitz die späteren Generationen zu beneiden sein werden. Für jetzt kann man nur Steine zu dem künftigen Baue tragen, und die heranwachesnden Forscher auf die Werkzeuge aufmerksam machen, mit deren Hilfe sie ihn einst hoch und fest zu errichten vermögen.

Hrn. Landolt antwortete Hr. Du Bois-Reymond folgendes:

Indem ich Sie, Hr. Landolt, in unserer Mitte begrüße, drängt sich mir zunächst die Bemerkung auf, daß heute in die Akademie zwei Schweizer aufgenommen werden, und daß Sie der vierte Schweizer in der Akademie sind. Nach Hrn. de Candolles Statistik stellte die Schweiz schon immer das relativ zahlreichste Kontingent zu den auswärtigen und korrespondierenden Mitgliedern der großen Akademien, auch waren wiederholt Schweizer ordentliche Mitglieder dieser Akademie, wie Euler, der dritte Johann Bernoulli, Steiner und jener Sulzer, der lange vor Galvani hier den ersten galvanischen Versuch beschrieb. Allein die Fülle ausgezeichneter Gelehrter, womit die Schweiz heute Deutschland beschenkt, ist kulturhistorisch sehr merkwürdig. Bei dem Verhältnis der Bevölkerungszahlen wird diese Freigebigkeit nicht dadurch ausgeglichen, daß auch die Schweiz aus Deutschland Professoren bezieht. Wohl ihr, daß sie, wie einst physische Kraft in ihren Söldnern, so viel geistige Kraft ungefährdet abzugeben vermag.

Sie entwarfen, Hr. Landolt, ein scharf begrenztes, doch aussichtsreiches Bild von dem Gebiet der Chemie, dem Sie Ihre Arbeit widmen. Ja, im Gegensatz zur modernen Chemie kann man die physikalische Chemie die Chemie der Zukunft nennen.

Ich weiß nicht, ob es ein staunenswerteres Erzeugnis des menschliches Geistes gibt, als die Strukturchemie. Aus dem, was den unbefangenen fünf Sinnen als Qualität und Wandlung des Stoffes erscheint, Schritt für Schritt eine Lehre zu entwickeln, wie die von den Isomerie-Verhältnissen der Kohlenwasserstoffe, war wohl kaum leichter als die Mechanik des Planetensystems aus den Bewegungen leuchtender Punkte zu erschließen, und die von Strecker vorhergesagte, Hrn. Volhard gelungene Synthese des Kreatins, wenn auch in minder erhabener Sphäre, im Grunde kein kleinerer Sieg als die Entdeckung des Neptuns. Aber wie blendend auch die Erfolge der Strukturchemie sind, und mit wie gerechter Befriedigung ihre Adepten auf das Vollbrachte blicken, die Ungeduld der außerhalb Stehenden vermißt daran noch etwas, was ihr sogar die Hauptsache deucht.

Wer in der Wissenschaft länger zurückdenkt, erinnert sich mit lächelndem Bedauern des heute so kindlich erscheinenden Traumes der Berzeliusschen Elektrochemie, da noch der elektropositive Wasserstoff und der elektronegative Sauerstoff auf einander zu flogen wie zwei ungleichnamig elektrisierte Holundermarkkügelchen, und die Flamme einerlei war mit Davys Lichtbogen, durch den die Elektrotechnik sie zu verdrängen strebt. Durch die Annahme zusammengesetzter Radikale, welche schon Lavoi-

SIERS Divination den einfachen Radikalen, den Elementen, entgegenstellte, wurde der Unterschied zwischen unorganischer und organischer Natur aufgehoben, den FOURCROY und VAUQUELIN darin suchten, daß dort binäre, hier ternäre, quaternäre, quinäre Verbindung der Atome herrsche; auch die organische Natur schien dem elektrochemischen Dualismus untertan.

Wie ein Keulenschlag traf diese Theorie die unerhörte Mär von der Substitution, deren Geheimgeschichte Hr. HOFMANN jüngst enthüllte.[1] Wir mußten uns gewöhnen, bei Beurteilung der chemischen Rolle eines Körpers abzusehen von dem, was so lange für das Wesentliche galt, von seiner Stellung in der Spannungsreihe, und was dem chemischen Anfänger heut als das Natürlichste in der Welt erscheint, daß es nur darauf ankommt, gewisse Plätze in einer Atomgruppe auszufüllen, gleichviel ob mit elektropositivem Wasserstoff oder elektronegativem Chlor, empörte damals unser chemisches Gefühl als der ärgste Solözismus[2].

Doch es kam noch ärger. Die Möglichkeit, in der Allotropie eine Art von Isomerie zu sehen, versöhnte uns nur schwer mit der Vorstellung, daß auch Atome desselben Stoffes sich chemisch verbinden. Des leitenden Fadens des Dualismus verlustig, geriet überhaupt die organische Chemie (so wollte es uns bedünken) in einen Irrgarten bedenklicher Gedankenspiele. LAURENTS und GERHARDTS Typentheorie erklärte unstreitig große Reihen von Tatsachen, und bewährte sich in Entdeckungen, wie die der künstlichen Ammoniake; bei alledem trug sie das Gepräge äußerster Unwahrscheinlichkeit. Die Natur sollte sich für Zusammenfügung der Atome zu Molekeln, fast wie für Gestaltung der Lebewesen, einige wenige Schemata vorgezeichnet haben, denen sich durchaus kein Sinn unterlegen, ja nicht einmal die Mehrzahl der Verbindungen anpassen ließ.

Welche Befreiung war es, als der Sonnenstrahl der Quantivalenz die Trübe erhellte, und wir nach kurzer Herrschaft die quälenden Typen wieder vergessen durften. Sie waren nichts gewesen als ein noch unvollkommener, nicht hinreichend verallgemeinerter Ausdruck für die Wertigkeit der Atome. Nimmt man hinzu, daß die heutige Vorstellung wiederum, wie einst die dualistische Radikaltheorie, organische und unorganische Chemie umfaßt, so gönnt man dem Geschlecht von Forschern, dem so Großes gelang, eine Pause des Behagens und ruhigen Ausbauens gern.

Und doch gilt von dieser modernen Chemie auf ihrer stolzen Höhe noch, was KANT von der Chemie seiner Zeit sagte. Sie ist eine Wissenschaft, aber nicht Wissenschaft; in dem Sinne nicht, in welchem es überhaupt nur Wissenschaft gibt, nämlich im Sinne des zur mathematischen Mechanik gediehenen Naturerkennens. In diesem Sinne würde es unsere Sehnsucht nach den Ursachen noch nicht einmal stillen, wenn wir wüßten, wie um das Kräftezentrum, das wir ein Kohle-Atom nennen, die vier anderen Kräftezentra beliebiger stofflicher Natur räumlich verteilt sind, welche ersteres zu fesseln vermag, und wie bei einem bestimmten Vorgange die Atome sich umlagern. Wissenschaft in jenem höchsten menschlichen Sinne wäre Chemie erst, wenn wir die Spannkräfte, Geschwindigkeiten, stabilen und labilen Gleichgewichtslagen der Teilchen ursächlich in der Art durchschauten, wie die Bewegungen der Gestirne. Hierin ist freilich die Astronomie der Chemie weit voraus, welche, seit sie auf BERZELIUS' naive Erklärung verzichten mußte, in abwartender Entsagung auf einer Stufe verharrt, noch unter der der Astronomie zu COPERNICUS' und KEPLERS Zeit.

Man denke sich eine bunte Reihe von Wasserstoff- und Chlormolekeln. Ein mechanisch wohl bekannter Anstoß, ein Ätherwellenzug, treffe diesen Chlorknallgas-Faden.

Unter Wärmeentwicklung zwar, doch schließlich ohne Volumenänderung, lagern sich die Atome zu Chlorwasserstoff-Molekeln um; an Stelle des Chlorknallgas-Fadens tritt ein Chlorwasserstoff-Faden. Die mathematisch-mechanische Darstellung solch eines einfachsten chemischen Vorganges dürfte die Aufgabe sein, die der NEWTON der Chemie anzugreifen hätte. Ihre Lösung wäre der Idee nach der Stein der Weisen, denn jene mathematische Chemie kennt keine Qualitäten mehr: wie denn in Sir WILLIAM THOMSONS kühnem Versuche, die Verschiedenheit der Atome durch verschiedene Verknotung von Wirbelringen zu erklären, die Qualitäten beseitigt sind.

Wann dieses Ziel erreicht wird, wer kann es sagen? Vielleicht übt jener NEWTON schon irgendwo auf Schulbänken jugendliche Kräfte; vielleicht auch befinden sich nach hundert Jahren noch unsere Nachfolger auf diesen Sesseln der Umwandlung der Chemie in Mechanik gegenüber so ratlos wie wir. Sicher aber ist das Mittel, diese Umwandlung anzubahnen, neben dem fernern Ausbau der Strukturchemie, die eifrige Bestellung Ihres Arbeitsfeldes, Hr. LANDOLT, der physikalischen Chemie, in etwas weiterm Sinne. Mathematische, physische, optische Kristallographie; die Lehre von Brechung und Zerstreuung, natürlicher und magnetischer Zirkumpolarisation des Lichtes; Spektralanalyse; Thermochemie mit mechanischer Gastheorie und Dissoziationslehre; Elektrochemie, da denn doch der elektrochemische Dualismus besteht; endlich die Lehre von der Diffusion, wozu wir Absorption und Lösung rechnen: dies alles und noch manches andere muß sich zum möglichst vollständigen Bild der Molekularvorgänge verbinden, ehe daran zu denken ist, daß, wie die Alchemisten es nannten, „das große Werk" gelinge.

Die organische Strukturchemie und die von deren Ideen erfaßte alte Mineralchemie waren längst in unserem Kreise glänzend und würdig vertreten. Der wachsenden Bedeutung der Hauptstadt, in welcher neue Lehranstalten ins Leben gerufen werden, verdanken wir, daß die Akademie sich in Ihnen, Hr. LANDOLT, auch einen der seltenen Bearbeiter des Grenzgebietes von Chemie und Physik einverleiben konnte, denen Methoden und Betrachtungsweisen der Chemie so vertraut sind, wie in schwerer mathematischer Rüstung Optik und allgemeine Physik. Ausgegangen von der organischen Chemie, begannen Sie vor zwanzig Jahren eine Reihe bahnbrechender Arbeiten, welche für die optischen Konstanten homologer organischer Verbindungen Entsprechendes leisteten, wie für deren Dampfspannungen und Schmelzpunkte die Entdeckungen KOPPS, SCHIELS und ihrer Nachfolger. Sie wurden seitdem nicht müde, ähnliche Gesichtspunkte zu verfolgen. Die Akademie, in deren Namen ich Sie herzlich bewillkommene, ist sicher, daß Sie in ihrem Schoß in ruhmvoller Weise das Werk dessen fortsetzen werden, den Sie den ersten Begründer der physikalischen Chemie nannten, EILHARD MITSCHERLICHS.

Gedächtnisrede auf Hans Landolt (1831-1910)
von J. H. van't Hoff

gehalten in der Akademie der Wissenschaften
am 30. 6. 1910

Zürich (1831-1853)

Am 15. März schied *Hans Heinrich Landolt*, der Älteste unserer chemischen wissenschaftlichen Generation, der Altmeister der physikalischen Chemie, von uns. Er war am 5. Dezember 1831 in Zürich geboren und hat also das hohe Alter von 78 Jahren erreicht, doch wurde ihm das Glück zuteil, sich nicht überlebt zu haben. Nicht müde und vergessen von seinen Zeitgenossen hat er sich nach ewiger Ruhe gesehnt; nein, fröhlich und arbeitsfroh, rastlos bis zum letzten Tage, wurde er von dem Friedebringer überrascht, der ihm sanft und mild die Feder aus der Hand nahm, nachdem das große Werk soeben vollendet war. Tätig und lebendig wirkend bis zuletzt, so wird *Landolt* im Gedächtnis der wissenschaftlichen Gefährten, im Herzen der Freunde und Verwandten fortleben.

„*Landolt* war ein Sproß derselben alten und angesehenen Züricher Patrizierfamilie, der auch jener *Salomon Landolt*, ‚der Landvogt von Greifensee', angehörte, den *Gottfried Keller* in seinen ‚Züricher Novellen' so köstlich geschildert hat. In seiner ganzen Persönlichkeit war diese Abstammung unverkennbar ausgeprägt: schlicht und aufrecht, einfach und doch vornehm vom Scheitel bis zur Sohle, frei in Denken, Fühlen und Handeln, ohne irgendwelchen religiösen oder politischen Aberglauben, war *Landolt* das Urbild des tüchtigen, freien Schweizer Bürgers." Diese trefflichen Worte des langjährigen Mitarbeiters von *Landolt*, Prof. *Brühl*, mögen das Bild des allverehrten und geliebten Kollegen einleitend zur Lebensskizze bei diesem feierlichen Anlaß noch einmal bringen.

Landolts in Zürich verlebte Jugend war eine überaus schöne und sorglose. Er war von früh auf fleißig und zeigte alsbald seine wissenschaftliche Neigung, indem er auf dem Gute seiner Großeltern sich leidenschaftlich, auf Kosten von Vorhängen und Dekken, mit chemischen Versuchen und Feuerwerken beschäftigte; die Flamme und das Licht sollten bekanntlich nachher öfters seine größeren Arbeiten beherrschen.

Mit neunzehn Jahren bezog *Landolt* die Universität in seiner Vaterstadt zum Studium der Chemie und Physik, erstere unter *Löwig*; und in demselben Jahre erschien noch seine Erstlingsarbeit über „Stibmethyl" in den „Schriften der Naturforschenden Gesellschaft in Zürich"[1]. Bei *Löwig* alsbald Assistent geworden, folgte er demselben dann 1853 nach Breslau, um damit ständig die Schweiz zu verlassen. Hierzu möge beigetragen haben, daß *Landolt* früh elternlos geworden war: aber er hielt die Bande mit seiner Vaterstadt durch alljährlichen Besuch und Pflege der vielen persönlichen Beziehungen aufrecht.

Abh. 1910, phys.-math. Klasse, Gedächtnisreden 2, S. 1—13.

Breslau, Berlin und Heidelberg (1853-1856)

Eingeleitet durch die Übersiedlung nach Breslau, folgen nun *Landolts* Wanderjahre, die ihn über Berlin und Heidelberg für kurze Zeit wieder nach Breslau zurückführten.

Zunächst erhielt er noch 1853 in Breslau unter seinem damaligen Chef *Löwig* auf Grund einer Inauguraldissertation „Über die Arsenäthyle"[2] den philosophischen Doktorgrad. Diese sich der Erstlingsarbeit anschließende Leistung wurde bekanntlich für die Valenzlehre von großer Bedeutung. Dann wurde die Reise nach Berlin angetreten, besonders veranlaßt durch die dortige Anwesenheit von *Mitscherlich, Rose, Johannes Müller* und *Dubois*, deren Vorlesungen er hörte. Nur die Gelegenheit zu experimentellen Arbeiten in einem chemischen Laboratorium war hier damals kaum vorhanden; und so wurde alsbald Berlin mit Heidelberg vertauscht, wo eben *Bunsen* in einem neuen Institut zu wirken angefangen hatte, dessen Persönlichkeit *Landolt* wohl schon in Breslau gefesselt hatte.

Die Heidelberger Zeit, besonders *Bunsens* Einfluß, ist wohl für *Landolts* Ausbildung maßgebend gewesen, und gern und oft verweilte er noch in den späteren Jahren bei derselben und bei *Bunsens* Eigenart, die der seinigen wohl in vieler Hinsicht nahe stand. Aber auch der sonstige Verkehr bot überaus viel, wie es mir von noch überlebenden Freunden, *Quincke* und *Roscoe*, mitgeteilt wird:

„Mit von *Pebal* hatte er zusammen in der Meierei neben dem alten chemischen Laboratorium in der Hauptstraße seine Wohnung. Am gemeinsamen Mittagstisch im Bayrischen Hof beteiligten sich alsdann unter andern noch *Lothar Meyer, August Kekulé, Beilstein, Dr. Bahr* (später Adjunkt in Upsala), *Frapolli* (später in Mailand), *Pavesi* (später in Pavia), *Goupillat* (später in Sèvres) und auch der hiesige *Adolf Wagner*. Im kleinen Gaszimmer mit zwei Arbeitsplätzen im neuen Institut arbeiteten damals *Landolt* und *Quincke* zusammen.

Nach vorübergehender Beschäftigung mit der elektrolytischen Darstellung von Kalzium und Lithium untersuchte dann *Landolt* die Gase der Lampe, welche im Winter 1854/1855 von *Bunsen* konstruiert worden war. Das gemeinsame Arbeiten mit *Quincke*, wozu sich sonnabends und sonntags Ausflüge in die Umgebung gesellten, verband alsbald beide durch eine Freundschaft, die nur der Tod löste.

1856 erfolgte dann die Rückreise nach Breslau, wo auch *Lothar Meyer* und *Beilstein* alsbald eintrafen, und in demselben Jahre erwarb *Landolt* die Venia legendi in Chemie durch seine Habilitationsschrift über „Chemische Vorgänge in der Flamme der Leuchtgase".[3]

Bonn (1857-1869)

Schon im Jahre 1857 wurde der erst 26jährige Forscher von Breslau weg, als jüngster Extraordinarius Preußens, an die Universität Bonn berufen. Die Chemie war damals dort durch *Bischof*, ordentlichen Professor der Chemie und Technologie, und durch *Baumert*, die pharmazeutische Chemie durch *Bergemann* vertreten, zu denen *Landolt* bald in freundschaftliche Beziehungen trat. Dem Bonner Freundeskreis gehörten weiter an: *Usener, Schönfeld, Pflüger* und dann *Landolts* zeitweiliger Assistent *Bettendorf* sowie der bis zuletzt mit *Landolt* befreundete Schüler und Mitarbeiter *Horstmann* und viele andere. In der neuen Stellung begann *Landolt* seine großen grundlegend gewordenen Untersuchungen über den „Einfluß der atomistischen Zusammensetzung kohlenstoff-, wasserstoff- und sauerstoffhaltiger flüssiger Verbindungen auf die Fortpflanzung des Lichtes": dieselben wurden 1862—1864 in Poggendorffs Annalen der Physik und Chemie veröffentlicht[4] und waren wohl mit angeregt von einem der vielen Bonner Freunde *Landolts*, *Pflüger*, und dem trefflichen Mathematiker und theoretischen Physiker *Beer*, dem Verfasser eines originellen Buches über höhere Optik.[5] Diese Untersuchungen schlossen sich an ältere (1858) der Engländer *Dale* und *Gladstone* an, verfochten aber besonders die neuen Gesichtspunkte, welche die eben in Entwicklung gekommene Konstitutionslehre eröffnete; sie erlaubten dann auch schließlich, das Lichtbrechungsvermögen der chemischen Moleküle aus demjenigen der elementaren Atome zu bestimmen, unter Mitberücksichtigung ihrer Bildungsweise. *Landolt* hat noch in späteren Jahren an diese schönen Jugendarbeiten angeknüpft. Nachdem nämlich durch die epochemachenden Untersuchungen von *Hertz* (1887—1888) die Wesensgleichheit von optischer und elektrischer Fortpflanzung nachgewiesen, und gezeigt worden war, daß Lichtquellen und elektrische Wellen sich lediglich durch allerdings ungeheure Größendifferenzen voneinander unterscheiden, nahm *Landolt* (1892) in Gemeinschaft mit *Jahn* jene alten Untersuchungen wieder auf, indem er aber nun die molekulare Refraktion organischer Körper für Strahlen von sehr großer Wellenlänge, d. h. für elektrische Strahlen, der Messung unterzog. Im großen und ganzen ergaben sich für die elektrischen Wellen ähnliche Beziehungen wie für die Wellen des Lichts, jedoch mit verschiedenen merkwürdigen noch nicht genügend aufgeklärten Abweichungen.

In Bonn hatte *Landolt* schon frühzeitig (1859) sein sehr glückliches Familienleben begründet durch die Heirat mit *Milla*, geb. *Schallenberg*. einer liebenswürdigen und fröhlichen, einst wunderschönen und echt rheinischen Frauengestalt, der Tochter einer in Bonn ansässig gewordenen, ebenfalls der Schweiz entstammenden Familie.

Nach *Bischofs* Rücktritt wurde *August Wilhelm Hofmann* aus London nach Bonn berufen, auf dessen Andrängen in Bonn das damals umfangreichste chemische Institut der Welt entstand. Allein noch ehe der Bau vollendet war, folgte *Hofmann* einem Rufe nach Berlin, und an seine Stelle kam von Gent *August Kekulé*. Ihm und dem zum ordentlichen Professor beförderten *Landolt*, der inzwischen auch seine bekannten Arbeiten über die „Dampfspannung homologer Verbindungen"[6] ausgeführt hatte, wurde 1867 die Direktion des neuen Instituts übertragen. In voller Eintracht wirkten die beiden so verschiedenartig veranlagten Gelehrten bei der Einrichtung ihres Laboratoriums zusammen. Doch schon im Jahre 1869 nahm *Landolt* einen Ruf an die neugegründete technische Hochschule in Aachen an, wo dann nach seinen Plänen ein stattliches chemisches Institut entstand.

Die Bonner Zeit blieb aber wohl in *Landolts* Erinnerung seine schönste Lebensepisode, und noch in den letzten Jahren dachte er sehr ernst daran, sich dort dauernd niederzulassen. Dazu ist es allerdings nicht gekommen, aber seine letzte Ruhestätte hat er sich dort gewählt.

Aachen (1867-1880)

In Aachen war zunächst *Landolts* Aufgabe der Bau des neuen Instituts. Unterstützt von seinem Assistenten, dem damaligen Privatdozenten *Brühl*, wurde bei diesem Bau das Allerbeste erstrebt, vielleicht mit einer kleinen Übertreibung, da dem Neubau für den vorübergehenden Besucher eine gewisse Komplikation nicht abzusprechen war. Von meiner persönlichen Besichtigung mit Rücksicht auf eigenen Neubau erinnere ich mich z. B., daß der Heizer von den unteren Räumen aus Gelegenheit hatte, durch eine Serie Thermometer, welche heruntergezogen werden konnten, die Temperatur in den oberen Räumen zu kontrollieren; derselbe gestand mir aber, diese Einrichtung nie zu gebrauchen und mehr nach dem Gefühl zu arbeiten. Anderseits aber wurde Grundlegendes erzielt, und die Anwendung des Projektionsapparats mit elektrischer Beleuchtung zu Vorlesungszwecken ist wohl wesentlich durch *Landolt* zum unentbehrlichen Demonstrationsmittel im Hörsaal geworden.

Die Untersuchungen bewegen sich auf dem Gebiet, das die damalige physikalische Chemie charakterisierte: Beziehungen zwischen physikalischen Eigenschaften und chemischer Zusammensetzung. Nur wurde, wohl der mehr praktischen Seite einer technischen Hochschule entsprechend, diesmal das polarisierte Licht, das ja für die Zuckerindustrie unter anderm von größter Bedeutung ist, ins Auge gefaßt. Der Erfolg war ein durchschlagender. Die ausgezeichneten Arbeiten („Über das Vermögen organischer Körper, das polarisierte Licht zu drehen")[7] brachten diese Disziplin zu einer wahren Vollendung; *Landolt* hat durch seine klassischen experimentellen Arbeiten auf diesem Gebiet, durch Verbesserung und Neukonstruktion der Polarisationsinstrumente, sowie durch sein mustergültiges Buch über „das optische Drehungsvermögen organischer Substanzen"[8] (1879) seinen Namen in Wissenschaft und Technik weltbekannt gemacht; die zweite, 1898 von ihm besorgte Auflage dieses Werkes ist noch heute unbestritten das klassische, den ganzen Stoff mit seltener Zuverlässigkeit behandelnde Kompendium der Polarimetrie. Von den wissenschaftlichen Resultaten sei hervorgehoben das Gesetz, das wohl bleibend mit *Landolts* Namen verknüpft sein wird und nach welchem die Drehung von Salzen aktiver Säuren und Basen in wässeriger Lösung für einen gegebenen aktiven Bestandteil unabhängig von der Salzart ist. Aber auch die Stereochemie verdankt *Landolt* in den ersten Jahren des etwas erschwerten Emporkommens eine kräftige Stütze, als er seine, auf dem Gebiet der aktiven Körper unbestrittene Autorität zugunsten der neuen Lehre geltend machte.

Daß er aber, der Mann der voraussetzungslosen Wissenschaft, infolge gerade dieser seiner Leistungen, auch bei der Staatsverwaltung, in der Industrie und sogar bei den Landwirten Beachtung fand, rührt daher, daß der Polarisationsapparat, und das mit ihm gemessene optische Drehungsvermögen, als analytisches und zentralisierendes Hilfsmittel eine sehr wichtige Rolle spielt in der Fabrikation des Zuckers, der Alkaloide, der Terpene, Kampfer und Riechstoffe. Und wo sich die Industrie zu entwickeln beginnt, da ist bekanntlich auch der Steuer- und Zollbeamte gleich bei der Hand. So kam es denn, daß *Landolt* auch bei den Zöllnern und sogar bei den Agrariern bekannt wurde, mit denen ihn sonst keine sehr nahen Beziehungen verbanden. Damit hängt auch wohl zusammen, daß *Landolt* im Jahre 1880 vom preußischen Ministerium für Landwirtschaft an die neugegründete Berliner Landwirtschaftliche Hochschule berufen wurde.

Berlin (1880-1910)

Die an der Landwirtschaftlichen Hochschule verlebte Zeit (1880 bis 1891) brachte, neben einem nochmaligen Neu- und Umbau, 1883 die durch Sorgfalt und Zuverlässigkeit ausgezeichneten „Physikalisch-chemischen Tabellen",[9] in Gemeinschaft mit Prof. *Börnstein* bearbeitet. Die dritte Auflage (1905), für die auch Prof. *Meyerhoffer* als Mitherausgeber auftrat und deren Erscheinen durch eine tatkräftige Unterstützung der Berliner Akademie der Wissenschaften gefördert wurde, hat einen derartig unentbehrlichen Charakter, daß nunmehr durch internationale Vereinbarung, von den französischen Physiko-Chemikern angeregt, ein regelmäßiges Erscheinen derartiger Tabellen in Aussicht genommen ist, welche hoffentlich die so wertvolle Knappheit der *Landolt*-schen Bearbeitung beibehalten werden. Der Umfang einer derartigen Zusammenstellung verlangt tatsächlich das Zusammenwirken vieler Kräfte, da schon die letzte Auflage der Tabellen[10] neben den 3 Herausgebern nicht weniger als 45 Mitarbeiter in Anspruch nahm.

Inzwischen (1882) war auch *Landolt* als Mitglied in unsre Akademie aufgenommen. Seine kurze, aber inhaltsreiche Antrittsrede beantwortete *du Bois-Reymond*, und ein Passus dieser Antwort möge hier angeführt werden: „Die Fülle ausgezeichneter Gelehrten, womit die Schweiz heute Deutschland beschenkt, ist kulturhistorisch sehr merkwürdig. Wiederholt waren Schweizer ordentliche Mitglieder der Berliner Akademie, wie die Mathematiker und Astronomen *Euler*, der dritte *Johann Bernouilli*, *Steiner* und jener *Sulzer*, der lange vor *Galvani* hier den ersten galvanischen Versuch beschrieb."

In dieser Zeit entstanden auch die ganz merkwürdigen Untersuchungen (in den Sitzungsber. d. Berl. Akad. d. Wiss. 1885/86 veröffentlicht) „Über die Zeitdauer der Reaktion zwischen Jodsäure und schwefliger Säure"[11]. Diese Reaktion, bis zum heutigen Tage der sehr verlockenden Rechnung unzugänglich geblieben, gehört zu denjenigen, deren zeitlicher Verlauf sich am schärfsten experimentell fassen läßt, und die frappante, nach genau bestimmbarer Zeit plötzlich erfolgende Tiefblaufärbung fesselt sogar das große Publikum, wovon ich mich in der Gewerbeausstellung 1896 in Treptow bei einem Vortrag von *Viktor Meyer* überzeugen konnte.

1891 wurde dann *Landolt* als Nachfolger von *Karl Rammelsberg*, Direktor des zweiten chemischen Instituts an der Universität Berlin, welche Stelle er bis zu seinem Rücktritt (1905), unter Verleihung der großen goldenen Medaille für Wissenschaft und Kunst, innehatte. Die in diese Zeit fallenden Versuche haben vorwiegend den Charakter von unendlichen Geduldsarbeiten und zielen weniger auf neue Gesichtspunkte und Wege hinaus als noch die letzterwähnte Arbeit.

Eine Reihe von allersorgfältigsten Schmelzpunktbestimmungen unter möglichster Reindarstellung von großen Substanzmengen leitete dieselbe ein und hing wohl zusammen mit der Bedeutung, welche die Schmelzpunktbestimmung allmählich für die Feststellung des Molekulargewichts gewonnen hatte. Dann folgte eine Versuchsreihe über die Frage, ob man kristallinischen Körpern durch äußerste Verreibung das Kristallgefüge nehmen kann. Eine äußerst glückliche Idee, die Verfolgung der mit diesem Gefüge zusammenhängenden optischen Aktivität beim chlorsauren Natron, erlaubte, diese Frage scharf zu beantworten, was im verneinenden Sinn ausfiel und besagt, daß die damalige Verreibungsgrenze noch nicht entfernt an die Abtrennung von Molekül und Molekül heranreichte.

Die dritte, letzte und vielleicht am meisten Bewunderung abzwingende Versuchsreihe betraf dann die etwaige Gewichtsveränderung bei chemischen Vorgängen. Schon wiederholt angefaßt, von *Lavoisier* im Anfang des 19. Jahrhunderts und *Stas* zur Hälfte desselben, wurde das Problem zu Ende desselben Jahrhunderts nochmals mit den besten Hilfsmitteln und mehr als 10jähriger Ausdauer verfolgt. Sehr glücklich fiel diese Neuprüfung, welche bekanntlich mit negativem Resultat verlief, in die Zeit, wo die ganz unerwarteten Erscheinungen des Radiums die besterprobten Experimentalgesetze zu erschüttern schienen, merkwürdigerweise zu einer gewissen Genugtuung von ganz nahe Stehenden.

Um von dem Opfer, das bei diesen Versuchen von *Landolt* verlangt wurde, einen Eindruck zu bekommen, genügt es nicht, an die lange Dauer und die Genauigkeit, die von *Fischer* gelegentlich einmal dahin charakterisiert wurde, daß die Astronomie hier die Chemie ersetzt habe, hinzuweisen; man muß vielmehr bedenken, daß die Langeweile dasjenige ist, was der Durchschnittsmensch am schlechtesten verträgt, wie es der Franzose ausdrückt: „tous les genres sont bons, sauf le genre ennuyeux", und gerade die Fähigkeit, von diesem Genre eine große Dose verdauen zu können, ohne an Aufmerksamkeit zu verlieren, war für *Landolt* die größte Notwendigkeit. Merkwürdig stimmte das zu seinem Charakter. Wiederholt läßt sich eben beobachten, von *Regnault* bis zu *Beilstein*, daß eine solche Begabung nur bei einer unverwüstlichen Selbstvergnügtheit besteht, welche die ganze Persönlichkeit von *Landolt* charakterisierte. Dann kam neben der Geduldfrage noch allerhand, das viele schon allein vollständig abschrekken würde; das Zentrum Berlins, wo *Landolts* Institut lag, ruht nämlich nur, wie es für die allerfeinsten Wägungen nötig ist, zweimal in 24 Stunden genügend aus. Das eine Mal am Tage, zur Zeit des Mittagstisches, das andere Mal früh morgens oder nach Mitternacht. Gerade zu dieser Zeit eine zweistündige Wägung durchzuführen, ist nicht jedermanns Sache. Als dann wiederum die Waage der Reparatur bedarf, und nur *eine* geeignete Persönlichkeit in Berlin[12] dieser Aufgabe gewachsen war, schraubte diese Persönlichkeit die sehr komplizierte Waage auseinander und — starb. Doch genug von diesen kleinen Leiden. *Landolt* blieb unerschütterlich bei seinem guten Humor und hat der Nachwelt eine Arbeit geschenkt, die auf lange Zeiten hinaus monumental sein wird. Nicht unwesentlich war für deren Abschluß, daß die letzten Versuche in der Physikalisch-Technischen Reichsanstalt (deren Kuratorium er angehörte) nach *Landolts* Rücktritt vom Institut durchgeführt werden konnten. Schon war auch zu gemeinschaftlicher Ausführung mit *Quincke* hier eine größere Neuarbeit geplant, aber zur Inangriffnahme kam es nicht. Die kleineren Arbeiten, die noch mit den Wägeversuchen zusammenhingen und die die Angaben von *Zingelis* widerlegten, daß Glas für Jod und dergleichen durchlässig sei,[13] bildeten den Abschluß der *Landolt*schen wissenschaftlichen Lebensaufgabe, und sein letzter Bericht darüber wurde in der Kgl. Preußischen Akademie der Wissenschaften vor gar nicht langer Zeit verlesen,[14] während er für Mai des nächsten Jahres einen zusammenfassenden Bericht über die Gewichtsbestimmung beabsichtigt hatte.

Landolts Persönlichkeit war eine ganz eigenartige, vorwiegend beherrscht durch einen nie versagenden, feinen, anspruchslosen Humor. Derselbe, welcher bei anderen öfters erst das Resultat einer langen Lebenserfahrung ist, war bei *Landolt* wohl angeborenes Talent, denn *Roscoe* beschrieb ihn schon aus der Heidelberger Zeit (1856) als „full of dry humour, aber etwas schweigsam;" auch seine damit zusammenhängende humoristisch angehauchte Gleichmäßigkeit, wenn es wissenschaftliche Fragen galt, rühmt schon *Roscoe* aus dieser Zeit. Dieser Humor hatte immer einen tieferen Grund, konnte persönlich sein, war aber nie verletzend, sogar besann sich *Landolt* nicht, zugunsten eines Scherzes ins eigene Fleisch zu schneiden, allerdings mit der Vorsicht, welche man ebenfalls als eine *Landolt*sche Eigenschaft bezeichnen kann; gelegentlich entfiel ihm z. B. die bekannte Auslassung über die doch von ihm vorwiegend gepflegte physikalische Chemie. Die dabei geübte Vorsicht besteht darin, daß *Landolt* gerade derjenige Physiko-Chemiker war, dem die gerügten Fehler am fernsten lagen, denn in der Ausarbeitung der Methode war er nach seiner eigenen Definition Physiker, und Chemiker in der Reindarstellung der Substanz; die Spitze, die nie fehlte, war offenbar gegen die neuere physikalische Chemie gerichtet, wo das Vorwiegen der Berechnung öfters den experimentellen Teil zu vernachlässigen droht.

Dieser feine Lebenshumor spielte sich aber noch in einer ganz anderen Seite der *Landolt*schen Lebensgeschichte ab. Wenige Schicksale wurden so fast ohne Handumdrehen in glücklichster Weise gelenkt. *Landolt* machte nicht entfernt den Eindruck des Mannes, der kämpft und strebt, vielmehr desjenigen, dem so ziemlich alles gleich ist, dennoch kam der eine Erfolg vor und der andere nach, und nach kaum einjährigem Aufenthalt in Bonn hatte er, der anscheinend sich so ganz der Lichtbrechung dort widmete, schon eine der anziehendsten Erscheinungen als Frau erobert.

Bei einer festlichen Gelegenheit hörte ich unseren Kollegen *Stumpf Landolt* feiern als den Lebensphilosophen, und so steht auch sein Bild vor mir, ob es wissenschaftliche Fragen oder Lebensprobleme gilt. Schmerz blieb ihm weder in einem noch im anderen erspart, aber sofort erkannte er auch die heitere Seite, die für den feinen Kenner so manchem anklebt. Ernst war sicher im Grunde seines Charakters, und doch wußte er diesen Lebensernst so leicht zu tragen, daß er kaum mehr als Ernst erschien, und so verließ ihn kaum je ein feines Lächeln, das jeden gewann, und eine seiner großen stillen Kräfte gewesen ist. Fast schien es, als hätte das Leben für *Landolt* nur eine Sache, die allseitig ernst zu nehmen sei, und das war die Zigarre. Eine kleine diesbezügliche Geschichte aus den letzten Jahren möge hier eingeflochten sein, um so mehr als die Witwe sie zu diesem Zweck mir zur Verfügung stellte. Unser verehrter Sekretar *Diels* sandte an *Landolt* vor nicht langer Zeit einen Geburtstagswunsch, sagend, daß er ihm die Achtzig ebenso frisch wie diesen Geburtstag wünsche. Da ging *Landolt* gleich an seinen Schreibtisch, ihm folgendes antwortend:

Die freundlich gewünschten 80
Will in Geduld ich erharren,
Ich hoffe die Sache macht sich
Vermittels recht vieler Zigarren.

Und so hoffte er wirklich, auch noch manches arbeiten zu können, wollte auch, wozu ihn *Ostwald* angeregt hatte, seine Lebenserinnerungen schreiben. Es ist schade, daß er dazu nicht kam, denn bei seinem guten Humor und seiner so klaren und einfachen Lebenserfassung, seiner Güte und seinem Wohlwollen, den vielen Beziehungen, wären es gewiß erfreuliche Skizzen geworden.

Landolts Natur war eine überaus rüstige; manches hat er bestanden ohne wesentliche Störung, und noch, wie erwähnt, im vorigen Jahr eine größere Arbeit mit *Quincke* geplant. Nach einem Aufenthalt in Karlsbad, wo ihn eine Rippenfellentzündung überfiel, schien er, der in der Akademie öfters mein Nachbar war, mir aber nicht mehr der Frühere, war auch auffallend kurzatmig. Die Versuche mit *Quincke* wurden, weil die Aussicht doch zu unsicher schien, nicht aufgenommen. Dann aber übertrug er auch seine sämtlichen Apparate dem Sohne und Enkel und stellte die experimentelle Arbeit ganz ein.

Noch am 7. März, einem Montag, acht Tage vor dem Ableben, arbeitete *Landolt* ununterbrochen von ½ 10 bis 2 Uhr, als er nachmittags plötzlich einen Erstickungsanfall erlitt, der sich am Abend wiederholte. Der Arzt befürchtete sofort das Schlimmste. Die bösen Anfälle wiederholten sich, Herzwirkung und Nieren versagten ganz und vergifteten den armen Körper, der von Schmerzen geschüttelt wurde trotz Morphium. Es waren Tage der Qual und Angst. Er klagte, warum, um zu sterben, er so leiden müßte, wollte aber niemals keine Morphiuminjektion, um mit seinem jüngsten Enkel (*Erich Liebreich*) über das, was an seiner Arbeit noch fehlte, zu sprechen, diktierte noch einiges, erklärte, in welchen Fächern noch Teile der Arbeit lägen, wurde dann aber ganz bewußtlos, litt und stöhnte dennoch. In der Nacht zum 15. März begann die Agonie, und er starb morgens 3 Uhr, keinen von den Seinigen mehr erkennend.

Eine Trauerfeier fand in Wilmersdorf statt an einem unfreundlichen Frühlingstag, aber in der kleinen Kirche lebte nochmals das warme, freundliche Mitempfinden auf, das *Landolt* immer um sich geweckt hatte, und fand in manchem vom Herzen kommenden Wort Ausdruck. Die Akademie beteiligte sich nach angenommenem Brauch durch einen stillen Kranz.

Indessen dies sollte nicht der endgültige Abschied sein. *Landolts* letzter Wille war anders: Bonn, wo der Rhein an die Schweizer Heimat erinnert, gleichzeitig eines der schönsten Fleckchen Erde auf deutscher Erde, wo *Landolt* seine erste Lebensstellung und seine Lebensgefährtin fand, Bonn sollte auch die letzte Ruhestätte sein.

Antrittsrede von Wilhelm von Bezold (1837-1907)
Erwiderung von Arthur von Auwers

gehalten in der Akademie der Wissenschaften
am 1. Juli 1886

Indem ich der Pflicht eines in die Akademie neu eintretenden Mitgliedes genüge und an diesem festlichen Tage das Wort ergreife, drängt es mich vor allem, dem Danke Ausdruck zu geben für die große Ehre, welche mir diese hohe Körperschaft durch die von Seiner Majestät dem Kaiser und Könige bestätigte Wahl in ihre Mitte erwiesen hat.

Man muß wissen, welch' wahrhaft bezaubernden Klang die Namen von HELMHOLTZ, KIRCHHOFF, DU BOIS-REYMOND und SIEMENS seit dem ersten Betreten meiner wissenschaftlichen Laufbahn für mich hatten, man muß wissen, mit welcher Verehrung und Bewunderung ich schon aus der Ferne zu jenen Männern emporblickte, um zu ermessen, wie hoch es mich beglückt, an ihrer Seite schaffen und wirken zu dürfen.

Freilich wächst mit jenen Gefühlen in noch erhöhtem Maße die Besorgnis, ob es mir gelingen werde, auch meinerseits den Erwartungen gerecht zu werden, welche sich an diese Auszeichnung knüpfen.

Denn darüber gebe ich mich keiner Täuschung hin, daß es sich bei meiner Wahl in die Akademie nicht sowohl um eine Anerkennung erworbener Verdienste handeln konnte, als vielmehr um einen Ausdruck für das Vertrauen, mit welchem man die Durchführung einer großen Aufgabe, die Reorganisation des meteorologischen Dienstes[1] auf dem weiten Gebiete der preußischen Monarchie in meine Hände gelegt sieht, sowie um eine Betonung der Bedeutung, welche man eben jener Aufgabe beimißt.

Ich fühle mich deshalb gewissermaßen in der Lage eines Mannes, dem man eine große Vorschußzahlung geleistet hat in der Erwartung, daß er sie seiner Zeit durch sein Werk mit Zinsen zurückerstatten werde.

Die Größe dieser Verpflichtung könnte mir doppelt drückend erscheinen angesichts der Tatsache, daß es sich hierbei um einen Zweig der Wissenschaften handelt, mit dem ich mich erst seit wenigen Jahren eingehender beschäftige und von dem ich niemals dachte, daß seine Pflege einst meine Lebensaufgabe bilden sollte.

War es doch nur der Umstand, daß sich gewisse meteorologische Untersuchungen ohne jegliche instrumentelle Hilfsmittel oder sonstige Unterstützung einfach am Schreibtische ausführen ließen, der mich zuerst veranlaßte, derartige Fragen aufzugreifen, während Schule und Neigung mich nach einer ganz anderen Seite, nach der eigentlichen Experimentalphysik hinwiesen und nur äußere Verhältnisse mich hindern konnten, diese Richtung auch wirklich mit aller Kraft und Hingebung zu verfolgen.

SB 1886, 2, S. 547—551 und S. 551—553.

Trotzdem bereitet mir die Erkenntnis, daß ich mich in erster Linie stets als Physiker fühlte, und noch fühle, verhältnismäßig geringere Sorge.

Denn wenn auch die Meteorologie im Laufe der letzten Jahrzehnte eine so selbständige Stellung errungen hat, daß man sie nicht mehr als einen bloßen Zweig der Physik betrachtet, — eine Anschauung, die durch Errichtung eigener Professuren für dieses Fach den klarsten Ausdruck erhalten hat, — so kann man doch andererseits nicht verkennen, daß der ganze Zug der Forschung dahin geht, das Band zwischen Meteorologie und ihrer Mutterwissenschaft, der Physik, wieder enger zu schlingen.

So lange es sich nur darum handelte, im großen und ganzen ein Bild zu gewinnen von den Bewegungen der Atmosphäre, sowie von der zeitlichen und räumlichen Verteilung der meteorologischen Erscheinungen im allgemeinen, war man auf Methoden hingewiesen, welche mit den in der Physik gebräuchlichen nur wenig Verwandtschaft besitzen.

Das Feststellen des Tatsächlichen, das von den Beobachtern in der Form fast unabsehbarer Zahlenreihen geliefert wird, forderte die Anwendung statistischer Behandlungsweise oder kartographischer Darstellung. Nachdem aber durch die unsterblichen Arbeiten Alexander von Humboldts und Doves die ersten Grundlagen in diesem Sinne geschaffen und zu einem gewissen Abschlusse gebracht waren, so daß sie gegenwärtig nur mehr weiteren Ausbaues bedürfen, mußte die Fragestellung notwendigerweise eine andere werden. Das Forschen nach dem eigentlich ursächlichen Zusammenhange mußte in den Vordergrund treten, und so darf man die moderne Meteorologie, wie sie heute im Aufbau begriffen ist, mit Recht als die Physik des Luftmeeres bezeichnen.

Die Lehre von den Bewegungen der Atmosphäre im engen Anschluß an die Grundlagen der allgemeinen Mechanik und Thermodynamik, die Untersuchungen über den großen atmosphärischen Kreisprozeß, wie man ihn von Standpunkte der mechanischen Wärmetheorie aus zu betrachten hat, die Fragen nach dem Wärmeaustausch izwischen Sonne, Erde und Weltraum unter Vermittelung der Atmosphäre, sowie nnerhalb der letzteren, wie sie heute auf der Tagesordnung stehen, sind nichts anderes als physikalische Probleme.

Es sind Probleme, an deren Bearbeitung gerade wir Deutsche mit aller Kraft herantreten müssen, wenn uns nicht andere Nationen weit überflügeln sollen, und wenn wir auf diesem Gebiete den Vorsprung wieder gewinnen wollen, den uns in der ersten Hälfte dieses Jahrhunderts niemand streitig machen konnte.

Daß es sich bei vielen dieser Untersuchungen nicht nur darum handelt, bekannte Sätze der Physik auf bestimmte neue Aufgaben anzuwenden, sondern daß sie umgekehrt auch auf gar manche Fragen führen, die ihre Beantwortung am Experimentiertisch und im Laboratorium finden müssen, dies mag nur nebenher bemerkt werden.

Dagegen darf nicht unbetont bleiben, daß noch nach einer anderen Seite hin die Beziehungen zwischen meteorologischer und physikalischer Forschung sich immer inniger gestalten.

Man hat erkannt, daß zwischen den geheimnisvollen Erscheinungen des Erdmagnetismus und den Vorgängen in der Sonnenatmosphäre ein enger Zusammenhang besteht.

Die verschiedensten Tatsachen weisen darauf hin, daß die nämlichen Vorgänge auch auf unsere Atmosphäre ihren Einfluß äußern, und daß Einwirkungen des Zentralkörpers auf unser Luftmeer stattfinden von einer Unmittelbarkeit und Eigenartigkeit, von der man sich früher kaum träumen ließ. Nur dem engsten Hand in Hand Gehen von meteorologischer und magnetischer Forschung im Anschlusse an die Astrophysik dürfte es gelingen, den Schlüssel zu finden zu dem großen Rätsel, zu dem Rätsel, dessen Lösung wohl die schönste Aufgabe ist, welche auf diesen Gebieten für die nächste Zukunft überhaupt gestellt ist.

Bei dieser Sachlage wird man es begreiflich finden, wenn ich äußerte, daß mich der Umstand, daß meine früheren Studien und Bestrebungen wesentlich der Physik gegolten haben, verhältnismäßig weniger mit Besorgnis erfüllt. Weit mehr beunruhigt mich die Befürchtung, daß die vielfachen geschäftlichen Arbeiten, wie sie die Leitung und vor allem die Reorganisation eines großen Instituts und ausgedehnten Beobachtungsnetzes im Gefolge haben, besonders in den ersten Jahren nur wenig Zeit übrig lassen werden, um ernster Forschung zu leben, der Forschung, wie sie doch der Akademiker als erste und schönste Pflicht zu betrachten hat.

Freilich mag es manchem befremdlich erscheinen, daß es so viel Mühe und Arbeit kosten soll, ein Institut zu reorganisieren, das auf Anregung eines Alexander von Humboldt in seinen ersten Grundlagen von dem viel zu frühe dahingegangenen Mahlmann geschaffen, unter der genialen Führung eines Dove die herrlichsten Früchte gezeitigt hat.

Und doch liegt die Antwort nahe: erkannte Wahrheiten behalten ihren Wert für alle Zeiten, menschliche Einrichtungen, mögen sie auch einstmals noch so vorzüglich gewesen sein, veralten und verfallen, wenn sie sich nicht durch Anpassen an neue Verhältnisse fortwährend verjüngen.

Ebenso wie man anders verfahren muß bei dem ersten Entwurfe der Karte einer früher niemals betretenen Gegend als bei der topographischen Aufnahme eines hoch kultivierten Landes, so waren auch die Aufgaben bei der Errichtung der ersten Netze meteorologischer Stationen ganz andere als heutzutage.

Einrichtungen, trefflich geeignet, um das Bild der räumlichen und zeitlichen Verteilung der meteorologischen Elemente in großen Zügen festzustellen, vollkommen hinreichend, um brauchbare Mittelwerte zu erhalten, genügen nicht mehr, seitdem es sich darum handelt, die Erscheinungen des Augenblicks ins einzelne zu verfolgen.

Während früher ein paar Dutzend Stationen für ein Gebiet wie das preußische hinreichend Material liefern konnten, um die zunächst vorliegenden Fragen einer glücklichen Lösung entgegenzuführen, müssen sie heute nach Hunderten, für ganz bestimmte Arten von Beobachtungen sogar nach Tausenden zählen, und sind z.B. dementsprechend in dem neuen Organisationsplane nicht weniger als 2000 Regenmeßstationen in Aussicht genommen.

Daß mit diesen Zahlen die Reibungswiderstände wachsen, daß mit den gesteigerten Bedürfnissen an Geld und Personal die rein geschäftliche Seite mehr und mehr in den Vordergrund tritt und die wissenschaftliche manchesmal fast zu überwuchern droht, wer wollte dies verkennen?

Gerade deshalb aber bin ich der Akademie für die Aufnahme in ihre Mitte doppelt dankbar, da ich in dem innigen Anschluß an sie und in der steten Beteiligung an ihren Arbeiten den wirksamsten Schutz erblicke gegen diese Gefahr und da mir das empfangene Zeichen des Vertrauens den Mut verleiht, unentwegt weiter zu schreiten auf der Bahn, wie sie die Entwickelung der Wissenschaft vorschreibt, in pietätsvoller Erinnerung an den großen Forscher, dessen Erbe ich überkommen habe, um es zu pflegen und weiter zu bilden und frisch und kräftig zu gestalten und zu erhalten für künftige Zeiten.

Diese Rede erwiderte der vorsitzende Sekretar mit folgenden Worten:

Eine ganz äußerliche Tatsache, welche mit Ihrem Eintritt in unsern Kreis, verehrter Herr Kollege, zusammenhängt, kennzeichnet in prägnanter Weise die völlig veränderte Stellung, zu welcher die Meteorologie innerhalb des von uns hier Anwesenden wissenschaftlich durchlebten Zeitraums, wie Sie es soeben hervorgehoben haben, gelangt ist. Bis gestern bildete das Königliche Meteorologische Institut, zu dessen Leitung Sie hierher berufen wurden, eine Abteilung des Preußischen Statistischen Büros; heute ist es in das Ressort der Unterrichtsverwaltung übertragen, und damit dem Anerkenntnis Ausdruck gegeben, daß die Meteorologie nicht mehr ein vorzugsweise unter dem Gesichtspunkt des öffentlichen Nutzens zu behandelnder Dienstzweig der praktischen Verwaltung, sondern eine als Wissenschaft zu selbständiger Pflege berechtigte Disziplin ist.

Die Feststellung einer gewissen Summe von Tatsachen mußte den Untergrund dieser Wissenschaft bilden, und ihre Sammlung und Ordnung hat der Aufgaben genug dargeboten, denen ein innerliches wissenschaftliches Interesse höhern Ranges innewohnt. Ist doch die befriedigende Erfüllung des ersten Erfordernisses der klimatischen Landesaufnahme, die scheinbar so einfache richtige Bestimmung des augenblicklichen Zustandes der Atmosphäre über einem gegebenen Punkt der Erdoberfläche, erst in unseren Tagen Hrn. WILDS experimentellem Geschick gelungen,[1] und haben wir doch ganz kürzlich die hoffnungslos verwickelt aussehende Aufgabe der Ableitung des mittlern Zustandes für ein Gebiet von wechselreichster Bodengestaltung aus unvollständigen Netzbeobachtungen durch Hrn. HANN für die Temperaturverhältnisse der österreichischen Alpenländer[2] mit überraschender Leichtigkeit und Sicherheit vermittelst sinnreicher Anwendung von Reduktionsmethoden gelöst gesehen, deren Übertragung von der Astronomie auf die Meteorologie selbst als ein ungleich größerer — weil der mannigfachsten Vervielfältigung sicherer — Gewinn zu erachten ist, als die schönen durch die genannte Anwendung unmittelbar erhaltenen Resultate.

Aber reizvoller für den Forscher und jetzt zunächst wertvoller für die Wissenschaft ist die nunmehr im Vordergrunde stehende Aufgabe, die in der Meteorologie erkannten Tatsachen auf die Lehren der allgemeinen Mechanik und Thermodynamik zurückzuführen, der Ausbau der physikalischen Meteorologie, den wir nach einem vielverheißenden Anfange durch DOVES ältere meteorologische Untersuchungen ein Menschenalter hindurch fast ganz den ausländischen Fachgenossen überlassen haben. Bei dieser Sachlage können wir es nur freudig begrüßen, daß Sie, verehrter Herr Kollege, von der Physik her zur Meteorologie gelangt sind und selbst nunmehr Ihren Beruf vorzugsweise in der Förderung dieser in engerm Sinne physikalischen Aufgaben Ihres Faches erblicken.

Aber nicht einmal hierbei können Sie des neuen Experiments entraten. Das Mittel zu demselben sollen Ihnen vollendete und vollständige Einrichtungen des Observatoriums und Laboratoriums für tellurische Physik darbieten,[3] welches demnächst als würdiges Seitenstück neben der Astrophysikalischen Anstalt[4] erstehen soll, wenn es der feinsten Ausführung, soll Ihnen das verbesserte und vervollständigte Landesnetz — allein oder als notwendiges Teilstück eines noch breitern Untergrundes — bieten, wenn es der ausgedehntesten Basis bedarf. Und wie in keiner Naturwissenschaft die Feststellung des Tatsächlichen und ihre Notwendigkeit jemals ein Ende finden wird, so hat Ihr Fach mit dem meinigen insbesondere die Notwendigkeit der ununterbrochenen und langen Fortsetzung der Beobachtung gemein, um zur Lösung der Aufgaben zu gelangen, die wir jenseits derjenigen des Augenblicks schon zu erkennen vermögen, und zur Ermittelung der Ziele, auf die sich fernere Forschung wird richten müssen — so muß der Meteorologe mit dem Astronomen vielfach sich bescheiden, selbst nur auszusäen und einer vielleicht sehr fernen Zukunft die Ernte zu überlassen. Es ist begreiflich, wenn Sie die beträchtliche Erweiterung dieses Teiles Ihrer Tätigkeit, die Ihr Eintritt in den vielmals ausgedehntern Wirkungskreis von Ihnen verlangt, anfänglich als einen Ihr wissenschaftliches Leben belastenden Druck empfinden. Wollen Sie aber aus unserer Aufforderung, in unsern engern Kreis einzutreten, unsere sichere, auf Ihre Bewährung in der zuvor von Ihnen bekleideten Stellung gegründete Überzeugung entnehmen, daß nicht nur der Druck einer umfangreichen Verwaltungsaufgabe Ihre freudige und ersprießliche gelehrte Forschung nicht hemmen, sondern daß die große Ausdehnung der von Ihnen zu verwaltenden Organisation in Ihrer Hand umgekehrt ein wirksames Hilfsmittel sein wird, Ihre eigene und vielfache sonstige Forschung Ihres Faches aufs nachdrücklichste zu fördern.

Gedächtnisrede auf Wilhelm von Bezold (1837-1907)
von Gustav Hellmann

gehalten in einer gemeinschaftlichen Sitzung der Deutschen Physikalischen Gesellschaft, der Deutschen Meterologischen Gesellschaft und des Berliner Vereins für Luftschiffahrt am 21. 6.1907

Der Sonnenwendtag dieses Sommers sollte für uns ein Festtag werden. Wir gedachten den 70. Geburtstag eines Gelehrten zu feiern, der vielen von uns nahe stand, den wir alle liebten und verehrten. Schüler und Mitarbeiter wollten ihm als Festgabe eine Sammlung von Abhandlungen überreichen, weitere Kreise ihm ihre Gefühle herzlicher Sympathie und Freundschaft zum Ausdruck bringen.

Doch das Schicksal hat es anders gewollt. Seit dem 17. Februar weilt Wilhelm von Bezold nicht mehr unter uns, und die Geburtstagsfeier ist zur Gedächtnisfeier geworden. Zu ihrer Abhaltung haben sich *die* drei wissenschaftlichen Gesellschaften Berlins vereinigt, in denen der Verstorbene am meisten und am liebsten gewirkt hat, die Deutsche Physikalische Gesellschaft, die Deutsche Meteorologische Gesellschaft und der Verein für Luftschiffahrt, und mir ist der ehrenvolle Auftrag geworden, Ihnen in großen Zügen das Bild seines Lebens und Schaffens vorzuführen. Nicht ohne Zögern habe ich ihn angenommen. Denn so erwünscht es gerade demjenigen sein muß, das Lebenswerk des großen Gelehrten darstellen zu können, dem es vergönnt war, die letzten 21 Jahren mit ihm zusammen in stets gleich bleibender Harmonie zu arbeiten, so bin ich mir doch wohl bewußt, daß es nicht leicht ist, die vielseitige Wirksamkeit Wilhelm von Bezolds in allen Teilen richtig zu würdigen. Ich bitte daher von vornherein um ihre gütige Nachsicht für etwaige Versehen und Mängel solcher Art.

Johannes Friedrich Wilhelm von Bezold stammt aus Franken. Geboren wurde er allerdings in München, am 21. Juni 1837, aber mit Recht hat er sich selbst immer als Franke betrachtet; denn sein Geschlecht war über drei Jahrhunderte in Rothenburg an der Tauber seßhaft gewesen. Und in der Tat, viele seiner Vorzüge lassen sich als ein Erbstück der Heimat ansehen. Sein heiteres und fröhliches Gemüt war ein Spiegelbild des sonnigen Frankenlandes, dessen alte Kultur in ihm den Sinn für eine geschichtliche Betrachtung der Dinge und zugleich das Verständnis für eine höhere Lebensauffassung geweckt hatte. Auch seine hohe künstlerische Begabung möchte ich als ein Erbteil nicht bloß seines Vaters, der vorzüglich zeichnete, sondern auch Rothenburgs ansehen.

In den Annalen dieser reizvollsten aller fränkischen Städte begegnet uns die Familie Bezold zum ersten Male 1478, und zwar als Tuchmacher; 1506 kommt sie in den „äußeren Rat" und erhält 1591 den Wappenbrief. Sehr häufig bekleiden Träger des Namens das Amt des Bürgermeisters, so noch der Großvater, während der Vater, Daniel Gustav von Bezold, der erste ist, der Rothenburg verläßt und

---

Verh. Dt. Physik. Gesellsch. 1907, S. 258—282.

als bayerischer Regierungsrat, später als Ministerialrat im Staatsministerium des Königlichen Hauses und des Äußern in München seinen Wohnsitz hat.

Hier wuchs WILHELM VON BEZOLD, der aus der zweiten Ehe des Vaters mit der Rothenburger Patrizierin SABINE ELISABETH ALBRECHT stammte, im Kreise seiner sechs Stiefgeschwister und einer rechten Schwester auf und erhielt die erste Schulbildung in der Volksschule. Während er diese gern besuchte und schon in so jungen Jahren gut und viel zeichnete, hat ihm der Unterricht auf dem Gymnasium — die Mathematik ausgenommen — wenig Freude gemacht. Ja, einer seiner Lehrer glaubte ihm sogar ernstlich den Rat geben zu sollen, von der Schule abzugeben und sich einem anderen „bürgerlichen“ Berufe zuzuwenden. Er tat dies glücklicherweise nicht, sondern absolvierte Michaeli 1856 das Gymnasium. Von da bis Ostern 1858 studierte er an der Universität München, wo er außer philosophischen Vorlesungen besonders Physik bei VON JOLLY, Mathematik bei SEIDEL und Chemie bei VON LIEBIG hörte. Hierauf bezog er die Universität Göttingen, wohin ihn WILHELM WEBERS Ruf als Physiker gezogen hatte und dessen praktische Übungen ihn sehr anregten. Daneben widmete er sich aufs eifrigste mathematischen Studien bei MORITZ STERN, in dessen Hause er auch verkehrte, und bei BERNHARD RIEMANN, der ihn stark beeinflußte und unter anderem seine Aufmerksamkeit auf eine offene Frage in der Theorie des Kondensators lenkte, deren Beantwortung er in seiner Inaugural-Dissertation[1] zu geben suchte. Am 12. August 1860 wurde er zum Doktor promoviert.

WILHELM VON BEZOLD kehrte nun nach München zurück, wurde Assistent am physikalischen Institut der Universität bei Professor VON JOLLY und habilitierte sich schon im Sommer 1861 als Privatdozent der Physik. Im Herbst 1862 machte er eine Reise nach England und Frankreich, um sowohl die Weltausstellung in London als auch die wissenschaftlichen Anstalten und Sammlungen dort sowie in Paris kennen zu lernen. Am 1. Juni 1866 wurde er zum außerordentlichen Professor an der Universität ernannt und am 1. Oktober 1868 zum ordentlichen Professor an der neu errichteten technischen Hochschule daselbst, und zwar für mathematische und angewandte Physik. Kurz zuvor, am 5. September 1868, hatte er sich mit Fräulein MARIE HÖRMANN VON HÖRBACH, der Tochter eines aus Tirol stammenden bayerischen Obersten, verheiratet. Der überaus glücklichen Ehe erwuchsen zwei Kinder, eine Tochter und ein Sohn.

WILHELM VON BEZOLDS wissenschaftliche Tätigkeit kam anfangs fast ausschließlich der reinen Physik zugute. Solange er an der Universität dozierte, trug er meist über theoretische Physik vor, assistierte aber auch VON JOLLY in den damals allerdings nur selten abgehaltenen praktischen Übungen und las mehrmals speziell für Mediziner über Optik, mit deren physiologischen Teil er sich viel beschäftigte. Auch hat er im großen Hörsaale LIEBIGS, bei dem er gern verkehrte, öfters Einzelvorträge von allgemeinerem Interesse für die Studierenden gehalten. Als er dann zur technischen Hochschule überging, erwuchs ihm die neue Aufgabe, über verschiedene Kapitel der angewandten Physik, wie Heizung, Ventilation, Beleuchtung u. a. m. Kolleg zu lesen. So wenig sympathisch ihm damals diese letztere Art der Lehrtätigkeit war — denn er hätte am liebsten Experimentalphysik vorgetragen —, so sind ihm doch später alle diese Nutzanwendungen der Physik wiederholt von Vorteil gewesen.

Auch seine eigenen wissenschaftlichen Arbeiten bestanden zunächst in rein physikalischen Untersuchungen, und zwar war es die Elektrizitätslehre und die Optik, der er mit Vorliebe die Probleme entnahm. Da VON BEZOLD über kein eigenes Laboratorium verfügte und auch ein Assistent ihm nicht zur Verfügung stand, sah er sich von vornherein genötigt, den Schwerpunkt der Arbeiten vielfach auf die Theorie zu legen, die er aber immer durch einige Experimente zu stützen suchte. Diesen Charakter besitzt schon die Inauguraldissertation „Zur Theorie des Kondensators", welche die Unhaltbarkeit der RUDOLPH KOHLRAUSCHschen Theorie dieses Ansammlungsapparates dartun sollte. Indem er sich auf den einfachsten Fall, auf den einer FRANKLINschen Tafel mit kreisförmigen Belegungen, beschränkt, entwickelt er zuerst allgemeine Sätze über den Gang des Potentials zwischen parallelen kreisförmigen elektrischen Schichten und wendet sie auf das Studium der Rückstandsbildung an. Sodann prüft er die verschiedenen dafür vorhandenen Hypothesen und sucht durch Experimente eine Entscheidung herbeizuführen. Er gelangt hierbei zu Resultaten, die sich mit der Theorie von KOHLRAUSCH nicht vereinigen lassen und für die Richtigkeit der Hypothese des Eindringens der Elektrizität in die isolierende Zwischenschicht sprechen. Seine Ausführungen blieben aber von CLAUSIUS und SCHWEDOFF nicht unangefochten und veranlaßten ihn zu weiteren Untersuchungen nach dieser Richtung, die unter dem Titel „Über das Verhalten der starren Isolatoren gegen die Elektrizität" und „Über das Verhalten der isolierenden Zwischenschicht eines Kondensators" 1865 und 1869 in POGGENDORFFS Annalen (Bd. 125 und 137)[2] erschienen. VON BEZOLD zeigt in ihnen, daß die von KOHLRAUSCH vertretende Ansicht, nach welcher sich das Verhalten der isolierenden Zwischenschicht und die durch sie bedingten Erscheinungen der Rückstandsbildung aus einem polaren Zustande der Glasteilchen erklären lasse, nicht annehmbar sei und mit der von CLAUSIUS selbst gegebenen Theorie dieser Hypothese im Widerspruch stehe. Da VON BEZOLD gleich bei seinen ersten Arbeiten von der Potentialtheorie so vielfach Gebrauch gemacht hatte, erscheint es verständlich, daß er sich noch weiter mit ihr beschäftigte und eine allgemeine Darlegung „Über die physikalische Bedeutung der Potentialtheorie" 1861 als Habilitationsschrift[3] wählte. In engem Zusammenhange mit diesen Studien steht dann noch eine Untersuchung über den Elektrophor vom Jahre 1870/1871,[4] in der er die von RIESS gegebene Theorie zu ergänzen sucht.

Seitdem VON BEZOLD als Professor zu technischen Hochschule übergegangen war, scheinen ihm mehr instrumentelle Hilfsmittel als bis dahin zu Gebote gestanden zu haben; denn seine physikalischen Arbeiten bevorzugen immer mehr die experimentelle Richtung, wenn er sich auch in den Versuchsanordnungen manchmal noch mit relativ wenigen Apparaten begnügen muß. Er geht nun an das Studium der durch Influenz hervorgerufenen Entladungen zwischen zwei nicht leitenden Flächen und findet dabei eine neue Art elektrischer Staubfiguren, die ihn in der Folgezeit viel beschäftigen. Durch mannigfach abgeänderte Versuche und ein geschicktes Verfahren, die erhaltenen Figuren dauernd zu fixieren, kommt er 1869 zu dem Ergebnis, daß seine elektrischen Staubfiguren ein gutes Prüfungsmittel abgeben, um einfache Entladungen von alternierenden zu unterscheiden, und daß sowohl zwischen einer metallischen Elektrode und einer isolierenden Platte, als auch zwischen zwei isolierenden Flächen beide Arten der Entladung stattfinden können. Im weiteren Verlaufe der Untersuchungen machte er dann im Winter 1869/70 die wichtige Entdeckung der elektrischen Drahtwellen, der er aber leider nicht weiter nachging, bis sie 1892 von HERTZ, der 1887 auf ganz anderem Wege zu dem gleichen Resultate gelangt war und die wichtigsten Folgerungen daraus zog, der Vergessenheit entrissen wurde. VON BEZOLD hatte diese seine Beobachtungen nur in der Form einer vorläufigen

Mitteilung und ohne Beschreibung der Versuchsanordnung bekannt gegeben, weshalb vermutlich die Wiederholung und Fortführung der Experimente durch andere unterblieb. Da seine Arbeit zweimal in deutscher Sprache, sowie in englischer und französischer Übersetzung gedruckt wurde, also reichliche Verbreitung fand, scheint mir daraus hervorzugehen, daß jene Zeit für die späteren epochemachenden Entdeckungen von HEINRICH HERTZ noch nicht reif war. VON BEZOLD geht, angezogen durch die Mannigfaltigkeit und Schönheit der von ihm dargestellten Gebilde, dem Bildungsgesetz der LICHTENBERGschen Figuren weiter nach und veröffentlicht darüber 1871 zwei Abhandlungen,[5] die seine umfangreichste Experimentaluntersuchungen enthalten. Die unter Glasplatten fixierten elektrischen Figuren nebst den Manuskriptskizzen VON BEZOLDS sind inzwischen nach ihrer Ursprungsstätte München zurückgewandert und legen nun im Deutschen Museum daselbst rühmliches Zeugnis ab von dem experimentellen Geschick ihres Urhebers.

Weitere elektrische Arbeiten VON BEZOLDS sind eine mehr theoretische Studie über die elektromotorische Kraft des galvanischen Lichtbogens, in der er auch einen hübschen Versuch bekannt gibt zum Nachweise der von ihm gemachten Voraussetzung, daß der elektrische Funke im allgemeinen aus einer Reihe von Partialentladungen bestehe; ferner Untersuchungen über die Brechung von Strom- und Kraftlinien an der Grenze verschiedener Mittel, und anderes mehr.

Die optischen Forschungen VON BEZOLDS betreffen die Farbenlehre und die physiologische Optik, für die er ganz besonderes Interesse besaß; hatte er doch schon als Student in Göttingen während dreier Semester bei RUDOLPH WAGNER außer über allgemeine Zoologie auch über Physiologie der Sinnesorgane Kolleg gehört und sich damit eine wichtige Grundlage für das Verständnis der optischen Vorgänge im menschlichen Auge verschafft.

Er studierte am eingehendsten die Lehre vom binokularen Sehen und von den identischen Netzhautpunkten und kam unter anderem zu der Auffassung, daß der fortgesetzt gleichzeitige Gebrauch identischer Punkte als etwas Erworbenes zu betrachten sei. Daneben ist es in der Farbenlehre das vielumstrittene Gesetz der Farbenmischung und der physiologischen Grundfarben, dem er wiederholt eingehendere Untersuchungen widmet. So findet er, daß der Wettstreit der Sehfelder für verschiedene Farben durch die Akkommodationsschwankungen des Auges entsteht und daß die binokulare Farbenmischung zu demselben Ergebnis führt, wie die Mischung auf dem Farbenkreisel.

Bei der hohen künstlerischen Veranlagung VON BEZOLDS und der von Kindheit an ausgesprochenen Liebe zur Malerei erscheint es durchaus begreiflich, daß er seine reichen Kenntnisse auf physiologisch-optischem Gebiete in den Dienst der Kunst selbst stellte und 1874 ein größeres Werk: „Die Farbenlehre im Hinblick auf Kunst und Kunstgewerbe"[6], herausgab, das trotz des nur acht Jahre früher erschienen ähnlichen Buches von BRÜCKE: „Physiologie der Farben für die Zwecke der Kunstgewerbe"[7], überall gute Aufnahme fand, auch ins Englische und Russische übersetzt wurde. Erwähne ich nun noch, daß er einerseits für Münchener Zeitungen Kunstkritiken schrieb und andererseits für die Jahrgänge 1866 bis 1873 der „Fortschritte der Physik"[8] das Kapitel „Physiologische Optik" bearbeitete, so dürfte die erfolgreiche Tätigkeit VON BEZOLDS auf diesem Sondergebiet zur Genüge gekennzeichnet sein.

Schließlich gab ihm auch die angewandte Physik, die er auf der technischen Hochschule zu vertreten hatte, die Veranlassung zu einigen kleinen Studien über Wärmeverteilung in geheizten Räumen, über Luftmischer für Luftheizungen und über Gasdruckmesser.

Das große Interesse von Bezolds für die Optik und die Elektrizitätslehre läßt es natürlich erscheinen, daß auch seine ersten meteorologischen Arbeiten optische und elektrische Erscheinungen in der Atmosphäre behandeln.

Ein mehrfacher Aufenthalt in den Alpen hatte seine Aufmerksamkeit auf das prächtige Phänomen des Alpenglühens gelenkt und ihn veranlaßt, im Winterhalbjahr 1863/64 die Dämmerungserscheinungen in der Umgebung von München eingehender zu beobachten und messend zu verfolgen. Er veröffentlichte darüber 1864 im 123. Band von Poggendorffs Annalen eine Abhandlung: „Beobachtungen über die Dämmerung“[9], die mit Recht als eine seiner besten Arbeiten angesehen wird. Er gab in ihr zum ersten Male in Deutschland eine genaue und wissenschaftliche Beschreibung des physischen Verlaufes der Dämmerung, die trotz ihrer Alltäglichkeit noch wenig Beachtung gefunden hatte. Dem Problem der Dämmerung war es nämlich ergangen wie so vielen anderen auf der Grenze zweier oder mehrerer Wissenschaften stehenden Untersuchungsgebieten: sie werden häufig eher vernachlässigt als gefördert, indem die Vertreter der einen Disziplin die Behandlung der Frage denen der anderen überlassen. So hatten wohl die Astronomen dem Problem der kürzesten Dämmerung als einer interessanten mathematischen Aufgabe viel Aufmerksamkeit geschenkt, aber, abgesehen von der vereinzelnten Messung Lamberts im Jahre 1759 zu Augsburg, hatte noch niemand den typischen Verlauf der Dämmerung in Deutschland festzustellen und eine auf Beobachtung beruhende physikalische Erklärung der Erscheinung zu geben versucht. Allerdings war von Auguste Bravais, dem die meteorologische Optik so viele grundlegende Untersuchungen verdankt, bereits in den vierziger Jahren eine vorzügliche Beschreibung der Dämmerung auf Grund von Messungen auf dem Faulhorn veröffentlicht worden,[10] aber diese war Wilhelm von Bezold unbekannt geblieben, der nur Necker de Saussures einschlägige Arbeiten kannte und mitberücksichtigte. Im Hinblick auf Bravais' Arbeit kommt aber doch von Bezold das Verdienst zu, die farbenprächtigsten Phasen der Erscheinung, nämlich das erste und das zweite Purpurlicht, schärfer charakterisiert und zeitlich sicher bestimmt zu haben; denn er fand, daß die Depressionswinkel der Sonne zur Zeit der größten Intensität bei den Purpurlichtern in einem bestimmten Verhältnis (1:2,2) zueinander stehen, was meine eigenen Beobachtungen in Südspanien und Riggenbachs Messungen in Basel im wesentlichen bestätigt haben. Von Bezold ist später mit Vorliebe auf diese seine erste meteorologische Arbeit zurückgekommen und hat auch auf Grund derselben für die internationalen arktischen Stationen, die in dem sogenannten Polarjahr 1882/83 tätig waren, eine besondere „Anleitung zur Beobachtung der Dämmerungserscheinungen“ publiziert.[11]

Mehr noch als das Studium der Dämmerung waren es Untersuchungen über die Gewitter und die Blitzgefahr, welche Wilhelm von Bezold der Meteorologie allmählich näher brachten. Vom Jahre 1869 bis an sein Lebensende hat er dieser eindrucksvollsten aller atmosphärischen Erscheinungen das lebhafteste Interesse entgegengebracht und sich in der Gewitterkunde als der bedeutendste deutsche Forscher erwiesen.

Angeregt durch eine gelegentliche Meinungsäußerung Steinheils über den Blitzschutz, den die weit vorspringenden Dächer den alpinen Häusern gewähren sollen, suchte er zunächst aus dem reichen Material der staatlichen Brandversicherung im rechtsrheinischen Bayern einen Einblick in die räumliche und zeitliche Verteilung der Blitzschläge in Gebäude zu gewinnen, zugleich aber auch zu ermitteln, inwieweit die Gewitterbeobachtungen an meteorologischen Stationen hiermit in Einklang stehen. Die Resultate dieser Arbeit, mit der er die Blitzstatistik begründete, erschienen 1869 als „Ein Beitrag zur Gewitterkunde" im 136. Band von POGGENDORFFS Annalen[12] und wurden bald darauf durch zwei andere wesentlich ergänzt, welche die Sitzungsberichte der Münchener Akademie 1874 und 1875 enthalten, nämlich: „Über gesetzmäßige Schwankungen in der Häufigkeit der Gewitter während langjähriger Zeiträume", und „Über das doppelte Maximum in der Häufigkeit der Gewitter während der Sommermonate"[13]. VON BEZOLD zeigt in ihnen, daß die Blitzgefahr von der Mitte der dreißiger Jahre bis in die siebziger beinahe stetig zugenommen hatte, daß die zeitliche Verteilung der Schadenblitze, ebenso wie die der Gewitter, zwei Perioden größter Häufigkeit im Sommer aufweist, und gibt ferner begründete Vermutungen über Beziehungen im säkularen Gange der Erscheinungen zu dem der Sonnenflecke. Die Kgl. bayerische Akademie der Wissenschaften nahm ihn nach Veröffentlichung dieser Arbeiten in die Reihe ihrer Mitglieder auf.

Ebensogroß wie der positive wissenschaftliche Gewinn aus den ersten Gewitterstudien war für den Verfasser selbst der methodologische. Zum ersten Male hatte er die Bearbeitung eines größeren Zahlenmaterials unternommen und dabei die Schwierigkeiten kennen gelernt, die sich bei der Benutzung von nicht durchweg zuverlässigen Beobachtungen und von nicht homogenen Reihen entgegenstellen. Auf Schritt und Tritt mußte er die Zahlen prüfen, allerlei Reduktionen und Interpolationen ausführen und schließlich zufrieden sein, wenn die Resultate wenigstens in qualitativer Beziehung ungefähr den vermuteten Zusammenhang aufwiesen. Er hatte allerdings ein meteorologisches Element zum Ausgangspunkt der Untersuchung genommen, das Gewitter, dessen Begriff bis vor drei Jahrzehnten nicht scharf und einheitlich fixiert war und dessen Notierung, was leider auch heute noch gilt, ganz von der Aufmerksamkeit des Beobachters abhängt. Es kam ihm deshalb aber auch zur Überzeugung, daß in der Meteorologie nichts so sehr not tue, wie Einheitlichkeit in den Methoden und Stabilität der Beobachtungsstationen. Sehr bald sollte sich ihm die Gelegenheit bieten, diese Grundsätze praktisch zur Geltung zu bringen.

Das Kgl. bayerische Staatsministerium für Kirchen- und Schulangelegenheiten hatte unter dem Einfluß des großen Erfolges, den der erste internationale Meteorologenkongreß zu Wien im Jahre 1873[14] gehabt hatte, und angeregt durch die Gründung der Deutschen Seewarte[15] den Entschluß gefaßt, ein einheitlich organisiertes Netz meteorologischer Stationen ins Leben zu rufen, nachdem alle früheren diesbezüglichen Pläne gescheitert waren. Die Grundzüge der neuen Organisation wurden im Frühjahr 1877 von einer Kommission entworfen, die aus Mitgliedern der Akademie der Wissenschaften gebildet war, unter denen allein WILHELM VON BEZOLD der Meteorologie näher stand, da der Direktor der Sternwarte, JOHANN VON LAMONT, der sich um die Meteorologie und den Erdmagnetismus die größten Verdienste erworben hatte, wohl seines hohen Alters wegen — er stand damals im 72. Lebensjahre — zu den Beratungen nicht mehr zugezogen war.

Als der Entwurf im Juli 1878 die definitive ministerielle Genehmigung fand, wurde VON BEZOLD unter Belassung im Hauptamte als Professor an der technischen

Hochschule zum Direktor der kgl. bayerischen meteorologischen Zentralstation ernannt, der die Oberleitung des ganzen Netzes anvertraut werden sollte. Er schrieb nun eine durch Klarheit ausgezeichnete „Instruktion für die Beobachter an den bayerischen Stationen“[16], adoptierte als einheitliche Beobachtungstermine die Stunden der Seewarte 8, 2, 8 und hielt bei der Einrichtung der Stationen an dem Grundsatz möglichst fest, diese in öffentlichen Gebäuden unterzubringen, um die Übelstände zu vermeiden, die aus dem Wohnungswechsel der Beobachter entspringen. Es gelang ihm auch, den ganzen Entwurf so rasch zur Ausführung zu bringen, daß am 1. Januar 1879 die Mehrzahl der Stationen (31 von 34) im Gange waren.

Schon im Juni 1879 erfuhr die Tätigkeit der Zentralstation eine Erweiterung durch die Einrichtung eines Netzes von 245 Stationen zur Beobachtung der Gewitter, da es sich als unmöglich erwies, von dem Fortschreiten und der Verbreitung eines Gewitters nur auf Grund der Beobachtungen der 34 Stationen höherer Ordnung ein richtiges Bild zu gewinnen. Damit hatte also von Bezold zuerst in Deutschland einen besonderen Gewitterdienst eingeführt, wie er schon 1865 von Leverrier in Frankreich und später in einigen anderen Ländern eingerichtet worden war, und hatte nun Gelegenheit, die Untersuchungen über Gewitter unter wesentlich anderen Gesichtspunkten aufzunehmen als bisher.

Bei der eingehenden Bearbeitung der zahlreichen Gewittermeldungen schenkte er dem Fortschreiten der einzelnen Gewitter besondere Aufmerksamkeit und stellte dieses kartographisch so dar, daß er alle Orte, an denen zu derselben Zeit der *erste* Donnern gehört wird, durch Linien verband, die er Isobronten nannte, im Gegensatz zu den Italienern, welche die schwerer bestimmbare „fase massima“, d. h. den Höhepunkt der Erscheinung, dazu wählen, während Leverriers Mitarbeiter Fron durch „lignes isochrones“, die der zeitlichen Mitte entsprechen, das Fortschreiten zur Anschauung bringt. Die Bezoldsche Methode hat sich wegen ihrer Sicherheit und Bequemlichkeit in Zentraleuropa meist eingebürgert, zumal seine späteren Untersuchungen zeigten, daß gerade der vordere Rand der heftigeren Gewitter bezüglich der Verteilung von Luftdruck, Temperatur und Windrichtung eine Scheidegrenze bildet (Zeitschr. f. Meteorologie Bd. 18)[17]. Ferner ermittelte von Bezold Jahr für Jahr außer der räumlichen Ausdehnung der Gewitter die Geschwindigkeit ihres Fortschreitens, sowie die Jahres- und Tagesperiode. Hierbei fand er eine bis dahin unbeachtete Eigentümlichkeit, nämlich das Vorhandensein eines sekundären Maximums der Gewitterhäufigkeit in den frühen Morgenstunden neben dem Hauptmaximum am Nachmittag, eine Tatsache, die ich zwei Jahre später durch die verschiedene Tages- und Jahresperiode der Wärmegewitter und der Wirbelgewitter erklären konnte.

Gleichzeitig mit diesen wichtigen Gewitteruntersuchungen beschäftigte er sich mit einer anderen meteorologischen Frage, die von jeher in Deutschland viel Beachtung gefunden hat, nämlich mit den Kälterückfällen des Mai.[18] Diese auffällige Störung im jährlichen Gange der Temperatur, die wegen ihrer Gefährlichkeit für die Pflanzenwelt vom Landmann und Gärtner gefürchtet wird, war zuletzt 1856 von Dove behandelt worden,[19] der das Vorhandensein der Anomalie für Nord- und Zentraleuropa sicher festgestellt hatte, ohne sie aber ausreichend erklären zu können; denn die 1839 von Erman aufgestellte Hypothese, daß die Asteroiden der Novemberperiode sich im Mai jeden Jahres zwischen der Sonne und der Erde auf dem Radius vector der letzteren befinden[20] und damit eine thermische Beschattung der Erde hervorrufen, war mit Recht längst verlassen worden. Allerdings hielt man noch immer an der Meinung fest, daß die Maifröste vorzugsweise an bestimmten Tagen, den sog. Eisheiligen, vom 11. bis 13. Mai, auftreten und daß daher die Untersuchung der meteorologischen Verhältnisse gerade dieser Periode den Schlüssel für die Erklärung der Erscheinung liefern müssen, während jetzt als ausgemacht gilt, daß wir hier wie bei vielen anderen Wetter- und Bauernregeln nur eine volkstümliche Datierung vor uns haben, die aus dem frühen Mittelalter stammt, in dem man die moderne Datumszählung vom Ersten bis zum Letzten eines Monats noch nicht kannte, sondern nur nach einigen wenigen Kalenderheiligen die ungefähre Zeit eines Ereignisses bestimmte. Die Volksregel will also nur zum Ausdruck bringen, daß in der Mitte des Mai Kälterückfälle zu erwarten sind. Langjährige Beobachtungsreihen von 60 und mehr Jahren, über die wir jetzt verfügen, zeigen in der Tat, daß die fraglichen Tage vom 11. bis 13. Mai in den Mittelwerten keinen Temperaturrückgang zeigen, woraus schon ohne weiteres hervorgeht, daß die Kälterückfälle sich auf den ganzen Monat verteilen müssen, also keinen streng periodischen Charakter des Auftretens haben können.

VON BEZOLD setzte nun mit seiner Untersuchung an einer Stelle ein, die trotz der großen Erfolge, welche die junge synoptische Methode schon gezeitigt hatte, kaum noch beachtet worden war. Er suchte nämlich die mittlere Luftdruckverteilung in den einzelnen Pentaden des Monats Mai, insbesondere für diejenige von 11. bis 15., zu konstruieren, um dann mittels des BUYS-BALLOTschen Gesetzes die Winde und somit die Herkunft der Kälterückfälle zu ermitteln. Da indessen nur von sehr wenigen Orten langjährige Mittelwerte des Luftdrucks für die einzelnen Tage oder Pentaden veröffentlicht vorlagen, ließ sich auf direktem Wege die Aufgabe nicht lösen. Er benutzte aber in geschickter Weise eine kurz vorher von WILD gefundene engere Beziehung zwischen Isobaren und Isanomalen der Temperatur, um durch Konstruktion der Isanomalen des betreffenden Zeitraumes, wofür mehr Material vorlag, wenigstens ein ungefähres Bild von dem allgemeinen Verlauf der Isobaren zu erhalten. Er fand so, daß gerade in der dritten Pentade, d. h. zwischen dem 11. und 15. Mai, über Ungarn ein relativ niedriger Luftdruck sich ausbildet, der in Deutschland nördliche Winde und damit einen Kälterückfall zur Folge hat. Freilich hat später reicheres Beobachtungsmaterial diese Befunde nicht ganz bestätigt; denn wir wissen jetzt, daß die Kälterückfälle des Mai nicht auf einen einzigen Wettertypus zurückzuführen sind, aber dennoch wird VON BEZOLDS Untersuchung in methodologischer Beziehung immer Wert behalten, wenn sie auch andererseits die Mahnung in sich birgt, in der Meteorologie nicht aus kurzen Beobachtungsreihen allgemeine Schlüsse zu ziehen.

Die großen Vorteile der eben genannten synoptischen Methode waren VON BEZOLD offenbar deutlich zum Bewußtsein gekommen, seitdem die Kgl. bayerische meteorologische Zentralstation tägliche Wetterkarten herausgab. Er hatte nämlich auf Betreiben der bayerischen landwirtschaftlichen Gesellschaft im Sommer 1881 einen Wetterdienst in Bayern eingerichtet, der viel Anklang fand und heute noch in wesentlich derselben Form fortbesteht. Dabei sprach er schon die Überzeugung aus, die erst neuerdings in den Kreisen norddeutscher Landwirte wieder zur Geltung kommt, daß die bloße Wetterprognose ohne Wetterkarte wenig Nutzen stifte.

Noch einmal nahm er 1884 seine erste Untersuchung vom Jahre 1869 über die Blitzstatistik in Bayern auf und fand an der Hand des neu hinzugekommenen Materials daß die Zunahme der Zahl der Beschädigungen durch Blitz bis 1882 immer noch fortdauerte.[21] Als er zum letzten Male 1899 auf diese interessante Frage der Steigerung der Blitzgefahr zurückkam,[22] war sie sogar auf das Sechsfache derjenigen von 1833 gestiegen. Da die Gewitter eine ähnliche Zunahme der Häufigkeit nicht aufweisen, kann der Grund der eigentümlichen Tatsache nicht in rein meteorologischen Verhältnissen gesucht werden.

Die eben skizzierten meteorologischen Leistungen von Bezolds, sein geschicktes Eingreifen in die Verhandlungen der Deutschen Polarkommission, welche die Besetzung zweier Stationen in dem bereits erwähnten „Polarjahr" 1882/83 vorzubereiten hatte, und seine fördernde Teilnahme an der Gründung der Deutschen Meteorologischen Gesellschaft im November 1883 hatten die Aufmerksamkeit maßgebender Kreise auch außerhalb Bayerns auf ihn gelenkt. Und als im Jahre 1885 die längst geplante, aber immer wieder zurückgestellte Reorganisation des Preußischen Meteorologischen Instituts endlich in Angriff genommen werden sollte, erging an von Bezold der Ruf als Professor der Meteorologie an der Berliner Universität und Direktor des Meteorologischen Instituts, sie ins Werk zu setzen. So erfreut und dankbar er über die für ihn so ehrenvolle Berufung war, bat er sich doch einige Bedenkzeit aus; denn er wäre am liebsten Physiker im Hauptfach und seiner Frau zuliebe auch gern in München geblieben, hoffte er doch, die durch von Jollys Tod erledigte Professur für Physik an der Universität, oder, falls diese seinem Kollegen Beetz zufallen sollte, dessen Professor für Experimentalphysik an der technischen Hochschule zu erhalten. Keine der beiden Möglichkeiten verwirklichte sich, und damit war von Bezold für Berlin gewonnen.

Nun beginnt der zweite Abschnitt seines Lebens, der ihn in glänzender Entfaltung seiner Talente auf die Höhe des Ruhmes geführt hat. Die ihm gestellte dankbare Aufgabe, der Eintritt in einen großen Wirkungskreis, sowie die Möglichkeit vielseitiger Betätigung in den wissenschaftlichen Vereinen Berlins, deren große Regsamkeit ihm schon bei dem ersten Besuche unserer Stadt 1860 aufgefallen war, boten ihm reiche Gelegenheit, seine Begabung als Organisator, Lehrer und Gelehrter zur Geltung zu bringen.

Für die Reorganisation des Meteorologischen Instituts[23] lagen bereits seit einem Jahrzehnt umfangreiche Pläne vor, die jedoch wegen des hohen Kostenanschlages immer wieder beiseite gelegt worden waren. Es war von Bezolds erstes Verdienst, diese Entwürfe so wesentlich zu vereinfachen, daß ihre Verwirklichung möglich erschien, zumal er für deren Durchführung mehrere Jahre in Aussicht nahm. Sodann erhob er mit Recht Einspruch gegen die geplante räumliche Verbindung des Zentralinstituts, dem die Leitung des Ganzen obliegt, mit dem zu schaffenden meteorologisch-magnetischen Observatorium, für das ein Platz auf dem Telegraphenberg bei Potsdam schon lange vorgesehen war; denn er wollte „das Institut nicht nur zu einer Zentralstelle für die Beobachtungsstationen, nicht nur zu einer Stätte wissenschaftlicher, von Fachgelehrten auszuführender Untersuchungen machen, sondern zugleich zu einem Lehrinstitut" und zu einer wissenschaftlichen Auskunftsstelle im weitesten Sinne des Wortes. „All' diesen Bedingungen konnte aber nur genügt werden, wenn sich das Zentralinstitut in der Hauptstadt befindet, am Sitz der Behörden, im Mittelpunkt des geistigen und materiellen Verkehrs."

Hinsichtlich der weiteren Organisation wurde beschlossen, das Netz der Stationen II. und III. Ordnung zu vervollständigen, mit Instrumenten neu auszurüsten und an allen die gleichen Beobachtungsstunden 7 ,2, 9, einzuführen, die günstiger sind als 8, 2, 8. Außerdem wurde die Einrichtung eines dichten Netzes von rund 2000 Regenstationen in Aussicht genommen, an denen zugleich Beobachtungen über Gewitter angestellt werden sollten. So entstanden bald am Zentralinstitut drei große natürliche Abteilungen, die sich mit einigen Abänderungen in der Abgrenzung ihrer Tätigkeit bis jetzt erhalten haben.

Längere Zeit nahm die Durchführung des Planes der Errichtung des Potsdamer Observatoriums[24] in Anspruch. Es sollte aus einem Hauptgebäude bestehen, das, abgesehen von den Dienstwohnungen, Räume für die Büros, Bibliothek und ein Laboratorium enthält. In angemessenen Abstande davon sollte das eigentliche magnetische Observatorium errichtet werden, das im Kellergeschoß die Variations- und Registrierapparate, zu ebener Erde die Instrumente für absolute Messungen beherbergt. Für die Aufstellung der meteorologischen Instrumente wurde die Wiese zwischen beiden Gebäuden bestimmt, und um dem Anemometer eine genügend freie Exposition zu geben, mußte dem Hauptgebäude ein 32 m hoher Turm angefügt werden, dessen obere Zimmer und Plattform zugleich eine ungehinderte Himmelsschau gestatten. Erst in den Staatshaushaltsetat 1888/89 konnte die erste Rate der für den Bau erforderlichen Mittel eingestellt werden, und in den Jahren 1891/92 war alles soweit fertig, daß die Observatorien in Tätigkeit treten konnten. Beide wurden mit Instrumenten der neuesten und bewährtesten Konstruktion reichlich ausgestattet und der Betrieb der Beobachtungen von Anfang an in so umfassender Weise aufgenommen, daß das Potsdamer meteorologisch-magnetische Observatorium bald als eine der vollkommensten Anstalten dieser Art gelten konnte. Damit war die Reorganisation des Preußischen Meteorologischen Instituts in ihren Grundzügen angebahnt, wenn auch noch nicht vollendet. Es würde aber viel zu weit führen, wollte ich all' die mannigfachen Verbesserungen und Neuerungen des Näheren schildern, welche in den folgenden 15 Jahren noch geschaffen worden sind. Ich erinnere nur an die Errichtung der meteorologischen Gipfelobservatorien auf Preußens höchsten Bergen, Schneekoppe und Brocken, an die systematische Erforschung der meteorologischen Verhältnisse in den höheren Luftschichten, von der noch später in anderem Zusammenhange zu sprechen sein wird, an die auf diplomatischem Wege vermittelte Einbeziehung aller nichtpreußischen Staaten Norddeutschlands in das Beobachtungsnetz des Instituts, an die Nutzbarmachung des reichen Beobachtungsmaterials für praktische Zwecke, insbesondere für die Wasserwirtschaft Preußens, an die Inangriffnahme der magnetischen Landesvermessung, der das Potsdamer Observatorium als Stützpunkt zu dienen hatte, und die in den letzten Jahren auch auf Südwestdeutschland ausgedehnt wurde.

Alle diese Maßnahmen kamen unter Wilhelm von Bezolds Oberleitung zur Ausführung, wobei er bereitwilligst den Ideen anderer, die ihm zweckmäßiger erschienen, einen weitgehenden Einfluß gewährte. Denn das war eine vortreffliche Eigenschaft von ihm, daß er das Gute nahm, wo er es fand, und frei von Rechthaberei seinen Mitarbeitern, deren Initiative und Eifer er kannte, eine große Selbständigkeit einräumte.

Die amtliche Stellung als Direktor des Meteorologischen Instituts brachte es mit sich, daß er einige Ehrenämter übernehmen mußte, in denen er sein mannigfaltiges Wissen verwerten konnte. So vertrat er natürlich Preußen auf den internationalen Meteorologenkongressen und wurde 1891 an G. von Neumayers Stelle als Repräsentant Deutschlands in das Internationale Meteorologische Komitee gewählt. Sein Eifer, seine Geschicklichkeit und Liebenswürdigkeit haben viel dazu beigetragen, manche der vorgeschlagenen gemeinsamen Unternehmungen zum Gelingen zu bringen. So ist besonders das rasche Zustandekommen der internationalen Ballonaufstiege an verabredeten Tagen, sowie die Herausgabe der internationalen Dekadenberichte wesentlich seinem Eingreifen zu verdanken. Ferner gehörte VON BEZOLD dem Kuratorium der Physikalisch-Technischen Reichsanstalt an, durch das er wieder rein physikalischen Fragen näher kam, und war Mitglied der staatlichen Kommission zur Untersuchung der Hochwassergefahr, mit der er einige Strombereisungen ausführte.

VON BEZOLDS akademische Lehrtätigkeit kam in Berlin fast ganz der Meteorologie zugute und war wegen der starken Inanspruchnahme durch die Leitung des Instituts naturgemäß weniger umfangreich als in München. Er las gewöhnlich im Winter über allgemeine, im Sommer über theoretische Meteorologie, hielt praktische Übungen ab und wußte jeden Winter einen großen Zuhörerkreis durch formgewandte Vorträge über „Wind und Wetter" zu fesseln; denn er besaß in hohem Maße die Gabe der Rede und wußte auch schwierige Fragen in klarer und anregender Weise zu entwickeln. Darum hingen alle seine Schüler, von denen mehrere an leitender Stelle tätig sind, mit großer Verehrung an ihrem Lehrer, dessen Anregung und Gedankenaustausch sie oft die Grundlagen eigener Arbeiten verdankten. Auch darf nicht unerwähnt bleiben, daß er zweimal ein Publikum über Geschichte der Physik las, das ihm selbst viel Freude bereitete, und in dem er in großen Zügen die Entwicklung dieser Wissenschaft darlegte. Der erste Entwurf dazu stammt schon aus der frühen Münchener Zeit.

Die in Berlin erzielten Lehrerfolge werden aber noch übertroffen durch seine eigenen wissenschaftlichen Arbeiten. Doch, ehe ich dazu übergehe, diese zu analysieren, scheint es mir zweckmäßig, seiner Betätigung in den wissenschaftlichen Gesellschaften zu gedenken, da sie in einigen Fällen jene beeinflußt hat.

Wenn, wie ich bereits andeutete, VON BEZOLD geteilten Herzens München verließ und nach Berlin übersiedelte, so hat ihn sicherlich die Aussicht freudig gestimmt, daß es ihm fortan möglich sein würde, den Sitzungen der Physikalischen Gesellschaft beizuwohnen und dadurch mit derjenigen Wissenschaft in enger Fühlung zu bleiben, der er gern sein ganzes Leben gewidmet hätte und deren Berliner Koryphäen HELMHOLTZ, KIRCHHOFF, DU BOIS-REYMOND er so aufrichtig bewunderte. Er wurde ein treues Mitglied der Physikalischen Gesellschaft und hat ihr, wie von dieser Stelle aus bereits hervorgehoben wurde,* die wertvollsten Dienste geleistet. In schwierigen Zeiten war er drei Jahre lang ihr Vorsitzender, sicherte das Weitererscheinen der „Fortschritte der Physik", deren Mitarbeiter er früher selbst gewesen war, und gestaltete die Feier ihres 50jährigen Bestehens zu einem glanzvollen Jubeltage für die Gesellschaft.

Natürlich wurde er auch bald Vorsitzender des Berliner Zweigvereins der Deutschen Meteorologischen Gesellschaft, in der er einige seiner meteorologischen Arbeiten vortrug und oft lebhaft in die Diskussion eingriff, und von 1892 bis zu seinem Tode hat er die Deutsche Meteorologische Gesellschaft als erster Vorsitzender geleitet. Auf

* Verhandl. d. Deutsch. Physik. Ges. 9, 91, 1907.

zwei von deren allgemeinen Versammlungen, die alle drei Jahre stattfinden, gab er ausgezeichnete Darstellungen des jeweiligen Standes der wissenschaftlichen Witterungskunde.

Besonders groß aber sind VON BEZOLDS Verdienste um den Berliner Verein für Luftschiffahrt, dem er in einer Zeit beitrat, als dieser unter ASSMANNS Initiative sich gerade anschickte, die wissenschaftliche Erforschung der meteorologischen Vorgänge in den höheren Luftschichten tatkräftig zu fördern. Mit scharfem Blick erkannte VON BEZOLD die hohe Wichtigkeit einer solchen Erweiterung der meteorologischen Beobachtungen in vertikaler Richtung und war unablässig bemüht, der Entwicklung dieses jungen hoffnungsvollen Zweiges meteorologischer Forschung die Wege zu ebnen. Nicht nur, daß er seine autoritative Stellung dazu benutzte, um dem Verein die nötigen Mittel zur Ausführung der Ballonaufstiege verschaffen zu helfen, und als Direktor des Meteorologischen Instituts sich die allmähliche Bildung einer eigenen Abteilung für wissenschaftliche aeronautische Arbeiten[25] angelegen sein ließ, sondern er beteiligte sich auch selbst an der Verarbeitung der gewonnenen Beobachtungen. Er zeigte den Aeronauten, nach welcher Richtung die Beobachtungen in der Höhe zu erweitern wären, und erhielt andererseits von ihnen Material, um seinen theoretischen Untersuchungen einige empirische Grundlagen zu geben: eine höchst erfreuliche Wechselwirkung, bei der jeder Teil gab und empfing.

Füge ich noch hinzu, daß VON BEZOLD in den ersten Jahren seines Berliner Aufenthaltes an den Arbeiten des Elektrotechnischen Vereins werktätigen Anteil nahm und auch dessen Unterausschuß für die Untersuchung der Blitzgefahr lange Zeit angehörte, daß er im Verein deutscher Ingenieure die Störungen besprach, welche die elektrischen Bahnen auf die erdmagnetischen Instrumente ausüben, und daß er endlich in der Gesellschaft für Erdkunde für das Zustandekommen der deutschen Südpolarexpedition vom erdmagnetischen Standpunkte aus aufs wirksamste eintrat, so werden Sie die Vielseitigkeit der Interessen des geistig so regsamen Mannes am besten ermessen können.

Da ihm nun bei dieser starken Inanspruchnahme durch Direktorat, Professur und Ehrenämter kaum genügend Zeit zu eigenen wissenschaftlichen Untersuchungen geblieben wäre, wenn sich diese auf umfangreiche Experimente oder zeitraubende Rechnungen gestützt hätten, so zog er allmählich mehr und mehr solche Arbeiten vor, die sich ohne größeren äußeren Apparat im Studierzimmer erledigen lassen, d. h. er wurde Theoretiker. Diesem Umstande verdanken wir es, daß VON BEZOLD während der letzten 20 Jahre grundlegende theoretische Arbeiten aus dem Gebiete der „Physik der Atmosphäre", als welche er die Meteorologie aufgefaßt wissen wollte, geleistet und speziell die Grundzüge zu einer Thermodynamik der Atmosphäre gegeben hat.

Vorher veröffentlichte er aber noch einige Arbeiten, die sich zum Teil an diejenigen der Münchener Periode anschließen oder doch deren Charakter tragen.

Die schon 1883 von ihm erwiesene Möglichkeit, an TOMLINSONschen Kohäsionsfiguren stationäre Strömungen, die durch kleine Temperaturdifferenzen bedingt werden, sichtbar zu machen, hatte ihn dazu geführt, diese Versuche auf rotierende Flüssigkeiten auszudehnen, um Anhaltspunkte für das Verhalten der Wirbelbewegungen in der Atmosphäre zu gewinnen. Er kam zu dem Schluß, daß nahe dem Zentrum einer Zyklone auch herabsteigende Bewegungen möglich wären, und veröffentlichte diese seine letzte Experimentaluntersuchung 1887 in den Sitzungsberichten der Kgl. Preußischen Akademie der Wissenschaften,[26] die ihn das Jahr vorher zu ihrem

Mitgliede gemacht hatte und in deren Schriften von nun an fast alle seine Originalarbeiten erschienen.

Das Jahr darauf, 1888, kam er wieder auf die Gewitterstudien[27] zurück und untersuchte, da er schon früher glaubte, gesetzmäßige Beziehungen zwischen der Häufigkeit der Gewitter und der Sonnenflecke gefunden zu haben, ob sich nicht eine mit der Dauer der Sonnenrotation zusammenfallende, nahezu 26tägige Periode der Gewitter erkennen lasse, wie sie für verschiedene erdmagnetische Elemente konstatiert worden war. Aus achtjährigen Beobachtungen in Bayern und Württemberg ergab sich ein Einfluß der Sonnenrotation, insofern am 4. und 21. Tage Maxima, am 1. und 12. Tage Minima auftraten. Da aber später schwedische Untersuchungen zeigten, daß diese 26tägige Periode, aus verschiedenen Jahrgängen berechnet, erheblich anders ausfällt und daß sich ebensogut Perioden von 25, 26, 27 und 31 Tagen nachweisen lassen, nahm er übereinstimmend mit einer von Köppen aufgestellten Hypothese zuletzt an, daß die Inkonstanz der Periode von fortgesetzten Änderungen in der Lage der besonders aktiven Stellen der Sonne herrühre. Danach hätten wir es mit einer Periode von wechselnder Phasenzeit zu tun, die deshalb für die erhofften Zwecke der Wetterprognose kaum verwendbar wäre. Doch darf diese Frage noch nicht als abgeschlossen gelten.

In demselben Jahre 1888 legte von Bezold unter dem Titel „Zur Thermodynamik der Atmosphäre" der Akademie der Wissenschaften eine erste Mitteilung vor, der in den folgenden zehn Jahren noch vier weitere sich anschlossen.[28] Diese bahnbrechenden Arbeiten haben seinen Ruhm als theoretischer Meteorologe begründet und zum ersten Male in ausgedehntem Maße eine rein physikalische Auffassung in viele Fragen der Meteorologie hineingetragen. Zwar war schon seit Jahrzehnten — am erfolgreichsten von unserem Altmeister Julius Hann — die mechanische Wärmetheorie zur Erklärung gewisser atmosphärischer Vorgänge mit Nutzen angewandt worden, doch hatte man von ihr noch keinen so allgemeinen Gebrauch gemacht, weil die sehr verwickelten Formeln, zu denen sie trotz manchen vereinfachenden Voraussetzungen führte, der Abstraktion von Schlußfolgerungen große Schwierigkeiten bereitete. Da kam wieder die methodologische Gewandtheit von Bezolds zu Hilfe, indem er eine höchst fruchtbare Darstellungsweise in die Meteorologie einführte, mit der er sich schon als Professor der technischen Physik in München hatte beschäftigen müssen. Sie rührt von dem französischen Ingenieur Clapeyron her, der zuerst 1843 bei der Maschinenlehre Gebrauch von ihr machte, und besteht in einem einfachen graphischen Verfahren, welches gestattet, schon aus der Gestalt des Kurvenbildes wichtige Folgerungen zu ziehen.

Der Gegenstand erlaubt es nicht, ohne Zeichnungen und Formeln eine nähere Analyse des Inhaltes dieser fünf Abhandlungen hier zu geben. Ich muß mich vielmehr auf eine allgemeine Würdigung derselben beschränken. Ihr hoher Wert liegt zunächst in der Methode und dem an einzelnen Fällen, wie dem Föhn, dem Luftaustausch zwischen Zyklone und Antizyklone, der Wolken- und Niederschlagsbildung, erbrachten Nachweis ihrer Fruchtbarkeit. Dabei werden weniger neue Gesetze und Beziehungen atmosphärischer Erscheinungen gefunden, die nicht schon aus den Beobachtungen direkt bekannt geworden wären, als vielmehr diese in einen engeren physikalischen Zusammenhang gebracht, so daß man viele allgemeine Gesichtspunkte gewinnt. Andererseits wird zum ersten Male auf die hohe Bedeutung gewisser Zustände der Atmosphäre, wie Übersättigung und Überkaltung, für die Gewitter- und Hagelbildung, eingehend hingewiesen, sowie die Vorgänge an den Oberflächen der Wolkenschichten erfolgreich mit in den Kreis der Betrachtung gezogen.

Sodann aber führen diese VON BEZOLDschen Arbeiten zu einer Reihe von neuen Begriffen, die sich nicht bloß für die Meteorologie, sondern auch für die Physik bedeutungsvoll erweisen. So unterscheidet er von den streng adiabatischen Vorgängen die pseudoadiabatischen, wenn das in aufsteigenden Luftströmen durch Kondensation gebildete Wasser herausfällt. Er macht einen Unterschied zwischen Temperatur und Wärmegehalt der Luft, worunter diejenige Wärmemenge verstanden wird, welche einer gegebenen Luftmenge zuzuführen ist, um sie unter konstantem Drucke von einer Anfangstemperatur auf eine gegebene Endtemperatur zu bringen. Er benutzt ferner vorteilhaft einen zuerst von HELMHOLTZ eingeführten Begriff, den er mit dessen Zustimmung potentielle Temperatur nennt; es ist dies die absolute Temperatur, die ein Körper annimmt, wenn er ohne Wärmezufuhr und Wärmeentziehung auf den Normaldruck gebracht wird. Er spricht endlich von zusammengesetzter Konvektion, wenn bei Wärmeübertragungen neben dem Transport erwärmter oder abgekühlter Körper noch Änderungen des Aggregatzustandes ins Spiel kommen.

So wichtig und zum größten Teil neu alle diese theoretischen Untersuchungen über die Vorgänge in auf- und absteigenden Luftströmen waren, so erhielten sie doch erst die richtige Befruchtung, als sie an der Hand von Beobachtungen in Vertikalschnitten durch die Atmosphäre geprüft, berichtigt und ergänzt werden konnten. Es muß daher als ein besonders glücklicher Umstand bezeichnet werden, daß gerade zu der Zeit, als VON BEZOLD diese Arbeiten beendete, auch die Ergebnisse der Berliner wissenschaftlichen Luftfahrten im wesentlichen abgeschlossen vorlagen, so daß er in einem Schlußkapitel des großen Werkes über diese Fahrten die wichtigsten neuen Beobachtungen unter solchen theoretischen Gesichtspunkten zusammenfassen konnte.[29] Er bedient sich auch hier wieder einer sehr zweckmäßigen graphischen Methode, nämlich der Zustandskurven, und untersucht an ihnen die mittlere Verteilung der meteorologischen Elemente in der Vertikalen, aus deren Übereinstimmung bzw. Abweichungen von den theoretisch berechneten sich neue Schlußfolgerungen ergeben.

Eine wertvolle Ergänzung erhielt diese Arbeit durch die im 13. Bande der Zeitschrift für Luftschiffahrt veröffentlichte Abhandlung „Über die Verarbeitung der bei Ballonfahrten gewonnenen Feuchtigkeitsangaben"[30], in der er neben der „spezifischen Feuchtigkeit", d. h. der in der Masseneinheit Luft enthaltenen Dampfmenge, das „Mischungsverhältnis", d. h. die der Masseneinheit trockener Luft beigemischte Wassermenge, vorteilhaft verwertet.

Ein Kapitel der rein dynamischen Meteorologie behandelt VON BEZOLD in der Arbeit „Zur Theorie der Zyklonen"[31], die bei absichtlicher Beschränkung auf zentrierte Wirbel manche bisherige Anschauungen klärt, wenn sie auch keine eigentliche Theorie gibt, die er erst dann für möglich hält, wenn man die Zyklonen und Antizyklonen in ihrem Zusammenhange mit der allgemeinen Zirkulation der Atmosphäre unter weiten Gesichtspunkten betrachtet. Leider hat er darauf verzichten müssen, eine Lieblingsidee zur Durchführung zu bringen, über die er gern zu diskutieren pflegte, nämlich den gesamten Wärmehaushalt in der Atmosphäre und an der Erdoberfläche einheitlich darzustellen. Er hat aber einen sehr erfolgreichen Anfang dazu gemacht in der 1892 erschienenen Abhandlung über den Wärmeaustausch,[32] in der er zunächst einen Überblick über die hierbei in Betracht kommenden Faktoren gibt, eine Reihe von Leitsätzen aufstellt und zum Teil in mathematische Formeln kleidet und schließlich eine besonders lehrreiche Darstellung des Wärmeaustausches in den obersten Schichten des Erdbodens liefert.

Der Förderung dieses Problems des gesamten Wärmehaushaltes in der Atmosphäre sollte auch die Abhandlung dienen: „Über klimatologische Mittelwerte für ganze Breitenkreise“[33], deren Hauptwert wieder in der zweckmäßigen Methode besteht. Anstatt nämlich diese Werte für Breitenkreise von gleichem Abstande zu berechnen, tat er dies für gleiche Intervalle des Sinus der geographischen Breite, also für Kugelzonen von gleichem Flächeninhalt, wodurch sich viele weitere Rechnungen außerordentlich vereinfachen. Er ist auf diesen Gegenstand noch einmal zurückgekommen in seiner letzten wissenschaftlichen Arbeit, die er 1906 im HANN-Band der Meteorologischen Zeitschrift veröffentlichte.[34]

Bewundern wir in den meteorologischen Arbeiten VON BEZOLDS den Reichtum an neuen Ideen und Gesichtspunkten, die Geschicklichkeit in der Wahl fruchtbarer Methoden, sowie die klare und elegante Darstellungsweise in Schrift wie Bild, so gilt dies nicht minder von den Untersuchungen über den Erdmagnetismus, dem er in den Jahren 1893 bis 1903 sein besonderes Interesse zuwandte. Und wenn sich bezüglich dieser ein englischer Fachmann kürzlich dahin geäußert hat, daß sie „rather a matter of definitions and identifications than of original ideas“ wären, so muß demgegenüber entschieden betont werden, daß VON BEZOLD bei den meisten seiner theoretischen Arbeiten absichtlich von scharf umgrenzten Begriffen alter oder neuer Prägung ausging, mit diesen mathematisch-physikalisch operierte und so zu neuen Feststellungen und Gesetzen gelangte. Speziell aber hat die Einführung von Isanomalen des erdmagnetischen Potentials und deren Zeichnung, sowie die darauf gestützte Zerlegung des Gesamtmagnetismus in einen normalen und anormalen Teil sich so erfolgreich erwiesen, daß hierin ein erfreulicher weiterer Fortschritt in der Theorie zu erblicken ist. Ebenso hat aber auch VON BEZOLDS Wiederaufnahme der grundlegenden SCHUSTERschen Untersuchungen über die tägliche Variation des Erdmagnetismus fördernd und belebend gewirkt; denn er gab darin zuerst eine höchst lehrreiche kartographische Darstellung der Linien gleichen Potentials der täglichen Variation und gelangte unter Verwendung der von ihm astronomisch orientierten Vektordiagramme unter anderem zu dem interessanten Schluß, daß hierbei auch meteorologische Einflüsse maßgebend sein dürften. Jedenfalls haben VON BEZOLDS erdmagnetische Arbeiten einen neuen Impuls zum Ausbau der GAUSSschen Potentialtheorie gegeben, die man vorher in Deutschland eigentlich nur in dem Sinne zu fördern bestrebt war, daß man die Koeffizienten oder GAUSSschen Konstanten in immer größerer Zahl mühsam berechnete, um bezüglich der Verteilung der erdmagnetischen Elemente auf der Erdoberfläche Theorie und Beobachtung möglichst in Einklang zu bringen.

Außer den streng wissenschaftlichen Arbeiten veröffentlichte VON BEZOLD noch in der Zeitschrift „Himmel und Erde“ mehrere allgemeinverständliche Aufsätze über Wolken- und Niederschlagsbildung, sowie über die Meteorologie als Physik der Atmosphäre,[35] die, nach Inhalt und Form gleich vollendet, in weiteren Kreisen das Verständnis für die modernen Anschauungen in der Witterungskunde außerordentlich gefördert haben.

Im Herbst 1906 war es ihm vergönnt, eine seit längerer Zeit vorbereitete Gesamtausgabe seiner Abhandlungen über Meteorologie und Erdmagnetismus[36] erscheinen zu sehen. Sie enthält 20 der rein wissenschaftlichen Arbeiten, zum Teil mit Verbesserungen und kleinen Zusätzen versehen, und wird der Weiterentwicklung seiner Forschungen die größten Dienste leisten.

Die Kaiserliche Akademie der Wissenschaften zu St. Petersburg machte ihn daraufhin zu ihrem korrespondierenden Mitgliede und die Leopoldinisch-Karolinische Akademie Deutscher Naturforscher verlieh ihm die goldene COTHENIUS-Medaille[37]. Daß aber auch schon vorher einem so verdienten Gelehrten gegenüber die Regierungen wie die wissenschaftlichen Körperschaften mit Auszeichnungen nicht kargten, erscheint ganz selbstverständlich. Er gehörte den Akademien in München und Wien, den Gesellschaften der Wissenschaften in Christiania und Göttingen, sowie vielen anderen Vereinen des In- und Auslandes, insbesondere auch den meteorologischen Gesellschaften Englands, Italiens und Österreichs, als auswärtiges oder Ehrenmitglied an. Für alle diese und andere Ehrungen war er von Herzen dankbar und legte Wert auf sie als Anerkennungen seiner Bestrebungen. Am meisten aber fühlte er sich beglückt durch die Huld Seiner Majestät des Kaisers, der ihn öfters bei sich sah und Berichte über neue Forschungen auf meteorologisch-magnetischem Gebiete von ihm entgegennahm.

Der äußere Lebensgang WILHELM VON BEZOLDS in Berlin war ein ruhiger und glücklicher. Seine heitere, liebenswürdige Natur, sowie die geselligen Talente seiner Frau, die sich an die hiesigen Verhältnisse bald gewöhnt hatte, verschafften ihm innerhalb des großen Wirkungskreises, in den er gestellt war, zahlreiche Freunde und Bekannte. Seine Neigung für die bildenden Künste und die in früher Jugend erworbene Liebe zur Alpenwelt, die er alljährlich aufsuchte, um neue Arbeitskraft zu schöpfen, haben ihm viele frohe und genußreiche Stunden verschafft.

Der erste finstere Schatten, der in sein Leben fiel, war der plötzliche Tod seiner Frau im Dezember 1900.

Er war von zarter Konstitution; aber, da er haushälterisch mit seinen Kräften umging, erfreute er sich im allgemeinen einer guten Gesundheit, bis auf die letzten zwei Jahre, in denen sich immer deutlichere Spuren einer schweren Krankheit zeigten. Vergeblich suchte er noch im Sommer 1906 Heilung in Bad Gastein, wo schon eine ernste Krisis eintrat, über deren Tragweite er sich glücklicherweise nicht recht bewußt wurde; im Herbste bemühte er sich, die gewohnte Tätigkeit wieder aufzunehmen, doch von Weihnachten ab war er meist ans Bett gefesselt, bis ihn am 17. Februar dieses Jahres ein sanfter Tod hinwegnahm.

Damit war ein schönes, glückliches und reich gesegnetes Leben zum Abschluß gekommen.

Die Meteorologie verliert in WILHELM VON BEZOLD einen ihrer bedeutendsten Vertreter, gleich verdient durch eigene wissenschaftliche Arbeiten wie durch organisatorische Leistungen, die Physik einen erfolgreichen Forscher, die wissenschaftliche Aeronautik einen ihrer besten Berater und Förderer. Wir alle aber, meine Herren, die wir in ihm einen Freund oder Kollegen, einen Lehrer oder Meister verloren haben, und in deren Herzen er sich schon bei Lebzeiten ein unvergängliches Denkmal der Liebe und Dankbarkeit aufgerichtet hat, wir werden sein Gedächtnis für alle Zeit wahren und hoch in Ehren halten.

Antrittsrede von August Kundt (1839-1894)
Erwiderung von Emil Du Bois-Reymond

gehalten in der Akademie der Wissenschaften
am 4. Juli 1889

Gefühle sehr mannigfacher Art sind es, die den bewegen müssen, der, wie ich, seine ganze wissenschaftliche Ausbildung in Berlin genossen hat und nun nach zwanzigjähriger Abwesenheit zurückkehrt,[1] als Lehrer eintritt in die Universität, der er als junger Student angehörte, dem jetzt die Akademie der Wissenschaften die hohe Ehre erweist, ihn in ihren Schoß aufzunehmen.

Muß ihn nicht vor allem ein Gefühl der Dankbarkeit erfüllen gegen die Männer, die ihn zu jener Zeit in die Wissenschaft einführten, von denen manchen jetzt noch wieder zu begrüßen ihm vergönnt ist; der Dankbarkeit aber auch gegen das gütige Geschick, das ihn bis zu diesem Ziele leitete, denn nicht jedem, so ernst, so eifrig auch sein Streben sein mag, schließt sich der Kreis der wissenschaftlichen Laufbahn in gleicher Weise.

Doch ziemt es nicht der jetzigen Stunde, diesen und anderen mich bewegenden Gefühlen Ausdruck zu geben. Ich will dem Herkommen gemäß, einen Blick auf meine Wissenschaft und ihre Erweiterung in den letzten Dezennien werfen, um dabei zugleich den Kreis zu umgrenzen, innerhalb dessen ich es nur vermag, am Ausbau derselben mitzuarbeiten, entsprechend meiner Neigung und meinem Können.

An die großen Entdeckungen in der Physik um die Wende des vorigen und im Anfang dieses Jahrhunderts schlossen sich in wechselnder Folge und gegenseitiger Ergänzung ein reicher Ausbau der Theorien, und eine ungeahnte Erweiterung unserer Kenntnis der Tatsachen.

Die für einzelne Klassen physikalischer Erscheinungen entwickelten Theorien standen aber fast unvermittelt nebeneinander; es fehlte an allgemeinen, verknüpfenden, zusammenfassenden Ideen. Da wurde um die Mitte des Jahrhunderts das große Gesetz von der Erhaltung der Kraft ausgesprochen. Mit einem Schlage kam Zusammenhang in die Erscheinungen, die disjecta membra[2] fügten sich zu einem lebensvollen Ganzen. Derjenige, der das Gesetz zuerst in seiner allgemeinen mathematischen Form gab, schloß seine Abhandlung mit den Worten: „daß die vollständige Bestätigung dieses Gesetzes wohl als eine der Hauptaufgaben der nächsten Zukunft der Physik betrachtet werden müsse"[3].

Diese Prophezeiung des größten jetzt lebenden Forschers auf physikalischem Gebiet ist voll und ganz in Erfüllung gegangen. Die mathematische Physik ist wesentlich auf Grundlage dieses Gesetzes in wunderbarer Weise erweitert und vertieft worden. Hierzu trug nicht wenig bei, daß sich bald an das Gesetz von der Erhaltung der Energie ein zweites allgemeines Prinzip anschloß, der von CLAUSIUS und WILLIAM

SB 1889, 2, S. 679—683 und S. 683—685.

Thomson ausgesprochene sogenannte zweite Hauptsatz der Wärmetheorie. Es ergab sich, daß derselbe nicht bloß für die spezielle Wärmelehre, sondern nach den verschiedensten Richtungen hin von fundamentaler Bedeutung ist. Außerdem wurden andere Gebiete der mathematischen Physik entwickelt, die zwar mit den eben erwähnten Sätzen nicht in direktem Zusammenhang stehen, die aber darum nicht minder wichtig sind. Ich will nur erinnern an die Umwälzung unserer Anschauungen in der Elektrizitätslehre.

Die hervorragendsten Physiker wandten sich mit Vorliebe der Theorie zu, und fast konnte es scheinen, als ob der experimentellen Forschung der Boden entzogen sei, als ob die mathematische Zusammenfassung der Erscheinungen, schon in nächster Zukunft, wenn auch nicht die einzige doch die bei weitem wesentlichste Aufgabe der Physik wäre.

Nicht ist es hier der Ort, an alle die Männer zu erinnern, die an dieser Ausbildung der mathematischen Physik mitgearbeitet haben, doch kann ich nicht umhin, pietätvoll zweier Forscher, Mitglieder unserer Akademie, zu gedenken, die uns der Tod vor kurzem entrissen, deren Verlust wir noch lange tief beklagen, Gustav Kirchhoff, den genialen Meister in der mathematischen Behandlung der Physik, und Rudolph Clausius, den hervorragenden Mitbegründer der modernen Wärmetheorie.

Eine jede Theorie bedarf der Prüfung an den Tatsachen der Erfahrung. Da eine solche nur an Vorgängen möglich ist, die einer exakten Messung zugänglich sind, so ist das Bedürfnis genauer und wissenschaftlich kritischer Messungen physikalischer Größen immer mehr gewachsen. Während ehedem diese Messungen von den an den Universitätslaboratorien Arbeitenden ausgeführt wurden, sind jetzt verschiedene von den Universitäten getrennte Staatsinstitute gegründet, ist ein großes internationales Büro[4] gebildet worden, denen die Ausmittelung der wichtigsten physikalischen Maße und Konstanten zufällt. Für Deutschland hat dies Bestreben seinen großartigen Abschluß in der Errichtung der physikalisch-technischen Reichsanstalt gefunden. Die Mittel und Ausstattungen dieser Institute sind derartige, daß es den Leitern der Universitätslaboratorien kaum noch möglich ist, auf dem Gebiete der wissenschaftlichen Messung mit jenen in Wettkampf zu treten.

Was bleibt aber dann an eigentlicher Forscherarbeit den physikalischen Laboratorien der Universitäten und ihren Leitern, kann man fragen? Diese Institute sollen zwar einerseits Lehrzwecken dienen, aber die Absicht bei ihrer Errichtung ist jedenfalls gewesen, daß sie auch Pflegestätten der wissenschaftlichen Forschung bleiben sollen. Der theoretische Physiker bedarf ihrer kaum, die Aufgaben der physikalischen Messung sind ihnen durch die anderen für diese Messungen gegründeten Staatsinstitute zum großen Theil entzogen.

Es bleibt trotzdem den experimentellen Physikern in ihren Laboratorien noch ein weites und wichtiges Gebiet der Forschung, das nicht brach liegen darf, wenn die Wissenschaft selbst nicht verdorren soll.

Vergleichen wir die letztere einem großen Lande, von dem erst ein kleiner Teil bebaut ist, der andere unerforscht daliegt, dann bleibt jenen die Arbeit des Pioniers, der der Kultur vorangehen muß, es bleibt das experimentelle Vordringen in das Gebiet bisher unbekannter Tatsachen, das Schaffen neuer Wege zur Ermittlung derselben. Und da das Gebiet der Wissenschaften unendlich ist, so liegen, wie schnell auch die messende Ausarbeitung, wie schnell die Theorie folgen mag, immer neue unerforschte Strecken vor dem Experimentator, die er urbar zu machen hat.

Es wäre töricht, wenn derselbe hierbei nicht alle die Einsicht, alle die Hilfsmittel, welche ihm die Theorie gibt, sorgsam berücksichtigen und benutzen wollte. Er wäre vergleichbar dem Ansiedler auf fremden Boden, der glaubte seinen Zweck am besten erreichen zu können, wenn er alle Hilfsmittel des Wissens und der Technik unserer Kultur hinter sich ließe. Der experimentelle Physiker heutiger Zeit wird sogar nur dann auf einen Erfolg seiner Mühen rechnen können, wenn er sich die Richtungen, in denen er vordringen will, wenigstens in großen Zügen, von der Theorie weisen läßt. Andererseits ist aber gerade bei dem jetzigen Stande der Physik seine Arbeit nicht bloß eine dankbare, sondern auch eine sehr bedeutungsvolle und wichtige, denn wie mir scheint, bedürfen wir sehr einer Erweiterung der Tatsachen, um verschiedene fundamentale Theorien besser zu stützen oder in neue Bahnen zu lenken.

Meine Neigung hat mich von Anfang an und immer mehr auf dies Gebiet der experimentellen Arbeit geführt. Für dieselbe gehört aber nicht bloß Neigung, sondern auch eine ernste anhaltende Schulung. Muß doch der Experimentator nicht allein eine Anzahl der verschiedensten technischen Fertigkeiten sich von vornherein erwerben, sondern auch vor allen Dingen ein Urteil darüber gewinnen, was ihm eine ausgebildete Technik an Hilfsmitteln bieten kann.

Wenn ich meiner eigenen Ausbildung nach dieser Richtung gedenke, wie könnte ich da des Mannes hier vergessen, der mich an seiner sicheren erfahrenen Hand Jahre lang geleitet hat, Gustav Magnus. Von zwei Mitgliedern unserer Akademie sind meisterhafte Schilderungen seines Seins und Wirkens entworfen; es wäre vermessen, wollte ich denselben hier noch etwas hinzufügen. Nicht unterlassen aber kann ich es, dem Gefühl der persönlichen Dankbarkeit Ausdruck zu geben gegen den Verstorbenen, das langjährige tätige Mitglied unserer Akademie, für die freundliche und stets hilfsbereite Liebe, mit der er mich in den Jahren meines Studiums geführt hat.

Als ich das Laboratorium von Magnus verließ, war ich zwar einseitig ausgebildet, wie ich später einsah, als sich mir tiefere Einblicke in die theoretische Physik eröffneten, aber ich nahm eine unwandelbare Liebe zur experimentellen Forschung mit, und eine ernste Schulung in dieser Art von Arbeit. Wenn es mir gelungen ist, auf dem Wege des Experimentierens die Wissenschaft nach einzelnen Richtungen zu fördern und zu erweitern, so verdanke ich die Anregung hierzu voll und ganz meinem langjährigen Lehrer.

Habe ich so eben das Arbeitsgebiet bezeichnet, auf welches mich meine Neigung geführt hat, so ist damit auch der Kreis meines Könnens umgrenzt. Nur auf diesem Gebiet vermag ich weiter zu schaffen.

Ich werde es tun mit allen mir zu Gebote stehenden Kräften, und ich kann nur wünschen und hoffen, daß meine Arbeit nicht erfolglos sein möge, um so der Akademie allmählich den Dank dafür abzutragen, daß sie mich in ihren Kreis aufgenommen hat.

Hr. Du Bois-Reymond, als Sekretar der physikalisch-mathematischen Klasse, antwortete:

Sie haben, Hr. Kundt, von den Gefühlen gesprochen, mit welchen Sie, in diese Körperschaft eintretend, der Tage sich erinnern, da Sie die ersten Schritte in der Laufbahn taten, welche Sie nach Berlin zurück und in unseren Kreis führen sollte. Sie haben das Andenken erweckt an die Männer, welche damals diese Plätze einnahmen, welche schon unsere Lehrer gewesen waren, und deren Anregungen so glücklich noch in Ihnen fortwirken. Gestatten Sie mir, auch meinerseits eine Erinnerung aus jenen Tagen wach zu rufen.

Mir schwebt Ihr Auftreten vor in der physikalischen Gesellschaft, die man nicht mit Unrecht eine Pflanzschule der deutschen Physik genannt hat, und aus der auch Sie hervorgingen. Dort war es, wo Sie vor bald fünfundzwanzig Jahren zuerst Ihre Staubfiguren in longitudinal schwingenden Glasröhren zeigten. An der Neuheit der Tatsachen, der Einfachheit der Mittel, der raschen Sicherheit der Handhabung, der Klarheit und Schärfe der Darlegung, an allen den Eigenschaften, welche noch heute täglich Ihre Zuhörer ergreifen und fesseln, war es leicht zu erkennen, daß in Ihnen eine neue zukunftreiche Kraft das Feld physikalischer Forschung und Lehre beschritt. Wie glänzend hat sich diese Voraussicht erfüllt!

Aus jenem Versuche entwickelten Sie, durch eine Reihe von Arbeiten,[1] deren jede ein wohlberechneter Schritt vorwärts war, eine der merkwürdigsten Methoden der messenden Physik. Daß daraus eine erneute Bestimmung der Schallgeschwindigkeit in den Gasen entsprang; daß Sie auf demselben Wege an den von Ihnen so genannten Luftplatten etwas den CHLADNIschen Klangfiguren Verwandtes darstellten, die man bisher nur an festen Scheiben oder gespannten Häuten kannte:[2] das lag noch in dem absehbaren Bereich der Möglichkeiten. Wer aber hätte ahnen können, was Ihnen ein Jahrzehnt später mit Hrn. WARBURG gelang, daß an der Hand derselben Methode die spezifische Wärme des Quecksilbergases[3] als die kleinste aller bisher bekannten, und den Ermittlungen der Chemie entsprechend das Molekül jenes Gases als kein solches, als ein Atom erkannt werden würde?

Neben der Akustik wandten Sie dann Ihre stets sinnreichen und tief durchdachten Bemühungen der Optik nachhaltig zu. Früh zeigten Sie die Doppelbrechung longitudinal und transversal schwingender Spiegelglasstreifen, später die in bewegten reibenden Flüssigkeiten, in den durch Zerstäuben an der Kathode hergestellten Metallschichten. Ihnen gehört die paradoxe Tatsache der anomalen Dispersion in den Lösungen mehrerer mit sogenannten Oberflächenfarben metallisch glänzender dichroïtischer Körper, sowie im glühenden Natriumdampf. BIOT hatte im Terpentinöldampf die natürliche Zirkumpolarisation seiner Moleküle nachgewiesen. Ihnen war es vorbehalten, mit Hrn. RÖNTGEN zuerst im Schwefelkohlenstoffdampf, dann in Luft, Sauerstoff, Wasserstoff, Kohlenoxyd und Sumpfgas die elektromagnetische Zirkumpolarisation an elastischen Flüssigkeiten darzutun,[4] was FARADAY selber umsonst versucht hatte. Im Gegensatz zu deren verschwindender Größe ermittelten Sie dann ihren ungeheuren Betrag im metallischen Eisen. Ihre jüngste, schon in unserem Kreise mitgeteilte Arbeit löste die beim ersten Blick fast unmöglich scheinende Aufgabe, die Brechungsexponenten so undurchsichtiger Körper wie der Metalle zu bestimmen.[5]

Das sind einige Ihrer Taten, deren wir heute gern gedenken. Ich schweige, denn ich würde kein Ende finden, von Ihren so mannigfaltigen wie zahlreichen Versuchen auf thermischem, elektrischem, magnetischem Gebiete, auf dem der Kapillarität und Diffusion.

Mit einer gewissen Bedenklichkeit ließen Sie vorher fast so sich vernehmen, als bedürfte es einer Rechtfertigung, daß Sie mehr der experimentierenden Richtung sich hingaben, anstatt jenen erhabensten Regionen der mathematischen Physik zuzustreben, in welchen unsere Zeit, unter dem Zeichen der Erhaltung der Kraft, so stolze Triumphe feierte. Allein, was wir an Ihnen besonders hoch schätzen und bewundern, ist eben das schöne Gleichmaß zwischen den beiden Richtungen physikalischer Forschung, in welchem Sie sich bewegen. Neben der unbedingten Beherrschung aller erdenklichen Hilfsmittel und Kunstgriffe der Experimentierkunst knüpfen Sie Ihre Versuchspläne doch immer zugleich an strenge, mathematisch formulierte Schlußfolgerungen. Ihre Arbeit über die Schwingungen der Luftplatten[6] steht als Muster da einer Untersuchung, zu der mathematische Theorie und Versuch einander durchdringen und ergänzen. Ohnehin hoben Sie selber mit Recht hervor, daß das physikalische Experiment, welches neue Tatsachen schafft, das wahre Organ des Fortschrittes unserer Erkenntnis bleibt. Gerade weil die alte, jetzt zur sicheren Theorie verjüngte LEIBNIZsche Doktrin alles natürliche Geschehen so umgrenzt, daß außerhalb derselben nichts vorstellbar, und der Idee nach mit ihr die theoretische Forschung abgeschlossen ist; gerade weil alle unsere Bemühungen nichts mehr vermögen, als in dem gegebenen Rahmen das Abbild der materiellen Welt weiter und feiner auszuführen: gerade deshalb erscheint der von Ihnen so erfolgreich eingeschlagene Weg, wenn auch nicht als der fortan einzig Nutzen bringende, doch als der zunächst am meisten dankbare; denn er ist es, auf welchem die unendliche Fülle der Phänomene unserem nur mit dem Erfahrenen wuchernden Intellekt sich offenbart.

Indem ich Sie, Hr. KUNDT, im Namen der Akademie auf das herzlichste willkommen heiße, die sich von Ihrer noch jugendlich rüstigen Kraft, ihrem Talent, ihrer bewährten Energie reiche Frucht verspricht, liegt es mir nahe, zugleich unsere Freude über die besondere Art auszudrücken, wie Sie der Unsrige wurden. Die gehobenen Verhältnisse dieser Hauptstadt des Deutschen Reiches, verbunden mit der großartigen Freigebigkeit eines aus unserer Mitte,[7] haben es ermöglicht, Sie für Berlin, für uns zu gewinnen neben demjenigen, den Sie den größten lebenden Physiker[8] nannten, und an dessen Stelle, während er selber für die Wissenschaft andere hohe Pflichten übernahm, nun Sie berufen sind, wie einst Ihr Lehrer GUSTAV MAGNUS, bei dem nachfolgenden Geschlecht die begeisterte Liebe zum physikalischen Experiment zu entzünden und zu nähren.

Antrittsrede von Hermann Karl Vogel (1841-1907)
Erwiderung von Arthur von Auwers

gehalten in der Akademie der Wissenschaften am 30. Juni 1892

Der heutige Tag, an welchem ich die Ehre habe, zum ersten Male in Ihrem Kreise dieser akademischen Feier beizuwohnen, bildet einen bedeutsamen Abschnitt in meinem Leben und gibt mir Veranlassung, auf meine bisherige wissenschaftliche Tätigkeit zurückzublicken und die wenigen Bausteine, welche mir vergönnt gewesen ist, zu dem mächtig emporstrebenden Gebäude der Astrophysik hinzuzufügen, auf ihren Wert zu prüfen.

Ich muß bekennen, daß meine ersten Erfolge nicht unwesentlich durch ein Zusammentreffen günstiger Umstände gefördert worden sind. — Nachdem ich mich mehrere Jahre hindurch mit den Methoden astronomischer Forschung vertraut gemacht hatte, konnte ich mich in fast unabhängiger Stellung auf der Sternwarte des Hrn. von Bülow auf Bothkamp mit vollem Eifer auf den sich neu entwickelnden Zweig der Astronomie werfen, unterstützt durch vorzügliche Hilfsmittel und zu einer Zeit, wo noch fast jeder Blick in das Spektroskop Neues und Unerwartetes brachte. Aber schon damals erkannte ich die Gefahr, welche diese verhältnismäßige Leichtigkeit der Gewinnung von Resultaten für die Astrophysik in sich barg, wie sehr dieselbe dazu verlockte, nur immer Neues zu beobachten und mit Hilfe der Phantasie Hypothesen auf Hypothesen zu bauen. Nicht alle Astrophysiker haben dieser Verlockung widerstehen können, und das Ansehen des jungen Zweiges der Astronomie hat daher wiederholt und nicht mit Unrecht gelitten, und wenn ich bis zu diesem Augenblicke mit allen Kräften bestrebt gewesen bin, die bewährte Exaktheit der reinen alten Astronomie in die Astrophysik nach Möglichkeit einzuführen, wenn ich ferner in Verfolg dieses Prinzips mich nicht gescheut habe, durch energische Kritiken andere Forscher auf den mir richtig scheinenden Weg zu verweisen, so glaube ich es als eine Anerkennung wesentlich dieses Strebens, dieses guten Willens betrachten zu müssen, daß ich nunmehr von dieser Stelle aus zu Ihnen sprechen darf.

Es würde aber nicht richtig sein, die Verleihung der akademischen Mitgliedschaft nur als eine Anerkennung vergangener Leistungen aufzufassen, vielmehr habe ich sie als eine Aufforderung anzusehen, die betretenen Bahnen mit noch größerm Eifer zu verfolgen, und die nähere Verbindung mit Ihnen zur Förderung meiner Arbeiten zu benutzen. Aus diesem Grunde fühle ich mich verpflichtet, Ihnen in kurzen Worten eine Darlegung der wichtigsten Arbeiten[1] zu geben, die ich für das nächste Jahrzehnt geplant, zum Teil angefangen habe, und im Verein mit meinen Mitarbeitern am Astrophysikalischen Observatorium[2] durchzuführen hoffe.

SB 1892, 2, S. 601—604 und S. 604—606.

Es ist bekannt, welche epochemachende Förderung die Astrophysik, und im besondern die Spektralanalyse der Fixsterne durch die Anwendung der Photographie erfahren hat. Unter Benutzung derselben optischen Hilfsmittel gewährt die Spektralphotographie etwa die zwanzigfache Genauigkeit der Messung gegenüber der direkten Beobachtung am Fernrohr, und als Resultat der in Potsdam zuerst unter Zugrundelegung des DOPPLER-FIZEAUschen Prinzips angewandten neuen Untersuchungsmethode habe ich zu Anfang dieses Jahres nach Abschluß meiner mehrjährigen Untersuchungen einen Katalog der Eigenbewegungen im Visionsradius für 51 der hellsten Sterne des bei uns sichtbaren Himmels aufstellen können.[3] Es erscheint mir als eine der vornehmsten Aufgaben der Gegenwart, diesen Katalog soweit als die mächtigsten z. Zt. herstellbaren Fernrohre gestatten, also auf die etwa 500 Sterne bis zur vierten Größenklasse auszudehnen, und ich habe die begründete Hoffnung, daß in nicht allzu langer Zeit mir die hierzu nötige Verbesserung der instrumentellen Hilfsmittel des Observatoriums gewährt werden wird.

Neben ihrem Hauptzweck, der Vervollständigung unserer Kenntnis der Eigenbewegungen der Fixsterne, haben diese spektrographischen Bewegungsbestimmungen zu dem Nachweis einer bis dahin nur hypothetisch als ausnahmsweise vorkommend angenommenen Klasse von Doppelsternen geführt, deren Eigentümlichkeit in einem außerordentlich geringen Abstand der beiden Komponenten besteht, so daß Berührungen der die Körper umgebenden Atmosphären fast unvermeidlich erscheinen, und daß keine optische Vorrichtung mächtig genug gedacht werden kann, die Komponenten je einzeln zur direkten Sichtbarkeit zu bringen. Gewisse Beziehungen dieser Systeme zu den sogenannten neuen Sternen, vor allem auch ihre verhältnismäßige Häufigkeit — unter den 50 hellsten Sternen des bei uns sichtbaren Himmels sind allein 4 solcher Systeme bereits mit Sicherheit erkannt —, scheinen darauf hinzudeuten, daß diese engen Doppelsterne in der Fixsternwelt eine weit wichtigere Rolle spielen, als man noch bis vor kurzen annehmen konnte, und die Erforschung dieser Verhältnisse verspricht daher von großer Bedeutung zu werden.

Mit den soeben angeführten Beobachtungen geht Hand in Hand eine detaillierte Untersuchung der Sternspektra selbst, von der ebenfalls wichtige Aufschlüsse erwartet werden können.

In bezug auf die mit der Spektralanalyse eng verbundene Astrophotometrie habe ich hervorzuheben, daß an dem Astrophysikalischen Institut bereits seit einigen Jahren eine grundlegende Helligkeitsbestimmung aller Fixsterne des nördlichen Himmels bis zur 7. Größenklasse im Gange ist. Diese umfangreiche Untersuchung[4] wird mit dem ZÖLLNERschen Photometer ausgeführt, und ihre Vollendung wird noch etwa ein Jahrzehnt in Anspruch nehmen.

Auf dem im engern Sinne astrographischen Gebiet ist das Observatorium an dem internationalen Unternehmen, der Herstellung einer allgemeinen photographischen Himmelskarte mit einer 8 Grad breiten Zone des Himmels beteiligt;[5] die Arbeit selbst hat vor kurzem ihren Anfang genommen, nachdem die meisten allgemeinen hierzu notwendigen Vorarbeiten von uns ausgeführt worden waren. Diese Arbeit wird voraussichtlich zehn Jahre in Anspruch nehmen, wobei jedoch das Instrument auch nebenher zu kleineren Arbeiten von besonderem Interesse benutzt werden soll; als solche werden in erster Linie Parallaxenbestimmungen von Fixsternen und Nebelflecken und Ausmessungen von Sternhaufen vorzunehmen sein.

Dies dürfte in Kürze das Wesentlichste der von mir und meinen Mitarbeitern zunächst auszuführenden Forschungen sein. — Wenn es mir vergönnt sein wird, Ihnen von Zeit zu Zeit Resultate vorlegen zu können, so bin ich überzeugt, Ihnen auf diese Weise den Dank für die mir erwiesene Anerkennung und Ehre, die mir durch die Ernennung zum ordentlichen Mitgliede der Akademie der Wissenschaften zuteil geworden ist, am besten abzustatten, besser als dies für den Augenblick noch weitere Worte zu tun vermöchten.

Hierauf antwortete Hr. AUWERS, indem er an die Einleitung der zuvor gehaltenen Festrede anknüpfte, folgendes:

Sie haben mit Recht hervorgehoben, Hr. VOGEL, daß eine besonders günstige Konstellation Ihrem Eintritt in die astronomische Forschungstätigkeit geschienen hat. Was vor vierhundert Jahren der alten Welt COLUMBUS' Entdeckung Amerikas war, das ist in unseren Tagen für die Astronomie GUSTAV KIRCHHOFFS Begründung der Spektralanalyse gewesen. Von ihr gilt gleichmäßig A. v. HUMBOLDTS Wort: sie vergrößerte mit einem Male die Gesamtmasse der Ideen, welche bis dahin den Besitz der gelehrten Forschung bildeten — noch einmal überraschte die Beobachter die Wirkung, durch welche 250 Jahre vordem die Erfindung des Fernrohrs ihre Vorgänger in tägliches Staunen versetzt hatte. Es konnte nicht fehlen, daß die Fülle des Neuen zunächst Verwirrung ergab, daß die neuen Ideen sich einstweilen wild und in manchmal phantastischen Sprüngen durcheinander tummelten, und zehn Jahre nach KIRCHHOFFS Entdeckung durfte an hervorragender Stelle die Frage aufgeworfen werden, ob die Astrophysik Astronomie sei, die Aussicht habe, in absehbarer Zeit ein Teil der Astronomie zu werden. Das Bedürfnis war dringend geworden, daß sich der neuen Disziplin Forscher zuwendeten, welche vertraut mit den hohen Anforderungen der alten exakten Astronomie, bewährt in der Anwendung ihrer präzisen Methoden, von Anlage und Gewöhnung abhold jeder phantastischen Spekulation, und eingedenk des BESSELschen Ausspruchs, daß es der Astronomie auf dem hohen Stande ihrer Ausbildung unwürdig sei, noch andere als völlig sichere Schritte vorwärts zu tun, ihre Lebensaufgabe darein setzten, die durch das Spektroskop erschlossenen Gebiete planmäßig ebensowohl in weitestem Umfange umfassend als in das feinste zugängliche Detail eingehend zu durchforschen, um den Boden für den Bau einer neuen Wissenschaft zu ebnen und tragfähige, sichere Fundamente für diesen Bau herzustellen.

Das war die dankbare Aufgabe, welche Sie vorfanden, zu deren Lösung Sie so wohl befähigt waren und die Munifizenz eines für Astronomie begeisterten Mannes Ihnen in völlig unabhängiger Forscherstellung die besten und mächtigsten damals in unserm Vaterlande überhaupt vorhandenen Mittel zur Verfügung stellte — wenn Sie aber recht tun, diesen günstigen Umständen dankbar zu sein, welche von vornherein Ihnen große und glänzende Erfolge in sichere Aussicht stellten, so hat die Wissenschaft nicht minder Ursache, Ihnen wahrhaft dankbar zu sein für die Art und Weise, wie Sie diese günstigen Umstände verwertet, wie Sie durch Umsicht und Planmäßigkeit in der Anlage, durch Energie und Sicherheit in der Durchführung Ihrer Forschungen im Laufe von zwei Jahrzehnten neue Gebiete von unermeßlicher Ausdehnung nunmehr unlöslich dem alten festbegründeten Reiche der Astronomie einverleibt, der sicheren Herrschaft ihrer exakten Methoden endgültig unterworfen haben.

Dies war das einer Lebensarbeit wohl würdige Ziel, welches Sie am Beginn Ihrer Bothkamper Tätigkeit[1] sich stecken durften. Aber darüber längst hinaus ist die astrophysikalische Forschung bereits überhaupt für die Astronomie von Wichtigkeit geworden: schon hat sie sich auf das höchste Problem derselben, auf die Erforschung der Anordnung des Weltsystems gerichtet und den alten Methoden seiner Behandlung neue an die Seite gestellt, welche gerade empfindliche Lücken der bisherigen Behandlung ausgefüllt haben, und den besondern Vorteil gewähren, dem so überwiegend auf die Arbeit für späte Geschlechter angewiesenen astronomischen Forscher mit teilweise unmittelbar faßbaren Ergebnissen zu lohnen. Daß diese neuen Methoden heute wirksame und den alten ebenbürtige Hilfsmittel der Forschung sind, auch dies ist zu wesentlichem Teile Ihr Verdienst; und bei aller Anerkennung der außerordentlichen Bedeutung der ungeheueren Sammelarbeit, für welche Hrn. PICKERINGS seltenes Organisationstalent die fast unbegrenzten der Cambridger Sternwarte zufließenden Mittel zum Besten der Durchforschung des gesamten astrophysikalischen und der angrenzenden astronomischen Gebiete zu verwerten versteht,[2] bin ich nicht zweifelhaft, die soeben unter Ihrer Leitung auf dem Potsdamer Observatorium vollendete Arbeit über die Bewegung der helleren Sterne des nördlichen Himmels in der Gesichtslinie[3] als die wichtigste und wertvollste zu bezeichnen, welche in gegenwärtiger Zeit überhaupt in der Astronomie ausgeführt werden konnte. Ebenso wenig bin ich zweifelhaft, die Ausdehnung dieser Arbeit auf eine nach aller Möglichkeit vervielfachte Anzahl von Sternen — und gleichmäßig auf die südliche Himmelshälfte — als die wichtigste astronomische Aufgabe absehbarer Zukunft zu bezeichnen.

Der reiche Arbeitsplan, welchen Sie außerdem für das große seit zehn Jahren Ihrer Leitung unterstellte Institut aufgestellt haben, verspricht weitere wichtige Ergebnisse ebensowohl auf dem spezifisch astrophysikalischen Gebiet, als für die astronomische Beobachtungskunst überhaupt durch die Ausbildung der neuen, auf die großen neuerlichen Fortschritte der photographischen Technik gegründeten Beobachtungsmethoden, welche nicht minder wie sie sich in der Astrophysik bereits mit überraschendem Erfolge bewährt haben, so auch bei den alten Aufgaben der astronomischen Ortsbestimmung die bisher angewandten Mittel sehr wirksam zu ergänzen, für manche besonders schwierige Fälle mit sicherm Erfolg zu ersetzen berufen erscheinen.

Die Errichtung unseres Astrophysikalischen Observatoriums[4] ist, ebenso wie die Wissenschaft sie den Erfolgen Ihrer Bothkamper Arbeit zu danken hat, wiederum für Ihre wissenschaftliche Laufbahn ein besonders glücklicher Umstand gewesen, indem dieselbe Ihnen die dauernde Möglichkeit gegeben hat, unbeansprucht von anderweitigen Verpflichtungen sich ganz und mit vermehrten Hilfsmitteln der Fortsetzung Ihrer rein wissenschaftlichen Forschung hinzugeben. Aber eine Gefahr birgt die abgeschiedene Waldeseinsamkeit, in welcher Ihr schönes Institut Ihnen gerade diese köstliche Freiheit sichert, wiederum in sich, die Gefahr einer wissenschaftlichen Isolierung, welche der Astrophysiker um so schwerer empfinden muß, je innigere Berührungen sein Fach mit den Arbeiten des Astronomen der alten Schule, des Physikers, des Chemikers von Haus aus hat und in fortschreitender Entwicklung reichlicher gewinnt. Indem ich Sie heute als Mitglied unseres Kreises, als Genossen unserer gemeinsamen Arbeit willkommen heiße, darf ich diese Gefahr als verschwunden ansehen, und meine besondere Freude darüber aussprechen, daß die Akademie, indem sie Sie zum Mitgliede gewählt hat, nicht bloß eine einfache Schuld der Dankbarkeit für Ihre bereits geleistet wissenschaftliche Arbeit abgetragen hat, sondern Ihnen zugleich für die Zukunft noch vermehrte Gewähr weitern Erfolges in der vergrößerten Freudigkeit und Sicherheit der Arbeit gibt, mit welcher, wie Sie es uns sagen und wir es gerne von Ihnen hören, die Zugehörigkeit zu unserm Verein Sie erfüllt.

Antrittsrede von Max Planck (1858-1947)

gehalten in der Akademie der Wissenschaften am 28. Juni 1894

In die Empfindung der Freunde und des Dankes, die mir das Bewußtsein der hohen Ehre erweckt, der Akademie der Wissenschaften fortan als Mitglied angehören zu dürfen, mischt sich ein Gefühl tiefer Wehmut, wenn ich des teuren, auch dieser Versammlung viel zu früh entrissenen Mannes gedenke, welcher vor nun fünf Jahren an eben dem Feste, das wir heute begehen, in seinen Antrittsworten von dieser Stelle aus den gegenwärtigen Stand und die nächsten Aufgaben der Experimentalphysik geschildert hat.[1]

Mich haben Neigung und Fähigkeiten von jeher auf die theoretische Forschung gewiesen, das einzige Gebiet, auf welchem ich auch in Zukunft Nützliches zu wirken hoffen kann.[2] Dem theoretischen Physiker sind in der Gegenwart ungleich schwerere Aufgaben gestellt, als noch vor einem Menschenalter. Damals gab es für jeden, der in der exakten Naturwissenschaften nach großen, einfachen Gedanken, nach einer zusammenfassenden Naturanschauung suchte, nur ein einziges fest bestimmtes, durch das eben entdeckte Energieprinzip zum ersten Mal als erreichbar hingestelltes Ziel: die Zurückführung aller Naturvorgänge auf Mechanik. Viele reiche Erfolge hat diese Losung bereits der Wissenschaft eingetragen, und wenn auch die kühne Hoffnung, daß es gelingen werde, jede einzelne Molekel oder gar jedes Atom auf seinen Bahnen messend zu verfolgen, sich nicht verwirklichen konnte, so hat doch in dem regellosen Gewirr der schon in den kleinsten wahrnehmbaren Gasräumen nach Billionen zählenden Molekeln die statistische Methode wertvolle und unerwartete Aufschlüsse über den Zusammenhang mancher bis dahin unvermittelt nebeneinanderstehenden Tatsachen geliefert.

Heutzutage ist in diesem direkt nach dem höchsten Ziel gerichteten Streben ein Stillstand, eine gewisse Ernüchterung eingetreten. Stellt schon die mathematische Analyse dem weiteren Vordringen in so verwickelte Bewegungsarten zum Teil unüberwindliche Schwierigkeiten entgegen, so ist dafür hauptsächlich doch noch eine tiefer liegende Ursache vorhanden. Nicht als ob sich irgend ein Umstand gezeigt hätte, welcher die Lösbarkeit des Problems der Zurückführung auf Mechanik in einem Punkte in Frage stellte, etwa dadurch, daß die Begriffe der Mechanik nicht ausreichten, um die ganze bunte Mannigfaltigkeit der Naturerscheinungen zu bewältigen — gerade das Gegenteil ist der Fall: das Problem erscheint, je tiefer gefaßt, um so vieldeutiger. Es gibt heute nicht ein einziges bestimmtes, sondern vielmehr eine Anzahl ganz verschiedenartiger mechanischer Modelle, von denen jedes den Verlauf

---

SB 1894, 2, S. 641–644.
Die Erwiderung von A. von Auwers ist nicht in den Schriften der Akademie überliefert.

der einzelnen pysikalischen Vorgänge, soweit wir ihn gegenwärtig beurteilen können, widerzuspiegeln beansprucht; alle sind höchst kompliziert, und keines besitzt entscheidende Vorzüge vor den übrigen. Der Forscher also, der sich mit dem näheren Stumdium eines speziellen von ihm bevorzugten Modells beschäftigt, kann dem unbefriedigenden Gefühl nicht entgehen, daß die Schwierigkeiten, mit denen er dabei zu kämpfen hat, vielleicht nicht der Natur der Sache, sondern einer Unzweckmäßigkeit der von ihm getroffenen Auswahl entspringen.

Eine Entscheidung können bei dieser Lage der Dinge nur neue allgemeine Ideen bringen, und solche müssen von anderer Seite herkommen, sie müssen durch Einführung neuer Postulate dazu verhelfen, den Kreis der Möglichkeiten weiter zu beschränken und so unter der Fülle der Vorstellungen, welche die mechanische Anschauung an und für sich noch zuläßt, eine engere Wahl zu gestatten. Ein derartiges Postulat, welches, obwohl schon alt, besonders durch die jüngsten Entdeckungen auf dem Gebiet der Elektrodynamik erheblich an praktischer Bedeutung gewonnen hat, ist die Ausmerzung von solchen Kräften, die ohne Vermittelung eines Zwischenmediums auf endliche Entfernungen hin wirken. Der hierdurch bedingten großartigen Vereinfachung der Naturanschauung ist nur diejenige zu vergleichen, welche die Physik schon seit mehreren Jahrhunderten durch die Abschaffung des *Zweck*begriffs erzielt hat, insofern hierdurch in ähnlicher Weise die Annahme eines direkten, durch keine Zwischengeschichte vermittelten Zusammenhangs zwischen zwei zeitlich getrennten Vorgängen aufgehoben wurde. Indes von der Aufstellung des Postulates bis zu seiner Durchführung ist ein weiter Weg. Wie in den kosmischen Räumen, so beherrscht in der molekularen Welt die Vorstellung der Anziehung und Abstoßung entfernter Massenpunkte noch heute die meisten Spekulationen, und man muß gestehen, daß der hierfür von einigen Seiten angebotene Ersatz einstweilen noch keineswegs genügt.

Es hat sich daher neuerdings in der physikalischen Forschung auch das Bestreben Bahn gebrochen, den Zusammenhang der Erscheinungen überhaupt gar nicht in der Mechanik zu suchen, indem man die verschiedenen Fäden nicht erst in dem letzten, höchsten Punkte, wo sie allerdings schließlich alle zusammenlaufen müssen, sondern schon früher passend verknüpft. Die ganze neuere Entwicklung der Thermodynamik hat sich unabhängig von der mechanischen Theorie, einzig auf Grund der beiden Hauptsätze der Wärmelehre, vollzogen, auch die fundamentalen Beziehungen zwischen Elektrodynamik und Optik, zwischen Galvanismus, chemischer Affinität und Thermodynamik sind gefunden worden ganz ohne Rücksichtnahme auf die mechanische Natur der betreffenden Vorgänge. Ebenso steht zu hoffen, daß wir auch über diejenigen elektrodynamischen Prozesse, welche direkt durch die Temperatur bedingt sind, wie sie sich namentlich in der Wärmestrahlung äußern, nähere Aufklärung erfahren können, ohne erst den mühsamen Umweg durch die mechanische Deutung der Elektrizität nehmen zu müssen. Als fester Ausgangspunkt bleiben dann allerdings nur wenige Sätze zurück, vor allem das universale Energieprinzip.

Fast könnte es nach allem diesem den Anschein erwecken, als ob sich die gegenwärtige Richtung in der Physik von der mechanischen Naturauffassung entferne, oder wenigstens ihrer entbehren können; indes wäre eine solche Anschauung doch nur in beschränktem Sinne richtig. Denn wie auch die Forschung ihre Methoden wechseln mag, immer stellt sie nur eine Vorarbeit dar zur Erreichung des für alle Zeiten unverrückbar feststehenden Zieles, welches in der Herstellung des einen großen

Zusammenhangs aller Naturkräfte beruht. Die innigste Form des Zusammenhanges aber — diejenige, ohne welche sich unser Erkenntnistrieb niemals ganz zufrieden geben wird —, liegt eben nur in der Identität, und diese wird sich auf keinem physikalischen Gebiet besser durchführen lassen als in der Mechanik.

Der Anteil des Theoretikers an derartigen Fortschritten ist freilich immer nur ein beschränkter. Er kann durch seine Arbeit wohl die Richtung anweisen helfen, und kann auch hinterher manche in den beobachteten Tatsachen enthaltene Lücke ausfüllen, aber das ganze Material, mit dem er arbeitet, muß ihm schließlich immer erst durch die Kunst des Experimentators zugeführt werden. Und doch ist seine zusammenfassende Tätigkeit ebenfalls notwendig, gegenwärtig wohl notwendiger als jemals, weil sie eine Ergänzung darstellt zu der in immer unabsehbarere Weiten sich ausbreitenden Einzelforschung. Die Zeiten sind vorüber, wo in einer einzigen Persönlichkeit das Spezielle und das Allgemeine neben einander bequem Platz finden konnten. Heute bedarf es dazu schon des Riesengeistes, auf den unsere Akademie ihren höchsten Stolz setzt, und in Zukunft müßte das Wunder noch weit größer sein. Daher bleibt nichts übrig, als daß jeder auf seinem Posten das Gebiet, das er sich auserkoren, gewissenhaft durchforscht, und daß die Nachbarn sich vertrauensvoll in die Hände arbeiten.

Mir ist nicht das Glück zuteil geworden, daß ein hervorragender Forscher oder Lehrer in persönlichem Verkehr auf die spezielle Richtung meines Bildungsganges Einfluß genommen hat. Was ich darin gelernt habe, entstammt ausschließlich dem Studium der Schriften unserer Meister, unter denen ich vor allen die Namen HERMANN VON HELMHOLTZ, RUDOLF CLAUSIUS, GUSTAV KIRCHHOFF dankbar in Ehren halte. Habe ich mir durch die heutzutage seltenere Art von Schulung einen verhältnismäßig hohen Grad von Unabhängigkeit des Urteils bewahrt, so ist andrerseits aus demselben Grunde meine Bildung von einer gewissen Einseitigkeit nicht frei geblieben, die ich bedaure, ohne sie nachträglich vollständig beseitigen zu können. Das wenige aber, was ich vermag, werde ich zeit meines Lebens freudig in den Dienst des höchsten wissenschaftlichen Berufes stellen, des Berufes dieser Akademie, und damit zugleich mich des Vertrauens wert zu zeigen suchen, welches Ihr Wohlwollen mir bewiesen hat.

Diese Rede wurde von Hrn. AUWERS als Sekretar der physikalisch-mathematischen Klasse beantwortet.

Antrittsrede von Friedrich Kohlrausch (1840-1910)

**gehalten in der Akademie der Wissenschaften
am 2. Juli 1896**

Der Berufung in diese hohe Körperschaft muß doppelt dankbar derjenige folgen, welcher ohne sie das gewohnte Arbeiten in einem akademischen Gemeinwesen einbüßen würde. Denn ein solcher Verlust kann durch nichts ausgeglichen werden, auch nicht dadurch, daß man im eigenen Berufsfelde die höchsten Aufgaben, den lehrreichsten Verkehr und die vollkommensten Hilfsmittel findet.

Die Physik ist aus ihrer früheren äußerlich sehr bescheidenen Lage in den letzten Jahrzehnten zu einer anerkannten Stellung ersten Ranges emporgewachsen. Sie verdankt dies einerseits ihrem Unterrichte, dessen vielseitige Bildungskraft für das Denken und das Schaffen von niemandem mehr geleugnet wird. Aber wenn man die Triebfedern auseinander legen würde, welche die Regierungen und Volksvertretungen zu der Bewilligung der vielen Millionen für physikalische Institute geneigt gemacht haben, so würde mehr noch als der Unterricht der Zusammenhang physikalischer Forschung mit dem Leben, mit der Technik, wie man zu sagen pflegt, sich als wirksames Motiv erweisen. Die Physik ist zu ihren reichen Mitteln durch ihre Wechselwirkung mit der Kulturentwicklung gelangt; nach dem modernen Grundsatze, daß man bei einem Nutzen versprechenden Unternehmen ein Kapital wagen muß.

Über die Lage, in welche die Physik hierdurch versetzt worden ist, würde sich vielerlei sagen lassen; ich möchte um die Erlaubnis bitten, hier ausnahmsweise einmal nicht vom Standpunkte der Wissenschaft, sondern von demjenigen des Lebens aus zu sprechen.

Seit ihrem Bestehen hat die Physik befruchtend auf die Entwicklung menschlicher Kultur eingewirkt. So hat sie in ihren Anfängen die Meßinstrumente für Wärme, Luftdruck und Luftfeuchtigkeit erfunden und, freilich in bescheidenem Maße, länger als hundert Jahre die Untersuchungen gemacht, welche sich in unserem Jahrhundert zu dem ausgedehntesten und vielleicht einflußreichsten von allen Forschungsgebieten, zur Meteorologie, erweitert haben.

Ähnlich ist die Erforschung der atmosphärischen Elektrizität entstanden. Als naher Verwandter möge auch der Erdmagnetismus hier genannt werden, dessen Grundinstrument, die Magnetnadel, freilich nicht wie das Thermometer durch die Physik erschaffen, aber doch durch sie zu dem den Weltverkehr beherrschenden Hilfsmittel gestaltet worden ist.

Wollen wir von Fernrohr, Mikroskop und photographischer Kammer gleichfalls nicht behaupten, daß nur Physiker sie erfunden haben, so waren es doch wiederum

---

SB 1896, 2, S. 736–743.
Die Erwiderung von A. von Auwers ist nicht in den Schriften der Akademie überliefert.

zum großen Teile die letzteren, welche die Vervollkommnung jener Werkzeuge besorgten, deren vielseitige Anwendungsgebiete auch nur aufzuzählen hier die Zeit fehlt.

Die Luftpumpe, ursprünglich rein physikalischen Interessen dienend, ist später eine Quelle wichtiger Anwendungen geworden; ich darf hier an die Rohrpost und andere Vakuum-Apparate erinnern, und andererseits an die Herstellung der elektrischen Glühlampen, sowie an die Röntgen-Strahlen, welche wir ohne die Luftpumpe nicht kennen gelernt haben würden.

Die technische Verwendung des Dampfes finden wir zum Teil wenigstens von der Physik vorbereitet. Dann folgen Schlag auf Schlag die elektrischen Entdeckungen, deren Nutzung für Verkehr, Krafterzeugung und Beleuchtung, Chemie, Medizin und Meßwesen noch mitten in der Entwicklung steht.

Auch in der Verwertung der Dispersion des Lichtes für die Chemie, welche derselben die Auffindung acht neuer Elemente verdankt, oder für die Metallurgie, die den Bessemer-Prozeß der Stahlbereitung mit dem Prisma beurteilt, ist noch lange kein Stillstand zu erwarten. Zu nicht geahnter Wichtigkeit ferner sind die neueren Teile der Optik, Polarisation des Lichtes und verwandte Erscheinungen gelangt, für die übrigen Naturwissenschaften sowohl wie für Industrie und Handel. Die Frage nach der Beschaffung oder dem Ersatz des Kalkspats ist der Beratung in hervorragenden wissenschaftlichen Körperschaften, ja sogar internationaler Verhandlungen gewürdigt worden.

Ohne Übertreibung darf man endlich behaupten, daß bei einem der größten Kulturfortschritte des ablaufenden Jahrhunderts, der Einführung in sich einheitlicher und binnen kurzer Zeit auch über die ganze Welt verbreiteter Maßeinheiten, die Physik das Hauptverdienst beanspruchen kann.

Von wichtigen noch nicht erledigten Aufgaben, welche die Technik zur Zeit fast vollständig der Physik zur Lösung überläßt, will ich nur die Messung sehr hoher oder niedriger Temperaturen und die Ermittlung von Lichtstärken nennen.

Überhaupt enthält die vorige Zusammenstellung nur sporadisch herausgegriffene Beispiele aus einer unerschöpflichen Kette von Vorgängen.

Sehr lehrreich ist dabei oft der Verlauf von der wissenschaftlichen Auffindung einer Erscheinung bis zu ihrer Anwendung im Leben. Es ist ein goldenes, nicht oft genug zu wiederholendes Wort, wenn WERNER SIEMENS sagt:[1]

„Fast ohne Ausnahme sind es neue naturwissenschaftliche Entdeckungen, welche wichtige Industriezweige neu erschaffen oder neu beleben. Ob die Aufdeckung einer neuen naturwissenschaftlichen Tatsache technisch verwendbar ist, ergibt sich in der Regel erst nach ihrer vollständigen systematischen Bearbeitung, d. h. oft erst nach längerer Zeit. Darum darf der naturwissenschaftliche Fortschritt nicht von materiellen Interessen abhängig gemacht werden. Die moderne Kultur beruht auf der Herrschaft des Menschen über die Naturkräfte, und jedes neu erkannte Naturgesetz vergrößert diese Herrschaft und damit die höchsten Güter unseres Geschlechtes!"

Daß mit einer Entdeckung der Gedanke an ihre Nützlichkeit unmittelbar auftaucht, so wie in dem Falle, unter dessen überwältigendem Eindruck wir noch stehen,[2] ist in der Tat ganz selten. Es können Jahrzehnte und selbst Jahrhunderte darüber vergehen. Daß Kalkspat und polarisiertes Licht eine beherrschende Stellung erwerben würden, hat vor 200 Jahren so wenig BARTHOLINUS bei der ersten Beschreibung der Doppelbrechung wie HUYGENS bei der Aufstellung von ihren Gesetzen und bei seiner ersten Beobachtung polarisierten Lichtes geahnt. Von der Ausdehnung der Zuckeranalyse mit diesen Mitteln werden weder BIOT noch MITSCHERLICH eine auch nur angenäherte Vorstellung besessen haben.

Im Jahre 1823 teilte SEEBECK unserer Akademie seine Entdeckung des Thermomagnetismus mit; fast gleichzeitig machte DAVY darauf aufmerksam, daß die elektrische Leitfähigkeit der Körper ein wenig durch die Temperatur beeinflußt wird. Gewiß haben SEEBECK und diejenigen, welche seiner Entdeckung hier sich freuen durften, keine Ahnung davon gehabt, und noch viel weniger DAVY, daß jene unscheinbaren Wirkungen jetzt die geradezu unersetzlichen Mittel einesteils der subtilsten Temperaturmessung, andererseits der einzigen zuverlässigen und bequemen Bestimmung der höchsten und niedrigsten Temperaturen abgeben. Einen Wert von 12000 Mark haben die Vorräte von Platin und Platiniridium, welche soeben der Reichsanstalt zur Prüfung auf ihre pyrometrischen Eigenschaften eingesandt worden sind.

Wer endlich hätte voraussehen können, daß in den NEWTONschen Ringen, 200 Jahre nach ihrer Entdeckung, der zur Zeit aussichtsvollste Weg gegeben ist, um eine wirklich unveränderliche Längeneinheit mit einer Genauigkeit, welche den Anschluß des Meters an den Erdumfang übertrifft, auf die Länge von Lichtwellen zu gründen!

Wenn so der Ursprung nützlicher Erfindungen oft in dem rein wissenschaftlichen Forschen liegt, so pflegt ein Gegenstand, sobald er eine technische Bedeutung erlangt, doch bald aus den Händen der Wissenschaft abgegeben zu werden. Das ist einerseits ein Akt der Selbsterhaltung für die Wissenschaft. Es kann ja aber auch die Arbeit einzelner Gelehrter wenig mehr ins Gewicht fallen, sobald der öffentliche und private Nutzen dem wissenschaftlich Gefundenen seinen gewaltigen Sporn einsetzt, mit den Mitteln des Kapitals und des Erwerbstriebes eine beliebig große Anzahl erfahrener Köpfe und Hände heranziehend.

Oft hört man diesen gebräuchlichen Gang der Erfindungen als einen Vorwurf gegen die Wissenschaft und besonders gegen die Physik hervorheben. Diejenigen Elektrotechniker, welche rasch vergessen haben, daß gerade sie die ganze Grundlage ihrer Arbeit der Physik verdanken, sehen wohl mit einer gewissen Geringschätzung von dem Riesenwerk ihres Faches auf die Physik herab. Aber vollkommen mit Unrecht. Jener Entwickelungsgang ist ganz in der Sache begründet, und wenn er nicht bestände, so würde der Wissenschaft ihre Hauptkraft, die Uneigennützigkeit der Forschung, unterbunden sein. Die Triebfedern wissenschaftlichen und technischen Schaffens sind verschieden und müssen verschieden sein.

Mit einigen Teilen ihrer Aufgabe aber bleibt die Anwendung dauernd auf die Unterstützung durch die Wissenschaft angewiesen. Einerseits nämlich mit den Arbeiten, welche eine ruhige Beschäftigung des Geistes bilden, für die in dem rastlosen Vorgehen der Technik nicht die nötige Sammlung gefunden wird. So hatte die Praxis wohl das moderne Mikroskop oder die Photographenkammer zu einer bewundernswürdigen Güte entwickelt; die höchste Vollendung aber haben diese Gegenstände der Theorie der Gelehrten zu verdanken. Die größten Schwierigkeiten, welche der transatlantischen Telegraphie im Wege standen, waren nur durch theoretische Erwägungen zu beseitigen.

Hiervon möchte ich jedoch nicht sprechen, sondern von einer anderen Art der Unterstützung, welche Technik verlangt, nämlich bei den schwierigeren experimentellen Arbeiten, welche sich auf die Untersuchung von Materialien, auf die Herstellung von Meßinstrumenten oder auf die feineren Messungen selbst beziehen, die auch für die Technik ein unentbehrliches Hilfsmittel bilden.

Nicht allgemein kann man aussprechen, daß die Technik hier von der Wissenschaft abhängig ist; viele schwierige Untersuchungen und feine Messungen hat sie selbst ausgeführt, und die Physik ist sich wohl bewußt, wie vieles Wertvolle sie den großen Mitteln, dem Unternehmungsgeist und der Ausdauer verdankt, womit die Technik arbeitet. Aber solche Nebenarbeiten können doch zumeist nur die größeren technischen Firmen ausführen; ein kleiner Betrieb würde durch dieselben zu sehr gestört werden. In einer beträchtlichen Zahl von Punkten endlich fragt jeder, auch der größte technische Betrieb, am liebsten die Physik direkt um Rat.

Wir wollen dies zum Schluß an einigen Beispielen erläutern und dabei andeuten, was durch die moderne Organisation solcher Aufgaben erreicht worden ist.

Wenn der umfangreichste Gegenstand an die Spitze gestellt werden soll, so haben wir wieder mit der Temperaturmessung zu beginnen, die ja in alle Lebensverhältnisse hereinspielt und in vielen Betrieben große Ansprüche an Genauigkeit erhebt. Noch vor zehn Jahren war es für einen Nichtphysiker schwierig, ein verbürgtes Thermometer zu besitzen. Die verbreiteten Instrumente zeigten sogar oft recht falsch; ein ganzer Grad, in höheren Temperaturen eine Anzahl von Graden bilden an älteren Thermometern ganz gewöhnliche Fehler. Vieles frühere meteorologische Beobachtungsmaterial mag aus diesem Grunde an Wert verloren haben; wie manche ärztliche Diagnose wird dieses Umstandes halber verhängnisvoll unrichtig abgegeben worden sein, ja, eine große Anzahl von älteren Temperaturangaben aus physikalischen Instituten selbst ist nicht sichergestellt.

Das ist ganz anders geworden. Die Zahl der in Deutschland geprüften Thermometer rechnet nach Zehntausenden im Jahre, und der Nutzen der Organisation dieser Arbeiten zeigt sich darin, daß es jetzt für jedermann möglich ist, geprüfte Thermometer für einen nicht in Betracht kommenden Preis zu erwerben.

Noch viel schlimmer als bei den gewöhnlichen Thermometern lag bis zur Gegenwart die Sache bei den Pyrometern, die in der Technik eine sehr große Rolle spielen. 50°, ja in hoher Lage mehr als 100°, beträgt die Unsicherheit der früheren Angaben von Glühtemperaturen. Wie man in neuester Zeit mit Erfolg diesen Mangel beseitigt hat, habe ich vorhin angedeutet.

Ganz darnieder lag ferner das Gebiet der Licht-Helligkeitsmessungen, und noch jetzt gehört eine zuverlässig definierte Lichteinheit zu den nicht befriedigten Bedürfnissen. Aber die früher auf 30 Prozent unsicheren oder auch ganz wertlosen Angaben über Lichtstärken sind jetzt doch durch solche mit einer Unsicherheit von wenigen Prozenten ersetzt worden. Einheiten und Messungsmethoden sind beide durch die Konzentration der Arbeit rasch aus ihrer Kindheit herausgewachsen.

Als greifbarer Erfolg solcher Untersuchungen ist z.B. die rationelle Beurteilung von elektrischen und Gasglühlampen zu nennen, welche beide jährlich in Hunderten von Sorten, mit Brennstunden, welche nach vielen Tausenden zählen, zur Untersuchung eingesandt werden. Die ökonomische Bedeutung solcher Arbeiten sieht man aus dem Überschlage, daß Deutschland jährlich Beleuchtungskosten im Betrag von Hunderten von Millionen Mark aufwendet.

Einen ähnlich hohen Wert stellt der jährlich umgesetzte Zucker dar. Die Prüfung von Sacharimetern und die Vervollkommung der hier ausschließlich angewandten optischen Methoden bildet also für die Physik eine weitere Aufgabe, an welcher Industrie und Handel ein hervorragendes Interesse haben.

Vielfach erheblicher noch ist der Verbrauch an Brennstoffen für Betriebs- und Heizzwecke, für welchen tausend Millionen Mark jährlich eine für Deutschland zu klein angenommene Wertsumme bilden. Die Fragen einer rationellen Heizung zu lösen, ist der Technik bis jetzt nicht gelungen, und dieselbe wünscht nunmehr mit Nachdruck, daß die Physik sie bei dieser für die ganze Menschheit bedeutungsvollen Aufgabe unterstützt.

Entsprechend ihrer Entwicklung nimmt ferner die Elektrotechnik mit ihren Ansprüchen eine hohe Stelle ein. Die Meßinstrumente für elektrischen Widerstand, Stromstärke, Spannung und Elektrizitätsmenge, die Untersuchungen von Materialien auf ihre Isolier- oder Leitfähigkeit, von Eisensorten auf ihre magnetischen Eigenschaften, spielen eine große Rolle in den Aufgaben, welche der Physik geblieben sind, und daß in ähnlicher Richtung die Zukunft noch vieles bringen wird, ist mit Sicherheit vorauszusagen.

Rechnen Sie hierzu ferner die Präzisionswerkzeuge, Umdrehungszähler und Stimmgabeln, Sicherungen gegen Kessel- oder Petroleum-Explosionen, dann die Untersuchung von elastischen, optischen und Wärme-Eigenschaften der Stoffe, von denen ich nur Stahl und Glas nennen will, schließlich etwa noch die unzähligen Meßgeräte für Gewicht, Länge und Volumen, welche erst in einer nicht gar so weit zurückliegenden Zeit zuverlässig und einheitlich gestaltet worden sind oder sogar teilweise noch gestaltet werden müssen, und Sie haben die Hauptobjekte, deren laufende Bearbeitung die Technik zur Zeit von der Physik fordert.

Die bisherigen Pflanzstätten für physikalische Forschung an den Hochschulen, ohnehin durch Unterricht und Selbstverwaltung viel schwerer beansprucht als früher, können mit solchen Arbeiten nicht belastet werden, und so hat das dringende Bedürfnis der letzteren zu neuen Organisationen geführt, zu den Normaleichungskommissionen, den Versuchsanstalten an technischen Hochschulen, und endlich, indem Helmholtz und Siemens ihre Autorität zu der Vorarbeit derjenigen Männer in die Waagschale legten, welche die Wünsche technischer Kreise zusammenfaßten, zu der größten physikalischen Anstalt der Welt und einem der größten einheitlichen wissenschaftlichen Institute überhaupt, der Physikalisch-technischen Reichsanstalt, welcher die meisten der genannten Aufgaben und, wie ich mich nicht scheue auszusprechen, auch viele von den neuesten Fortschritten angewandter Physik zufallen.

Wenn ich bekenne, daß es bei der Darlegung einiger Beziehungen der Physik zur Technik (um das bei dem Namen der Anstalt gewählte Wort beizubehalten) mein Wunsch war, zugleich die Zwecke der Reichsanstalt anzudeuten, so werden Sie das berechtigt finden; ist doch meine Arbeit durch jene Beziehungen großenteils bedingt. Die Ehre, an den Aufgaben der Akademie teilnehmen zu dürfen, ist an wissenschaftliches Arbeiten geknüpft. Es liegt in der Natur der Sache, daß die Reichsanstalt in ihrer Tätigkeit nicht immer die reine Wissenschaft pflegen kann. Immerhin ist auch diese Aufgabe ihr ausdrücklich gestellt worden. Aber auch ohne dies werden Sie die Überzeugung haben, daß eine dreißigjährige Gewohnheit wissenschaftlicher Beschäftigung sich nicht wieder beseitigen läßt, und ich bin mir bewußt, daß auch ich ohne die Fortsetzung dieser Gewohnheit nicht würde leben können.

Gedächtnisrede auf Friedrich Kohlrausch (1840-1910)
von Heinrich Rubens

gehalten in der Akademie der Wissenschaften
am 30. Juni 1910

Friedrich Kohlrausch wurde der deutschen Wissenschaft am 17. Januar d. J. durch den Tod entrissen. Mit ihm ist einer der großen Männer dahingegangen, welchen der mächtige Bau der modernen Physik seine Aufrichtung verdankt. Uns Hinterbliebenen ist es Pflicht und Trost, die großen Verdienste des Verstorbenen zu verstehen und zu würdigen.

Friedrich Kohlrausch hat unserer Akademie 11 Jahre als korrespondierendes Mitglied, 10 Jahre als ordentliches Mitglied und 5 Jahre als Ehrenmitglied angehört. Er entstammt einer alten Gelehrtenfamilie, welche seit mehreren Generationen bedeutende Männer hervorgebracht hat. Sein Großvater *Heinrich Friedrich Theodor*, geboren 1780 in Landolfshausen bei Göttingen, war ursprünglich Theologe und widmete sich später vorwiegend der Geschichtswissenschaft und Pädagogik. Seine deutsche Geschichte,[1] ein viel gelesenes zweibändiges Werk, hat die stattliche Zahl von 16 Auflagen erreicht. Er starb 1867 in hohem Ansehen, nachdem er lange als Chef des Oberschulkollegiums zu Hannover gewirkt hatte. Sein Sohn *Rudolf*, geboren 1809 in Göttingen, studierte in seiner Vaterstadt, in welcher damals das Doppelgestirn *Gauß* und *Weber* leuchtete, Physik und Mathematik. Er wurde 1833 Lehrer an der Ritterakademie zu Lüneburg und lehrte dann nacheinander an den Gymnasien zu Rinteln, Kassel und Marburg, wo er zugleich als Professor extraordinarius an der Universität Vorlesungen hielt. 1857 folgte er einem Ruf als ordentlicher Professor nach Erlangen; doch ist ihm daselbst nur eine kurze Zeit des Wirkens beschieden gewesen.[2] Schon im darauffolgenden Jahre raffte ein inneres Leiden den im besten Mannesalter stehenden Forscher nach längerem Krankenlager dahin. *Rudolf Kohlrausch* hat sich durch seine berühmte, in Gemeinschaft mit *Wilhelm Weber* ausgeführte Messung des Verhältnisse der elektrostatischen und elektromagnetischen Stromeinheit ein bleibendes Denkmal in der Geschichte unserer Wissenschaft errichtet. Seinem Sohne *Friedrich* aber war es beschieden, den angestammten väterlichen Namen zu noch höherem Ansehen zu bringen.

Geboren am 14. Oktober 1840 zu Rinteln, bestimmten ihn natürliche Veranlagung und das väterliche Beispiel dazu, sich gleichfalls der Physik zu widmen. Er studierte in Erlangen und Göttingen und geriet dort, ebenso wie sein Vater, unter den Einfluß der machtvollen Persönlichkeit *Wilhelm Webers*. 1863 promovierte er mit einer Arbeit über die elastische Nachwirkung[3] und erhielt bereits im folgenden Jahre einen Ruf als Dozent an den Physikalischen Verein zu Frankfurt a. M., eine bescheidene Stellung, welche ihm aber reichlich Zeit zu eigenen Arbeiten gewährte. Über die äußeren

---

Abh. 1910, 1, phys.-math. Klasse, Gedächtnisreden 1, S. 1—11.

Hilfsmittel, welche ihm das Frankfurter Laboratorium darbot, erfahren wir einiges Charakteristische aus einem Briefe, welchen er 1908 an den Physikalischen Verein gelegentlich der Einweihung des neuen Laboratoriums richtete. Er schreibt:

„Damals, in den Jahren 1864—66, hatte Kollege *Boettger** eine Höhle neben dem Hörsaal, einer anderen Höhle; und auf der anderen Seite vom Hörsaal bildete eine dritte Höhle die Physikalische Sammlung mit mir. Außer diesem Raum stand mir ein Zimmer im dritten Stock zur Verfügung. Es war also dafür gesorgt, daß der junge Physiker reichlich Bewegung hatte, um gesund zu bleiben, welch letzteres in der Tat erzielt wurde. Und erzogen wurde er zu einfachen Ansprüchen, und zwar solchen, die ihn bis auf die Reinigungsarbeiten, zu denen täglich ein Frankfurter Militärinvalide einmal erschien, ganz auf sich selbst anwiesen, einschließlich teilweise der Ofenheizung. In Summa Zustände, die der jetzigen Generation als unmöglich erscheinen würden.

Die Einfachheit brachte aber auf der anderen Seite den unschätzbaren Vorteil, daß man durch Verwaltung und andere Nebendinge nicht belästigt wurde. Alles in allem, hätte ich heute zwischen einem glänzenden Institut zu wählen und den damaligen Höhlen, ich würde mich vielleicht für die letzteren entscheiden."

Hier tritt *Kohlrauschs* einfacher und bescheidener Sinn, welcher eine der wesentlichsten Seiten seines Charakters bildete, in besonders gewinnender Weise hervor.

Im Jahre 1866 folgte *Kohlrausch* einem Ruf als außerordentlicher Professor nach Göttingen, wo er in Gemeinschaft mit *Wilhelm Weber* eine intensive Lehr- und Forschertätigkeit ausübte. Seine weitere Laufbahn führte ihn 1870 als Ordinarius an das Polytechnikum in Zürich, 1871 in gleicher Eigenschaft an die Technische Hochschule in Darmstadt, 1875 endlich als Nachfolger *August Kundts* an die Universität in Würzburg, an welcher er 13 Jahre hindurch eine glückliche Lehr- und Forschertätigkeit entfaltete. Diese Zeit seiner Würzburger Professur ist in wissenschaftlicher Beziehung die fruchtbarste seines Lebens geworden. Hier hat er seine berühmten Versuche über elektrische Maßbestimmungen und über die Leitfähigkeit der Elektrolyte[4] vollendet; hier ist es ihm zuerst möglich gewesen, in dem neuerbauten physikalischen Institut den systematischen Laboratoriumsunterricht in der von ihm angestrebten Weise durchzuführen. Als *August Kundt* 1888 nach Berlin berufen wurde, gelang es der Straßburger Fakultät, *Kohlrausch* zur Annahme der frei gewordenen Professur zu bestimmen, und als sechs Jahre später *August Kundt* der Wissenschaft durch einen jähen Tod entrissen wurde, erging wiederum an *Kohlrausch* der Ruf, den verwaisten Lehrstuhl an der Berliner Universität zu besetzen. Die Frage, ob er diesem ehrenvollen Ruf folgen solle, ob es für ihn richtig sei, die größere Ruhe und geistige Konzentration, welche die kleinere Universität bietet, gegen die in mancher Beziehung großartigere Lehrtätigkeit an der Riesenuniversität der Reichshauptstadt zu vertauschen, hat ihn lange und intensiv beschäftigt.[5] Aber kaum war *Friedrich Kohlrausch* nach reiflicher Überlegung zu einem ablehnenden Bescheid gelangt, als er von neuem vor diese Frage in etwas veränderter Form gestellt wurde. Wenige Monate nach *August Kundts* Tod verlor die deutsche Wissenschaft auch denjenigen Mann, welcher neben *Galilei* und *Newton* als der größte Meister der Physik angesehen werden muß, *Hermann von Helmholtz*. Es ergab sich

* Dozent für Chemie an dem Physikalischen Verein.

die Notwendigkeit, unter den Physikern Deutschlands nach einem geeigneten Präsidenten der physikalisch-technischen Reichsanstalt Umschau zu halten, und hier konnte die Wahl nicht zweifelhaft sein. Gerade auf dem hier in Betracht kommenden Gebiete der exakten Messungen hatte *Kohlrausch* in Deutschland nicht seinesgleichen. Als Nachfolger von *Helmholtz* an die Reichsanstalt berufen, hat er sich der Verpflichtung, sein vielseitiges Wissen und die reichen Schätze seiner Erfahrung in den Dienst dieses wohl einzig in der Welt dastehenden Forschungsinstituts zu stellen, nicht entziehen mögen. Zehn Jahre hindurch hat er sich mit der ihm eigenen Pflichttreue dem großen Werke gewidmet, und es darf ihm das hohe Lob gespendet werden, daß es ihm gelungen ist, die Reichsanstalt während dieser Zeit auf der gleichen Höhe wissenschaftlichen Ansehens und Ruhmes zu halten, welche sie unter seinem großen Vorgänger eingenommen hatte. Leider war jedoch *Kohlrauschs* zarte Gesundheit der großen Arbeitslast, welche ihm insbesondere der Verwaltungsapparat des weitverzweigten Betriebes aufnötigte, auf die Dauer nicht gewachsen. So kam es, daß er im Jahre 1905 von seinem Amte zurücktrat, um den Rest seines Lebens der Pflege seiner Gesundheit und der geliebten wissenschaftlichen Forschungsarbeit im stillen Laboratorium, fernab von dem Getriebe der Großstadt, zu widmen. Er wählte Marburg als Aufenthaltsort, welches ihm von der Jugendzeit her vertraut war. Dort richtete ihm Professor *Richarz* in den Räumen des physikalischen Universitätsinstituts ein gutes Privatlaboratorium ein. Von Marburg aus hatte es *Kohlrausch* auch nicht weit zu dem ihm ans Herz gewachsenen Jugenheim an der Bergstraße, wo er über 40 Jahre lang gegenüber dem Wechsel seiner Aufenthaltsorte gleichsam eine zweite ruhende Heimat gefunden hatte. Sein Gesundheitszustand hatte sich sichtlich gebessert, und das Erscheinen einer Reihe von interessanten Abhandlungen bewies, daß auch seine alte Schaffensfreudigkeit nicht geschwunden war. So traf *Friedrich Kohlrauschs* plötzlicher Tod, welcher ihn kurz vor der Vollendung seines 70. Lebensjahres dahinraffte, seine Fachgenossen und Freunde völlig überraschend. Zu seinem 70. Geburtstage hatten ihm seine Schüler und Kollegen eine großartige Ehrung vorbereitet. Das unerbittliche Schicksal hat diesen freudigen Ausdruck dankbarer Verehrung für den lebenden Forscher in eine Gedenkfeier für den großen Toten verwandelt.

Kohlrauschs wissenschaftliche Arbeiten ließen von Anfang an die Eigenart seiner Begabung klar und deutlich hervortreten. Zwar verfügte er über ein bedeutendes theoretisches Wissen, welches ihm insbesondere in der Auswahl der Probleme von Nutzen war, aber stets ist sein Ziel in erster Linie auf die Feststellung des Tatbestandes gerichtet gewesen. Überraschend groß ist auch die Zahl neuer experimenteller Methoden und sinnreich konstruierter Meßinstrumente, mit welchen er die Physik bereichert hat. Die Geschicklichkeit und Sorgfalt, mit welcher *Kohlrausch* diese Instrumente und Methoden selbst anzuwenden verstand, ist wohl von keinem Physiker übertroffen worden. Mit berechtigtem Stolz dürfen wir auf diesem Gebiete unseren *Friedrich Kohlrausch* mit dem großen französischen Meister der physikalischen Meßkunde *Henri Victor Regnault* auf eine Stufe stellen.

Unter *Friedrich Kohlrauschs* metrologischen Arbeiten sind in erster Linie seine Ohmbestimmung[6] und die in Gemeinschaft mit seinem Bruder *Wilhelm* 1885 ausgeführte Messung des elektrochemischen Äquivalents des Silbers[7] zu nennen. Die große Bedeutung dieser beiden klassischen Untersuchungen liegt nicht nur in der bewundernswerten Genauigkeit des gewonnenen Zahlenergebnisses, welche durch neuere Arbeiten nicht übertroffen worden ist; ein fast ebenso großer Nutzen ist in der für die gesamte Physik äußerst wichtigen Durchbildung der erdmagnetischen Meßmethoden und in der Konstruktion bequemer und genauer magnetischer Meßinstrumente zu erblicken, welche in jenen Arbeiten zur Anwendung gelangten. Auch verdanken wir ihnen dasjenige Verfahren zur Vergleichung kleiner Widerstände, welches bis auf den heutigen Tag als das beste gilt, die Methode des übergreifenden Nebenschlusses.

Aus der Fülle seiner übrigen Arbeiten sollen an dieser Stelle nur wenige hervorgehoben werden, welche einen besonders großen Einfluß auf die Entwicklung unserer Wissenschaft ausgeübt haben.

Wertvollen Einblick in ein bis dahin wenig aufgeklärtes Gebiet gewährte *Kohlrauschs* Untersuchung über Thermoelektrizität, Wärme- und Elektrizitätsleitung. Angeregt durch einen zuerst von seinem Freunde *L. Hermann* in Zürich ausgesprochenen Gedanken, hat *Kohlrausch* den erfolgreichen Versuch unternommen, die elektromotorische Kraft der Thermoelemente nicht, wie bis dahin üblich, durch einen in der Kontaktfläche der aneinander grenzenden Metalle sich abspielenden Vorgang darzustellen, sondern die beobachteten Erscheinungen auf Grund der Annahme zu beschreiben, daß mit jedem Wärmestrom in bestimmtem, von der Natur des Leiters abhängigem Maße ein elektrischer Strom verbunden sei. Er ergänzte diese Hypothese durch die weitere Annahme, daß durch einen elektrischen Strom auch die Wärme in bestimmter Weise mitbewegt würde. Es findet dann nicht nur das Auftreten des bekannten *Peltier*schen Phänomens seine Erklärung, sondern die *Kohlrausch*sche Strömungstheorie ist auch imstande, über den sogenannten *Thomson*-Effekt Aufschluß zu geben, was die ältere Theorie nicht zu leisten vermochte. Erst in neuester Zeit ist die *Kohlrausch*sche Erklärungsweise der Thermoelektrizität durch eine auf der modernen Elektronentheorie fußende Anschauung abgelöst worden, welche wir in erster Linie *Paul Drude* verdanken. Aber auch die *Drude*sche Theorie erklärt die Thermokräfte und den *Peltier*effekt nicht durch Vorgänge in der Grenzfläche, sondern durch Bewegung der Elektronen in den Leitern selbst. Sie schließt sich in diesem Punkte der Anschauung *Kohlrauschs* an und darf in diesem Sinne als eine Weiterentwicklung derselben angesehen werden.

Aber auf keinem Gebiete ist der Name *Friedrich Kohlrauschs* so innig mit der Geschichte unserer Wissenschaft verknüpft wie in der Lehre von der elektrolytischen Leitung. Die Verdienste, welche er sich um diesen Zweig der physikalischen Forschung erworben hat, sind allein ausreichend, um ihm einen Ehrenplatz in der Reihe der ersten Experimentatoren aller Zeiten zu sichern. Es ist erforderlich, hier auf diese Untersuchungen etwas näher einzugehen.

Während man über den Widerstand metallischer Leiter seit Ohms epochemachender Entdeckung in weitgehendem Maße unterrichtet war, lagen auf dem Gebiete der elektrolytischen Leitung, als sich *Kohlrausch* diesem Gegenstande zuerst widmete, außer einigen spärlichen Zahlen von *Beetz* und *Paalzow* keine Angaben vor. Durch Verwendung von Wechselstrom an Stelle des bis dahin ausschließlich angewendeten Gleichstroms gelang es *Kohlrausch* mit einem Schlage, die größte Schwierigkeit, welche erfolgreichen Messungen auf diesem Gebiet entgegengestanden hatte, nämlich die Einwirkung der Polarisation vollkommen zu beseitigen und damit ein großes neues Gebiet der Forschung zu erschließen. Er begann diese berühmte Reihe von Experimentaluntersuchungen[8] mit einer sorgfältigen Prüfung des Ohmschen Gesetzes für Leiter zweiter Klasse. Es gelang ihm im Jahre 1869 in Gemeinschaft mit *W. A. Nippoldt*, den Nachweis zu führen, daß bis herab zu elektromotorischen Kräften von $^1/_{429000}$ Grove das Ohmsche Gesetz innerhalb der Grenzen der Beobachtungsfehler für Elektrolyte Geltung besitzt. Als Beispiel für die Anwendung seiner neuen Methode, bei welcher ein Sinusinduktor als Stromquelle, ein *Weber*sches Elektrodynamometer als Meßinstrument verwendet wurde, bestimmte er das Leitvermögen der Schwefelsäure bei verschiedener Konzentration. Im Jahre 1875 war *Kohlrauschs* Wechselstrommethode zur Bestimmung des elektrolytischen Leitvermögens schon so weit verbessert, daß nach des Autors eigenen Worten „von den drei Größen, deren Messung gefordert wird, nämlich Prozentgehalt, Temperatur und elektrolytischer Widerstand, der letztgenannte bei gleichem Aufwand von Sorgfalt die geringsten Fehlerquellen enthält". Es wurden 35 Salzlösungen bei drei verschiedenen Temperaturen untersucht. 1876 kam eine große Zahl von Säuren hinzu, 1879 weitere 158 Lösungen von 40 verschiedenen Körpern. Auch wurden in demselben Jahre drei wichtige experimentelle Verbesserungen eingeführt: die Vergrößerung der Elektrodenflächen durch Überziehen mit Platinschwarz, die Verwendung des Induktoriums mit *Neeff*schem Hammer an Stelle des Sinusinduktors und der Ersatz des Elektrodynamometers durch das *Bell*sche Telephon. Das nunmehr vorliegende gewaltige Beobachtungsmaterial gestattete schon eine ziemlich gute Übersicht und ließ ein Gesetz von fundamentaler Wichtigkeit erkennen, welches aussagt, daß innerhalb einer stark verdünnten Lösung einer jeden Ionengattung ein ganz bestimmter Widerstand zukommt, dessen Größe von der Zusammensetzung des Moleküls unabhängig ist, aus welchem sich das Ion durch Dissoziation gebildet hat. Ist der Widerstand einer jeden Ionenart ein für allemal bestimmt, so läßt sich daraus das Leitvermögen verdünnter Lösungen berechnen. Dieses Gesetz von der unabhängigen Wanderung der Ionen bildet heute die Grundlage unserer Anschauung auf dem Gebiet der elektrolytischen Leitung und ist deshalb auch für die physikalische Chemie von großer Bedeutung.

Unter *Kohlrauschs* elektrolytischen Arbeiten beansprucht die in Gemeinschaft mit Hrn. *Heydweiller* angestellte Untersuchung der Leitfähigkeit des reinen Wassers besonderes Interesse.[9] Durch Eindestillieren des Wassers in Glasgefäße unter Luftabschluß, welche durch lange Berührung mit Wasser fast alle löslichen Bestandteile der Wände abgegeben hatten, war es den Verfassern möglich, ein Wasser von nie dagewesener Reinheit, entsprechend geringem Leitvermögen und hohem Temperaturkoeffizienten zu erzielen. Es ergab sich, daß dieses Wasser etwa 200mal schlechter leitete, als das unter gewöhnlichen Bedingungen an der Luft destillierte, und es ließ sich theoretisch berechnen, daß es sich in seinem Leitvermögen von dem absolut reinen Wasser nur noch um etwa 10 Prozent unterschied.

Kohlrausch hat in einem besonderen Werk[10], welches er 1898 zusammen mit Hrn. *Holborn* veröffentlichte, die experimentellen Methoden zur Bestimmung des Leitvermögens von Elektrolyten, das gesamte auf die moderne Widerstandseinheit umgerechnete Beobachtungsmaterial und die theoretischen Folgerungen, welche sich aus den Versuchsergebnissen ziehen lassen, in übersichtlicher Weise zusammengestellt. Die imponierende Größe des von *Kohlrausch* geschaffenen Werks tritt uns in diesem Buche besonders klar vor Augen.

Der Einfluß, welchen *Kohlrausch* auf unsere Wissenschaft ausgeübt hat, ist jedoch keineswegs auf seine Forschertätigkeit beschränkt geblieben. Als Lehrer gehört er zu den großen Reformatoren, denen wir die Durchbildung des modernen physikalischen nissen aus, beeilte sich aber stets, die von ihm gefundenen neuen Tatsachen unabhängig von der mathematischen Theorie zu formulieren. Facta manent[1] war ein beliebter Ausspruch von ihm.

In der Beschränkung auf das, was aus den Tatsachen mit Sicherheit hervorgeht, zeigt sich die gemeinschaftliche Richtung dieser drei Männer.

Es gibt in der Physik noch eine andere Richtung des Arbeitens, bei welcher man sich von den zu enträtselnden Erscheinungen aus greifbaren Körpern Bilder konstruiert, deren Ähnlichkeit mit den Erscheinungen man voraussetzt. Aus dieser Richtung erwuchsen die Theorien des Lichts und die kinetische Theorie der Gase; auf demselben Wege ist ursprünglich CL. MAXWELL zu seinen grundlegenden Gleichungen des elektromagnetischen Feldes gelangt. Man möchte diesen Weg nach GOETHE bezeichnen als den Weg zu den Müttern, deren Haupt des Lebens Bilder umschweben. Ein Weg, das eine Mal reich an überraschenden Erfolgen, das andere Mal ein Abweg, wenn das vorschwebende Bild ein Trugbild gewesen ist.

Langsamer in der Regel, aber sicherer schreitet man auf dem ersten Wege fort, welchen die Berliner Schule seit MAGNUS eingeschlagen hat und welcher mir gerade in der gegenwärtigen Zeit, wo es sich ebenso um die Erhaltung, als um die Mehrung des überkommenen Erbes handelt, in hohem Maß der Pflege wert scheint. Auf ihm im Geiste meiner Vorgänger, nach Maßgabe meiner Kräfte die Studierenden im hiesigen Institut zu führen, habe ich mir zur Aufgabe gestellt.

Meine bisherige wissenschaftliche Tätigkeit darf ich in gewissem Sinn als Vorbereitung auf diese Aufgabe ansehen. Unmittelbarer Schüler von MAGNUS, werde ich diesem einsichtsvollen und gütigen Lehrer stets ein dankbares Andenken bewahren. Mit KUNDT habe ich drei Jahre lang in Straßburg gemeinschaftlich an der Lösung wissenschaftlicher Probleme gearbeitet,[2] und einen großen Teil meiner wissenschaftlichen Anschauungen verdanke ich VON HELMHOLTZ' veröffentlichten Schriften.

Möge denn der Geist dieser drei Männer unter uns fortwirkend eine gesunde und fruchtbringende Entwicklung der heranwachsenden Generation herbeiführen.

Gedächtnisrede auf Emil Warburg (1846-1931) von Friedrich Paschen

gehalten in der Akademie der Wissenschaften
am 30. Juni 1932

Am 28. Juni vorigen Jahres ist *Emil Warburg* im 86. Lebensjahre von uns geschieden. Seit 1865 etwa stand er im Dienste seiner Wissenschaft, der experimentellen Physik, und seit 1895 gehörte er als ordentliches Mitglied dieser Akademie an.

Wollen wir die Bedeutung des Physikers *Warburg* und seines Lebenswerkes überblicken, so müssen wir die Verhältnisse, unter denen er heranwuchs, und den Stand der Wissenschaften beachten, als er sich ihr widmete.

Warburg entstammt einer Altonaer Kaufmannsfamilie und wurde anfangs für den Kaufmannsstand bestimmt. Bald aber wurden seine Interessen für wissenschaftliche Dinge offenbar, für Sprachen, für Mathematik, und veranlaßten seinen Übertritt in ein humanistisches Gymnasium, das Christianeum in Altona. Die Anregungen, welche er dort erhielt in den alten Sprachen, besonders im Griechischen und sodann auch in der Mathematik, blieben ihm Richtlinien seines Lebens. Die streng logische und juristisch scharfe Diktion in seinem Vortrage und in seinen wissenschaftlichen Werken, das Bevorzugen kurzer mathematischer Formulierungen zur Buchung experimenteller Resultate, die kritische Abneigung gegen irgendwelche Unklarheiten bei anderen, aber besonders bei eigenen Arbeiten, in Folge deren er sich stets mit eng begrenzten, aber sicheren Resultaten begnügte und oft naheliegende weitere Ausblicke vermied: das dürfte zurückzuführen sein auf den Einfluß der alten Sprachen und der humanistischen Bildung und auf denjenigen seines Lehrers in der Mathematik *H. B. Lübsen*, aus dessen Büchern[1] er sich auch im späteren Leben noch Rat holt. Wenn man ferner sieht, wie *Warburg* mit seinen Versuchsergebnissen abrechnet, so wird man erinnert an den Kaufmann, der nüchtern und vorsichtig die Bilanz zieht.

Mit 17 Jahren bezog *Warburg* die Universität Heidelberg zum Studium der Chemie und hörte dort Vorlesungen bei *Bunsen*, *Helmholtz* und *Kirchhoff*. Wieder kann man den bleibenden Eindruck besonders *Bunsens* und *Kirchhoffs* feststellen. *Warburgs* Wissenschaft war in den letzten Jahrzehnten ebensosehr die Chemie eines *Bunsen* wie die Physik. *Kirchhoffs* klare und durchdachte Vorlesung aber gewann den jungen Chemiker für die Physik und blieb ihm später als ein seinem Wesen entsprechendes Vorbild für seine eigenen physikalischen Vorlesungen. Nach zwei Jahren ging *Warburg* zu *Magnus* nach Berlin, um sich in dessen Privatlaboratorium der experimentellen Physik zu widmen. Dort war es *A. Kundt*, der als Assistent von *Magnus* sich seiner annahm und ihn endgültig für die experimentelle Physik gewann. Dies erscheint merkwürdig. Denn *Kundt* war ein ganz anders eingestellter Mensch, der die

---

SB 1932, phys.-math. Klasse, S. CXV—CXXIII.

Wissenschaft mehr als eine hohe Kunst, jedenfalls weniger als eine mühsame Gedankenarbeit ausübte. Besonders war die intuitive Art des Schauens der möglichen wissenschaftlichen Fortschritte, die *Kundts* Stärke bildete, *Warburg* durchaus fremd. Bei seinen Schülern hat er jede nicht strenge logische Betrachtungsweise stets zurückgewiesen.

Für die Wissenschaft wirkte sich der Bund *Kundt-Warburg* zu einer Vereinigung vollendeter und kühner Experimentierkunst und nüchtern logischer Überlegung in glücklichster Weise aus und fand später in der hervorragenden Arbeit über die Einatomigkeit des Quecksilberdampfes[2] und die damit verbundene Bestätigung der kinetischen Theorie der Gase ihren Gipfelpunkt.

Warburgs weitere wissenschaftliche Laufbahn ist kurz die folgende: Nachdem er 1867 bei *Magnus* promoviert hatte,[3] habilitierte er sich 1870 in Berlin,[4] wurde 1872 als Extraordinarius nach Straßburg berufen, wo *Kundt* den ordentlichen Lehrstuhl für Physik innehatte, und erhielt 1876 das Ordinariat für Physik an der Universität Freiburg i. Br. 1895 wurde er Nachfolger von *Kundt* auf dem Berliner Lehrstuhl für Physik und 1905 als Nachfolger von *Friedrich Kohlrausch* Präsident der Physikalisch-Technischen Reichsanstalt in Charlottenburg, gab aber die Verbindung mit der Berliner Universität nicht auf, an der er Vorlesungen hielt. Nach seiner Pensionierung 1922 führte er in einem Laboratorium der Reichsanstalt seine Untersuchungen über photochemische Reaktionen weiter, bis der Tod ihn abrief.

In welchem Stadium der Entwicklung befand sich die Physik, als *Warburg* begann, sich dieser Wissenschaft zu widmen, also in den 70er Jahren des vorigen Jahrhunderts? Im Mittelpunkt stand immer noch, alles beherrschend, das Gesetz von der Erhaltung der Energie und die darauf gegründete, in der Entwicklung begriffene Thermodynamik. Neben ihr und damals im Gegensatz zu ihr stand die kinetische Theorie der Gase, theoretisch begründet, aber experimentell kaum geprüft. In der Mechanik herrschte die Theorie, vornehmlich die französische. In der Optik standen die Folgerungen aus der Wellentheorie etwa eines *Fresnel* zur Diskussion. In der Elektrizitätslehre glaubte man durch *Faraday* die wesentlichsten Entdeckungen vollzogen, welche damals gerade durch *Maxwells* theoretische Darstellung und Zusammenfassung endgültig gebucht wurden. In der experimentellen Physik gab es als Vorbilder einerseits die mehr qualitative Experimentierkunst eines *Faraday* und andererseits die außerordentlich fein ausgebildete Meßkunst *Regnaults* auf dem Gebiet der Wärme. Für *Warburg* insbesondere kam das Laboratorium von *Magnus* in Betracht, in welchem dieser sehr subtile Forschungen über Wärmestrahlung ausführte, welches aber als Privatlaboratorium naturgemäß sonst nur einfachste Experimente auszuführen gestattete. Entscheidend für *Warburgs* Arbeitsrichtung war wohl die Einstellung von *Magnus* und *Kundt*, daß gegenüber den metaphysischen Sätzen der Theorie der sichere Boden beobachtbarer Tatsachen als wissenschaftliche Grundlage zu bevorzugen sei, woraus *Warburg* indessen keineswegs eine Vernachlässigung der Theorie folgerte. Er begann, wohl angeregt durch *Kundt*, mit einfachen Experimenten über akustische Schwingungen, die er durch den Kunstgriff der Koppelung weichen Körpern aufzwang, und studierte die Resonanz, die Tonveränderung, die Dämpfung und die Fortpflanzungsgeschwindigkeit. Besonderes Interesse gewann er für die Dämpfung und verfolgte die Reibungskräfte, welche sie verursachen, durch besondere Versuche. Dabei fand er das damals überraschende Resultat, daß beim Durchfluß des Quecksilbers durch enge Röhren das der Wand nächste Quecksilber in Ruhe bleibt:[5] ein Ergebnis, das später von *Kundt* und *Warburg* in Straßburg auch für dichte Gase gültig gefunden wurde, nicht aber für hoch verdünnte Gase, für welche deutlich eine Gleitung in Nähe der Wand nachgewiesen wurde.[6] Dieses Ergebnis wurde dadurch wichtig, daß es zugleich aus der kinetischen Theorie der Gase abgeleitet werden konnte. Man sieht, wie eine Anfangsarbeit *Warburgs*, folgerichtig fortgesetzt, zu wichtigen Resultaten führt, und es ist zweifellos, daß *Warburg* ein entscheidender Anteil an diesem Erfolge gebührt. Denn der theoretische Teil rührt nach *Kundts* Äußerungen allein von *Warburg* her, ebenso wie die theoretischen Betrachtungen über den Temperatursprung zwischen Wand und Gas bei einer Wärmeleitung in das hochverdünnte Gas. Diese Arbeiten über Gasreibung und Wärmeleitung der Gase sind deshalb so bewundernswert, weil die zur Verfügung stehenden Hilfsmittel, insbesondere die Luftpumpen, noch recht mangelhaft waren. Die für die kinetische Theorie wichtigen Ergebnisse sind später durch *Knudsen* durchaus bestätigt und weitergeführt.[7]

In derselben Zeit entstand die berühmte Arbeit von *Kundt* und *Warburg* über die Einatomigkeit des Quecksilberdampfes und die Verifizierung des Wertes 5/3 für das Verhältnis C_p/C_v der spezifischen Wärmen für einatomige Gase, den die kinetische Theorie forderte.[8] Wenn die experimentellen Einzelheiten, wie die hier benutzte geniale Methode der Staubfiguren, der Experimentierkunst *Kundts* entsprangen, so rührt auch hier der theoretische Teil ganz von *Warburg* her.

Nachdem *Warburg* durch diese ersten Arbeiten unter *Kundts* Einfluß in der experimentellen Physik Fuß gefaßt und sich für diese Arbeitsrichtung entschieden hatte, beginnt mit der Freiburger Zeit seine selbständige Forschung. Wir können diese nur in großen Zügen überblicken und das Wesentliche herausstellen und müssen bedauern, hier für viele wertvolle Kleinarbeit, welche das Wirken eines Experimentalphysikers vom Range *Warburgs* kennzeichnet, keinen Raum zu haben.

In Freiburg fand *Warburg* bei Fortsetzung seiner früheren Versuche über innere Reibung die magnetische Hysterese bei zyklischer Magnetisierung harter magnetischer Körper und ihre Deutung. Sehr bescheiden bemerkt er, daß die durch die Koerzitivkraft entstehende Schleife der Magnetisierungskurve, welche später den Namen „Hysteresisschleife" erhielt, wohl nicht unbekannt sei, und es scheint, daß er als neu und als eigene Leistung nur ihre Deutung ansieht. Die Fläche der Hysteresisschleife stellt die Reibungsarbeit vor, welche als Wärme im magnetisierten Körper erscheint: eine Entdeckung von hohem wissenschaftlichen Range für jene Zeit (1880)[9] und von größtem Interesse für die sich damals entwickelnde Elektrotechnik.

Ein Meisterstück der Experimentierkunst ist die gemeinsam mit *Ihmori* in Freiburg ausgeführte Arbeit über die an der Oberfläche von festen Körpern, besonders von Glas, befindliche Wasserschicht.[10] Durch Wägungen mit einer besonders hierfür konstruierten Mikrowaage wird ihre Dicke bestimmt. Sie besteht aus einem Teil, der im Vakuum noch verdampft, und aus einem anderen, der nicht entweicht, sondern durch Lösung im Alkali des Glases festgehalten wird. Alkalifreies Glas, Platin besitzen diese zweite Wasserhaut nicht. Durch Auskochen mit Wasser kann man das oberflächliche Alkali und damit auch die Wasserhaut entfernen, eine für Vakuumarbeiten wichtige Tatsache.

Ein bevorzugtes Forschungsgebiet bildete die Leitung der Elektrizität in isolierenden festen, flüssigen und gasförmigen Körpern. Die äußerst schwierigen Versuche werden mit Methoden zum Erfolg geführt, welche bis zur heutigen Zeit für solche

Forschungen vorbildlich geblieben sind. Quarz leitet parallel zur Achse bedeutend besser als senkrecht dazu. Die dabei auftretende Polarisation kennzeichnet die Leitung als eine elektrolytische. Auch erwärmtes Glas leitet elektrolytisch. An der kathodischen Seite wird dabei Natrium abgeschieden. Diesen Befund benutzt *Warburg*, um in das Innere von evakuierten Glasgefäßen reines Natrium zu bringen, mit Hilfe dessen er bei seinen Versuchen über Gasentladungen die Gase in wirksamer Weise reinigen kann.

Die Versuche über Glimmentladung in *Geißler*-Röhren wurden in Freiburg begonnen und in Berlin von *Warburg* und seinen Schülern weitergeführt.[11] Sie gehören zu den wertvollsten, aber auch schwierigsten, wenn man bedenkt, wie wenig zureichend damals die Luftpumpen und die elektrischen Hilfsmittel waren. Seine chemischen Kenntnisse setzten *Warburg* in den Stand, wenigstens die Reinheit der Gase zu sichern. Dadurch war es ihm möglich, eine wichtige Gesetzmäßigkeit zu entdecken: *Hittorf* hatte gefunden, daß der sogenannte normale Kathodenfall, d. h. die Potentialdifferenz zwischen der Kathode und dem negativen Glimmlicht, so lange unabhängig von der Stromstärke ist, bis die Kathodenfläche völlig mit Glimmlicht bedeckt ist. Nach *Warburg* ist dieser Kathodenfall auch unabhängig vom Gasdrucke, und daher eine dem Metall der Kathode und dem Gase zukommende Konstante, deren Wert außerordentlich stark durch Verunreinigung des Gases geändert wird. Ein großer Teil der jetzt bekannten Werte des normalen Kathodenfalles rührt von *Warburg* und seinen Schülern her.

Nicht unerwähnt mögen seine Arbeiten über die galvanische Polarisation[12] und besonders diejenige über das Kapillarelektrometer bleiben, in welcher er als Chemiker auftritt und gegenüber einer etwas schematischen Theorie von *Helmholtz* die Änderung der Oberflächenspannung des Quecksilbers bei kathodischer Polarisation auf rein chemische Vorgänge zurückführt. Der Doppelschicht von *Helmholtz*, welche bei der Polarisation beseitigt wird, stellt *Warburg* in Lösung gegangenes Quecksilbersalz gegenüber und zeigt, daß die Oberflächenspannung in solcher Salzlösung verkleinert ist. Der Polarisationsstrom beseitigt die Salzlösung. Auch das Verständnis der Tropfelektroden wurde hierdurch wenigstens für die Chemiker bedeutend erleichtert, und ich erinnere mich der warmen Anerkennung, welche der besonders kritische physikalische Chemiker *Hittorf* dieser Arbeit *Warburgs* zollte.

Wohl die schwierigsten Arbeiten in experimenteller Hinsicht und nach den Ergebnissen die wichtigsten dürften *Warburgs* Untersuchungen der chemischen Wirkungen einerseits von elektrischen Entladungen, andererseits des Lichtes sein.[13] Sie beginnen früh mit der Spitzenentladung, ihrer Natur und ihrer chemischen Wirkung. Zu dieser wiederum war er geleitet worden durch Versuche über das Phänomen der Funkenverzögerung und deren Beseitigung durch Belichtung, welche zu einer exakten und seitdem vielfach benutzten Methode der Bestimmung des Funkenpotentials geführt hatten. Die Spitzenentladung hat keine Verzögerung und ist von *Warburg* als eine Glimmentladung erkannt, bei welcher sich von der Spitze aus die der Ladung der Spitze entsprechende Ionenart fortbewegt. Er studierte zuerst die Bildung von Ozon in diesem Spitzenstrome. Sodann ging er allgemein zur Ozonerzeugung in stillen Entladungen über, studierte diese Art Entladungen im *Siemens*schen Ozonisator und stellte sich dann die Frage nach der chemischen Ausbeute, z.B. nach der pro Coulomb gebildeten Menge Ozons. Bei jeder stillen Entladung entsteht Licht, besonders ultraviolettes, welches nach *Lenard* ozonisierend wirkte.

Es fragte sich, wie weit dieses an der Ozonbildung beteiligt war. So kam *Warburg* schließlich 1907 zur Untersuchung der chemischen Wirkung des Lichtes.[14]

Dafür war damals durch *Planck* und *Einstein* eine ganz neue Basis geschaffen. Wenn Licht solche Wirkung ausübte, mußte das quantenförmig geschehen. Jede zu zersetzende Molekel mußte ein Quantum $h \cdot \nu$ der Frequenz ν aufnehmen und dann eine der Größe dieses Quantums entsprechende chemische Änderung erfahren. Nicht alle Moleküle absorbieren einfallendes Licht in gleichmäßigem Betrage. Vielmehr müssen bei noch so schwachem Licht der Frequenz ν immer einzelne Moleküle voll mit $h\nu$ beansprucht werden. Dieses von *Einstein* herrührende photochemische Äquivalentgesetz konnte *Warburg* hier zum ersten Male prüfen und zu Grunde legen, so wie für elektrolytische Zersetzungen das *Faradaysche* Äquivalentgesetz die Grundlage bildet. Wie letzteres für primäre Abscheidung mußte *Einsteins* Gesetz für den primären Absorptionsvorgang strenge gültig sein. Die Prüfung wird aber ähnlich wie bei der Elektrolyse meistens sehr erschwert durch sekundäre chemische Reaktionen, welche im photochemischen Prozeß oft so kompliziert sind, daß sie die strenge Prüfung illusorisch machen. Es ist *Warburgs* großes Verdienst, die exakten Meßmethoden entwickelt und bis zum Erfolge durchgeführt zu haben: die Messung der absorbierten, dem Quantum $h \cdot \nu$ entsprechenden Lichtmenge in Gramm-Kalorien mit Hilfe des Bolometers und der Uhr, die Messung der immer sehr geringen chemischen Umsetzung nach den feinsten chemischen Methoden. Seine zuerst am Ozon für die Strahlung von 0,207 μ gewonnenen Resultate entsprechen der Quantenvorstellung völlig. Die quantenförmige Absorption wird bei gasförmigen Körpern als allgemein gültig gefunden. Aber nur in einzelnen einfachen Fällen wie HJ, HBr zeigt sich der Nutzeffekt eins, indem die Molekel durch das Quantum zerlegt wird. Bei kleinerem Nutzeffekt wird bewiesen, daß entweder $h \cdot \nu$ zu klein ist (NH_3) zur Spaltung der Molekel, oder daß Energie anderweitig abgegeben wird. Er dehnte diese Versuche schließlich auf Lösungen von Photolyten in Wasser und anderen Flüssigkeiten aus, obwohl die Verhältnisse hier fast unentwirrbar wurden, und konnte wenigstens für HJ in wäßriger Lösung und in Hexan die Grundgesetze im wesentlichen bestätigen. In anderen Fällen mußte er das Problem fallen lassen, nachdem er die Ursache der Komplikation herausgearbeitet hatte. In den letzten Jahren ging *Warburg* mit seinem Mitarbeiter Dr. *Rump* zu der chemischen Wirkung von Röntgenstrahlen über. Eine große Freude bereitete es *Warburg*, daß sein Sohn Otto diese von ihm geschaffenen Forschungsmethoden für physiologische Zwecke anwandte und die durch das Licht bewirkte Aufnahme und Spaltung der Kohlensäure durch grüne Pflanzenblätter quantitativ untersuchen und klären konnte.

Diese photochemischen Arbeiten *Warburgs* sind wie diejenigen über die stille Entladung, deren chemische Wirkung auf die Wechselwirkung zwischen den Ionen und Molekülen zurückgeführt wird, meistens zuerst in den Berichten dieser Akademie veröffentlicht.[15] Wenn man sie überblickt, weiß man nicht, was man mehr bewundern soll, die klaren und bedeutsamen Resultate in den wenigen einfachen Fällen oder die immer variierten schier übermenschlichen Bemühungen, um die komplizierten Lichtreaktionen zu meistern. *Einstein** beurteilt diese Forschungen als die

* A. Einstein, „Emil Warburg als Forscher", Die Naturwiss. 10, S. 823, 1922. Hier findet sich eine vollständige Sammlung der Arbeiten *Warburgs* bis 1921. Ebenso bei E. Gehrke, Zeitsch. f. techn. Physik 3, 186, 1922; weiter sei verwiesen auf: E. Grüneisen, „Emil Warburg zum achtzigsten Geburtstag", Die Naturwiss. 14, S. 203, 1926.

Begründung einer „quantitativen Photochemie". Die Forschungen *Warburgs* über die Wirkungen der Spitzen- und stillen Entladung haben zu den wichtigen Arbeiten von *J. Franck* und *G. Hertz* über elastische und unelastische Elektronenstöße und zu dem daran anschließenden berühmten Nachweis der Realität der *Bohr*schen stationären Atomzustände geführt. (Nach einer Notiz von *J. Franck* in seinem Vortrage* „*Emil Warburg* zum Gedächtnis".)[16]

Durch die Übernahme der Leitung der Physikalisch-Technischen Reichsanstalt fühlte *Warburg* wohl die Verpflichtung, sich auch selber der Bestimmung einer wichtigen Konstanten zu unterziehen, wie es nach den Stiftungsregeln vornehmste Aufgabe dieser Anstalt sein sollte. Er wählte die Exponentialkonstante „*C*" im *Planck*schen Strahlungsgesetz, dem Gesetze, dessen Erkenntnis durch Arbeiten der Reichsanstalt gefördert war. Diese Arbeit lag nahe, da die Reichsanstalt die Temperaturskala verwaltete und da hier die Mittel zum Betriebe großer schwarzer Körper vorhanden waren. Das Resultat dieser Messungen, die *Warburg* mit jüngeren Mitarbeitern durchführte,[17] gilt noch heute als der genaueste Wert dieser Konstanten und liegt der Temperaturskala der Anstalt im Gebiete der optischen Pyrometrie zu Grunde. Anschließend daran wollte *Warburg* eine auf das Strahlungsgesetz gegründete Lichteinheit schaffen. Der Weg, den er dafür angab, wird von seinem Schüler und Mitarbeiter *Dr. Müller* jetzt verfolgt.

Es ist zu bewundern, wie *Warburg* diese schwierigen Messungen hat ausführen können neben seinen photochemischen Arbeiten, neben den Geschäften der Verwaltung einer ausgedehnten wissenschaftlichen Anstalt und neben seiner Lehrverpflichtung an der Berliner Universität und einer Reihe von anderen wissenschaftlichen Verpflichtungen in dieser Akademie und in den physikalischen Gesellschaften Berlins.

Es sei da erwähnt, daß er durch Änderung der Organisation der Reichsanstalt die strenge Scheidung des technischen Prüfungsbetriebes von der rein wissenschaftlichen Betätigung aufhob, in der Erkenntnis, daß beide Arbeitsgebiete sich gegenseitig befruchten müssen, wobei es besonders auf eine ergiebige Förderung der Prüfungsarbeiten durch den Fortschritt in den wissenschaftlichen Grundlagen ankam. Die Entwicklung der Anstalt hat bewiesen, daß er hierbei eine außerordentlich glückliche Hand hatte. Heute wäre die frühere Organisation schon aus dem Grunde unvorteilhaft, weil es unmöglich wäre, die benötigten wissenschaftlichen Hilfsmittel zu erhalten, ohne solche durch den gesetzlichen Prüfungsbetrieb begründen zu können. Es darf hierin auch wohl ein Einfluß der engeren Beziehung zu Kreisen der Technik und der Industrie erblickt werden, welche sein Amt mit sich brachte. Er war Mitbegründer der Deutschen Gesellschaft für technische Physik und erhielt in Anerkennung seiner Bestrebungen zur wissenschaftlichen Vertiefung der technischen Grundlagen den Ehrenvorsitz dieser Gesellschaft. Ebenso hat *Warburg* die Berliner und später die Deutsche Physikalische Gesellschaft als langjähriger Vorsitzender gefördert. Auch diese Gesellschaft hat ihren Dank zum Ausdruck gebracht, indem sie ihn zu seinem 70. Geburtstag zu ihrem Ehrenmitgliede ernannte.

Wir dürfen nicht schließen, ohne *Warburgs* „Lehrbuch der Experimentalphysik"[18] zu erwähnen. Es ist im Anschluß an seine Freiburger Vorlesung entstanden und

---

* J. Franck, Die Naturwiss. 19, S. 993, 1931.

enthält in Form von Sätzen äußerster Prägnanz und Kürze die hauptsächlichsten Gesetze der Physik. Immer neue Auflagen, die letzte 22. vom 84jährigen *Warburg* noch selber umgearbeitet, beweisen den Wert dieses Lehrbuches. Seit 1895 haben die angehenden Physiker in diesem Buche die Grundlage ihrer physikalischen Bildung und zugleich ein Vorbild schärfster wissenschaftlicher Ausdrucksweise gefunden. Auf diesem Lehrbuche sowie auf *Friedrich Kohlrauschs* Lehrbuch der praktischen Physik beruht ein großer Teil der physikalischen Bildung der deutschen Physiker,[19] insbesondere derjenigen, welche im Lehrbetriebe der Schulen tätig sind.

Es hat *Warburg* nicht an äußeren Ehrungen gefehlt. Noch zu seinem 80. Geburtstage wurde ihm der „Adlerschild des Reichs" verliehen, die höchste Ehrung, welche das Deutsche Reich zu geben vermag. Frühere Ehrungen hier aufzuführen, würde kaum dem Sinne *Warburgs* entsprechen. Bei seiner Bescheidenheit, seiner Liebe für die Wissenschaft, seiner einfachen Persönlichkeit wird die Anerkennung seiner Lebensarbeit und die hohe Verehrung, welche er bei allen Physikern genoß, für ihn die schönste Ehrung bedeutet haben. Denn sein ganzes Interesse galt der Wissenschaft. Nur die Musik, die er liebte und auf dem Klavier von Jugend an bis in die letzte Zeit selber ausübte, sowie Klassiker der Literatur wie Goethe, Molière, Shakespeare brachten ihm Erholung nach der Arbeit des Tages. Sein ganz der Wissenschaft geweihtes Leben, seine allem Scheine abholde wahre Persönlichkeit werden ein Vorbild bleiben für seine Schüler und für alle, welche mit ihm in Berührung gekommen sind. Seine Werke sind auf allen Gebieten fruchtbare Quellen wissenschaftlichen Fortschrittes, für die kommenden Physiker zum Schöpfen bereit. Unter diesen Werken bevorzugt sind die wissenschaftlichen Beiträge *Warburgs*, welche in den Sitzungsberichten dieser Akademie veröffentlicht sind, und welche das Neueste enthalten, das *Warburg* alljährlich über den Fortschritt seiner Forschungen zu berichten hatte. Durch sie gewinnt man ein lebendiges Bild seiner Arbeit in den drei letzten Dezennien. Sie stellen ein selbst geschaffenes unvergängliches Denkmal dar: unserem dahingegangenen Mitgliede *Emil Warburg* zum ehrenden Andenken, kommenden Generationen als Vorbild eines echten Gelehrten und tiefgründigen erfolgreichen Forschers.

Antrittsrede von Jacobus Hendricus van't Hoff (1852-1911)

gehalten in der Akademie der Wissenschaften am 2. Juli 1896

Hochgeehrte Kollegen! Wenn ich am heutigen LEIBNIZ-Tage als neuberufenes Mitglied der Akademie mich in einer kurzen Ansprache an Sie wende, so sind es in erster Reihe Worte des Dankes, welche ich Ihnen auszusprechen habe für die wissenschaftliche Auszeichnung, welche mir durch Ihre Wahl und die allerhöchste Bestätigung derselben zuteil geworden ist.

Dann aber ladet ein Augenblick wie dieser auch zu einem Rückblick ein auf den eigenen wissenschaftlichen Entwicklungsgang und zu einer Darlegung der Ziele, welche mir vorschweben.

Für die chemische Technik bestimmt und dazu am Polytechnikum zu Delft ausgebildet, führten mich meine mathematischen Bedürfnisse alsbald nach der Universität Leiden, und ich widmete mich der Mathematik, bis die alte Liebe zur Chemie wieder in den Vordergrund trat und mich ein paar großen Zentren der Strukturchemie zuführte, bei KEKULÉ in Bonn und bei WURTZ in Paris, während ich dann meine Studien in Utrecht abschloß, wo kurz vor meiner Doktor-Dissertation meine erste stereochemische Arbeit[1] erschien.

Dieser doppelte Drang, zur Mathematik einerseits, zur Chemie andererseits, hat sich dann meinen sämtlichen wissenschaftlichen Bestrebungen aufgeprägt.

Es stand damals, in den siebziger Jahren, so ziemlich fest, daß die Chemie ihre tiefere mathematische Begründung durch die Atommechanik hindurch erhalten würde und daß schließlich im Molekül etwa ein mikroskopisches Planetensystem zu erblicken sei.

So liegen denn auch meine ersten Versuche, um Chemie und Mathematik zu verknüpfen, etwas auf atommechanischem Gebiete. Mein Versuch zur Entwicklung oder vielmehr Gründung der räumlichen Molekularformel, speziell für Kohlenstoffverbindungen, liegt eben darin.

Wie es jedoch öfters geht, das Hauptresultat lag nicht in der Richtung des Versuchs, und so entstand auch aus der Atomlagerung im Raum nicht eine Atommechanik, sondern die Stereochemie. Dieselbe hat sich bei deren rascher Ausbildung auf organischem Gebiete fast in den Vordergrund gedrängt und die früher der Lebenskraft zugeschriebene optische Drehung in den Bereich der toten Laboratoriumshilfsmittel gebracht. Ein Schritt ist damit also wohl gemacht, jedoch kein Schritt, der bis zum Anschluß an die Mathematik führt.

Mag es dann auch schließlich mit der Chemie zur Atommechanik kommen, so ist so viel klar, daß vor der Hand die Brücke zwischen Chemie und Mathematik in einem

SB 1866, 2, S. 745–747.
Die Erwiderung von A. VON AUWERS ist nicht in den Schriften der Akademie überliefert.

ganz anderen Gebiete liegt, und zwar in demjenigen der mechanischen Wärmelehre, unter möglichst beschränkter Mitberücksichtigung der kinetischen Theorie. Es sind dann die Erscheinungen der Dissoziation, des chemischen Gleichgewichts, denen das Hauptinteresse gebührt. Dafür eben lassen sich auf Grund der mechanischen Wärmetheorie umfassende Gesetzmäßigkeiten entwickeln, die bis dahin durch den Versuch glänzend bestätigt wurden.

Speziell für den Zustand der verdünnten Gase und Lösungen ist alles bis in die Einzelheiten ausgearbeitet, und für eingehendere Kenntnis eben dieser verdünnten Lösungen wurde diese Ausarbeitung von fundamentaler Bedeutung. Der längst gekannte sogenannte osmotische Druck stellte sich dabei als eine für die klare Einsicht wichtige Größe heraus, deren quantitative Identifizierung mit dem Gasdruck das Anwenden sämtlicher Gasgesetze auf die Lösungen und dadurch auch Molekulargewichtsbestimmung gelöster Körper erlaubt.

Als dann durch ARRHENIUS' Auffassung der elektrolytischen Dissoziation dieser Einblick in die Natur der Lösungen seine Abrundung erhielt, lag auf einmal ein ausgedehntes Feld zur Neubearbeitung vor. Und die physikalische Chemie kam zu einer bis dahin ungekannten selbständigen Entwicklung.

Ganz richtig war eben, speziell auch durch OSTWALD, erkannt, daß, da die Verknüpfung von Chemie und Mathematik eben durch die Physik hindurch in erster Linie Frucht trägt und diese Physik schon als mathematische Physik mit der Mathematik verknüpft ist, zum völligen Anschluß von Chemie an Mathematik eben das zweite verbindende Glied, die physikalische Chemie, notwendig wird. Es entstand eine Zeitschrift[2], es entstanden Laboratorien für physikalische Chemie, an deren Entwicklung ich nach Kräften beizutragen versucht habe.

Für den Chemiker jedoch, der sich allmählich mehr mit Physik und Mathematik zu beschäftigen gewöhnt hat, wird schließlich so das große Institut nicht mehr der geeignete Arbeitsplatz, und so bin ich Ihnen im höchsten Grad zum Dank verpflichtet, daß Sie, unter Mitwirkung der hohen Regierung, mir eine Gelegenheit für Arbeit, Untersuchung und Unterricht besorgt haben, die meinen Bestrebungen mehr angemessen ist.

In welcher Richtung ich da arbeiten werde, ist klar: die Verknüpfung von Chemie und Mathematik bleibt mein Hauptzweck, und jeder Anhaltspunkt in neuer Umgebung wird willkommen sein. So möchte ich mich noch zunächst demjenigen Teil der physikalischen Chemie widmen, der sich mit den sogenannten Umwandlungserscheinungen, der Doppelsalzbildung, dem doppelten Umtausch beschäftigt; auch dort ist Anwendung der Mathematik möglich, und speziell anziehend ist die Aussicht auf den nebenbei möglichen Anschluß an die Staßfurter Industrie und Geologie.

Daß es sich dabei jedoch nicht um industrielle Zwecke in erster Linie handeln wird, brauche ich wohl kaum zu bemerken. Ich habe ja mein Vaterland verlassen, eben auch weil ich weiß, wie speziell die deutsche Wissenschaft von der Überzeugung durchdrungen ist, daß die Pflege des Wissens um das Wissen selbst schließlich die höchsten Ziele des menschlichen Strebens am besten fördert.

Gedächtnisrede auf Jacobus Hendricus van't Hoff (1852-1911) von Emil Fischer

gehalten in der Akademie der Wissenschaften am 29. Juni 1911

Fast 15 Jahre gehörte *Jacobus Hendricus van't Hoff* unserem Kreise an, als er am 1. März d. J. seine an wissenschaftlichen Großtaten so reiche Laufbahn beschloß.

Seine Berufung von Amsterdam nach Berlin im Winter 1895/96 war ein ungewöhnliches Ereignis; denn seit länger als 100 Jahren hatte die Akademie keinen ausländischen Gelehrten mehr zu ihrem ordentlichen Mitgliede gewählt.

Freunde und Angehörige des Berufenen sind deshalb nicht ganz ohne Sorge gewesen, wie ihm der Wechsel von Wohnsitz, Vaterland und Berufstätigkeit auf die Dauer behagen werde. Aber das feine Gefühl für die Wirklichkeit und ihre Möglichkeiten, das ihn auf seinen wissenschaftlichen Entdeckungsfahrten stets den rechten Weg finden ließ, hat ihn auch bei diesem persönlichen Entschlusse nicht getäuscht. Mitsamt seiner Familie konnte er sich rasch in deutsche Verhältnisse einleben und fand hier einen Wirkungskreis, der seinen Neigungen und Gewohnheiten in jeder Beziehung zusagte. Nicht minder schnell gelang, es ihm, durch unermüdliche leidenschaftliche Hingabe an die Wissenschaft, durch aufmerksame Mitarbeit bei den besonderen Aufgaben unserer Akademie, durch einfaches, bescheidenes Wesen und eine tüchtige Dosis gesunden Humors zu der Hochachtung vor seinen Leistungen auch das persönliche Vertrauen und die aufrichtige Zuneigung der Kollegen zu erwerben.

Die Worte warmer Anerkennung, die ich im Auftrage der Akademie seinem Gedächtnis widme, gelten deshalb nicht allein dem großen Naturforscher, sondern ebenso sehr dem lieben Fachgenossen als Dank für jahrelange nie getrübte Freundschaft.

van't Hoff, geboren am 30. August 1852 zu Rotterdam als Sohn eines Arztes, verriet schon in früher Jugend den werdenden Naturforscher durch Sammeln von Pflanzen und Insekten. Dazu gesellte sich bald die Vorliebe für chemische Experimente, die sogar zu Schaustellungen für Eltern und Kameraden ausgestaltet und durch Erhebung von Eintrittsgeldern auch zu einer Einnahmequelle gemacht wurden. Der in der letzten Maßregel hervortretende Erwerbssinn scheint sich aber nicht entwickelt zu haben, denn alle späteren Berichte bekunden die Neigung, materielle Vorteile der unbedingten Hingabe an Wissenschaft und freie Forschung zu opfern.

Zufolge eines Kompromisses mit dem Vater, der den Sohn am liebsten für die juristische Laufbahn bestimmt hätte, entschloß er sich zwar, Technologe zu werden, und absolvierte zu diesem Zweck erst die höhere Bürgerschule und dann die Polytechnische Schule zu Delft.[1]

Aber ein kurzer Aufenthalt in einer Zuckerfabrik genügte zu der Erkenntnis, daß die manchmal monotone Tätigkeit des Praktikers auf die Dauer seinem spekulativ veranlagten Geiste keine Befriedigung gewähren werde.

Abh. 1911, 1, phys.-math. Klasse, Gedächtnisreden 1, S. 1—16.

In der Antrittsrede, die er vor 15 Jahren am Leibniz-Tage hier hielt, skizzierte er seinen Studiengang mit folgenden Worten: „Für die chemische Technik bestimmt, führte mich mein mathematisches Bedürfnis alsbald nach der Universität Leiden, und ich widmete mich der Mathematik, bis die alte Liebe zur Chemie wieder in den Vordergrund trat und mich ein paar großen Zentren der Strukturchemie zuführte, bei *Kekulé* in Bonn und bei *Wurtz* in Paris.[2] Dieser doppelte Drang zur Mathematik einerseits und zur Chemie anderseits hat sich dann meinen sämtlichen wissenschaftlichen Bestrebungen aufgeprägt."

Bei der Wahl von Bonn als Studienort war für den jungen Kandidaten der Wunsch ausschlaggebend, von *Kekulé*, dem berühmten Begründer der Strukturchemie, der seit 1867 eine überaus fruchtbare Lehrtätigkeit an der rheinischen Hochschule ausübte, Aufklärung über gewisse Schwierigkeiten seiner Lehre zu erhalten.

Unter *Kekulés* Anleitung ist dann eine kleine Experimentalarbeit entstanden, die den Inhalt von *van't Hoffs* erster Publikation „Über eine neue Synthese der Propionsäure"[3] bildete, aber keineswegs aus dem üblichen Rahmen solcher Erstlingsversuche hervortrat. Ungleich größere Wirkung haben sicherlich *Kekulés* Vorlesungen und der Ideenkreis, der im Bonner Institut gepflegt wurde, auf die Entwicklung des jungen Theoretikers gehabt. Er lernte hier die von dem Meister ersonnenen und noch heute viel gebrauchten Atommodelle, speziell das Modell des Kohlenstoffatoms kennen, und der geometrische Gedanke, der darin liegt, aber von *Kekulé* als verfrüht beiseite geschoben wurde, hat zweifelsohne als Keim bei *van't Hoffs* stereochemischen Vorstellungen mitgewirkt. Zur Reife sind diese aber erst gelangt nach einem Aufenthalt in Paris, wo er mit dem von *Louis Pasteur* klar entwickelten Begriff der molekularen Asymmetrie bekannt wurde.

Die Übertragung der *Pasteur*schen Idee auf die Strukturchemie und das *Kekulé*sche Modell des Kohlenstoffatoms war dann der glückliche Gedanke, durch den der Begriff des asymmetrischen Kohlenstoffatoms und die moderne Stereochemie entstand.

Die erste Veröffentlichung seiner Entdeckung gab *van't Hoff* im September 1874 durch eine in holländischer Sprache geschriebene Broschüre von nur 11 Seiten,[4] der er im folgenden Jahre eine größere mit dem Titel „La Chimie dans l'Espace" folgen ließ.[5] Hier sind die Folgerungen der neuen Betrachtung auch für komplizierte Fälle mit großer Konsequenz gezogen.

Über die Aufnahme dieser Ideen durch die zeitgenössischen Chemiker begegnet man vielfach der Meinung, daß die meisten sich ablehnend oder doch gleichgültig verhalten haben, selbst nachdem *J. Wislicenus* einer deutschen Übersetzung des Werkes von *Hermann*[6] im Jahre 1877 eine warme Empfehlung mit auf den Weg gegeben hatte.

Ich muß dieser Meinung widersprechen, denn ich erinnere mich sehr wohl, wie mein Lehrer *Adolf v. Baeyer* im Sommer 1875 eines Tages, als ihm *van't Hoff* die französische Broschüre mit einigen Modellen zugeschickt hatte, im Laboratorium erschien und uns erklärte: „Da ist wirklich mal wieder ein neuer guter Gedanke in unsere Wissenschaft gekommen, der reiche Früchte tragen wird". Beim Anblick der Modelle und dem Vergleich mit den Strukturformeln der Weinsäure, Fumar- und Maleinsäure waren auch wir Jüngeren sofort in der Lage, uns von der Brauchbarkeit der neuen Theorie zu überzeugen, und sie ist dann vielfach Gegenstand unserer Gespräche gewesen. Ernsten Widerspruch hat sie auch niemals erfahren, denn ein Angriff von *H. Kolbe* aus dem Jahre 1878,[7] der gleichzeitig gegen Struktur- und Stereochemie gerichtet war und mehr mit groben Witzen als mit sachlichen Gründen operierte, hat in der chemischen Welt sicherlich das Gegenteil von der beabsichtigten Wirkung ausgeübt. Allerdings dauerte es längere Zeit, bis die Folgerungen der neuen Theorie einer ausgedehnten experimentellen Prüfung unterworfen wurden, bis sie in Mode kam, wie man zu sagen pflegt. Aber die organische Chemie bot zu jener Zeit ohnedies schon eine so große Fülle von Aufgaben, daß alle Hände auf Jahre hinaus beschäftigt waren. Zudem wird die Experimentalforschung nicht, wie mancher denkt, ausschließlich oder vorzugsweise durch die Theorien gelenkt. Ich bin im Gegenteil der Meinung, daß sie mehr von den Methoden und den ihr zur Verfügung stehenden materiellen Hilfsmitteln abhängig ist. Man kann Versuche anstellen ohne jede vorgefaßte Meinung, sobald man Instrumente und Materialien zur Hand hat, und mancher ausgezeichnete Naturforscher ist allen Theorien zum Trotz ausgezogen auf freie Entdekkungsfahrt, ähnlich einem Jagdhund, nur seiner Nase folgend, wie es der Chemiker *Priestley* im 18. Jahrhundert seinen Fachgenossen dringend empfohlen hat.

Aber sobald es sich um systematische Bearbeitung großer Gebiete und um die bequeme Ordnung zahlreicher Beobachtungen handelt, sind die Theorien ebenfalls unentbehrlich. Das hat sich auch bei der Stereochemie gezeigt. Ihr Nutzen trat immer deutlicher zutage, als die organischen Chemiker sich entschlossen, die schwierigen Kapitel der Terpene, der hydroaromatischen Substanzen, der Kohlenhydrate, der Proteine, wo es sich um zahlreiche feine Isomerien und meistens um optisch aktive Substanzen handelt, systematisch zu studieren.

Was *van't Hoff* an der Hand seines Modells auch für solche komplizierten Fälle in bezug auf Konfiguration, optisches Drehungsvermögen, Anzahl der Formen usw. vorausgeschaut, ist dann in geradezu staunenerregender Weise bestätigt worden.

Von dem ursprünglichen Gedanken, die Strukturchemie ins Sterische überzuleiten, kann man wohl sagen, daß er in der Luft gelegen habe; denn *J. Wislicenus* ist energisch dafür eingetreten, und *A. v. Baeyer* hat mir öfters erzählt, daß er 4 Jahre vor *van't Hoffs* Publikation mit dem *Kekulé*schen Modell die Moleküle der von ihm entdeckten isomeren Hydromellithsäuren ganz im Sinne der heutigen Stereochemie aufgebaut, aber nicht den Mut gehabt habe, die Zeichnungen seiner Abhandlung über diese Körper einzureihen.

Selbst die Idee des asymmetrischen Kohlenstoffatoms ist gleichzeitig in einem anderen Kopf, bei dem französischen Chemiker *J. A. Le Bel*, entstanden und ebenfalls so geschickt verwertet worden, daß er mit vollem Recht als Mitbegründer der Stereochemie gilt. Niemand hat das mehr anerkannt als *van't Hoff* selbst, der sogar eine spätere Auflage seiner Schrift Hrn. *Le Bel* widmete. Von *Le Bel* sind auch wertvolle Versuche zur experimentellen Prüfung des Gedankens angestellt worden, und ihm verdanken wir ferner die kühne Ausdehnung der Spekulation auf die asymmetrischen Stickstoffverbindungen.

Aber worin *van't Hoff* unbestritten voransteht, das ist die außerordentlich sorgfältige und ausdauernde Durchmusterung aller Beobachtungen auf dem weiten Gebiete der optisch aktiven, der ungesättigten und der zyklischen Verbindungen, im Lichte seiner Theorie, deren Ausbau ihn bis in die letzten Lebensjahre beschäftigte.

Am meisten hat mich dabei immer die seltene Vereinigung von kühner Spekulation mit vorsichtiger Kritik überrascht, denn *van't Hoff* ist stets dort stehengeblieben, wo der tatsächliche Untergrund schwankend wurde, und überließ es anderen, die Grenzen zu überschreiten, wo die Hypothese mit den Tatsachen in Widerspruch kommen konnte. Nur so ist es möglich gewesen, daß kaum eine seiner Voraussagungen zurückgenommen werden mußte, und erst in allerletzter Zeit haben sich Erscheinungen gezeigt, die eine kleine Abänderung seiner Vorstellungen nötig machen.

Wenige Monate nach dem Erscheinen der ersten Schrift über die Stereochemie erwarb *van't Hoff* im Alter von 22 Jahren zu Utrecht den Doktortitel, aber merkwürdigerweise nicht für Chemie, obschon eine kleine Experimentaluntersuchung über Cyanessigsäure und Malonsäure den Inhalt seiner Dissertation[8] bildete, sondern für Mathematik und Physik. Vielleicht hat die Fakultät zu Utrecht damit der wohlberechtigten Hoffnung Ausdruck geben wollen, daß der junge Doktor diese Wissenschaften noch mit größerem Erfolge in den Dienst der Chemie stellen werde, als es bereits durch die stereochemischen Betrachtungen geschehen war.

Nach der Promotion begann die Sorge um den Erwerb einer passenden Lebensstellung, die aber erst zwei Jahre später durch die Anstellung als Dozent an der Tierarzneischule zu Utrecht ihre Lösung fand.[9] In der Zwischenzeit befriedigte er seine bescheidenen materiellen Lebensansprüche durch Erteilung von Privatunterricht.

Trotz dieser lästigen Nebenbeschäftigung war es für ihn eine Periode intensivster geistiger Arbeit, deren Früchte zum Teil in dem zweibändigen Werk „Ansichten über organische Chemie"[10] niedergelegt sind. Obschon dieses Buch nicht entfernt den Einfluß auf unsere Wissenschaft ausübte wie die „Lagerung der Atome im Raum", so bildet es doch ein unentbehrliches Glied in der Kette von Gedanken, die *van't Hoff* aus dem engeren Bereiche der Kohlenstoffverbindungen in die allgemeine Chemie hinausführten.

Ausgehend von dem Wunsche, den Verlauf organisch chemischer Vorgänge nicht allein von der qualitativen Seite, sondern auch nach der Quantität und dem zeitlichen Verlauf kennen zu lernen, sah er sich gezwungen, das Problem der chemischen Dynamik anzugreifen.

Wilhelm Ostwald hat uns in der trefflichen Gedächtnisrede[11] bei der von der Chemischen Gesellschaft veranstalteten Feier vor sechs Wochen erzählt, wie *van't Hoff* selbst diesen Teil seiner Gedankenentwicklung im heiteren Kreise schilderte.

Angeregt durch einen Besuch des Kaisers von Brasilien, Dom Pedro, hatte er den Plan gefaßt, seine Theorie durch eine umfassende Untersuchung der Dibrombernsteinsäure zu prüfen.

Aber die Reaktionen verliefen anders, als er sich gedacht, und die Arbeit blieb liegen, wie man jetzt sagen darf, zum Glück für *van't Hoff*, der hier vielleicht in dieselben Trugschlüsse gekommen wäre, deren Opfer später andere geworden sind. Indessen fiel ihm bei den mißlungenen Versuchen auf, daß die Abspaltung des Bromwasserstoffs beim Kochen der wäßrigen Lösung ein langsam verlaufender und deshalb zeitlich meßbarer Prozeß ist. So kam er darauf, sich mit der Reaktionsgeschwindigkeit und bald nachher auch mit den chemischen Gleichgewichten zu beschäftigen.

Inzwischen war er 1877 an die neu gegründete Universität Amsterdam als Lektor berufen und ein Jahr später zum Professor der Chemie, Mineralogie und Geologie befördert worden.

Der größere Kreis von Schülern und die reichlicher fließenden materiellen Hilfsmittel haben ihm hier die Möglichkeit gegeben, eine fruchtbare Lehrtätigkeit zu entfalten und gleichzeitig seine theoretischen Betrachtungen durch eine Reihe von Experimentalarbeiten zu prüfen. Das Ergebnis dieser umfassenden Untersuchungen ist niedergelegt in den 1884 erschienenen „Études de Dynamique chimique"[12], die

12 Jahre später von *Ernst Cohen* unter dem Titel „Studien zur chemischen Dynamik"[13] von neuem herausgegeben wurden.

Aus dem reichen Inhalt des Buches seien hier nur erwähnt die scharfe Definition der Reaktionsgeschwindigkeit und deren Abhängigkeit von der Temperatur, der Begriff des beweglichen Gleichgewichts und der Umwandlungstemperatur, die thermodynamische Berechnung der chemischen Affinität und die Kritik des *Berthelot*schen Satzes von der maximalen Arbeit.

Obschon manche seiner Betrachtungen nicht ganz neu waren, so kann doch die Wirkung, welche das Werk auf die chemische Dynamik ausübte, dem Einfluß der Stereochemie auf das Studium der Kohlenstoffverbindungen gleichgesetzt werden; denn *van't Hoff* hat die neuen Begriffe im Gegensatz zu *Gibbs*, dem wir ganz ähnliche Studien vom mathematischen Standpunkt aus verdanken, im unmittelbaren Anschluß an die Wirklichkeit gefunden, und ihre Fruchtbarkeit an einem großen experimentellen Material dargelegt.

Allerdings sollen seine mathematischen Ableitungen nach dem Urteil der Sachverständigen nicht immer streng den Regeln der Kunst genügen. Um so bewundernswerter ist seine Intuition, die ihn trotzdem stets zum richtigen und meist durch Einfachheit augezeichneten Endresultat führte.

Die Bearbeitung des Affinitätsproblems, das mit der Gleichgewichtslehre im engen Zusammenhang steht und deshalb den Gegenstand der letzten Kapitel der „Études de Dynamique chimique" bildet, hat *van't Hoffs* dritte und größte Entdeckung, die Theorie des osmotischen Drucks und der Lösungen, zur Folge gehabt. In dem für die Kenntnis seiner Ideenentwicklung so wichtigen Vortrag vor der hiesigen chemischen Gesellschaft im Dezember 1893[14] erzählte er selbst mit charakteristische Wendungen, wie jene Lehre entstanden ist.

Durch seinen botanischen Kollegen an der Universität Amsterdam, *de Vries*, war er mit den Messungen des osmotischen Drucks durch den Pflanzenphysiologen *Pfeffer* bekannt geworden und hatte sie alsbald benutzt, um die Anziehung des Wassers durch Salze, z.B. Natriumsulfat, zahlenmäßig festzustellen.

Als er dann ferner versuchte, eine für gasförmige Systeme von ihm abgeleitete thermodynamische Gleichung auch für verdünnte Lösungen anzuwenden, kam ihm der glückliche Einfall, daß mit dem dort benutzten Begriff der halbdurchlässigen Wand bei Lösungen die reversiblen Umwandlungen ebenfalls durchführbar sind. Aus diesem Gedanken ergab sich zunächst die Übertragung der Gasgesetze von *Boyle* und *Gay-Lussac* auf die verdünnten Lösungen. Noch viel überraschender war das Resultat, als der Wert R in der bekannten Gasgleichung mit dem osmotischen Druck für verdünnte Zuckerlösungen berechnet und gleich groß gefunden wurde.

Die physikalische Deutung des Resultates hieß aber: „Nichts anderes, als daß der Zucker einen osmotischen Druck ausübt, demjenigen Druck gleich, welchen er bei derselben Konzentration und Temperatur im gasförmigen Zustande ausüben würde." Die daraus folgende Anwendbarkeit von *Avogadros* Satz auf Zuckerlösungen erschien dem Entdecker zuerst als Zufall. Als er aber seine Betrachtungen auf die von *Raoult* gefundenen Gesetzmäßigkeiten für die Erniedrigung von Dampfdruck und Gefrierpunkt bei Lösungen ausdehnte, ergab sich eine überraschende Übereinstimmung zwischen Rechnung und Beobachtung.

Trotzdem übergab der vorsichtige Forscher seine Resultate erst im Oktober 1886 durch eine der schwedischen Akademie vorgelegte Abhandlung der Öffentlichkeit,[15] nachdem die von ihm aus *Raoults* Zahlen berechnete Schmelzwärme des Bromäthylens auf seine Bitte durch *Petterson* experimentell geprüft und bestätigt worden war.

Welch verblüffenden Eindruck *van't Hoffs* geniale Theorie auf die zeitgenössischen Chemiker machte, kann ich aus eigener Erfahrung bezeugen. Ich wurde zufällig bald nach dem Erscheinen der schwedischen Abhandlung im Frühjahr 1887 damit bekannt gemacht durch den Mann, der am meisten zu ihrer Förderung beigetragen hat, durch *Svante Arrhenius*. Er arbeitet damals unter Leitung von *Friedrich Kohlrausch* im physikalischen Laboratorium der Universität Würzburg und war häufiger, gern gesehener Gast im chemischen Institut. Eines Tages erschien er dort, um mir über die *van't Hoff*sche Untersuchung zu berichten. Mit berechtigter Freude konnte er zufügen, daß es ihm gelungen sei, die Abweichung mancher Stoffe von jenen Gesetzen zu erklären. Es handle sich dabei stets um Elektrolyte, von denen er annehme, daß sie durch den Lösungsvorgang in die Ionen dissoziiert würden und nach dem Grade der Dissoziation, der durch das elektrische Leitvermögen zu messen sei, größeren osmotischen Druck zeigen müßten.

Obschon die Betrachtungen meinem eigenen Arbeitsfelde ferne lagen, so konnte ich mich doch nicht der Überzeugung verschließen, daß man es hier mit einem neuen, großartigen Einblick in das weite Gebiet der Lösungen zu tun habe. Ich bin dann mit der Mehrzahl der Fachgenossen der weiteren Entwicklung dieser Theorie, wenn auch aus der Ferne, so doch mit aufrichtiger Freude, gefolgt, obschon gelegentlicher Mißbrauch derselben von seiten allzu eifriger Anhänger zum Widerspruch reizen konnte.

Die Verbreitung der neuen Lehre ist außerordentlich gefördert worden durch die 1887 gegründete Zeitschrift für physikalische Chemie, die unter der Leitung von *Wilhelm Ostwald* und der dauernden Mitwirkung *van't Hoffs*[16] bald der Sammelpunkt für alle Arbeiten auf diesem Gebiete wurde. Enthielt doch schon ihr erster Band die ausführliche Darlegung der Lösungstheorie durch *van't Hoff* und die erste zusammenfassende Darstellung der elektrolytischen Dissoziationstheorie von *Arrhenius*.[17]

Die zunächst nur für Flüssigkeiten geltende Betrachtung konnte von *van't Hoff* schließlich auch auf die Mischungen fester Körper und auf die in festen Substanzen absorbierten Gase übertragen werden. So entstand der wichtige Begriff der festen Lösungen.

Trotz vereinzelten Widerspruchs hat die Theorie des osmotischen Drucks schneller als die Stereochemie befruchtend auf die Experimentalforschung eingewirkt. Der Grund dafür liegt wohl in ihrer viel allgemeineren Bedeutung und der Möglichkeit, sie auf den verschiedensten Gebieten der Chemie und Physik durch die Beobachtung zu prüfen. Welch unermeßlicher Strom von Anregung daraus hervorgegangen ist, zeigt das plötzliche Anschwellen der physikalisch-chemischen Literatur.

Daß den ungewöhnlichen Leistungen *van't Hoffs* nicht allein die Anerkennung der engeren Fachgenossen, sondern auch der verschiedensten gelehrten Korporationen in reichem Maße zuteil wurde, versteht sich von selbst. Am bekanntesten davon ist die Verleihung des Nobelpreises im Jahre 1901, wo *van't Hoff* als erster Chemiker diese Ehrung erhielt.[18]

Ebensowenig braucht man sich zu wundern, daß auch außerhalb seines Vaterlandes der Wunsch rege wurde, ihn als Lehrer und wissenschaftliche Zierde für Hochschulen zu gewinnen. Bereits im Jahre 1887 hatte Leipzig einen solchen Versuch gemacht, was man in Amsterdam mit der Bewilligung eines neuen Institutes beantwortete. Dasselbe wurde ganz nach den Angaben *van't Hoffs* gebaut und 1891 in Betrieb genommen. Damit waren wohl alle Wünsche, die er in bezug auf äußere Hilfsmittel für seine Arbeiten hegte, erfüllt, und der große internationale Schülerkreis, der sich um ihn versammelte, sorgte auch dafür, daß die neuen Einrichtungen im Dienste der Wissenschaft gründlich ausgenutzt wurden. Aber mit dem vergrößerten Institut waren für den Leiter auch die Sorgen der Verwaltung und des Unterrichts gewachsen.

Der Konflikt zwischen den Neigungen des Forschers und den Pflichten des Lehrers, den auch mancher andere Gelehrte zu bestehen hat, trat bei ihm besonders scharf hervor und erweckte den Wunsch nach weitgehender Befreiung von den Amtsgeschäften, der ihm allerdings im Rahmen der Amsterdamer Universitätseinrichtungen nicht erfüllt werden konnte. Die Kunde davon verbreitete sich in Deutschland und hat schließlich die Übersiedelung *van't Hoffs* nach Berlin zur Folge gehabt. Allerdings mißlang der Versuch, ihn für unsere Universität zu gewinnen. Durch den Tod von *Kundt* und *Helmholtz*, deren Verlust wir kurz nacheinander zu beklagen hatten, war 1894 die Experimentalphysik verwaist und nachdem der anfänglich für die Universität in Ansicht genommene *Friedrich Kohlrausch* als Präsident der Physikalisch-Technischen Reichsanstalt ausersehen war, tauchte der Gedanke auf, für den Lehrstuhl der Physik an der Universität *van't Hoff* zu berufen. So ungewöhnlich dieser Vorschlag auch in mancher Beziehung sein mochte, so wurde er doch von der Unterrichtsverwaltung ohne Zögern angenommen und Hr. *Planck* als erster Unterhändler nach Amsterdam geschickt. Die Folge war, ein Gegenbesuch von *van't Hoff* in Berlin, wo es zu eingehenden Verhandlungen mit der Behörde kam. Bei diesen zeigte der Gelehrte so viel kluge Überlegung, zähe Ausdauer und unerschütterliche Ruhe, daß der vielgewandte Vertreter des Kultusministeriums *Friedrich Althoff* in den bewundernden Ruf ausbrach „Dieser Holländer ist mir über".

Obschon *van't Hoff* uns gegenüber seine besondere Freude über die ehrende Anerkennung seiner physikalischen Vollwertigkeit und über das weite Entgegenkommen der Unterrichtsverwaltung ausgesprochen hatte, so lehnte er doch sofort nach der Heimkehr das Anerbieten ab. Offenbar hatte er das Gefühl, sich mit den Anforderungen der Experimentalphysik und den vielfältigen Geschäften einer Berliner Professur noch weniger befreunden zu können, als ihm dies in Amsterdam auf die Dauer mit der chemischen Professur gelungen war. Aber die Fäden zwischen ihm und Berlin waren nun einmal geknüpft, und schon während seines hiesigen Aufenthaltes hatte man die Möglichkeit einer späteren Berufung durch die Akademie im engeren privaten Kreise erwogen. Er ließ keinen Zweifel darüber, daß eine von allen Nebenpflichten befreite Tätigkeit am meisten seinen Neigungen entspräche, und einige Monate später, im April 1895, nahm er als Vorsitzender der Versammlung holländischer Naturforscher und Ärzte zu Amsterdam Gelegenheit, auch öffentlich für die Schaffung derartiger Stellen einzutreten. Noch drastischer brachte er kurz nachher seine Überzeugung zum Ausdruck, indem er die Amsterdamer Professur plötzlich aufgab, um zunächst der Ruhe zu pflegen. Mit der Familie zog er erst in den badischen Schwarzwald und dann, als die Tage kürzer wurden, langsam der Sonne nach bis Lugano, alles mit Ausnahme des Gotthardtunnels zu Fuß abmachend, Omnia sua secum portans,[19] wobei der jüngste, erst sechsjährige Sohn meist auf den Schultern des Vaters reiten durfte. Was Seume vor 100 Jahren mit dem Spaziergang nach Syrakus vollbrachte, das hat *van't Hoff* im Zeitalter der Eisenbahnen nochmals geleistet, auch nach Kilometern, wenn man den Weg mit der Zahl der sechsköpfigen Familie multipliziert.

Von der Schweiz knüpfte er die Verhandlungen mit Berlin wieder an, und nun erfolgte nach dem einmütigen Vorschlag der Fachgenossen im Winter 1895/96 seine Berufung als Mitglied der Akademie. Gleichzeitig wurde er zum Honorarprofessor an der Universität ernannt, und im Frühjahr 1896 fand die Übersiedlung nach Berlin statt.[20]

Glücklicherweise brauchte *van't Hoff* kein großes Institut, das man so rasch nicht hätte herrichten können. Für die von ihm geplanten Untersuchungen genügte ein kleines Laboratorium, für dessen Einrichtung in einem Mietshause sein Freund und Mitarbeiter *Meyerhoffer* Sorge trug.

Und nun beginnt die lange Reihe von Experimentalarbeiten über die ozeanischen Salzablagerungen, speziell die Staßfurter Salze, welche an die bereits in Amsterdam angestellten Versuche über Umwandlungserscheinungen und Doppelsalzbildung anknüpfen. In 52 Abhandlungen, die sämtlich in unseren Sitzungsberichten erschienen,[21] sind die Resultate niedergelegt, durch die das verwickelte Problem in den Grundzügen und für eine konstante Temperatur gelöst wurde.

Drei Jahre vor seinem Tode hat er sie abgeschlossen, aber gleichzeitig für ihre Weiterführung von anderer Hand Sorge getragen.

Unter Mitwirkung von Mineralogen, Geologen und Chemikern der Staßfurter Industrie und mit materieller Unterstützung durch unsere Akademie, den Verein deutscher Ingenieure und das Kalisyndikat ist ein wissenschaftlicher Verband für die Erforschung der deutschen Kalisalzlagerstätten ins Leben getreten, der auch die weitere physikalisch-chemische Bearbeitung des Gebietes auf dem von *van't Hoff* gebahnten Wege betreiben wird.

Das Studium der Kalisalze ist an Umfang zweifellos die größte Experimentalarbeit *van't Hoffs*, und der theoretischen Durchdringung des Problems steht hier ebenbürtig die unermüdliche, über 12 Jahre sich erstreckende Sammlung der Beobachtungen zur Seite. Manche interessante geologische Frage wird dabei berührt und zugleich die Synthese von Mineralien durch die erste künstliche Bereitung von mehreren Staßfurter Salzen bereichert.

Zu dem Ruhm des schöpferischen Theoretikers gesellt sich nun auch der Lorbeer des geschickten, sorgfältigen und ausdauernden Experimentators.

Manche seiner Freunde haben die Berliner Periode als eine Zeit der Ruhe oder wohl gar der Erschöpfung angesehen, die nach den vorausgegangenen theoretischen Leistungen begreiflich gewesen wäre. Aber könnte es nicht auch umgekehrt so sein, daß das von *van't Hoff* früher bearbeitete Gebiet gerade durch seine Entdeckungen erschöpft war? Wo die naturwissenschaftliche Spekulation ernten will, muß der Acker zuvor durch die Beobachtung vorbereitet sein, und je gründlicher der theoretische Schnitter sein Werk besorgt hat, um so länger dauert es, bis wieder neue Früchte heranreifen. Tatsächlich ist seit zwei Dezennien, wenn man von der Radioaktivität absieht, keine Theorie in der Chemie aufgetaucht, die den zuvor erwähnten *van't Hoff*schen Ideen an Einfachheit und allgemeiner Gültigkeit gleichgestellt werden könnte. Wahrscheinlich hat er diesen Zustand der Wissenschaft richtig empfunden und sich zum Experiment, dem Jungbrunnen des Naturforschers, geflüchtet, ähnlich dem alternden Faust, der von der Spekulation übersättigt, sich nach den Brüsten der ewig jungen Natur zurücksehnt.

Wie wenig durch die scheinbare Ruhe seine Unternehmungslust vermindert war, lehrt der letzte Abschnitt seiner wissenschaftlichen Arbeit. Trotz vorgeschrittenen Alters und den Plagen einer tückischen Krankheit faßte er vor einigen Jahren den kühnen Entschluß, sich den Grundproblemen der Biologie, insbesondere der Bildung organischer Materie in den Pflanzen, zuzuwenden. Zwei Veröffentlichungen in unseren Sitzungsberichten „Über synthetische Fermentwirkung“[22] zeigen den Weg an, den er zu beschreiten gedachte.

Um für die Versuche frisches Pflanzenmaterial zur Hand zu haben und gleichzeitig die für seinen körperlichen Zustand unzuträgliche Großstadtatmosphäre zu vermeiden, hatte er Wohnsitz und Arbeitsstätte nach dem Vorort Steglitz verlegt. Das Laboratorium war noch bescheidener als das mit *Meyerhoffer* benutzte. Es bestand aus einem kleinen Holzhaus mit sehr einfacher Einrichtung, das er auf dem Gelände der Domäne Dahlem aus eigenen Mitteln erbaut hatte. Die Erwerbung des Bauplatzes, wofür eine kleine Miete gezahlt werden mußte, war nicht mühelos gewesen, und die Form, wie sie zum Abschluß kam, ist so charakteristisch, daß sie verdient, erzählt zu werden. Nach vorbereitenden mündlichen Verhandlungen hatte *van't Hoff* ein schriftliches Gesuch an die maßgebende Behörde um mietweise Überlassung des Platzes gerichtet, aber mehrere Monate vergeblich auf Antwort gewartet. Da wiederholte er die Eingabe, schickte sie aber diesmal als eingeschriebenen Brief mit Eilbestellung nach dem nahen Bestimmungsort. Diese ungewöhnliche dringliche Form verfehlte ihre Wirkung nicht, und nach einigen Tagen war sein Wunsch erfüllt.

Leider sollte ihm keine ungestörte Benutzung der neuen Arbeitsstätte mehr beschieden sein. Das vor $4^1/_2$ Jahren erworbene Lungenleiden zwang ihn wiederholt zu längerer Unterbrechung der Versuche, und bald nach dem Jubiläum unserer Universität, wo er nur noch am Festmahl im Königlichen Schlosse teilnahm, trat die zum Ende führende Verschlimmerung der Krankheit ein.

In der letzten Festsitzung am Friedrichstage hat unsere Akademie ihm nur wenige Wochen vor seinem Tode die letzte öffentliche Ehrung durch die Verleihung der Helmholtzmedaille[23] erwiesen, die er nach dem Zeugnis der treuen Gattin auf dem Krankenlager, aber mit dankbarer Freude empfing.

Wenn ich schließlich *van't Hoffs* Leistungen als Ganzes kennzeichnen soll, so trage ich kein Bedenken, ihn den größten Theoretiker der Chemie in der zweiten Hälfte des 19. Jahrhunderts zu nennen. Durch die Stereochemie hat er seinen Namen neben den von *Pasteur* und *Kekulé* gesetzt. Mit den Studien zur chemischen Dynamik war er an die Seite der großen Thermodynamiker, insbesondere von *Helmholtz* und *Gibbs* getreten. und mit der Lehre vom osmotischen Druck hat er dem Gedanken *Avogadros* die allgemeine Bedeutung verschafft.

Die Originalität, die seinem Denken eigen war, trat auch in seinen Gewohnheiten, Neigungen und Anschauungen zutage und gab dem Verkehr mit ihm einen besonderen Reiz. Bescheidenheit in bezug auf die eigene Leistung, freudige Anerkennung fremden Verdienstes, Abneigung gegen Polemik und Phrase, drolliger Humor und Einfachheit der Lebensführung bildeten die Grundzüge seines Wesens.

So wird er fortleben nicht allein in der Geschichte der Wissenschaft als der schöpferische Denker, auf den wir stolz waren, so lange den unsrigen nennen zu dürfen, sondern auch in der Erinnerung der Freunde als der liebenswerte Mensch, dessen Verlust wir lebhaft beklagen.

Antrittsrede von Walther Nernst (1864-1941)

gehalten in der Akademie der Wissenschaften
am 28. Juni 1906

Für die hohe Auszeichnung, die mir durch die Aufnahme in die Akademie zuteil wurde, darf ich heute meinen Dank öffentlich aussprechen; ich möchte aber auch zugleich dankbar des freundlichen Geschickes gedenken, welches mich einem Fache zuführte, auf dem gerade in unserer Zeit, wie man wohl sagen darf, mit besonderer Lust und Freude gearbeitet wurde.

Es sind etwa zwei Jahrzehnte verflossen, als plötzlich das Grenzgebiet zwischen Physik und Chemie reiche und mannigfaltige Früchte zu tragen begann. Auf dem Gebiete jener beiden Disziplinen kommt es ja von Zeit zu Zeit vor, daß unvermutet irgendwo reiche Goldlager entdeckt werden, und auch die gewöhnlichen Begleiterscheinungen solcher Funde fehlen dann in der Regel nicht; zunächst eine Art Goldfieber, welches in entsprechend idealisierter Form weite Forscherkreise ergreift, die sich dann eiligst in die hoffnungsvollen Gefilde begeben. Dann aber erschöpfen sich meistens solche Lager nach einiger Zeit, und anstatt des mühelosen Einsammelns des fast offen zutage liegenden Erzes muß dann wieder die angestrengte methodische Arbeit einsetzen, die, wenn auch langsamer, so doch dafür um so sicherer zu weiterer Bereicherung unseres Wissens führt.

Dem Umstande, daß ich gerade zur rechten Zeit, ebenfalls vor etwa zwanzig Jahren, meine Studien soweit beendigt hatte, um an eigenen Arbeiten[1] mich versuchen zu können, und daß ein glücklicher Zufall mich an die rechten Stellen führte, verdanke ich es wohl in erster Linie, wenn ich heute in Ihrem Kreise über meine wissenschaftlichen Ziele Rechnung ablegen darf.

Von Anfang an erschien es mir als die wichtigste Aufgabe der physikalischen Chemie, die Methoden der theoretischen Physik zur Behandlung chemischer Probleme zu verwenden, und in dieser Richtung bemühte ich mich denn auch, zu arbeiten. Neben den Gleichgewichtserscheinungen in Lösungen, speziell den Gesetzen der Löslichkeit und der Verteilung von Substanzen zwischen verschiedenen Medien, waren es insbesondere die Probleme der Diffusion und der elektromotorischen Wirksamkeit verdünnter Lösungen, dann aber die Theorie der galvanischen Elemente und der Elektrolyse überhaupt, welche mir einer Behandlung von obigen Gesichtspunkten aus einladend erschienen.

Stets habe ich mich bemüht, theoretische Spekulationen in der Weise zu führen, daß sie im engsten Kontakte mit den Ergebnissen des Experimentes blieben, und da in der Regel die vorhandenen Beobachtungen zu einer sicheren Prüfung der theore-

---

SB 1906, 1, S. 549—552.
Die Erwiderung von A. von Auwers ist nicht in den Schriften der Akademie überliefert.

tischen Betrachtungen nicht ausreichten und sich häufig durch letztere auch Anregungen zu neuen experimentellen Anordnungen ergaben, so habe ich, meistens gemeinsam mit meinen Schülern, eine Reihe von Experimentaluntersuchungen ausgeführt, zu denen mir hauptsächlich das Göttinger Institut für physikalische Chemie, das ich begründen und zehn Jahre leiten durfte, die Gelegenheit gab.

Zu denjenigen Problemen, die nicht nur Physik und Chemie, sondern die gesamte Naturforschung beschäftigen, gehört wohl in erster Linie das Verhältnis von Kraft und Stoff oder, wie man sich auf Grund der klassischen Thermodynamik genauer auszudrücken weiß, die Beziehung zwischen den stofflichen Veränderungen und den sie begleitenden Wandlungen der Energie. Vielleicht trügt die Hoffnung nicht, daß gerade die nähere Betrachtung des von der physikalischen Chemie erbrachten Tatsachenmaterials unser Auge hinreichend schärfen wird, um tiefere Einblicke in jene allgemeinen Fragen zu gewinnen, als es bisher mit Hilfe der beiden Wärmesätze möglich war. Insbesondere glaube ich von den experimentellen Arbeiten über die chemischen Gleichgewichte bei hohen Temperaturen, die ich seit einigen Jahren gemeinsam mit meinen Schülern zu untersuchen begonnen habe, eine Verwertung in der angedeuteten Richtung mir versprechen zu dürfen.[2]

Die Arbeitsweise gelehrter Körperschaften ist mir nicht vollkommen neu; eine Reihe von Jahren durfte ich bereits im Kreise der Göttinger Sozietät als ordentliches Mitglied tätig sein. Dies gibt mir den Mut, über meine Auffassung von den Zielen gelehrter Gesellschaften einige Worte hinzuzufügen. Daß man hier häufig ein wenig skeptischen Auffassungen begegnet, weiß jeder von uns; um so mehr möchte ich meiner Überzeugung Ausdruck geben, daß gerade in unserer Zeit die Akademien neben der Pflege der wissenschaftlichen Einzelforschung Aufgaben allgemeinerer Art im Leben der Nation zu erfüllen haben. Unsere Zeit strebt offenbar nach der entgegengesetzten Richtung hin, als es vor gerade hundert Jahren der Fall war. Während damals, um an ein gelegentlich von Helmholtz gebrauchtes Bild anzuknüpfen, viele auserlesene Geister, abgestoßen von der trüben politischen Umgebnung, sich teils auf die Zauberinseln der Poesie flüchteten, teils sich in das einsame Hochgebirge der Philosophie mit seinen träumerischen, aber auch häufig trügerischen Fernblicken zurückzogen, ruht das Auge des Deutschen heute vielleicht mit gar zu viel Wohlgefallen auf wogenden Kornfeldern oder auf schmucken Fabrikanlagen; das ehemalige Volk der Träumer und Denker beginnt in das andere Extrem einer wohl häufig zu starken Betonung unmittelbar praktischer Gesichtspunkte zu fallen. Dem mächtigen Strome der Zeit gegenüber ist der einzelne ohne Einfluß; wohl aber scheinen die in ganz Deutschland zerstreuten Akademien in ihrer Gesamtheit berufen zu sein, hier, wo es nötig und nützlich sein sollte, regulierend einzugreifen. Freilich werden die Akademien den veränderten Zeiten auch ihrerseits Rechnung tragen müssen, wenn sie ihren Einfluß behalten und stärken wollen; in dieser Hinsicht darf ich wohl an die Bestrebungen meines früheren Kollegen Felix Klein erinnern, der so oft gezeigt hat, wie ein starker, wissenschaftlicher Idealismus, wenn er sich mit praktischem Blicke vereinigt, weite Kreise für die besten Ziele zu erwärmen weiß, die eine gelehrte Körperschaft sich stecken kann.

Mit mehreren älteren Mitgliedern unserer Korporation verknüpfen mich seit langem enge wissenschaftliche Beziehungen. Mein Vorgänger in meinem hiesigen Amte[3] war zugleich mein erster Lehrer in der Chemie. Ebenfalls in unserer Mitte befindet sich der Forscher,[4] an dessen grundlegende Arbeiten über den osmotischen

Druck ich bei meinen eigenen physiko-chemischen und elektrochemischen Arbeiten am häufigsten anzuknüpfen hatte. Vor kurzem erst zog sich mein früherer Lehrer der Physik[5] von hier nach Marburg zurück, dessen Arbeiten über die Leitfähigkeit verdünnter Lösungen für die neuere Elektrochemie von so großer Bedeutung geworden sind. Der Wiener theoretische Physiker schließlich, dessen Art, die Probleme plastisch und tief, dabei aber stets mit dem prüfenden Blicke des Experimentators zu sehen, mir, als seinem Schüler, stets das erste Vorbild war, befindet sich in der Liste unserer Ehrenmitglieder;[6] mit den Arbeiten unseres hiesigen theoretischen Physikers[7] habe ich vielfach die engsten Berührungspunkte gewonnen, indem wir wiederholt die gleichen Probleme behandelten und dabei uns gegenseitig, wie ich hoffe, gefördert haben. An Paten in Ihrem Kreise fehlt es dem Neuankömmling also nicht; ihnen nachstrebend, will ich mich bemühen, ein nützliches Mitglied unserer Gesellschaft zu werden.

Antrittsrede von Paul Drude (1863-1906)

gehalten in der Akademie der Wissenschaften am 28. Juni 1906

Daß mir die hohe Ehre zuteil geworden ist, in verhältnismäßig jungen Jahren der Akademie der Wissenschaften als Mitglied angehören zu dürfen, verdanke ich, wie ich mir wohl bewußt bin, einer zufälligen Verkettung von Umständen, die mich auf den verantwortungsvollen Posten des Experimental-Physikers an der hiesigen Universität stellte. Wenn ich mir dabei das Bild meiner großen Vorgänger zum Bewußtsein bringe, den universalen Riesengeist,[1] der in dem Prinzip von der Erhaltung der Kraft der physikalischen und allgemein naturwissenschaftlichen Forschung eine ganz neue Ära von ungeahntem Fortschritt gegeben hat, den genialen Experimentator,[2] der zugleich durch seine ganze Persönlichkeit das von MAGNUS begonnene Werk der Bildung einer physikalischen Schule in glänzender Weise fortsetzte und erweiterte, und die rastlose Tätigkeit und erfolgeiche Wirksamkeit meines unmittelbaren Vorgängers,[3] mit der er seine Kräfte einerseits in den Dienst seiner zahlreichen Schüler, andererseits seiner eigenen Forschungsarbeit stellte, die in glücklichster Weise experimentelles Geschick mit theoretischer Beherrschung verbindet, so muß ich das Gefühl der Beklemmung empfinden, ob ich durch Anspannung aller meiner Kräfte den an mich gestellten Aufgaben gewachsen bin.

In der Wahl zum Mitglied der Königlichen Akademie erblicke ich Ihr Vertrauen für Leistungen in der Zukunft, und dafür möchte ich meinen Dank aussprechen mit der Versicherung, daß ich stets handeln werde im Bewußtsein dessen, was man von mir erwartet.

Mein Bildungsgang war zunächst mehr ein theoretisch-physikalischer, angeregt durch die meisterhaften Vorlesungen von G. KIRCHHOFF hier in Berlin und besonders dann durch Vorlesungen und Übungen von W. VOIGT in Göttingen, bei dem ich dann auch viele Jahre als Assistent tätig war.[4] Seine Richtung, die Theorie mit eigenen Experimenten zu verknüpfen, ist auch für mich bestimmend gewesen; ich kann mich daher durchaus als einen Schüler von W. VOIGT bezeichnen, besonders bei meinen ersten im Gebiet der Optik liegenden Arbeiten, die von VOIGT angeregt wurden.

Als dann die glänzenden HERTZschen Arbeiten ihren Siegeslauf hielten, wurde ich sowohl durch meine Lehraufgabe als Dozent, als auch aus innerem Drang, meinen Gesichtskreis zu erweitern, dazu geführt, mich näher mit der modernen Elektrizitätslehre zu beschäftigen, wodurch ich einerseits weiter zu experimenteller Arbeit angeregt wurde, andererseits auch zur Verknüpfung der optischen Untersuchungen, deren Theorie vor HERTZ wesentlich auf der Mechanik basierte, mit der elektro-

---

SB 1906, 1, S. 552—556.
Die Erwiderung von A. VON AUWER ist nicht in den Schriften der Akademie überliefert.

magnetischen modernen Theorie. Diese beiden Seiten der physikalischen Forschung haben in neuerer Zeit ungeahnte Erweiterungen ihrer Wichtigkeit und Anwendbarkeit erfahren, die einerseits auf dem Gebiete der drahtlosen Telegraphie, andererseits in der modernen Elektronentheorie liegen. Gerade durch letztere, die, durch die Entdeckungen RÖNTGENS und BECQUERELS angeregt, nicht nur im Gebiete der Gasentladungen auf einmal Klarheit und Übersicht in das früher sinnverwirrende Detail der Erscheinungen zu bringen verspricht, sondern für die ganze Auffassung der Materie von fundamental umwälzender Bedeutung wurde, ist ja in neuerer Zeit ein derartig rapider Fortschritt in der ganzen Physik und eine stetige Reihenfolge der interessantesten und unerwarteten Entdeckungen hervorgerufen, wie er seit Einführung des Energieprinzips sicher nicht, vielleicht aber überhaupt nicht, dagewesen ist. Und andererseits zeigen die glänzenden Erfolge der drahtlosen Telegraphie so deutlich, wie wohl fast nie zuvor in der Physik, daß auch die subtilste, aus rein wissenschaftlichen Zwecken und nur mit den feinsten Hilfsmitteln unternommene Untersuchung sich in unserem Zeitalter der Technik und Naturwissenschaft zu einer außerordentlich wichtigen und praktischen Bedeutung entwickeln kann.

Wie es auch die größte Freude macht, in solchem Zeitpunkt des intensivsten Aufschwungs der eigenen wissenschaftlichen Disziplin zu leben, wo es eine Überfülle von Aufgaben gibt, die sich der Bearbeitung darbieten, so wird dadurch doch eine Hast in der wissenschaftlichen Forschung provoziert, welche der beschaulichen Ruhe, mit der noch vor wenigen Jahrzehnten mancher Gelehrte seine Probleme im Laboratorium, am Schreibtisch und in freier Natur ausreifen lassen konnte, diametral entgegensteht, nicht immer zum Vorteil der Bearbeitung, und jeder, der an dieser Entwicklung auch nur zu kleinem Teil helfen will, muß sich die ernste Frage vorlegen, an welcher Ecke des Gebäudes er selbst Hand anlegen kann, falls es nutzbringend zu werden versprechen soll.

Die Antwort auf diese Frage für meine Person, soweit ich sie für die nächsten Jahre übersehen kann, darf ich nun im folgenden wohl kurz skizzieren: Die drahtlose Telegraphie erfordert, wie bisher kein anderes Gebiet der Physik, das intensivste Zusammenarbeiten von Technik und Wissenschaft. Nur die Basis der HERTZschen Versuche und der MAXWELLschen Elektrizitätslehre kann für die Behandlung der hier auftretenden mannigfaltigen Probleme Förderungen erhoffen lassen, während die Probleme selbst und die notwendige und wesentliche Korrektur der Laboratoriumsversuche in der Praxis durch die Technik geliefert werden. Es würde zu weit führen, wenn ich angeben wollte, um welche Probleme es sich dabei im einzelnen handelt und wie ich mir dabei ein nützliches Mitwirken des Experimentalphysikers denke; nur möchte ich eines kurz berühren: Der ganze Erfolg der HERTZschen Versuche beruht auf der Eigenschaft des elektrischen Funkens, eine elektrische Oszillation zustande kommen zu lassen. Jede Änderung in der Anordnung, die diese Oszillation reiner, d. h. ungedämpfter auftreten läßt, muß als Verbesserung in der Praxis der drahtlosen Telegraphie willkommen sein. Doch nicht nur dort, sondern auch bei rein physikalischen, wissenschaftlichen Untersuchungen. Die HERTZschen Versuche haben ihre große Bedeutung nicht nur zur Untersuchung der Eigenschaften des Äthers, sondern auch der Materie. Wie verhalten sich die verschiedenen Körper gegenüber schnellen Schwingungen von wechselnder Periode? Die Exaktheit der Beantwortung auch dieser Frage hängt wesentlich ab von der möglichst geringen Dämpfung der hergestellten elektrischen Schwingungen, und andrerseits erscheint diese Beantwortung in hohem Grade interessant und wichtig, weil sie sowohl Zusammenhänge mit der chemischen Konstitution der Körper ergibt, als auch eine Fortsetzung darstellt der Untersuchung der Dispersionserscheinungen der Körper für optisch wirksame über ultrarote bis zu kurzen elektrischen Wellen hin.

Von diesem Gesichtspunkte aus ergibt sich also ein enger Zusammenhang dieser Arbeiten über elektrische Schwingungen mit der optischen Untersuchung der Körper. Auch diese bietet gerade vom Standpunkte der Elektronenlehre jetzt neues Interesse, indem die hier zu beantwortenden Fragen wesentlicher an die Dispersions*konstanten* anknüpfen, nicht wie früher vor einigen Jahrzehnten an die mathematisch-formale Darstellung des Dispersionsverlaufes, welche Aufgabe jetzt im wesentlichen als erledigt zu betrachten ist. Der Gang der Entwicklung, den hierbei die Optik gegangen ist, ist meines Erachtens typisch für alle Disziplinen, die als ihre letzte Aufgabe nicht allein die erschöpfende Zusammenfassung ihres Spezialgebietes hinstellen, sondern darüber hinaus durch Untersuchung der inneren, mehr versteckten Eigenschaften der Körper den Zusammenhang mit Nachbardisziplinen und dadurch die Vereinheitlichung der Wissenschaft suchen. Und dabei ist eine wechselseitige Ergänzung von Experiment und Theorie unerläßlich. So mußte, um an das Einfachste anzuknüpfen, zunächst das SNELLIUSsche Brechungsgesetz eine bequeme Zusammenfassung der Beobachtungsdetails geben. Was soll man aber weiter mit der Kenntnis der Brechungsexponenten der verschiedenen Körper anfangen? Abgesehen von ihrer Bedeutung für die praktische Optik, d. h. die Konstruktion optischer Instrumente, liefert eine vervollständigte Theorie, die auch die Abhängigkeit des Brechungsexponenten von der Farbe der Beobachtung entsprechend darstellt, einen Aufschluß über Atom- bzw. Moleküleigenschaften des brechenden Körpers, die sich vom Standpunkte der Elektronenlehre besonders anschaulich deuten läßt und dabei auf den Zusammenhang mit chemischen Eigenschaften, wie z.B. der Valenz, hinweist, die nicht nur theoretisch interessant sind, sondern auch für rein chemische Zwecke von Bedeutung zu werden verspricht, wenn es sich z.B. darum handelt, je nach verschieden gewählten Wellenlängen durch Bestrahlung einen chemischen Prozeß in einem Körper oder in einem in anderem Sinne zu leiten. Diese chemisch wirksamen Wellenlängen hängen mit den aus der Dispersionskurve ermittelten Eigenschwingungen der Körper zusammen. Wie also bisher die Temperaturerhöhung, d. h. die Vermehrung der kinetischen Energie *aller* schwingungsfähigen Teilchen eines Körpers das wirksamste Hilfsmittel zur Einleitung chemischer Reaktionen bildete, so kann die Bestrahlung mit bestimmten Wellen einige *bestimmte* Teilchen des Körpers in besonderer Weise lockern und dadurch besondere Reaktionen auslösen. Ob sich zu derartigen Zwecken dauernd das Bild der Elektronenlehre bewähren wird, kann natürlich niemand vorhersagen; jedenfalls ist aber in letzter Zeit die Bedeutung der optischen Untersuchungen wesentlich dadurch erhöht, daß aus ihren, wie z.B. aus dem ZEEMANNschen Phänomen und der magnetischen Rotationsdispersion, dieselben universellen Elektronenkonstanten gewonnen werden können, wie aus den Gasentladungen und den Radiumstrahlen. Die experimentellen und theoretischen Hilfsmittel sind wesentlich zu erweitern, wenn es sich um die Erforschung der Metalleigenschaften handelt. Hier müssen die optischen Untersuchungen, um zu einer Eindeutigkeit und zur Zusammenfassung *aller* Eigenschaften zu führen, verknüpft werden mit allen anderen, der Untersuchung überhaupt gut zugänglichen Eigenschaften, wie der elektrischen und Wärmeleitfähigkeit und ihrer Modifikationen im Magnetfelde (Hall-Effekt usw.). Daß schließlich zur Erforschung der inneren Eigenschaften der Körper ihre Strahlung bei Temperaturerhöhung und das von ihnen entsandte Spektrum von größter Bedeutung sein muß, ist wohl für jeden Physiker volle Überzeugung, ebenso aber auch die Schwierigkeit der Aufgabe, da durch Temperaturerhöhung die Körpereigenschaften wesentlich komplizierter werden.

Wenn sich so in der jetzigen Zeit rapiden Fortschritts jedem Physiker eine Fülle von Aufgaben zur Bearbeitung darbieten, so stellt sich damit zugleich auch die Sorge ein, daß die eigene Fähigkeit und Arbeitskraft nur einen zu kleinen Bruchteil des Wünschenswerten zu erreichen erlaubt. In der Tat würde dieser Bruchteil im allgemeinen ein verschwindender sein, wenn nicht durch die Organisation unserer Universitäten einerseits das Zusammenwirken mit Kollegen, die da raten, wo die eigene Kraft versagt, andrerseits die Heranbildung jüngerer Kräfte zur wissenschaftlichen Mitarbeit helfend eingriffe. In beiden Punkten ist gerade an unserer Universität bzw. Akademie die beste Gelegenheit geboten, und daß in der schwierigen Lösung der Doppelaufgabe des deutschen Professors als Forscher und Lehrer gerade die besten Gewähr für wissenschaftliche Erfolge liegen kann, ist durch meine Vorgänger mir so deutlich gezeigt, daß ich diesen Vorbildern nach Kräften nachzustreben mich bemühen werde und niemals die Wichtigkeit gerade auch meiner Lehraufgabe vergessen werde. Nur so kann ich hoffen, mich des Vertrauens würdig zu erweisen, das die Akademie der Wissenschaften bei meiner Wahl in mich gesetzt hat.

Gedächtnisrede auf Paul Drude (1863-1906)
von Max Planck

gehalten in der Sitzung der Deutschen Physikalischen Gesellschaft am 30. November 1906

Hochgeehrte Anwesende! Unsere heutige Sitzung soll dem Andenken an den Mann gewidmet sein, der noch vor kurzem berufen schien, auf Jahre hinaus in unserer Gesellschaft, wie auch in diesem Hause an erster Stelle zu stehen, den wir, nachdem er erst vor Jahresfrist für unsere Stadt gewonnen war, mit Stolz und Freude den unsern nannten, und der uns heute durch das Eingreifen eines dunkeln und unseligen Verhängnisses für immer entrissen ist.

Nur wenige Monate zurück, in der letzten Sitzung der Gesellschaft vor den Ferien, da sahen wir ihn noch als Leiter der Versammlung vor und unter uns, mit seinem hellen, offenen Auge, seiner jugendfrischen, elastischen Gestalt, ein Bild gesunder Lebenskraft und Lebensfreudigkeit, stets befähigt und bereit, das von ihm als richtig Erkannte mit Wort und Tat zu vertreten, aber ebenso gern auch erbötig, auf alle irgendwie beachtenswerten Anschauungen und Interessen anderer einzugehen. Nimmt man dazu die bei der Regsamkeit seines Geistes doppelt erstaunliche Ausdauer bei der Arbeit, so schien seine Persönlichkeit in ganz besonderem Grade die Bürgschaft dafür zu bieten, daß er jeder Aufgabe, die er sich einmal vorgenommen, gewachsen sein und sie bis zu gutem Ende durchführen würde. Und nun ist alles dieses aus der Wirklichkeit ausgelöscht, alles schattenhafter Vergangenheit preisgegeben!

Noch ist allen Beteiligten in frischem Gedächtnis jener Donnerstag, der 5. Juli, als am Nachmittag die philosophische Fakultät zur Abhaltung der Doktorprüfungen sich in der Universität versammelte, und als statt des Erwarteten die Kunde von dem erschütternden Vorgang eintraf. — Es folgten leidvolle, aufregende Stunden und Tage für alle, die ihm im Leben näher gestanden hatten, es kam die Trauerfeier hier in diesem Saale, bei welcher vor dem reichgeschmückten Sarge von Kollegen und Freunden kurze schmerzbewegte Worte gesprochen wurden, es kam der letzte Abschied in Gotha, wo sein sterblicher Rest, einem einst von ihm geäußerten Wunsche gemäß, dem reinen Element unter kirchlichem Segen überliefert wurde. Dort gaben ihm das Geleitwort die Freunde, die von den früheren Stätten seiner Wirksamkeit: aus Göttingen, Leipzig, Gießen, sowie von näheren und entfernteren Universitäten herbeigekommen waren, an ihrer Spitze sein erster und treuester Lehrer WOLDEMAR VOIGT. Der letzte Kranz ward ihm gespendet von den Teilnehmern des Gießen-Marburger physikalischen Kolloquiums, dessen Schöpfer und Seele er einst gewesen. Dann senkte sich der Sarg langsam hinab in die Tiefe.

Heute sehen wir den Verblichenen anders als in jenen unruhvollen Trauertagen. Die Aufregung des Schmerzes hat nachgelassen, sie ist einer stillen Wehmut gewichen. Und seine Gestalt, die wir uns unmittelbar nach jener Katastrophe nur

---

Verh. Dt. Physik. Gesellsch. Berlin 1906, S. 599—630.

undeutlich und in düsteren Umrissen vorzustellen vermochten, beginnt sich allmählich im Lichte der Vergangenheit zu verklären, die anhaftenden Schlacken lösen sich von ihr ab, und befreit von vergänglichem Beiwerk steigt sein Bild wieder klar und echt empor, das Bild dessen, der mit uns lebte und unter uns wirkte. Nichts ist aber besser dazu angetan, um das, was an ihm unvergänglich war, deutlich und greifbar vor Augen zu führen, als die Vertiefung in sein wissenschaftliches Vermächtnis. Hier tritt er uns noch heute als die Persönlichkeit entgegen, die wir im Leben vor uns hatten, hier wird er uns und denen, die nach uns kommen, noch viel des Anregenden und Belehrenden zu sagen haben. Lassen Sie uns daher versuchen, einen Einblick in seinen wissenschaftlichen Lebensgang zu gewinnen und uns an seiner Entwicklung und an seinen Leistungen zu erfreuen.

Karl Ludwig Paul Drude war niedersächsischen Blutes, ein Braunschweiger Kind; er ward geboren am 12. Juli 1863 in der Hauptstadt seines Vaterlandes. Sein Vater, ein praktischer Arzt, schickte ihn auf das dortige Gymnasium, das er mit 19 Jahren absolvierte, um sich an den Universitäten Göttingen, Freiburg, Berlin mathematischen und physikalischen Studien zu widmen. Als er nach vierjährigem Universitätsstudium nach Göttingen zurückkehrte, war es W. Voigt, der ihn so für die Physik zu interessieren wußte, daß er seinen ursprünglichen Plan, im Fache der Mathematik zu promovieren, aufgab und sich fortan mit aller Kraft auf physikalische Arbeiten warf. Bald, im Jahre 1887, erreichte er sein erstes Ziel, die Doktorwürde, und ward um dieselbe Zeit zum Assistenten an dem von W. Voigt geleiteten mathematisch-physikalischen Institut der Universität Göttingen ernannt, in welcher Stellung er fünf Jahre lang tätig war.

Seine Dissertation behandelte, im engen Anschluß an die Voigtschen Untersuchungen, ein optisches Thema: die Gesetze der Reflexion und Brechung des Lichtes an der Grenze absorbierender Kristalle,[1] und — mag man es nun einen Zufall nennen oder nicht — der Optik ist er durch sein ganzes Leben lang treu geblieben. Betrachtet man Drudes wissenschaftliches Lebenswerk als ein Ganzes, so kann man sagen, daß sich in ihm die Geschichte der *physikalischen Optik* seiner Zeit — „physikalisch" im Gegensatz sowohl zu „physiologisch" als auch zu „geometrisch" genommen — treulich widerspiegelt. Optische Fragen waren es, die ihm zu allen seinen Hauptarbeiten die erste Anregung gaben. Dies gilt sowohl von den rein experimentellen Untersuchungen über elektrische Wellen, wo der Zusammenhang mit optischen Problemen unmittelbar auf der Hand liegt, als auch von seiner Elektronentheorie der Metalle, die, wie sich deutlich nachweisen läßt, ursprünglich aus der Metalloptik hervorgewachsen ist, wiewohl sie ihn später tief in die Theorie der Wärme- und Elektrizitätsleitung, ja sogar in die Elektrochemie und chemische Valenztheorie hineinführte.

Und welche Wandlungen hat die physikalische Optik gerade in den Jahren von Drudes wissenschaftlicher Tätigkeit durchgemacht! Nichts ist in dieser Beziehung lehrreicher als ein Vergleich seiner ersten wissenschaftlichen Publikation, der eben erwähnten Dissertation aus der Optik absorbierender Kristalle, die sich übrigens auch auf isotrope absorbierende Medien, z.B. Metalle, als Spezialfall bezieht, mit seiner letzten größeren, vor zwei Jahren veröffentlichten Abhandlung, welche den Titel trägt: „Optische Eigenschaften und Elektronentheorie"[2]. Dort erscheinen die untersuchten Substanzen stets als absolut kontinuierlich und homogen, hier bestehen sie aus einem bunten Gewirr von unregelmäßig durcheinander geworfenen

Molekeln, Atomen, Ionen, Elektronen, zwischen denen äußerst komplizierte Kräfte wirken. Dort werden die optischen Vorgänge aufgefaßt als mechanische Schwingungen des im festen Aggregatzustande befindlichen Lichtäthers, von elektrischen und chemischen Vorgängen ist dabei überhaupt nicht die Rede; hier handelt es sich um elektromagnetische Wellen, welche die elektrisch geladenen Ionen treffen und je nach dem Verbande, in welchem sie sich befinden, zu verschiedenartigen Schwingungen anregen. Dort herrscht ausschließlich die deduktive Methode vor, alle gesetzmäßigen Beziehungen werden abgeleitet aus der einzigen Voraussetzung, daß die lichtabsorbierenden Kräfte in dem Kristall, ebenso wie die elastischen Druckkräfte im Lichtäther, drei aufeinander senkrechte Symmetrieachsen besitzen, in Verbindung mit den bekannten Differentialgleichungen für die Schwingungen elastischer fester Körper und den Bedingungen an der Grenzfläche zweier Medien, welche nach der NEUMANN-KIRCHHOFFschen Theorie die Stetigkeit aller drei Verschiebungskomponenten, sowie die Erhaltung der lebendigen Kraft der Schwingungen aussprechen. Aus diesen Prämissen ergeben sich einfache übersichtliche Resultate, welche auf alle einschlägigen Fragen eindeutige Antworten erteilen. Hier, in der Elektronentheorie, dagegen treffen wir schon in den physikalischen Voraussetzungen überall auf mehr oder weniger willkürliche Hilfsannahmen, deren Berechtigung erst hinterher aus dem Erfolg abgeleitet werden kann, ohne die aber einstweilen nicht weiterzukommen ist; und bei der mathematischen Durchführung, die sich von vornherein auf die Betrachtung von Mittelwerten beschränken muß, ist man häufig genötigt, in bedenklich summarischer Weise vorzugehen. Ein schärferer Gegensatz zwischen diesen beiden Arten der Behandlungsweise optischer Probleme läßt sich kaum denken. Und doch erweist sich bei näherer Betrachtung die neuere Theorie keineswegs im Widerspruch, sondern einfach als eine natürliche Fortsetzung der älteren. Kein einziges der in dieser gewonnenen Resultate wird durch jene aufgehoben. Die Verschiedenheit der angewandten Methoden ist vielmehr der Hauptsache nach bedingt durch die Verschiedenheit der Fragestellung. In seiner Dissertation untersuchte DRUDE die Frage nach der Anzahl und der Art der Konstanten, von denen das gesamte Verhalten einer Substanz gegenüber ebenen Lichtwellen abhängt. Für isotrope Substanzen, z.B. Metalle, sind es nur zwei: der Brechungsexponent und der Absorptionskoeffizient; und er zeigte weiter, wie man bei der Reflexion polarisierten Lichtes an der Oberfläche einer solchen Substanz durch Messung zweier Größen: des Haupteinfallswinkels und des Hauptazimuts der Polarisation, die beiden optischen Konstanten der Substanz finden kann. Diese Sätze hat er durch zahlreiche, Jahre hindurch fortgesetzte äußerst sorgfältige Messungen an einer großen Anzahl von Metallen, besonders ausführlich an Silber in Berührung mit Luft und mit Glas, geprüft und bestätigt gefunden; sie lieferten ihm für die optischen Konstanten der Metalle Werte, welche mit den von DU BOIS und RUBENS aus dem Durchgang des Lichtes durch dünne Metallprismen gewonnenen ganz befriedigend übereinstimmen und auch heute noch als die zuverlässigsten ihrer Art gelten können. Aber wie sind nun diese beiden optischen Konstanten durch die physikalische und chemische Konstitution der Substanz bedingt? Diese weitere Frage ganz allein ist es, mit welcher sich die neuere Optik beschäftigt. Solange man die Körper als durchaus homogene Gebilde betrachtet, muß man die optischen Konstanten als primär gegeben und nicht weiter auf andere Größen zurückführbar ansehen; sobald man aber den Zusammenhang dieser beiden Konstanten mit anderen physikalischen Eigenschaften der Substanz untersuchen will, stellt es sich als notwendig heraus, den Maßstab der Betrachtung um eine Größenordnung zu verfeinern und ihn so klein zu wählen, daß die Homogenität der Substanz verschwindet und eine atomistische Struktur zum Vorschein kommt, welche nun den kompliziertesten Vorgängen weiten Spielraum gewährt. Wenn trotzdem die auf Grund der früheren einfacheren Auffassung gewonnenen Resultate sich weiter bewähren, so ist dies einfach nur als eine Folge des Umstandes zu betrachten, daß die gewöhnlich benutzten optischen Wellenlängen gegen die atomistischen Dimensionen sehr groß sind, und man braucht nur diese Voraussetzung ausdrücklich von vornherein als Bedingung aufzustellen, um die frühere Theorie in ihrem vollen Umfang aufrecht erhalten zu können. Daß man mit dieser Auffassung der Sache auf dem richtigen Wege ist, hat sich im Laufe der Zeit bei verschiedenen Gelegenheiten, und nicht zum mindesten in DRUDES Arbeiten, deutlich gezeigt.

Es war eine bei der Vielseitigkeit seiner Interessen und der Leichtigkeit seines Auffassungsvermögens besonders bemerkenswerte Eigentümlichkeit von DRUDES Arbeitsweise, daß er ein einmal angefaßtes Problem nicht eher aus der Hand gab, als bis er es nach allen zugänglichen Richtungen, und zwar sowohl experimentell wie auch theoretisch, durchforscht hatte. Daher sieht man ihn auch verhältnismäßig häufig auf ein schon einmal behandeltes Thema zurückkommen, um seine früher darüber ausgesprochenen Ansichten entweder durch neue Belege zu bekräftigen, oder auch, je nach den Umständen, zu modifizieren. Denn die Regsamkeit seines wissenschaftlichen Gewissens entsprach ganz der Aufrichtigkeit seines persönlichen Wesens.

So beschäftigte ihn wiederholt und angelegentlich die Frage, inwieweit die schönen Versuche von OTTO WIENER über die photographische Wirkung stehender Lichtwellen Bedeutung besitzen für die Lösung des alten für die mechanischen Lichtäthertheorien fundamentalen Problems der Schwingungsrichtung geradlinig polarisierten Lichtes. Während WIENER selber aus seinen Versuchen wahrscheinlich zu machen gesucht hatte, daß die Schwingungsrichtung senkrecht zur Polarisationsebene steht, im Sinne der FRESNELschen Theorie, vertrat DRUDE, ähnlich wie später POINCARÉ bei einer Diskussion in der Pariser Akademie über dasselbe Thema, mit Erfolg den Satz, daß die Stellen größter photographischer bzw. chemischer Wirkung nicht notwendig auch die größter Schwingungsamplitude des Äthers sein müssen, da ja z.B. auch die mechanischen Wirkungen einer stehenden Schallwelle auf eine KÖNIGsche Membran nicht an den Bäuchen, sondern umgekehrt an den Knotenpunkten der Luftschwingungen ein Maximum besitzen. Gegenwärtig ist bekanntlich zugleich mit der Einführung der elektromagnetischen Lichttheorie die Entscheidung dieser ganzen Frage vertagt bis auf den wohl noch fernen Zeitpunkt, wo der Zusammenhang der elektromagnetischen und der mechanischen Vorgänge in voller Allgemeinheit aufgedeckt sein wird.

Zu noch eingehenderen Studien, in experimenteller und theoretischer Hinsicht, ward DRUDE veranlaßt durch eine andere Aufgabe, deren Lösung zur Vervollständigung seiner optischen Theorie und zur Sicherstellung der Bedeutung der von ihm gemessenen Konstanten dringend notwendig war: es galt, die vollständige Erklärung für die Tatsache zu finden, daß geradlinig polarisiertes Licht von der Oberfläche einer durchsichtigen oder schwach absorbierenden Substanz häufig als elliptisch polarisiertes Licht reflektiert wird, oder anders ausgedrückt, daß die beiden parallel und senkrecht zur Einfallsebene polarisierten Komponenten eines auffallenden Lichtstrahls bei der Reflexion eine merkliche Phasenverschiebung erleiden. Denn die gewöhnlichen optischen Theorien ergeben, außer in dem Falle totaler Reflexion, keine derartige Phasenverschiebung, weder für isotrope noch für anisotrope Substanzen, falls nur die Absorption nicht zu groß ist. Um dem genannten Phänomen Rechnung zu tragen, mußte man mit VOIGT und anderen Physikern annehmen, daß die Substanzen mit einer dünnen Oberflächenschicht behaftet sind, deren optische Eigenschaften von denen der massiven Substanz wesentlich abweichen. Es handelt sich aber dann um die weitere Frage, ob diese Oberflächenschicht als eine natürliche oder als eine künstliche anzusehen ist, d. h., ob sie eine charakteristische Eigenschaft der Substanz darstellt, ober ob sie in chemischen Verunreinigungen mehr zufälliger Art, wie sie z.B. durch die Art der Politur bedingt werden, ihren Ursprung hat. DRUDE verfocht mit Eifer und Erfolg in einer fortgesetzten Reihe von Arbeiten und Diskussionen den letzteren Standpunkt, indem er besonders die Reflexionsvorgänge der natürlichen frischen Spaltflächen von Kristallen, namentlich Steinsalz, Kalkspat, Gips, untersuchte und dabei feststellte, daß hier, wo Verunreinigungen möglichst vermieden sind, nur eine verschwindend kleine Phasenverschiebung eintritt, deren Betrag dann im Laufe der Zeit langsam zunimmt, entsprechend der allmählich an Dicke zunehmenden Oberflächenschicht. Auch konnte er sich dabei auf Beobachtungen von RÖNTGEN und von Lord RAYLEIGH berufen, nach denen möglichst reine Wasserflächen bei der Reflexion linear polarisierten Lichtes nur eine sehr geringe elliptische Polarisation bewirken. Daß außer den so nachgewiesenen künstlichen auch noch natürliche Oberflächenschichten vorhanden sein können, ist freilich von vornherein niemals auszuschließen.

Auch vom theoretischen Standpunkte aus behandelte er die optischen Wirkungen einer zwischen zwei homogenen Medien befindlichen Übergangsschicht, indem er die ganze inhomogene Schicht auffaßte als zusammengesetzt aus vielen dünnen homogenen Schichten, für welche einzeln die gewöhnlichen optischen Gesetze gelten. Die hierbei gefundenen Resultate verwertete er sogleich auch in einer ausführlichen Experimentaluntersuchung über die Konstitution von Lamellen der PLATEAUschen Glyzerinseifenlösung.[3]

Neben diesen unter sich zusammenhängenden Hauptarbeiten der ersten Göttinger Periode, unter denen sich auch seine Habilitationsschrift vom Jahre 1889 über die optischen Konstanten der Metalle[4] befindet, laufen eine Reihe von Einzeluntersuchungen her, die ihren Ursprung wohl mehr äußeren Anregungen verdanken, so eine sorgfältig in Gemeinschaft mit W. VOIGT ausgeführte Reihe von Bestimmungen der Elastizitätskonstanten einiger dichter Mineralien, ferner mehrere zusammen mit seinem fast gleichaltrigen Kollegen WALTHER NERNST unternommene Untersuchungen: über den Einfluß der Temperatur und des Aggregatzustandes auf das Verhalten des Wismuts im Magnetfelde,[5] wobei sich ergab, daß sowohl der HALLsche Transversaleffekt, als auch der RIGHIsche Longitudinaleffekt mit steigender Temperatur merklich abnimmt und beim Übergang in den flüssigen Zustand fast gänzlich verschwindet; dann über die Fluoreszenz stehender Lichtwellen,[6] deren räumliche Anordnung sich als ganz gleichartig mit der von WIENER beobachteten photographischen Wirkung erwies; später über die Elektrostriktion durch freie Ionen,[7] welche als Ursache für die Volumkontraktion bei der Auflösung elektrolytischer Substanzen eingeführt wurde.

Auch für technische Zwecke hat DRUDE einmal ein Instrument konstruiert, nämlich einen Entfernungsmesser für Infanterie.[8] Dasselbe beruht auf dem Gedanken, daß die Entfernung eines aufrecht stehenden Gegenstandes von bekannter Größe, nämlich einer menschlichen Figur oder eines Teiles derselben, bestimmt ist durch den Öffnungswinkel, unter dem der Gegenstand gesehen wird. Ob das Instrument jemals praktisch erprobt ist, vermag ich nicht zu sagen.

Endlich sei hier noch mit ein paar Worten eines kurzen Aufsatzes gedacht, der nicht nur deshalb merkwürdig ist, weil er die einzige thermodynamische Publikation DRUDES bildet, sondern auch deshalb, weil er ein auch heute noch aktuelles Thema behandelt: es ist eine in den Göttinger Gelehrten Anzeigen vom Jahre 1889 erschienene kritische Besprechung des bekannten Buches von P. DUHEM: Le potentiel thermodynamique.[9] Mit einem für seine jungen Jahre bemerkenswerten Freimut äußert DRUDE darin seine Ansichten über die Art der Einführung und über die Bedeutung des thermodynamischen Potentials, und wenn er auch in seiner zum Teil sehr scharfen Kritik dem Verfasser des Buches wohl nicht immer gerecht wird, so sind doch manche Punkte seiner Ausführungen höchst zutreffend und beachtenswert, namentlich diejenigen, welche sich beziehen auf die Betonung des prinzipiellen Unterschiedes zwischen der von DUHEM als thermodynamisches Potential bezeichneten Größe und den in der Mechanik gebräuchlichen Potentialen, wie dem Gravitationspotential, dem elastischen, elektrischen, magnetischen Potential — ein Unterschied, der bei DUHEM ganz verwischt wird. Denn bei einem rein mechanischen Prozesse gibt die Änderung des Potentials unter allen Umständen den Betrag der geleisteten oder verbrauchten Arbeit, von einer „verlorenen" oder „inkompensierten" Arbeit kann hier niemals die Rede sein, weil die Arbeit stets wieder gewonnen wird, wenn das Potential auf seinen alten Wert zurückkehrt. In der Thermodynamik dagegen steht die mechanische Arbeit in gar keiner allgemeinen Beziehung zu den Änderungen der als thermodynamisches Potential definierten Größe. Solche Beziehungen treten nur in ganz speziellen Fällen auf, nämlich bei reversiblen Prozessen; und ferner, was nicht minder wichtig ist: die Größe, welche durch ihre Änderung die geleistete mechanische Arbeit angibt, ist, falls sie überhaupt existiert, je nach den Umständen, unter denen der Prozeß verläuft, eine ganz verschiedene, so z.B. bei adiabatischen Vorgängen eine andere als bei isothermen Vorgängen. Es gibt also nicht ein einziges, sondern unendlich viele thermodynamische Potentiale, etwa ebenso wie es nicht eine, oder zwei, sondern unendlich viele Arten von spezifischer Wärme gibt. Diese Umstände bringen es natürlich mit sich, daß für das thermodynamische Potential zum Teil ganz andere, und lange nicht so einfache und allgemeine Sätze gelten als für die gewöhnlichen Potentiale.

Wir haben den wissenschaftlichen Lebensgang DRUDES verfolgt bis zu dem Zeitpunkte, wo er von einer Bewegung getroffen wurde, die, wie für die meisten jüngeren Physiker so auch für ihn, zu einer entscheidenden Wendung in seiner weiteren Entwicklung führen sollte. Es war im Jahre 1888, als HEINRICH HERTZ durch seine großen Entdeckungen die physikalische Welt in Spannung und Staunen versetzte, und damit unserer Wissenschaft ein unabsehbar weites Gebiet neuer Aufgaben erschloß. War auch durch die Theorie der Boden für das Verständnis derartiger unerhörter Erscheinungen, wie meterlanger Ätherwellen, wohl vorbereitet, so wirkte doch die Kunde von deren Realisierung wie eine Offenbarung. Die MAXWELLsche Theorie, die sich bis dahin in der deutschen Physik nur eines bescheidenen Achtungserfolges erfreut hatte, begann nun gleich einer mächtigen Flutwelle sich über die Länder des Kontinents zu ergießen, alle anderen elektrodynamischen Theorien im Nu umreißend und hinwegschwemmend, darunter auch manche gesunde Triebe, die erst späterhin, wenn auch in etwas anderer Form, wieder emportauchen und sich kräftig weiter entwickeln sollten, wie z.B. die WILHELM WEBERschen Anschauungen von der substantiellen Beschaffenheit der Elektrizität. Mochte auch HELMHOLTZ längst im allgemeinen nachgewiesen haben, daß die MAXWELLsche Theorie in seiner eigenen elektrodynamischen Potentialtheorie als Spezialfall mit enthalten sei, falls man nur das Vakuum als dielektrisch polarisierbar voraussetzt, mochte auch J. STEFAN im besonderen die für die HERTZschen Schwingungen geltenden Formeln aus der Annahme einer unvermittelten Fernwirkung direkt entwickelt haben, ausschlaggebend für den allgemeinen und unbedingten Sieg der MAXWELLschen Theorie war die großartige Vereinfachung, die in der Aufhebung jeglicher unvermittelter Fernwirkung gelegen war, gleichzeitig mit der Aufhebung des früheren Gegensatzes zwischen elektrostatischer und elektrodynamischer Kraft, und mit der Aufhebung aller ungeschlossenen Ströme, welche bis dahin den Theoretikern so viel zu schaffen gemacht hatten — ein deutlicher Beweis dafür, daß die Stärke einer physikalischen Theorie nicht in der Allgemeinheit ihrer Gleichungen liegt, sondern vielmehr in der Besonderheit der Vorstellungen, die zu den Gleichungen führen. Diese allein sind es, welche die Möglichkeit und die Richtung jeder fruchtbaren Weiterentwicklung bedingen, und je speziellerer und konkreterer Art sie sind, um so sicherer läßt sich mit ihnen operieren.

Auch für die Optik wurde die Einführung der MAXWELLschen Theorie von entscheidender Bedeutung. Hatte man bis dahin mit den Bemühungen, die Lichtwellen den Gesetzen der Mechanik zu unterwerfen, nur einen teilweisen Erfolg erzielt, da dem Lichtäther vermöge seiner eigentümlichen Konstitution doch immer eine Ausnahmestellung in der Reihe der fest-elastischen Körper angewiesen werden mußte, so wurde die Optik jetzt restlos der Elektrodynamik an- und eingegliedert, ganz ebenso wie die Akustik schon längst in der Mechanik aufgegangen war, und mit diesem Augenblick verschwanden auf der Stelle eine Reihe optischer Streitfragen, wie die nach der Richtung der Ätherschwingungen und nach der Art der Grenzbedingungen, von der Tagesordnung, während andere Fragen in den Vordergrund des Interesses traten, wie die nach dem Zusammenhang des Brechungsexponenten und des Absorptionskoeffizienten mit der Dielektrizitätskonstanten und mit der galvanischen Leitungsfähigkeit.

Es konnte nicht ausbleiben, daß eine derartige Revolution in dem Reiche seiner Wissenschaft auch auf den regsamen jungen Göttinger Physiker eine mächtige Wirkung ausübte. Aber PAUL DRUDE war nicht der Art, daß er in der ersten Begeisterung über die Erfolge und glänzenden Aussichten der MAXWELLschen Theorie mit fliegenden Fahnen in das neue Lager hinüberschwenkte; dafür hatte er eine zu exakte Schule durchgemacht. Und er hatte in dieser Schule durch selbständiges Arbeiten die Überzeugung gewonnen, daß die dort gepflegte mechanische Lichttheorie sowohl in sich ein widerspruchsfreies Ganzes bildet als auch allen von ihm und vor ihm festgestellten optischen Erfahrungen so weit gerecht wurde, als man erwarten konnte, daß mithin die Theorie selber ihm keinen Grund gab, sie jetzt kurzerhand zu verlassen. In dieser Lage zeigte sich DRUDE als der gewissenhafte Forscher, der er war. Er machte sich daran, seine bisherige Theorie aufs schärfste zu analysieren, er suchte vor allem das, was an ihr für die Beschreibung der optischen Erscheinungen wesentlich war, was also unter allen Umständen beibehalten werden mußte, zu trennen von dem bisher in ihr enthaltenen, aber allenfalls entbehrlichen Beiwerk. Als wesentlich in dem obigen Sinne fand er das System der von der Theorie gelieferten Differentialgleichungen und der Grenzbedingungen, von ihm als „Erklärungssystem" bezeichnet, als unwesentlich dagegen die Voraussetzungen der Theorie über die mechanische Natur der Lichtwellen und die Elastizität des Lichtäthers, und indem er die letzteren Voraussetzungen abstreifte, gelangte er zunächst auf einen rein phänomenologischen Standpunkt. Die nämliche Analyse, welche er nun mit den übrigen mechanischen Lichttheorien und mit der elektromagnetischen Lichttheorie vornahm, führte ihn zu der Erkenntnis, daß die Erklärungssysteme aller dieser Theorien, bis auf Abweichungen von mehr sekundärer Bedeutung, identisch sind. Um z.B. von der NEUMANN-KIRCHHOFFschen Theorie zur elektromagnetischen überzugehen, braucht man nur statt der Dichte, statt der Elastizität, statt der Geschwindigkeit des Lichtäthers beziehungsweise die magnetische Permeabilität, die Dielektrizitätskonstante und die magnetische Feldstärke zu setzen. Vom rein phänomenologischen Standpunkte aus ist es zunächst ganz gleichgültig, welche der beiden Vorstellungen man zugrunde legt.

Diese Überlegungen und vieles andere finden sich ausgeführt in einer umfangreichen in den Göttinger Nachrichten publizierten Abhandlung vom Jahre 1892: „Inwieweit genügen die bisherigen Lichttheorien den Anforderungen der praktischen Physik?"[10]. Mit dieser Arbeit hat sich DRUDE die Bahn frei gemacht für den Übergang zur elektromagnetischen Theorie. Denn bei der reinen Phänomenologie konnte er seiner ganzen Veranlagung nach nicht lange stehen bleiben, er fühlte deutlich, daß der Phänomenologie allein die zu fruchtbarer Weiterentwicklung erforderliche Triebkraft nicht innewohnt.

Vom Standpunkte der elektromagnetischen Theorie aus versuchte er sogleich durch eine Erweiterung der MAXWELLschen Grundgleichungen eine Erklärung der magnetooptischen Erscheinungen, sowie der Beziehungen der Dielektrizitätskonstanten zum optischen Brechungsexponenten zu geben. In letzterer Arbeit stellte er, angeregt durch einen Briefwechsel mit HERTZ, zum ersten Male den in der Folge vielfach benutzten Ansatz auf, welcher die Differenz zwischen der elektrischen Induktion oder Erregung und der elektrischen Feldstärke gleich macht dem elektrischen Moment der polarisierten mit Eigenschwingungen begabten Molekeln. Zum tieferen Eindringen in das Verständis der MAXWELLschen Theorie hielt er zwei Jahre hindurch Vorlesungen darüber an der Universität, und eine Frucht dieser Vorlesungen ist sein erstes Buch: Die Physik des Äthers,[11] welches nach dem Vorwort des Verfassers sich die Aufgabe setzt, in möglichst leichtverständlicher Weise in die MAXWELLsche Theorie der Elektrizität einzuführen. Dementsprechend wird auf eine strenge Systematik, wie sie bei HERTZ und später namentlich bei EMIL COHN angestrebt ist, von vornherein ebenso verzichtet wie auf einem möglichst engen Anschluß an mechanische Vorstellungen, wie ihn BOLTZMANN in seiner Darstellungsweise bevorzugt. Der Autor nimmt vielmehr seine Definitionen und Sätze, wenn er sie gerade braucht, jedesmal daher, wo er sie am bequemsten bekommen kann, manchmal direkt aus der Erfahrung, manchmal aus der Theorie, und suchte nur dafür zu sorgen, daß sie in möglichst leichtverständlicher und für den Gebrauch handlicher Form auftreten. Dadurch wird dem Buche ein ausgeprägt individueller Charakter verliehen, es übt einen gewissen persönlichen Reiz aus; sein Vorzug liegt weniger in der absoluten systematischen Korrektheit aller vorgetragenen Entwicklungen als in der Anschaulichkeit, und ich möchte sagen: Aufrichtigkeit der Sprache. Denn dem Verfasser kommt es vor allem darauf an, den Standpunkt, zu dem er sich selber durchgearbeitet hat, dem Leser verständlich und plausibel zu machen, er scheut nicht davor zurück, gegebenenfalls auf vorhandene Lücken, die er einstweilen noch nicht auszufüllen vermag, hinzuweisen, oder gelegentlich auch in seinen Betrachtungen sich einmal etwas zu weit vorzuwagen. Es bedarf hier keines Hinweises darauf, daß eine so angelegte Darstellung anregender und belehrender wirkt als eine, in welcher wegen der vielen vorsichtigen Verklausulierungen der vorgetragenen Sätze zwar kein direkter Fehler nachzuweisen, aber auch keine rechte Handhabe für die weitere Anwendung der Theorie zu gewinnen ist. Allerdings gehört eine wichtige Voraussetzung dazu, um ein solches Buch allgemein nützlich zu machen, nämlich die Bedingung, daß der Verfasser in seiner Wissenschaft schon auf einem so erhöhten Standpunkt angelangt ist, daß auch ein gelegentlicher Seitengang Interesse darbietet; und dies war bei dem damals 31jährigen DRUDE schon in jeder Hinsicht der Fall.

Wie nach dem früher Gesagten leicht zu verstehen, war der ursprüngliche Zweck des ganzen Buches die Heranziehung der elektromagnetischen Theorie zur Erklärung der optischen Erscheinungen; daher sind auch die entsprechenden Kapitel, die von den elektrischen Schwingungen, am ausführlichsten behandelt. Von Einzelheiten sei nur erwähnt, daß sich hier zum ersten Male die Formel für den Zusammenhang zwischen dem Leistungsvermögen eines Metalles und seinem Reflexionskoeffizienten für lange Wellen findet, welche viel später durch die wichtigen Versuche von ERNST HAGEN und HEINRICH RUBENS eine so fundamentale Bedeutung für die elektromagnetische Lichttheorie gewonnen hat, allerdings nicht in dem Abschnitt über Metalle, sondern bei den Halbleitern.

Im Laufe der Ausarbeitung seines Buches mochte es DRUDE immer klarer geworden sein, daß die wirksamste Förderung der elektromagnetischen Lichttheorie von einer Ausdehnung unserer Kenntnisse, die sich bis dahin fast nur innerhalb der Grenzen des sichtbaren Strahlengebietes hielten, auf das gesamte Spektrum zu erwarten sei, und so wurde das Studium der *Optik elektrischer Wellen*, und zwar hauptsächlich von der experimentellen Seite her, der Hauptgegenstand seiner Arbeiten in den nächsten Jahren. Da er sich hiermit auf ein fast noch ganz unbebautes Gebiet begab, so handelte es sich für ihn zunächst darum, die zweckmäßigste Fassung des Problems zu finden und die Methoden auszuarbeiten, mit denen man an die Lösung der gestellten Fragen herangehen konnte. Mit den nun begonnenen Untersuchungen zeigte sich DRUDE als physikalischer Forscher ersten Ranges. Vorsichtig, nach festem Plane und mit stetig verbesserter Versuchsanordnung Schritt für Schritt vorwärts gehend, immer den Blick nach allen Seiten gerichtet, stets darauf bedacht, jede gezogene Schlußfolgerung, wo es nur irgend anging, sowohl nach der experimentellen Richtung hin als auch im Lichte der Theorie einer unabhängigen Prüfung zu unterziehen, so kam er allmählich in seinem Terrain vorwärts, und der schließliche Erfolg entsprach seinen Bemühungen in einer Weise, daß sein Name in der Geschichte der Optik der elektrischen Wellen für alle Zeiten in vorderster Reihe stehen wird.

Seine ersten Studien galten der Dispersion. Um ein möglichst reines „Spektrum“ zu haben, arbeitete er mit dem BLONDLOTschen Erreger und dem LECHERschen Drahtsystem mit aufgelegter Brücke. Die zu untersuchende Substanz brachte er entweder zwischen die Platten eines Kondensators, durch welche das Drahtsystem geschlossen war, oder er leitete die Paralleldrähte direkt durch die Flüssigkeit hindurch. Eingestellt wurde stets auf das Maximum der Resonanz mit den Wellen des Erregers. Die erste Arbeit lieferte ihm das Resultat, daß Alkohol normale elektrische Dispersion besitzt, während dagegen destilliertes Wasser Spuren anomaler Dispersion, Ebonit überhaupt keine Dispersion zeigte. Spätere verfeinerte Beobachtungsmethoden ergaben indessen auch für Wasser das Vorhandensein normaler, wenn auch schwacher Dispersion.

Die Versuche in Göttingen wurden unterbrochen durch seine Berufung an die Universität Leipzig, im Jahre 1894, als Extraordinarius der theoretischen Physik. Hier in Leipzig war es, wo DRUDE nach Erlangung der ersehnten Selbständigkeit sich einen eigenen Hausstand gründen konnte, indem er seine Verlobte, EMILIE REGELSBERGER die erste Tochter des Göttinger Juristen, als Gattin heimführte. Sein Leben hindurch hat sie fortan Freude und Leid mit ihm geteilt, bis zu dem letzten, schwersten Leid, dem sie nur ihren eigenen Heldenmut entgegensetzen konnte.

Die in Leipzig wieder neu aufgenommenen Experimente mit HERTZschen Wellen führten sehr bald zu einer gänzlich unerwarteten, höchst merkwürdigen Entdeckung. Schon bei der Ausarbeitung der Methode zur Messung der Dispersion war es DRUDE aufgefallen, daß kurze elektrische Wellen von etwa 70 cm Länge in Alkohol und besonders in Glyzerin in viel stärkerem Maße gedämpft werden als in Wasser oder in verdünnten Salzlösungen, während doch die elektrische Leitfähigkeit von Glyzerin viel geringer ist als die von Wasser oder gar die von Salzlösungen. So ist das Absorptionsvermögen von Amylalkohol für diese Wellen etwa gleich dem Absorptionsvermögen einer Kupfersulfatlösung von 20000mal größerer Leitfähigkeit. Nach der einfachen MAXWELLschen Theorie sollte einer größeren Leitfähigkeit im allgemeinen eine schnellere Verwandlung von elektrischer Energie in Wärme, also auch eine stärkere Dämpfung entsprechen; es tritt also in diesen Versuchen eine ganz neue Ursache der Dämpfung auf, welche mit der Leitfähigkeit der Substanz für stationäre oder langsam veränderliche Ströme in gar keinem Zusammenhange steht, sondern vielmehr durch die Periodenzahl der Schwingungen bedingt ist. DRUDE nennt diese Art von Absorption eine „anomale"; im Anschluß an den optischen Sprachgebrauch kann man sie auch als „selektiv" bezeichnen. Die Substanzen mit ausgesprochen selektiver Absorption zeigten alle auch ein verhältnismäßig hohes Molekulargewicht, eine starke Abweichung der Dielektrizitätskonstanten vom Quadrat des optischen Brechungsexponenten, und eine ausgesprochen anomale Dispersion.

Vom Standpunkte der optischen Dispersionstheorie sind diese Ergebnisse wohl verständlich und entsprechen ganz den im sichtbaren Spektrum anzutreffenden Verhältnissen. Was aber in hohem Grade auffällig ist, und was DRUDE anfangs zu Mißtrauen und Vorsicht Anlaß gab, ist der Umstand, daß man bei der von der Theorie geforderten Zurückführung der selektiven Absorption auf Resonanz genötigt scheint, anzunehmen, daß in selektiv absorbierenden Flüssigkeiten die Perioden der Eigenschwingungen der Molekeln vergleichbar oder gar benachbart sind den Perioden der einfallenden Wellen, während man doch nach allen Analogien bei den Eigenschwingungen der Molekeln eine viel kürzere Periode vermuten sollte als die ist, welcher die Wellenlänge 70 cm entspricht. Da indessen mehrfach variierte Kontrollversuche das einmal erhaltene Resultat immer wieder bestätigten, und zwar namentlich für Glyzerin, Äthylalkohol, Amylalkohol, Essigsäure, so konnte DRUDE schließlich als durch seine Versuche sicher begründet den Satz aussprechen, daß die Methode der Spektralanalyse, durch Messung der selektiven Absorption in die Erkenntnis der chemischen Konstitution der Körper einzudringen, nun auch mit voller Berechtigung auf das Spektralgebiet der elektrischen Wellen anwendbar ist.

In welchem Zusammenhange steht nun aber die chemische Konstitution mit der elektrischen Anomalie? Welches chemische Element oder welche chemische Eigenschaft charakterisiert die Substanzen, welche für Wellenlängen von 75 cm anomale Dispersion und selektive Absorption zeigen? Das hohe Molekulargewicht oder die Kompliziertheit des molekularen Aufbaues ist es nicht; denn Benzol und wohl überhaupt alle Kohlenwasserstoffe, sowohl die aromatischen als auch die der Methanreihe, sind elektrisch normal. Die Gegenwart von Sauerstoff ist es auch nicht; denn die Äther, Ketone, Aldehyde verhalten sich, soweit sie untersucht sind, sämtlich normal. Die elektrische Anomalie ist also eine hervorragend konstitutive Eigenschaft der Substanzen, und diese Eigenschaft fand Drude in dem Umstande, daß die von ihm als elektrisch anomal erkannten Flüssigkeiten, nämlich Alkohol und Fettsäuren, sämtlich die Hydroxylgruppe **HO** enthalten, die elektrisch normalen Flüssigkeiten dagegen sämtlich nicht. Ersetzt man im Äthylalkohol die Hydroxylgruppe durch Jod oder Brom, so wird daraus ein elektrisch normaler Körper. Verwandelt man umgekehrt das elektrisch normale Benzol durch Einführung der Hydroxylgruppe in Phenol, so stellt sich selektive Absorption ein. Einzig und allein das Wasser, welches die Hydroxylgruppe enthält, aber dennoch normal dispergiert, bildet eine Ausnahme von dieser Regel.

In Erkenntnis der Bedeutung, welche diesen Resultaten für die chemische Analyse, speziell für den Nachweis der Hydroxylgruppe, zukommt, arbeitete Drude, in stetiger Vervollkommnung der angewandten Versuchsanordnung, eine auch für Chemiker bequem brauchbare Methode aus, welche den Brechungsexponenten und die Absorption elektrischer Drahtwellen an einer verhältnismäßig geringen Substanzmenge zu messen gestattet und sich auch auf feste Substanzen anwenden läßt. Alle hier genannten Untersuchungen legte er zuerst der Sächsischen Gesellschaft der Wissenschaften vor[12] und erstattete dieser Körperschaft damit am wirksamsten seinen Dank für die Erwählung zum außerordentlichen Mitgliede. Einen zusammenfassenden Bericht darüber hat er der Deutschen elektrochemischen Gesellschaft auf ihrer fünften Hauptversammlung im April 1898 in Leipzig vorgetragen. Von welch erstaunlicher Arbeitskraft Drude gerade in jener Periode seines Lebens war, davon legt schon der Umstand Zeugnis ab, daß er im Jahre 1897 nicht weniger als 11 zum Teil umfangreiche Aufsätze veröffentlicht hat, darunter auch ein vor der Naturforscherversammlung in Braunschweig erstattetes sorgfältig ausgearbeitetes Referat über Fernwirkungen.[13]

Nachdem das tatsächliche Verhalten der Substanzen gegen langwellige Strahlen in einer Anzahl von Fällen zur Evidenz gebracht worden war, wurde Drude nun naturgemäß auf eine Reihe weiterer Fragen geführt, die sich von da ab für ihn in zwei scharf gesonderte, nach verschiedenen Richtungen auseinandergehende Gruppen spalteten: die eine betraf die Zurückführung der optischen bzw. elektrischen Eigenschaften einer Substanz auf die physikalischen Vorgänge in ihrem Innern, die andere bezog sich auf die näheren Gesetze der von ihm benutzten elektrischen Drahtwellen. Wir wollen daher diese beiden Probleme auch getrennt besprechen, und zwar zuerst das letztere, physikalisch viel einfachere. Die allgemeine Frage: Wie verlaufen die elektrischen Drahtwellen in einem gegebenen ruhenden Leitersystem, bei gegebenen Isolatoren? bietet streng genommen überhaupt keine physikalische, sondern lediglich mathematische Schwierigkeiten. Denn wenn die bezüglichen nur von der Natur der Substanzen abhängigen Konstanten für Leiter und Isolatoren gegeben sind, so lassen sich die Differentialgleichungen der Wellen nebst den Grenzbedingungen, an deren Richtigkeit kein Zweifel besteht, ohne weiteres hinschreiben, und die ganze Aufgabe ist dann auf die Integration dieses Systems von Gleichungen reduziert. Wären die Methoden der Analysis hinreichend vollkommen, so könnte das ganze Problem von dem Physiker einfach an den Mathematiker abgegeben werden. Da nun aber im Gegenteil die exakte Lösung jener Gleichungen schon in physikalisch ganz einfachen Fällen enorme mathematische Schwierigkeiten bietet, so vermag man bis jetzt das Problem nur mit Näherungsmethoden erfolgreich zu behandeln, und solche werden, wie alle Erfahrungen lehren, am vorteilhaftesten nicht aus der mathematischen Betrachtung allein gewonnen, sondern gewöhnlich durch eine besondere, den jeweiligen Eigentümlichkeiten der Aufgabe angepaßte Kombination physikalischer, direkt aus dem Experiment abstrahierter Sätze mit mathematischen Schlüssen, also durch ein gemischtes Verfahren. Es liegt auf der Hand, daß die erfolgreiche Durchführung einer solchen Methode, bei dem Mangel an allgemeinen Vorschriften darüber, von seiten des Bearbeiters neben einer gründlichen physikalischen und mathematischen Schulung auch eine reiche, leichtbewegliche Einbildungskraft erfordert. Bei Drude waren beide Vorbedingungen in hervorragendem Maße erfüllt, und es konnte daher nicht fehlen, daß er in der Benutzung der beschriebenen gemischten Methode eine ganz eigenartige Geschicklichkeit entwickelte. Es war im Grunde dieselbe Methode, welche auch sein Buch „Physik des Äthers" charakterisiert.

Einen besonderen Reiz und Ansporn, in der genannten Richtung noch weiter vorzudringen, als er für die Zwecke seiner Messungen ursprünglich wohl beabsichtigt hatte, gaben ihm die nahen Beziehungen des von ihm behandelten Problems zu den technischen Aufgaben der drahtlosen Telegraphie, deren physikalische Seite ja ganz in dieses Gebiet gehört. In beiden Fällen, in der wissenschaftlichen Physik wie in der Technik, ist das angestrebte Endziel dasselbe, nämlich einerseits die Erzeugung möglichst kräftiger, möglichst rein periodischer, möglichst ungedämpfter Wellen, und andererseits die Gewinnung möglichst empfindlicher Mittel zu ihrer Analysierung. Bis zu seinem Lebensende hat Drude dieses Ziel vor Augen gehabt und seiner Erreichung eine Reihe von Arbeiten gewidmet, welche eine ansehnliche Zahl von praktischen Ergebnissen zeitigten, darunter Regeln zur rationellen Konstruktion von Teslatransformatoren, Methoden zur Messung der Selbstinduktion und der Eigenschwingungen von Drahtspulen, insbesondere solchen mit angehängten Antennen oder Metallplatten, Gesetze der induktiven Erregung zweier elektrischer Schwingungskreise. Die Besprechung näherer Einzelheiten würde hier zu weit führen; ein zusammenfassendes Referat über alle diese Arbeiten hat Drude selber noch für die im September dieses Jahres in Stuttgart abgehaltene Naturforscherversammlung verfaßt,[14] es wurde dort von seinem ersten Assistenten Franz Kiebitz vorgetragen.

Wesentlich tiefer in das Gebiet der physikalischen Hypothesen hinein führt die andere Aufgabe, welche Drude sich stellte: Die Abhängigkeit der optischen und elektrischen Konstanten einer Substanz von ihrer inneren Konstitution zu ergründen; denn hier schienen sich gleich am Anfang fundamentale Schwierigkeiten entgegenzustellen. Um der schon oben hervorgehobenen unwahrscheinlichen Folgerung zu entgehen, daß bei der selektiven Absorption die Eigenschwingungen der Molekeln nahezu dieselbe Periode besitzen wie die einfallenden elektrischen Wellen, machte DRUDE die Annahme, daß die Dämpfung der Molekelschwingungen eine sehr große ist. Denn je größer die Dämpfung, desto breiter wird bekanntlich das Spektralgebiet, in dem die Absorption merklich ist, und desto weiter entfernt kann man also die Eigenperiode der Molekelschwingungen von der Periode der merklich absorbierten Wellen annehmen. Damit stimmt der Umstand überein, daß nach allen vorliegenden Erfahrungen die Absorptionsbanden im elektrischen Gebiete sehr viel breiter sind als im optischen. Indessen ist diese Erklärung zunächst nur formaler Natur; denn solange die Frage nach der Art der Molekularschwingungen und nach der Art der Dämpfung unerledigt bleibt, ist mit der so berechneten Dämpfungskonstanten einstweilen weiter nichts anzufangen. Näheren Aufschluß versprach schon eine zweite Auffassung, die, wie DRUDE besonders nachwies, zu denselben Resultaten führt wie die erste, nämlich die Voraussetzung, daß eine elektrisch anomale Substanz sich elektrischen Wellen gegenüber verhält wie eine große Anzahl kleiner voneinander durch isolierende Zwischenschichten getrennter leitender Partikel. Indes auch auf diesem Wege ist nicht viel weiter zu kommen; denn da für homogene Substanzen die Dimensionen jener Partikel jedenfalls von molekularer Größenordnung sein müßten, so hätte man es hier mit der elektrischen Leitfähigkeit einzelner Molekeln zu tun, und es ist höchst unwahrscheinlich, daß dieser Begriff überhaupt noch einen Sinn hat, gerade ebenso wie man bei einer einzigen Molekel von einer Wärmeleitungsfähigkeit oder einer Reibung gar nicht mehr sprechen kann.

In dieser Schwierigkeit kam die Hilfe von einer Seite, der man noch wenige Jahre vorher verhältnismäßig nur geringe Beachtung geschenkt hatte: es war die *Theorie der Elektronen*, welche DRUDE den Schlüssel zum Verständnis nicht nur der soeben besprochenen, sondern auch einer großen Anzahl anderer Erscheinungen liefern sollte, und deren Einführung und weiterer Ausbau ihn während der dritten großen Epoche seiner wissenschaftlichen Wirksamkeit beschäftigte. Der Zeit nach fällt der Beginn dieser Epoche ungefähr zusammen mit seiner Berufung als Ordinarius an die Universität Gießen, im Frühjahr 1900, wo er die Leitung des nach OTTO WIENERS Plänen erbauten und dann kurze Zeit hindurch von WILLY WIEN verwalteten physikalischen Instituts übernahm. Mit der nun erlangten völligen Unabhängigkeit in seinem Berufe sollte ihm die neue Heimat eine Periode reichsten, glücklichsten Schaffens im Leben und in der Wissenschaft bringen.

Seit der allgemeinen Einführung der MAXWELLschen Theorie waren die Vorstellungen, die sich AMPÈRE und WILHELM WEBER von der Natur der Elektrizität gebildet hatten, etwas in den Hintergrund getreten, obwohl sie niemals ganz in Vergessenheit gerieten; denn für die elektrolytische Leitung erwies sich die Vorstellung einer strömenden Substanz dauernd als die weitaus bequemste, und auch die metallische Leitung wurde von W. GIESE auf die Bewegung elektrischer Partikel oder Ionen zurückgeführt. Ebenso bediente sich HELMHOLTZ der Annahme bewegter Ionen bei der Ableitung seiner Dispersionstheorie. Aber erst HENDRIK ANTOON LORENTZ gelang es im Jahre 1895, die Substanztheorie der Elektrizität mit der MAXWELLschen Theorie zu einem Ganzen zu verschmelzen, indem er ein einheitliches System der Elektrodynamik aufbaute, welches sich insofern als eine spezielle Weiterbildung der allgemeinen MAXWELLschen Theorie charakterisieren läßt, daß darin alle Arten elektrischer Ströme, sowohl Leitungs- als auch Verschiebungsströme, mit alleiniger Ausnahme der Verschiebungsströme im Vakuum, sowie alle Arten des Magnetismus zurückgeführt erscheinen auf den konvektiven Transport der Elektrizität durch Ionen im ruhenden Äther. Eine aktuelle Bedeutung gewann diese Theorie mit einem Schlage durch die von J. J. Thomson, P. Lenard, W. Kaufmann und anderen an den Kathodenstrahlen ausgeführten Messungen, sowie durch den 1897 entdeckten Zeeman-Effekt; denn hier traten zum ersten Male die Elektronen, d. h. die von jeglicher ponderabler Masse losgelösten elektrischen Atome, in die Erscheinung.

Drude war die hohe Wichtigkeit der Substanztheorie für die ihn beschäftigenden Fragen nicht entgangen. Schon ein Jahr vor seiner Berufung nach Gießen, im April 1899, hat er uns hier in diesem Saale über seine erste Untersuchung aus der Ionentheorie einen Vortrag gehalten. Er zeigte darin, daß alle bekannten magnetooptischen Phänomene sich bequem und anschaulich aus der Vorstellung bewegter Ionen ableiten lassen, und zwar die Phänomene in schwach magnetisierbaren Substanzen wie in Gasen und Dämpfen mittels des Einflusses der Ablenkung, welche die schwingenden Ionen in einem starken Magnetfelde erfahren, übereinstimmend mit den Theorien von Wind, Leathem und Voigt, die Phänomene in stark magnetisierbaren Substanzen dagegen mittels der Einwirkung der einfallenden Lichtwellen auf die Molekularströme, welche nach Ampère und Weber die Magnetisierbarkeit bedingen, übereinstimmend mit der Theorie von Goldhammer. Die Vorgänge der letzteren Art sind wesentlich bedingt durch die Intensität der Magnetisierung, sie besitzen also wie diese eine bestimmte obere „Sättigungs"-Grenze; die Vorgänge der ersteren Art dagegen sind bedingt durch die Stärke des angewandten äußeren Magnetfeldes und daher nicht prinzipiell an eine Grenze gebunden.

Auch in der gewöhnlichen Metalloptik konnte man, wie ihm ein vorbereitender Vergleich mit den durch Messungen bekannten Konstanten zeigte, mit Erfolg die Vorstellung bewegter Ionen zur Erklärung der refraktiven und selektiven Eigenschaften sowie des Leitungsvermögens heranziehen, indem man die Dielektrizitätskonstante des Vakuums gleich Eins setzte und die beweglichen Ionen unterschied einerseits in isolierende Ionen, die an bestimmte Gleichgewichtslagen gebunden sind und bestimmte Eigenschwingungen besitzen, andererseits in leitende Ionen, welche ohne bestimmte Gleichgewichtslagen zwischen den ponderablen Molekeln hin und her fliegen. Überall ergaben sich annehmbare Vorstellungen für die Art und Größenordnung der Bewegungen, und nirgends ein direkter Widerspruch.

Durch diese Erfolge ermutigt, faßte Drude alsbald den Plan zu einer großen, auf breiter Grundlage angelegten Untersuchung, in welcher eine vollständige Physik der Metalle vom Standpunkte der Elektronentheorie aus gegeben werden sollte.[15] Von vornherein war es klar, daß man in diesem noch ganz im Dunkel liegenden Gebiete nicht allein durch vorsichtiges Tasten an der sicheren Hand wohlbewährter Anschauungen vorwärts kommen konnte, sondern daß es hierzu eines kühnen Vorstoßes, eines Sprunges in eine Welt von Hypothesen bedurfte, dessen Berechtigung erst der Erfolg zeigen mußte. In diesem Gedankengang begegnete sich Drude mit Eduard Riecke, der kurz vorher seinerseits die Grundzüge einer Elektronentheorie der Metalle entworfen hatte. Naturgemäß ergaben die beiden Theorien manche Berührungspunkte, aber auch vielerlei Verschiedenheiten; ihr gegenseitiges Verhältnis hat RIECKE selber auf der Meraner Naturforscherversammlung im vorigen Jahre ausführlich beleuchtet, worauf ich hier nur hinweisen möchte.

Einen besonders glücklichen Griff machte DRUDE in seiner Theorie mit der Einführung des BOLTZMANNschen Satzes von der gleichmäßigen Verteilung der Bewegungsenergie. Nach diesem Satze entfällt im stationären Zustande auf jede ponderable Molekel wie auch auf jedes Elektron im Mittel der nämliche Betrag an kinetischer Energie; derselbe ist gleich dem Produkt der absoluten Temperatur und einer universellen Konstante, deren Wert sich nach der kinetischen Gastheorie mit Hilfe der sogenannten LOSCHMIDTschen Zahl berechnen läßt. Daraus ergab sich nun nach DRUDES Theorie die Folgerung, daß das Verhältnis der Wärmeleitungsfähigkeit eines Metalls zu seiner elektrischen Leitungsfähigkeit unter gewissen Voraussetzungen eine universelle, der absoluten Temperatur proportionale Größe ist — entsprechend dem seit langem bekannten empirischen Gesetz von WIEDEMANN und FRANZ. Und, was von besonderer Wichtigkeit ist, auch der absolute Betrag der Konstante dieses Gesetzes ergab sich den Beobachtungen entsprechend aus einer Kombination der LOSCHMIDTschen Zahl mit dem von J. J. THOMSON gefundenen Wert für das Elementarquantum der Elektrizität. Als kurz darauf MAX REINGANUM zeigte, daß man die Konstante des WIEDEMANN-FRANZschen Gesetzes nach der Theorie von DRUDE ganz unabhängig von den unsicheren Werten für die absoluten Molekelzahlen und für das elektrische Elementarquantum aus den genau gemessenen Daten für die Geschwindigkeiten der Gasmolekeln und für die elektrochemischen Äquivalente berechnen kann, da zeigte sich abermals eine derartige Übereinstimmung der Rechnung mit der Erfahrung, daß von nun ab die Theorie als vollkommen sicher fundiert gelten konnte. Die Ableitung des WIEDEMANN-FRANZschen Gesetzes wird wohl mit Recht als die bedeutendste unter den theoretischen Leistungen DRUDES zu betrachten sein, wenn sie auch naturgemäß erst einen Anfang in der Entwicklung der Elektronentheorie bedeutet. Denn schon die nächste Frage: Welches sind die Ursachen der Abweichungen vom WIEDEMANN-FRANZschen Gesetz? verursacht erhebliche Schwierigkeiten. Zuerst nahm DRUDE an, daß in den Metallen, welche dem Gesetz gehorchen, die Zahl der leitenden Elektronen völlig unabhängig ist von der Temperatur, in den anderen Metallen nicht. Auf das Unwahrscheinliche dieser Voraussetzung von einigen Fachgenossen aufmerksam gemacht, ließ er später diese Annahme ausdrücklich fallen und setzte statt dessen die andere, daß bei den erstgenannten Metallen die Leitung der Elektrizität hauptsächlich nur von einer einzigen Gattung Elektronen besorgt wird, bei den anderen Metallen von mindestens zwei verschiedenen Gattungen. Aber auch diese Vorstellung gab DRUDE später wieder auf, um sich der einfacheren von J. J. THOMSON anzuschließen, wonach es in allen Metallen überhaupt nur eine einzige Gattung leitender Elektronen gibt. Die ganze Frage ist sonach heute, wie so viele andere sich daran anschließende, noch als unerledigt zu betrachten.

Ich muß es mir hier versagen, auf die Schilderung der mannigfachen Einzeluntersuchungen einzugehen, welche DRUDE bezüglich des thermoelektrischen, kontaktelektrischen, galvanomagnetischen, thermomagnetischen Verhaltens der Metalle auf Grund der Elektronentheorie ausgeführt hat. Nur sein Lieblingsgebiet, die Optik, der er die breiteste Behandlung gewidmet hat, möchte ich noch mit ein paar Worten berühren. Es ist wohl nicht zuviel gesagt mit der Behauptung, daß es kaum einen Physiker gab, der sich gerade auf optischem Gebiete zu so bestimmten, konkreten, bis ins einzelnste gehenden Vorstellungen von der Art der molekularen und elektrischen Vorgänge durchgearbeitet hatte wie DRUDE. Mit einer Leichtigkeit und Kühnheit, die man vielleicht sogar als an Naivität streifend zu bezeichnen versucht sein würde, wenn sie nicht streng wissenschaftlichem Boden entwachsen wäre, disponierte er über die Dimensionen, die gegenseitigen Abstände, die elektrischen Ladungen, die Bewegungen der Elektronen, Atome und Molekeln. Für jede dieser Größen hatte er eine bestimmte Schätzung im Kopfe, mit der seine Phantasie jederzeit frei schalten konnte. Und doch war er, im charakteristischen Gegensatz zu zahlreichen, auf ähnliche Ziele gerichteten theoretischen Spekulationen, zugleich auch jederzeit in der Lage, sich und anderen Rechenschaft von seinen Anschauungen zu geben und die Zulässigkeit seiner Annahmen durch Berufung auf Messungen an bestimmten Substanzen quantitativ zu belegen. Denn mit besonderem Nachdruck betonte er stets als die eigentliche Aufgabe jeder leistungsfähigen physikalischen Theorie, die unter bestimmten äußeren Bedingungen zu erwartenden Erscheinungen quantitativ oder wenigstens der Größenordnung nach vorherzusagen, und wo sich jemals ein Widerspruch ergab, zögerte er nie, seine Bedeutung gebührend zu würdigen und die nötigen Konsequenzen zu ziehen.

Nach seinen Vorstellungen beruhen die ultravioletten Eigenschwingungen einer Substanz auf Bewegungen negativ geladener Elektronen, die ultraroten dagegen auf Bewegungen positiv geladener ponderabler Atome oder Molekeln; dabei entspricht jedem ponderabeln Atom eine große Anzahl von Elektronen, von denen die meisten verhältnismäßig fest, einige aber nur lose an das Atom gekettet sind. Nur die letzteren besitzen eine meßbare Bewegung und üben dadurch Einfluß einerseits auf den optischen Brechungsindex, andererseits auf die chemische Valenz der Substanz. So schwingen z.B. im Flußspat vier lose gebundene Elektronen, im Kalkspat fünf lose gebundene Elektronen in den Richtungen senkrecht zur Hauptachse, dagegen nur zwei lose gebundene Elektronen in der Richtung der Hauptachse; die anderen drei Elektronen werden also in der Richtung der Hauptachse mit einer viel größeren Kraft an die Gleichgewichtslage gebunden als in den Richtungen senkrecht zur Achse. Viel schwieriger als die Berechnung der Zahl der gebundenen Elektronen gestaltet sich die der Zahl der freien, leitenden Elektronen. Hier läßt sich im allgemeinen nur ein unterer Grenzwert aufstellen. So kommen bei Silber auf ein ponderables Atom mindestens fünf Leitungselektronen, bei anderen Metallen ergeben sich kleinere Werte.

Es versteht sich, daß alle diese und ähnliche Vorstellungen einstweilen nur provisorischen Charakter besitzen, und daß sie im Laufe der Zeit ganz gewiß Modifikationen erfahren werden; aber es ist damit wenigstens ein Anfang gemacht, und zwar ein vielversprechender Anfang, zur Bewältigung des großen Problems, für die Vorgänge in der Molekularwelt ein Abbild zu finden in unseren Gedanken. Und man sieht hieraus zugleich, wie jung DRUDE, als er dies vor zwei Jahren schrieb, sich innerlich noch fühlen mußte, daß er es unternahm, geradeswegs in ein so unabsehbares und klippenreiches Gebiet der Hypothesen einzudringen, da doch sonst bei zunehmenden Jahren das Bewußtsein wachsender Autorität und erhöhter Verantwortlichkeit Hand in Hand zu gehen pflegt mit einer stetig gesteigerten Vorsicht und Zurückhaltung in der Betretung neuer Bahnen. Ja, sicherlich hatten wir von ihm und seiner frisch zugreifenden Initiative noch eine Fülle von neuen, unsere Wissenschaft bereichernden Ideen zu erwarten.

Die Hauptresultate seiner optischen Arbeiten hat er selber in seinem Lehrbuch der Optik[16] vereinigt, das zugleich durch die klare und lebendige Sprache zur Einführung in das Studium der Optik wie kein zweites geeignet ist. Dieselben Vorzüge der Darstellung Wnden sich in den von ihm bearbeiteten acht Kapiteln der theoretischen Optik in WINKELMANNS Handbuch der Physik,[17] sowie in dem vor dem Pariser Kongreß vom Jahre 1900 erstatteten Bericht über die Dispersionstheorie der Metalle.[18] Einige kleinere Ansätze zu weiter beabsichtigten optischen Untersuchungen sind noch in den hinterlassenen Aufzeichnungen enthalten.

Gegen Ende 1899, kurz vor seiner Berufung von Leipzig nach Gießen, übernahm DRUDE an Stelle des verstorbenen GUSTAV WIEDEMANN die Redaktion der Annalen der Physik, und aus diesem Anlaß wurde ich zum ersten Male mit ihm persönlich etwas näher bekannt. Soweit unsere damalige regelmäßige geschäftliche Korrespondenz auch zu kleinen privaten Mitteilungen führte, fehlte in den seinigen seit seiner Übersiedelung nach Gießen kaum jemals eine besondere Bemerkung darüber, wie wohl und glücklich er sich in seiner neuen Heimat fühle, zusammen mit seiner Frau und seinen aufblühenden Kindern, deren Zahl sich mit der Zeit auf vier vermehrte, in seiner schön gelegenen Wohnung, die den unmittelbaren Verkehr mit der freien Natur gestattete, an der Spitze des neuen musterhaft eingerichteten Instituts, wo er sich zum ersten Male als Herr im eigenen Hause fühlen durfte. Und daß es ihm wirklich Ernst war mit dieser Versicherung, hat er zu wiederholten Malen durch die Tat bewiesen, indem er im Laufe der Jahre verschiedene an ihn ergangene, zum Teil glänzende Berufungen nach auswärts ablehnte, so an die Universitäten Marburg, Tübingen, Breslau, Leipzig. Den Dank dafür brachte die Gießener Studentenschaft ihrem gefeierten jugendlichen Lehrer dar durch die Veranstaltung eines solennen Fackelzuges.

Das fünfte Jahr seiner Wirksamkeit in Gießen nahte sich bereits dem Abschluß, da, Anfang 1905, richtete die preußische Unterrichtsverwaltung, dem einmütigen Vorschlage der hiesigen philosophischen Fakultät folgend, an DRUDE die Anfrage, ob er geneigt sei, das durch EMIL WARBURGS Berufung an die Physikalisch-Technische Reichsanstalt erledigte physikalische Ordinariat und die damit verbundene Leitung des physikalischen Instituts an der ersten Landesuniversität zu übernehmen. — In keinem Stadium der nun folgenden Berufungsverhandlungen hat DRUDE ein Hehl daraus gemacht, daß er an sich nicht im mindesten eine Veränderung seiner derzeitigen Stellung herbeiwünsche, daß er im Gegenteil nur einer ernsten Pflicht gegenüber seiner Wissenschaft zu gehorchen glaube, wenn er sich gegen das ihm gemachte Angebot nicht von vornherein ablehnend verhielte. Und diesem Standpunkte entsprechend, durfte er auch seine Forderungen bis zu beträchtlicher Höhe spannen. Aber da allen seinen Bedingungen von der Regierung auf das bereitwilligste Erfüllung zugesichert wurde, konnte er sich auch den Folgerungen nicht entziehen, und so wurde er zu unserer Freude und Genugtung im April vorigen Jahres der unserige. Wohl mochte ihm damals, als er nach gefallener Entscheidung vor der neu übernommenen, schwierigsten Aufgabe seines Lebens stand, ULRICH VON HUTTENS: „Ich habs gewagt" vorgeschwebt haben; jedenfalls hat er ganz im Sinne dieses Wahlspruches und dessen Helden gehandelt. Denn von da ab bis zum letzten Tage seines Lebens stellte er seine ganze Person und seine volle männliche Kraft in den Dienst der neuen Sache, und wir dürfen gleich hinzufügen: mit vollem, durchgreifendem Erfolg.

Freilich gab es für ihn, der sich aus dem kleinen Wirkungskreise in den Großstadtbetrieb dieses Instituts mit seinen zahlreichen Beamten, dem Heer von Praktikanten und den vielen Nebenverpflichtungen, Examina u. dgl. versetzt sah, ungewohnte Arbeit in Fülle zu bewältigen. Auch Reibungswiderstände, welche Kraft und Lust absorbieren, blieben ihm nicht erspart, und zwar nach oben wie nach unten. An ruhige wissenschaftliche Forschungstätigkeit war natürlich in der ersten Zeit nicht zu denken, um so weniger, als er sich eine ziemlich durchgreifende Neuorganisation des Instituts vorgenommen hatte, die manche einschneidende Änderung mit sich brachte. So wurde eine vollständige Trennung der Instrumentensammlung in eine für die Zwecke der Vorlesungen und eine für die Praktika durchgeführt; die Zahl der Assistenten ward von vier auf sechs erhöht. Auch in diesem Saale verriet sich dem aufmerksamen Beobachter das Regiment des neuen Herrn durch mancherlei äußere Neuerungen: von den großen bedruckten Rollen hier an der Wand angefangen, welche in Lapidarstil den Studenten und allen, die es lesen wollten, die elementaren Sätze der Physik verkündeten, bis herab zu der Kreide an dieser Tafel, welche seit der Gründung des Instituts, an die 30 Jahre, unter Helmholtz, Kundt, Warburg, stets an der rechten Seite gelegen war, und welche man nun auf der linken Seite suchen mußte.

In den Kreisen seiner Fakultät und in der Akademie der Wissenschaften, welche ihn noch vor Ablauf des Jahres zum ordentlichen Mitgliede erwählte, wurde Drude schnell heimisch. Denn sein frisches offenes Wesen, seine vielerlei Interessen an Menschen und Dingen, sein meist treffendes, stets unabhängiges Urteil, machten ihn sogleich auch bei den Kollegen, die entfernteren Fächern angehörten, bekannt und beliebt. Es war nicht schwer, mit ihm in ein anregendes Gespräch zu kommen; lange Einleitungen gab es dabei nicht, man war gleich mitten in der Sache, da er es liebte, ohne Umschweife ein jedes Ding bei seinem rechten Namen zu nennen, gegebenenfalls mit einem leichten Scherzwort, das keinerlei Verlegenheitsstimmung aufkommen ließ. Der gesunde Realismus, in dem seine ganze Lebensanschauung wurzelte, gestattete ihm keinen Geschmack an sentimentalen Anwandlungen irgend welcher Art; ebenso war er allem Formelkram und allen leeren Worten im Grunde seines Herzens abhold. Daher konnte er auch solche Leute nicht leiden, die sich durch äußerliche Mittel künstlich irgend ein Ansehen zu geben versuchen. Wo er dagegen bei anderen gediegene Leistungen fand, hielt er niemals mit seiner aufrichtigen Anerkennung zurück, und war immer eher geneigt, seine eigenen Verdienste verhältnismäßig zu gering einzuschätzen.

Durch die größeren und kleineren Widrigkeiten, welche das tägliche Leben für einen jeden mit sich bringt, half ihm aufs glücklichste die Gottesgabe seines köstlichen, gelegentlich etwas burschikos gefärbten Humors. Wenn dieser je einmal versagte und er sich im Drange des Augenblicks von seinem lebhaften Temperament zu einer allzu heftigen Äußerung, etwa gegen einen seiner Schüler, hinreißen ließ, so war er bald hinterher, oft in rührender Weise, bemüht, die Unbill wieder gut zu machen und dem Verletzten volle Genugtuung zu geben. Ich selber habe ihn nur ein einziges Mal aufbrausend gesehen, das war in einem Privatgespräch, als er in Erfahrung brachte, daß ein Fachgenosse den Versuch gemacht hatte, gegen einen von seinen, Drudes, Schülern nicht ganz korrekt zu verfahren. Kein Wunder, daß ihm bei dieser warmen persönlichen Teilnahme an den Interessen der Jüngeren die Herzen seiner Studenten und Praktikanten in Liebe und Verehrung entgegenschlugen.

Die Verschönerung des Lebens, welche uns die Beschäftigung mit der Kunst in jeder ihrer Formen zu gewähren vermag, wußte er wohl zu würdigen, und er folgte ihren Anregungen gern und unbefangen mit feinem ästhetischen Sinn. Aber weit über alle Kunstgenüsse ging ihm doch die Freude an der großen freien Natur. Sie war die eigentliche Zufluchtsstätte seiner vielgeplagten Gedanken, hier öffnete er sein Herz voll und weit den Eindrücken, die Licht und Luft den Sinnen spenden, hier allein suchte und fand er in kräftiger Bewegung das nötige Gegengewicht gegen den stetig ansteigenden Druck der täglichen Berufsarbeit. Seine liebste Ferienerholung war es, in schöner Gebirgsgegend, los und ledig allen Ballastes im Kopf und im Koffer, tagelange Wanderungen zu machen, oft nur in Gesellschaft seines besten Kameraden, seiner Gattin. Solche Stunden mögen zu den glücklichsten seines Lebens gezählt haben. Keine Art der Leibesübung war ihm fremd. Noch in diesem Frühjahr huldigte er im Schwarzwald, auf seinem geliebten Feldberg, gemeinschaftlich mit einer Anzahl jüngerer Fachgenossen, dem fröhlichen Skisport. Auch im Turnen war er wohlgeübt und pflegte es regelmäßig in einem zwanglosen Privatkreise von Gleichgesinnten. Seine kräftig-elastische Gestalt zu betrachten, wenn er in seiner kleidsamen Turnertracht, die dunkle Schärpe um den schlanken Leib, am Reck einen eleganten Aufschwung machte, oder wenn er in kühnem und doch sicherem Fluge über den Sprungbock setzte, das war an sich schon ein Vergnügen. —

Ich bitte um Vergebung, wenn ich bei diesem rein persönlichen, der wissenschaftlichen Sphäre so weit entrückten Bilde etwas verweilt habe; es ist mir das liebste unter denen, die ich von ihm im Gedächtnis bewahre. Denn so sah ich ihn zum letzten Male. Zwei Tage später deckte das Bahrtuch sein entstelltes Antlitz.

Wie konnte das geschehen? Mußte es denn so kommen? Es ist unmöglich, an dieser Frage schweigend vorüberzugehen, immer wieder drängt sie sich mit elementarer Macht dem Zurückschauenden auf, und sie gewinnt für alle, die ihm im Leben näher standen, einen unsäglich schweren Inhalt, wenn man an die Möglichkeit denkt, daß das Unheil, rechtzeitig erkannt, vielleicht hätte vermieden werden können. Aber soweit sich auch nachträgliche Forschung nach allen Seiten abmühen möge, das Ergebnis bleibt immer dasselbe: wir wissen es nicht und werden es nie ergründen. Wohl lassen sich hinterher eine Anzahl einzelner Symptome namhaft machen, die auf eine starke Überreizung seines Nervensystems hinweisen: eine hartnäckige Schlaflosigkeit, die ihn seit vielen Wochen plagte und die keinem der angewandten Mittel weichen wollte, ein zeitweiliges Versagen der Kraft, sich zu konzentrieren, eine gelegentlich bemerkte Veränderung in seinem Gesichtsausdruck, wenn er sich einmal unbeobachtet glaubte, ein krankhaft gesteigertes Verantwortlichkeitsgefühl, das ihn von seinen eigenen Fähigkeiten manchmal übermäßig geringschätzig sprechen ließ. Aber das alles sind Zeichen von Überanstrengung des Gehirns, die ja leider bei der heute in vielen Berufszweigen herrschenden übermäßigen Anspannung aller geistigen Kräfte, und gerade bei den stärkeren Naturen, nichts Seltenes mehr sind, die aber doch nicht im entferntesten zu einer wirklichen Erklärung eines solchen Verzweiflungsschrittes ausreichen; denn in vielen derartigen Fällen genügt schon eine einzige gründliche Erholungszeit zur vollständigen Wiedergewinnung der Gesundheit. Dazu kommt, daß er im gewöhnlichen Leben, innerhalb und außerhalb des Hauses, bis zum letzten Tage sein normales gleichmäßig heiteres Wesen vollkommen bewahrte. Während die Arbeiten im Institut ihren regelmäßigen Fortgang nahmen, widmete er sich wieder mit Eifer und Erfolg seiner wissenschaftlichen

Tätigkeit; Pläne zu irgend einer durchgreifenden Entlastung hat er nicht geäußert. Das für die Naturforscherversammlung in Stuttgart übernommene früher erwähnte Referat über drahtlose Telegraphie stellte er im Laufe des Juni dem Hauptinhalt nach fertig; am 27. Juni schrieb er das Vorwort zur 2. Auflage seines Lehrbuches der Optik, worin er die Ergebnisse der einschlägigen neueren Forschungen mit verwertet hatte, und am 28., gerade eine Woche vor der Katastrophe, hielt er seine Antrittsrede in der Akademie der Wissenschaften, in welcher er, dankbar für die ihm durch die Wahl erwiesene Auszeichnung und lebhaft durchdrungen von dem Bewußtsein der damit übernommenen Pflichten, seinen wissenschaftlichen Werdegang und seine nächsten Pläne für die Zukunft schilderte.

Nun hatte er den wichtigsten Aufgaben des Semesters genügt, die Ferien standen in naher Aussicht. Das Urlaubsgesuch war geschrieben, die Stellvertretung durch die Assistenten geregelt, eine Fußtour ins Karwendelgebirge mit seinem Kollegen und Freund WILLY WIEN verabredet, die Ausrüstung dazu bis zu den Einzelheiten der Garderobe besorgt. Daß er noch am Tage vorher, ja selbst am Vormittag des unseligen Tages, mit seinen Gedanken mitten im wirklichen Leben war, dafür sprechen manche Einzelheiten, so die speziellen Anordnungen, die er für seine Nachmittagsbeschäftigung traf, dafür sprechen die persönlichen Wahrnehmungen seiner Assistenten, und ebendafür spricht auch, was schwerer als alles andere wiegt, das Zeugnis derjenigen, die er am meisten auf Erden liebte, und die ihn am besten kannte.

Gewiß: soweit menschliche Fassungskraft reicht, muß man den Gedanken an eine völlige Aufklärung des Rätsels für aussichtslos halten. Es scheint nichts übrig zu bleiben als die auch von ärztlicher Seite geteilte Vermutung, daß in einem Anfall schwerer Nervenüberreizung gewisse Zwangsvorstellungen, deren Gefährlichkeit und Verwerflichkeit er wohl kannte, die er aber im normalen Zustande vollständig in seiner Gewalt hatte und daher wohl sogar vor sich selbst verbarg, dennoch einmal die Oberhand gewannen und ihm für eine Zeit die freie Selbstbestimmung raubten, indem sie ihm das Leben bis zur Unerträglichkeit beschwerlich erscheinen ließen. –

Doch von dem dumpfen Rätsel wendet sich unser Blick zurück zu dem, was nicht dunkel und rätselhaft, sondern sonnenklar im Lichte unserer Erinnerung sowohl wie auch in seinem eigenen wissenschaftlichen Vermächtnis vor unserem Geiste steht: zu der lebendigen Persönlichkeit DRUDES. Denn unvergleichlich viel schwerer wiegt das, was er uns im Leben gab, als das, womit er uns beim Abschied schmerzte. Freuen wir uns daher, Kollegen, Schüler und Freunde des Entschlafenen, daß wir eine solche Persönlichkeit gehabt haben, einen echten, starken, deutschen Mann, daß wir ihn einst den unsern nennen durften, und daß wir auch heute und in Zukunft noch den dauernden Spuren seiner Wirksamkeit nachgehen können. Denn diese Art der Gemeinschaft ist nicht an äußere Vergänglichkeit gebunden: in unserer Wissenschaft, in den Annalen unserer Gesellschaft, in unseren Herzen wird PAUL DRUDE lebendig bleiben. Ehre seinem Andenken!

Antrittsrede von Heinrich Rubens (1865-1922)

gehalten in der Akademie der Wissenschaften
am 2. Juli 1908

Kaum zwei Jahre sind verflossen, seitdem PAUL DRUDE hier das Wort ergriffen hat, um der Königlichen Akademie der Wissenschaften für die ihm erwiesene Auszeichnung zu danken und sein wissenschaftliches Programm zu entwickeln. Keiner der damals Anwesenden konnte es ahnen, daß dieser in einer Periode glücklichen Schaffens stehende Forscher und erfolgreiche Lehrer, dieser jungendfrische Mann wenige Tage darauf einem dunkeln Schicksale verfallen würde und daß er jene weitausschauenden Pläne und vielversprechenden wissenschaftlichen Entwürfe nicht mehr verwirklichen sollte.

Die Akademie hat mir die hohe Ehre erwiesen, mich an Stelle des Verstorbenen in ihren Kreis aufzunehmen. Gefühle wechselnder Art sind es, welche mich heute bewegen, da es mir vergönnt ist, meinen Gedanken an dieser Stelle Ausdruck zu geben. In erster Linie sind es Gefühle des herzlichsten Dankes für die hohe Ehre, welche Sie mir durch die Wahl zum ordentlichen Mitgliede erwiesen haben; in meinen Augen die schönste Auszeichnung, welche einem deutschen Gelehrten zuteil werden kann. Aber diesen Gefühlen des Dankes gesellt sich die Empfindung der Trauer um den uns so plötzlich entrissenen Kollegen, dessen Stelle ich einzunehmen berufen worden bin.

Ob es mir gelingen wird, diese Stelle Ihren Erwartungen entsprechend auszufüllen und das Vertrauen, welches Sie mir bewiesen haben, durch wissenschaftliche Leistungen zu rechtfertigen, vermag ich nicht zu sagen; aber gewiß ist, daß ich alles, was in meinen Kräften steht, einsetzen werde, um dieses hohe Ziel zu erreichen.

Daß ich mich von Anfang an dem experimentellen Gebiete unserer Wissenschaft zugewandt habe, ist sowohl auf eine mir innewohnende Neigung zurückzuführen als auch durch eine Verkettung von Umständen veranlaßt, durch welche meine wissenschaftliche Entwicklung in entscheidender Weise beeinflußt worden ist. Zu diesen Umständen rechne ich es in erster Linie, daß mich ein gütiges Geschick nach Straßburg führte in das unter der Leitung von AUGUST KUNDT stehende physikalische Laboratorium. Wohl hat Deutschland im 19. Jahrhundert Physiker hervorgebracht, deren Verdienste auf wissenschaftlichem Gebiete noch über diejenigen von AUGUST KUNDT hinausgehen. Aber unter diesen Männern ist keiner, welcher die Eigenschaften des Forschers und Lehrers in so wunderbarer Vereinigung wie er besessen und es in gleichem Maße verstanden hat, bei seinen Schülern die Flamme wissenschaftlicher Begeisterung zu entfachen. Es war mir vergönnt, mich der Schar

---

SB 1908, 2, S. 714—717.
Die Erwiderung von A. VON AUWERS ist nicht in den Schriften der Akademie überliefert.

begeisterter Schüler zuzugesellen, welche ihn in Straßburg umgaben, und ihm später nach Berlin zu folgen, wo ich meinem verehrten Lehrer als Schüler und später als Gehilfe bis zu seinem Tode nahe sein durfte.

Mitbestimmend für die von mir eingeschlagene Richtung ist ferner die Tatsache gewesen, daß ich eine Periode mächtigen Emporblühens der experimentellen Forschung von Anfang an miterleben durfte, welche jedem Arbeitsfreudigen eine Fülle wichtiger Aufgaben zugewiesen hat. Die HERTZschen Arbeiten über elektrische Schwingungen[1] leiten in der Geschichte unserer Wissenschaft eine neue Epoche ein, welche bis in die heutige Zeit hineinreicht und noch nicht beendet zu sein scheint. Die diesen Arbeiten vorausgehenden Jahrzehnte des 19. Jahrhunderts waren trotz der Größe des darin erzielten wissenschaftlichen Fortschritts verhältnismäßig arm an Entdeckungen grundlegender neuer Phänomene gewesen. Durch die großen Erfolge der mit ungewöhnlicher Kühnheit angestellten HERTZschen Versuche wurde der Wagemut der Physiker aufs neue geweckt; und es entstand jene glänzende Epoche, welche uns in kurzer Aufeinanderfolge die wunderbarsten Erscheinungen gebracht hat. An einen Versuch von HERTZ schließen sich die Arbeiten LENARDS an, diese wiederum den Keim der großen RÖNTGENschen Entdeckung in sich bergend, als deren indirekte Folge weiterhin die Auffindung der Radioaktivität durch H. BECQUEREL zu betrachten ist mit ihren unabsehbaren Konsequenzen. Diese Reihe glücklicher Funde, an welche sich eine große Zahl kaum minder wichtiger Entdeckungen anschließt, legt Zeugnis davon ab, daß Jahrhunderte wissenschaftlicher Forschung die Wahrscheinlichkeit neuer Entdeckungen nicht vermindert haben. Unaufhörlich enthüllt die Natur dem Experimentator neue Geheimnisse, einem ewig sprudelnden Quell vergleichbar. Freilich werden die neuentdeckten Phänomene der Regel nach immer subtiler und weniger augenfällig, aber in demselben Maße wie die Subtilität der Erscheinungen wächst auch die Vervollkommnung der äußeren Hilfsmittel der Beobachtung.

Unter den neueren Forschungsgebieten hat das von HEINRICH HERTZ beschrittene mein Interesse stets in erster Linie gefesselt. MAXWELLS Theorie, nach welcher das Licht als ein elektromagnetischer Vorgang aufzufassen ist, hatte durch die Versuche von HERTZ über Strahlen elektrischer Kraft eine überraschende Bestätigung erhalten, indem bewiesen wurde, daß elektrische Wellen sich in vielen wesentlichen Punkten ebenso verhalten wie Lichtwellen. Daraus aber läßt sich schließen, daß es auch möglich sein muß, unter günstigen Bedingungen an den Lichtstrahlen oder an den ihnen wesensgleichen dunkeln Wärmestrahlen elektromagnetische Eigenschaften zu entdecken. Der Nachweis des elektromagnetischen Charakters dieser Strahlen ist am leichtesten zu führen, wenn man ihr Verhalten gegenüber einer Reihe von Substanzen mit bekannten elektrischen Eigenschaften prüft. Es läßt sich voraussehen, daß ein solcher Versuch um so aussichtsvoller sein muß, je mehr es gelingt, in das Gebiet langer Wellen vorzudringen; denn die außerordentlich kurze Periode der Lichtschwingungen bedingt eine besondere Art der Mitwirkung der kleinsten Teile der Materie bei optischen Vorgängen, von welcher die verhältnismäßig langsam verlaufenden elektromagnetischen Prozesse, deren wir uns zum Vergleich bedienen müssen, frei sind. Die Lösung der Aufgabe verlangt also eine Erweiterung des Spektrums nach der ultraroten Seite hin. Eine solche Erweiterung wird aber nur durch Schaffung neuer instrumenteller Hilfsmittel und verbesserter spektralanalytischer Methoden möglich.

Neben dieser Erforschung des ultraroten Spektrums bildet die Erzeugung und Untersuchung HERTZscher elektrischer Schwingungen von möglichst kurzer Periode eine der wichtigsten Aufgaben der Zukunft. Trotz einiger Erfolge, welche in der letzten Zeit auf diesem Gebiet erreicht worden sind, umfaßt das unbekannte Spektrum, welches sich von den langwelligsten, bisher beobachteten Wärmestrahlen bis zu den kürzesten, auf elektrischem Wege erzeugten HERTZschen Strahlen erstreckt, noch sechs volle Oktaven. Es ist, in diesem Maße gemessen, angenähert von der gleichen Ausdehnung wie das gesamte, unserer Beobachtung zugängliche, an das sichtbare Gebiet angrenzende ultrarote Spektrum. Wenn es gelingen sollte, in jene Terra incognita von der einen oder anderen Seite her vorzudringen und Teile des unbekannten Spektralgebietes der Forschung zu erschließen, so sind nicht nur für die elektromagnetische Lichttheorie neue Bestätigungen zu erhoffen, neue Zusammenhänge zwischen den elektrischen und den optischen Eigenschaften der Körper zu erwarten, sondern auch unsere Kenntnis von dem Wesen und Aufbau der Materie würde hierdurch vielleicht eine wesentliche Bereicherung erfahren.

Dieses Grenzgebiet zwischen Optik und Elektrizitätslehre ist es, in welchem ich seit einer Reihe von Jahren zusammen mit mehreren Mitarbeitern und Schülern tätig bin. Es wird voraussichtlich noch auf Jahre hinaus das hauptsächlichste Feld meiner wissenschaftlichen Tätigkeit bilden; denn wichtige Aufgaben harren hier noch der Lösung.

Gedächtnisrede auf Heinrich Rubens (1865-1922) von Max Planck

gehalten in der Akademie der Wissenschaften am 28. Juni 1923

Schon jährt sich in wenigen Wochen zum ersten Mal der Tag, an welchem HEINRICH RUBENS mitten aus schaffensfreudiger Tätigkeit heraus der schleichenden Krankheit, welcher er bis zuletzt mit dem ganzen Aufgebot seiner starken Lebensenergie widerstanden hatte, zum Opfer fiel.[1] Was der Dahingeschiedene in langjähriger Forschungsarbeit für seine Wissenschaft geleistet hat, was er seinen zahlreichen Schülern bedeutete, das ist schon von verschiedenen Seiten in Wort und Schrift eingehend gewürdigt worden und stellenweise ergreifend zum Ausdruck gekommen. Der Akademie der Wissenschaften ist es erst heute, an ihrem Leibniz-Tage, vergönnt, seiner in öffentlicher Feier zu gedenken. Aber sie darf um so weniger darauf verzichten, ihm ein besonderes Zeichen ihrer Trauer und ihrer Dankbarkeit zu widmen, als der Verblichene, der seine Zugehörigkeit zur Akademie ausgesprochenermaßen als seine höchste äußere Lebensstellung auffaßte, ihr während der Zeit seiner Mitgliedschaft stets mit Einsetzung der ganzen Kraft und Treue seiner aufrechten Persönlichkeit angehangen hat.

Als RUBENS vor 15 Jahren in diesen Kreis eintrat, galt er schon als ein anerkannter Meister seiner Wissenschaft. Wohl zuerst hatte seine berühmte Methode der Reststrahlen seinen Namen in der internationalen Physik verbreitet. Dazu hatten sich bald andere hervorragende Leistungen gesellt, wie die Strahlungsmessungen im ultraroten Spektrum, welche zur Aufstellung des Gesetzes der Energieverteilung im Normalspektrum den unmittelbaren Anlaß gaben, oder die Bestimmung des Reflexions- und Emissionsvermögens der Metalle, welche den experimentellen Beweis dafür erbrachte, daß, wie die MAXWELLsche Theorie verlangt, beide Größen bei hinreichend langen Wellen sich vollständig aus dem elektrischen Leitungsvermögen der Metalle berechnen lassen.

Die letzten dieser Arbeiten hatte die Akademie bereits in ihre Sitzungsberichte aufgenommen. Seitdem aber RUBENS selber Mitglied geworden war, hat er alle seine Originaluntersuchungen zuerst der Akademie zugeeignet,[2] in jedem Jahrgang unserer Sitzungsberichte ist sein Name mit einem oder mehreren Beiträgen vertreten, deren Wert für die wissenschaftliche Literatur um so höher einzuschätzen ist, als RUBENS auf seinem speziellen Arbeitsgebiete bis in die letzte Zeit unbestritten die Führung innehatte. Zu ihnen gehört die Ausarbeitung der Quarzlinsenmethode zur Isolation langwelliger Strahlen, zusammen mit R. W. WOOD,[3] die Entdeckung der langwelligen Strahlen im Quecksilberspektrum, zusammen mit O. v. BAEYER,[4] die Messungen im Rotationsspektrum des Wasserdampfes, zusammen mit G. HETTNER,[5] die experimentelle Prüfung des Energiestrahlungsgesetzes, zusammen mit G. MICHEL.[6]

SB 1923, S. CVIII–CXIII.

Daß RUBENS bei seinen Untersuchungen sich mit Vorliebe des Beistandes tüchtiger Mitarbeiter versicherte, lag tief begründet in seiner persönlichen Naturanlage und in seiner Art, wissenschaftlich zu arbeiten. Es genügte ihm nicht, einem schwierigen Problem auf einsamer Fährte nachzuspüren und sich, von der Umwelt abgeschlossen, in seine Zergliederung zu vertiefen, ihm lag es besser, den Angriff auf einer breiteren Front vorzunehmen; und wenn das Problem bewältigt war, so wollte er die Lösung nicht für sich allein behalten, sondern er trachtete danach, der neugewonnenen Erkenntnis auch zur äußeren Anerkennung zu verhelfen und sie zum Allgemeingut zu machen. Daraus entsprang sein Bedürfnis nach wissenschaftlicher Mitteilung, seine Freude am Verkehr mit jüngeren Fachgenossen, seine Vorliebe für das Lehramt, und daraus schließlich auch der besondere Einfluß seiner wissenschaftlichen Persönlichkeit. Sicherlich ist manche wissenschaftliche Anregung von ihm ausgegangen, ohne daß sein Name mit ihr ausdrücklich in Verbindung gebracht wurde.

Wenn RUBENS bei einem Vortrag über die Ergebnisse, sei es einer eigenen, sei es, was er häufig und gern übernahm, einer fremden Arbeit erst die Geschichte und die Bedeutung des Problems, dann die Ausarbeitung der Beobachtungsmethode in klaren, knappen Worten schilderte, wenn er weiter bei der Zeichnung der Versuchsanordnung bedächtig und sicher seine breiten Kreidestriche auf der Tafel zog und die wesentlichsten Einzelheiten in seiner prachtvollen charakteristischen Handschrift besonders illustrierte, dann strömte von ihm mit der wissenschaftlichen Belehrung zugleich auch eine Welle künstlerischen Behagens auf die Zuhörer aus, in der das sachliche Interesse an dem Inhalt des Mitgeteilten sich mit der Befriedigung an der wohlabgerundeten Darstellung harmonisch verband. So pflegte er auch eine Arbeit immer erst dann als vollständig abgeschlossen zu betrachten, wenn sie nicht nur mit der denkbar größten Genauigkeit und Sauberkeit bis zu Ende durchgeführt, sondern auch in der für das Verständnis und die Mitteilung geeignetsten Form ausgemünzt worden war.

Dabei wurde ihm die Durchführung seiner Präzisionsmessungen in dem hiesigen, nun schon fast 50 Jahre alten physikalischen Institut am Reichstagsufer wahrlich nicht leicht gemacht. Welche Leistungen er hier vollbrachte, wie er der durch die Lage des Gebäudes bedingten mechanischen und magnetischen Störungen dadurch Herr wurde, daß er einerseits besondere Instrumente konstruierte, andererseits die Beobachtungen in ruhige nächtliche Stunden verlegte, wie er im Winter mit beharrlicher Geduld der Eiseskälte trotzte, wie er in der Nachkriegszeit das wiederholt von Kugeln politischer Fanatiker und von Sprengwerkzeugen nächtlicher Einbrecher bedrohte Haus dennoch als seine persönliche Heimat liebte und als von HELMHOLTZ überkommenes Erbe hoch in Ehren hielt, das wird in seiner ganzen Bedeutung erst gegenwärtig so recht fühlbar, da die Verhandlungen um die Neubesetzung seiner Stelle bisher namentlich aus dem Grunde noch zu keinem Ergebnis geführt haben, zum schweren Nachteil der hiesigen Pflege der Physik, weil das Institut als veraltet, ungünstig gelegen und für Präzisionsmessungen schlecht geeignet bewertet wird.

Aber das Geheimnis der wissenschaftlichen Erfolge von RUBENS' Tätigkeit beruht nicht allein auf der ihm eigenen besonderen Gabe, feine Experimente auszuführen und ihre Ergebnisse klar zu formulieren. Was seinen Arbeiten ihren unvergänglichen historischen Wert verleiht, liegt darin begründet, daß er seine Kunst stets in den Dienst großer Gedanken stellte. Jede einzelne Untersuchung von ihm steht im Zusammenhang mit irgendeinem größeren im Hintergrunde auftauchenden Problem. Auch die letzte, erst nach seinem Tode in den Sitzungsberichten erschienene, zusammen mit seinem jüngsten Mitarbeiter K. HOFFMANN ausgeführte spezielle Untersuchung über die Strahlung geschwärzter Flächen[7] war nur als Vorarbeit für spätere größere Aufgaben gedacht. Besonders ein Gedanke ist es, der gewissermaßen als Leitmotiv sein ganzes wissenschaftliches Leben durchklingt: die experimentelle Überbrückung der Kluft zwischen den optischen und den elektrischen Wellen. Durch dieses, seit der Entdeckung der elektromagnetischen Wellen durch H. HERTZ akut gewordene Problem wurde ihm der gerade Weg gewiesen, den er stets mit zäher Energie verfolgt hat, auf den er immer wieder zurückkehrte, wenn er auch häufig Seitenpfade einschlug, um das Terrain möglichst vollständig zu sondieren und gelegentlich sich darbietende, besonders lockende Früchte mitzunehmen. So benutzte er die von ihm entdeckten ultraroten Reststrahlen von Steinsalz und von Sylvin sogleich dazu, um in Gemeinschaft mit F. KURLBAUM die Intensität der Strahlung in ihrer Abhängigkeit von der Temperatur zu messen,[8] und lieferte damit die, wie es scheint, endgültige experimentelle Entscheidung der Frage nach dem Grundgesetz der Wärmestrahlung. Ohne das Eingreifen von RUBENS wäre die Formulierung des Strahlungsgesetzes und damit die Begründung der Quantentheorie vielleicht in ganz anderer Weise, vielleicht gar nicht einmal in Deutschland zustande gekommen.

Wie weit es ihm gelungen ist, sein Hauptarbeitsprogramm durchzuführen, erhellt am einfachsten aus dem Hinweis darauf, daß er den Umfang des der Messung zugänglichen ultraroten Spektrums um volle fünf Oktaven erweitert hat, bis hin zu Wellen von etwa $^1/_3$ mm Länge, der Emissionsbande des Quecksilberdampfes, während die kürzesten, von O. v. BAEYER hergestellten elektrischen Wellen etwa 2 mm lang sind — also ein Unterschied von nur mehr $2^1/_2$ Oktaven. Ihm selber verdanken wir eine vollständige Zusammenstellung und Schilderung der verschiedenen Etappen dieser mühseligen und erfolgreichen Forschertätigkeit in dem Festvortrag,[9] welchen er uns hier in der Friedrichssitzung des Jahres 1917 gehalten hat, und der nun als der wichtigste Eigenbericht über seine wissenschaftliche Lebensarbeit von doppelter Bedeutung geworden ist. In seinem Interesse für die Geschichte und für die großen Fragen seiner Wissenschaft war ihm, dem ausgesprochenen Experimentalphysiker, keine bedeutende physikalische Theorie fremd. Auch der Relativitätstheorie von EINSTEIN hat er von Anfang an lebhafte Aufmerksamkeit zugewandt und unablässig daran gearbeitet, zu ihr die seinem physikalischen Erkenntnistrieb und seiner mathematischen Bildung entsprechende Einstellung zu gewinnen. Ganz besonders beschäftigte ihn in der letzten Zeit die von radikaler relativistischer Seite aufgestellte Behauptung, daß die Ptolemäische Weltansicht der Kopernikanischen physikalisch vollkommen gleichwertig sei, und es verschaffte seiner gesunden wissenschaftlichen Denkweise eine ersichtliche Beruhigung, als er die Entdeckung machte, daß jene Behauptung wenigstens in dieser allgemeinen Form einer genaueren kritischen Prüfung keineswegs standhält.

Es konnte nicht ausbleiben, daß RUBENS, der von Anfang an eins der fleißigsten unserer Mitglieder war, bald nach seinem Eintritt auch zur Mitarbeit an den Geschäften der Akademie häufiger herangezogen wurde und damit Gelegenheit erhielt, seine Gewandtheit und Zuverlässigkeit zu bewähren. So ward er dazu ausersehen, hier in der Leibniz-Sitzung die Gedächtnisrede auf FRIEDRICH KOHLRAUSCH[10] zu halten, so hat er später für unseren Kollegen, seinen langjährigen Institutschef E. WARBURG, wie auch für unser auswärtiges Mitglied W. C. RÖNTGEN bei ihren goldenen Doktorjubiläen die Glückwünsche der Akademie formuliert. Und als im Jahre 1912 die Royal Society zu der solennen Feier ihres 250jährigen Bestehens einlud, sandte ihn die Akademie als ihren Vertreter nach London, um dort eine vom ihm selbst verfaßte Adresse zu überreichen. Es entspricht ganz seinem warmen Interesse für die Sache und seiner peinlichen Gewissenhaftigkeit, daß er sich zu dieser Mission durch ein sorgfältiges Studium der Geschichte der Royal Society vorbereitete. Wie ein schönes, längst versunkenes Traumbild liegt heute diese Zeit des vertrauensvollen internationalen Gemeinschaftslebens hinter uns.

Das nämliche Pflicht- und Verantwortlichkeitsgefühl erfüllte ihn bei seiner Tätigkeit in der schwierigen Frage nach der richtigen Ergänzung unserer Mitgliederliste, deren Vollständigkeit er stets seine spezielle Aufmerksamkeit zuwandte. Häufig ist der Antrag auf die Wahl eines neuen korrespondierenden Mitgliedes von ihm ausgegangen.[11] Dabei war die Auslese auch deshalb so schwierig, weil bei der schablonenhaften gleichmäßigen Verteilung der 100 Korrespondentenstellen der Klasse auf 10 Fächer die Physik mit ihren 10 Stellen verhältnismäßig sehr schlecht weggekommen war. Als diese Frage einmal aufgerollt wurde, wirkte RUBENS energisch dabei mit, es durchzusetzen, daß jene Zahl jetzt wenigstens auf 15 erhöht worden ist. Gerade bei solchen Anlässen, wo persönliche Fragen in den Vordergrund treten, hat es sich häufig gezeigt, wie gern er mit seinem ruhigen Urteil und seinem unbeirrbaren Gerechtigkeitssinn bereit war, sachlichen Erwägungen gegenüber etwaige Sympathien und Antipathien, die ja bei jeder individuell ausgeprägten Persönlichkeit selbstverständlich sich ausbilden müssen, zurücktreten zu lassen. Nur offenkundigen Entstellungen oder Schaumschlägereien gegenüber konnte er gelegentlich sehr schroff werden und liebte es dann, seinem aufsteigenden Grimme unter sorgfältiger Wahrung aller Höflichkeitsformen durch eine Probe seines ebenso witzigen wie zielsicher treffenden Sarkasmus Luft zu machen.

Doch bei allem diesem würde man RUBENS' wissenschaftlicher Persönlichkeit nur unvollkommen gerecht werden, wenn man ihn nur nach seiner Bedeutung für sein Fach einschätzen wollte. HEINRICH RUBENS war nicht nur Physiker oder Naturforscher, er war vor allem Akademiker. Daß er unter den mannigfachen vom In- und Ausland ihm zugeflossenen Auszeichnungen seine Wahl in die Akademie stets als die höchste in Ehren hielt, lag tief begründet in seiner Auffassung von der Bedeutung dieser Körperschaft, in seiner Begeisterung für den akademischen Gedanken, den Gedanken, daß die Wissenschaft, in wievielerlei Fächer sie sich auch spalten möge, im Grunde eine untrennbare Einheit darstellt, und daß daher die Akademie, welche diese Einheit verkörpert, nicht nur repräsentativen Charakter hat, sondern daß sie der dringenden praktischen Aufgabe dienen soll, den Zusammenschluß der einzelnen Wissenschaften in gemeinschaftlicher Arbeit zu fördern. Damit im Zusammenhang steht auch sein Interesse und seine Vorliebe für das humanistische Bildungsideal, besonders charakteristisch für einen Mann, der auf einem Realgymnasium und auf zwei technischen Hochschulen für sein Studium vorbereitet worden war. Oft hatte man Gelegenheit zu beobachten, wie er den Verkehr mit den Vertretern der Geisteswissenschaften schätzte, wie er etwa nach dem Schluß einer Sitzung bei dem üblichen geselligen Beisammensein mit den Kollegen gern durch eine Bemerkung oder eine Frage in einen Meinungsaustausch über Gegenstände trat, die von der Physik weitab liegen. Da mit der sachlichen Annäherung gemeiniglich auch eine persönliche Hand in Hand zu gehen pflegt, so ist es nur natürlich, daß er mit seinem offenen Wesen und seiner Charakterfestigkeit sich allseitig Achtung und Vertrauen schaffte und daß sein Ausscheiden auch von manchen Mitgliedern der andern Klasse vielleicht schmerzlicher empfunden wird, als es sonst der Fall zu sein pflegt. An die Erörterung allgemeinwissenschaftlicher Dinge schloß sich in den letzten sturmbewegten Jahren leicht der Übergang zu politischen Fragen, die ihn, den stark fühlenden Patrioten, bis ins Innerste beschäftigten und ihm oft die Ruhe der Nacht raubten. Kein Zweifel, daß er unter den ständigen seelischen Aufregungen und Enttäuschungen, besonders nach dem Abschluß des sogenannten Friedens, namenlos litt und daß seine von Natur starke Widerstandskraft gegen die heimtückische Krankheit, die ihn befallen hatte, allmählich untergraben wurde. Doch der energische Wille zum Leben und die leidenschaftliche Hingabe an seine Berufspflichten vermochten ihn bis fast zum Ende arbeitsfähig zu erhalten, zumal da ihm durch die aufopfernde Hingabe seiner Gattin die Sorge um den gefährlichen Charakter seiner Krankheit abgenommen wurde. Noch als ich ihn zum letztenmal sah, sprachen wir über akademische Angelegenheiten und beim Abschied äußerte er die Hoffnung, daß er nun bald wieder auf dem Posten sein werde.

Es ist anders gekommen. Aber er ist uns nicht verloren, seine Persönlichkeit wird unter uns fortleben und vorbildlich weiterwirken. Solange die Akademie Männer wie Heinrich Rubens zu den Ihren zählen kann, braucht sie um ihre Zukunft nicht besorgt zu sein.

Antrittsrede von Karl Schwarzschild (1873-1916)
Erwiderung von Max Planck

gehalten in der Akademie der Wissenschaften
am 26. Juni 1913

Die Astronomie ist eine uralte Wissenschaft, und den Angehörigen der Astronomenzunft sind besondere Kenntnisse und Gebräuche von alters her überkommen, so gut wie unsern Schustern und Schlossern, die ihre Werkzeuge und ihre Fertigkeiten seit wenigstens 2000 Jahren fast unverändert forterben. Daher sind auch die Astronomen unter sich geneigt, nur den als voll anzuerkennen, der seine Lehrzeit gedient hat und sein nach altem Brauch gefertigtes Meisterstück vorweisen kann, und aus demselben Grunde scheint die jüngere Umwelt vielfach die Astronomie zwar als etwas Ehrwürdiges anzusehen, aber zugleich als etwas Mittelalterliches und Vergilbtes, die Astronomen selbst als das erstarrte Priestertum einer erhabenen, aber ergrauten, von Riten überwucherten Lehre. Oder stärker und vielleicht schon zu stark ausgedrückt: Man erkennt die gute Herkunft der Astronomen an, hält sie aber für etwas degenerierte Subjekte, die vorwiegend in der äußeren Form, der Genauigkeit ihrer Rechnungen und dem eifrigen Gebrauch der Methode der kleinsten Quadrate die alte Kultur bewahren.

Ganz gewiß ist das eine Verkennung der Astronomie der Gegenwart. Natürlich hat die Astronomie ihre Besonderheiten, ihre unendlichen Zahlenrechnungen, ihre Sternkataloge. Natürlich macht sie nicht leicht so explosive Fortschritte, wie z.B. die Physik in den letzten Jahrzehnten, denn sie kann die Experimente nicht in gleicher Weise häufen, sie ist vielfach darauf angewiesen, den langsamen Wandel der Gestirne abzuwarten, bevor sie zu neuen Resultaten gelangen kann. Aber nichtsdestoweniger — die Astronomie der Gegenwart zehrt nicht nur von der Tradition, sie lebt auch nicht nur vom Abglanz der Erhabenheit ihres Gegenstandes, der Unendlichkeit der Welt in Raum Zeit, sie ist vielmehr ein lebendiges Glied der gesamten jetzigen Naturwissenschaft, deren Pulsschlag auch sie durchdringt und zu deren voller Entwicklung sie wiederum notwendig ist.

Die Astronomen unterscheiden sich von andern Leuten dadurch, daß sie mit großen Fernrohren hantieren. Aber das Fernrohr ist ein physikalisches Instrument. Die ganze geometrische Optik und zum guten Teil auch die Kunst der Feinmechanik ist am Fernrohr und seiner Montierung groß geworden. Die Arbeit, in der FRAUNHOFER den Grund zur Spektralanalyse gelegt hat, war nach ihrem Untertitel ausgeführt „in bezug auf die Vervollkommnung der achromatischen Fernrohre".[1]

Die Astronomen sind ferner Spezialisten des NEWTONschen Gravitationsgesetzes. Aber das NEWTONsche Gesetz ist das Vorbild aller bisher in der Mechanik und Physik verwandten Kraftgesetze, und die Physiker sind vielleicht nur darum weniger Spezialisten als die Astronomen, weil sie noch kein derartig generelles, das ganze Gebiet be-

SB 1913, 1, S. 596—600 und S. 600—602.

herrschendes Kraftgesetz besitzen. Dabei berührt sich das höchste noch ungelöste Problem der Himmelsmechanik, das sogenannte Vielkörperproblem, aufs engste mit einem Problem der Physik, das an die Fundamente ihrer neuesten Entwicklung greift. Das Vielkörperproblem verlangt eine Antwort auf die Frage, welche Stellungen die die Sonne umkreisenden planetarischen Massenpunkte infolge ihrer gegenseitigen Anziehung nach beliebig langen Zeiten einnehmen werden. Es ist wahrscheinlich, daß die Planeten im Lauf ungeheurer Zeiträume in alle möglichen nur denkbaren Stellungen gelangen, bei denen Energie und Impuls des Gesamtsystems ihre vorgegebenen Werte behalten, daß das Planetensystem in diesem Sinne völlig instabil ist. Aber bewiesen ist das nicht trotz der unheimlich tiefgehenden Schürfungen Poincarés. Im Wesen mit diesem Instabilitätssatze identisch, vielleicht noch wahrscheinlicher, aber ebenso unbewiesen ist die Behauptung von der ergodischen Natur gewisser mechanischer Systeme, die dem Satz von der Gleichverteilung der Energie zugrunde liegt. An dem Satz von der Gleichverteilung der Energie hängt aber die Frage, ob unsre bisherige Mechanik für Körper von Molekülgröße beibehalten werden kann oder ob sie, wie das überwiegend wahrscheinlich ist, durch Hrn. Plancks Quantenhypothese ersetzt werden muß.

Es kann weiter angeführt werden, daß eine wichtige Quelle für die Elektronen- und Relativitätstheorie in einem astronomischen Probleme lag. Die astronomische Aberration ist eine Folge der endlichen Ausbreitungsgeschwindigkeit des Lichts im Äther, verbunden mit der Bewegung der Erde im Weltraum. H. A. Lorentz hat sich vielfach mit der Theorie der Aberration beschäftigt und nach einer befriedigenden Anschauung über das Verhalten des Äthers, wenn große Massen, wie die Erde, sich durch ihn hindurchbewegen, gesucht, bis er schließlich den Knoten zerhieb durch völlig konsequente Durchführung der alten Fresnelschen Annahme, daß der Äther absolut starr und durch keine auf ihn wirkende Kraft zum Fließen zu bringen sei. Dadurch war die Bahn frei geworden für die Elektronentheorie. Der völlig starre Äther trat ferner so sehr aus dem Kreis der beeinflußbaren und damit näher erkennbaren Objekte heraus, daß auch die Relativitätstheorie möglich wurde, bei welcher der Begriff des Äthers nur als ein durch neue Erfahrungen vertiefter Raum-Zeitbegriff erscheint.

Elektronentheorie und Relativitätstheorie haben auch rückwärts der Astronomie schon wieder mancherlei Probleme gestellt infolge der Modifikationen der Himmelsmechanik, die sie notwendig machen. Leider handelt es sich dabei stets um Größen höherer Ordnung, die zur Zeit noch gerade unter der Grenze der Beobachtungsgenauigkeit liegen. Aber vergönnen Sie uns noch 50 Jahre weiterer Planetenbeobachtungen mit modernen Meridiankreisen oder denken Sie die Beobachtung der Verfinsterungen der Jupitermonde — etwa mittels der lichtelektrischen Zelle — verfeinert oder lassen Sie die neuen Interferenzmethoden auf die Beobachtung von Fixsternen anwendbar werden: dann wird auch die Genauigkeitssteigerung erfolgen — im Planetensystem der Schritt von der 6. bis 7. zur 7. bis 8. Dezimale —, die über die Gültigkeit der neuen Theorien unter coelestischen Bedingungen entscheidet.

Ganz besonders eng ist die Beziehung der Astronomie zu den andern exakten Naturwissenschaften natürlich auf dem Gebiete der Astrophysik. Das Dopplersche Prinzip gibt uns die Geschwindigkeiten der Sterne, die Spektralanalyse ihre chemische Zusammensetzung, das Strahlungsgesetz eine Anschauung von ihren Temperaturen. Dabei ist die Astrophysik manchmal der irdischen Physik voraus. So kennen wir in den Nebelflecken ein Element, das nach seinen Spektrallinien zweifellos ein Element sein muß, das die Astronomen Nebulium[a] nennen und dessen Entdeckung auf der Erde zukünftige Aufgabe der Chemiker ist. Ein besonderes Desideratum haben wir zur Zeit wieder an die Physik. Wenn der Mechanismus des Leuchtens der Gase so weit aufgeklärt werden könnte, daß sich mit einiger Bestimmtheit sagen ließe, warum die Spektrallinien der Sterne so außerordentlich verschieden aussehen, bald schmal, bald breit, bald scharf begrenzt, bald verwaschen, dann würden wir sicherlich im Verständnis der physikalischen Verhältnisse in den Sternatmosphären eine Stufe weitergekommen sein und vielleicht auch ein bindenderes Urteil über die absolute Leuchtkraft der Sterne auf Grund ihrer spektralen Eigentümlichkeiten gewonnen haben. Die absolute Leuchtkraft der Sterne zu erfahren, ist darum ein so wichtiges Ziel, weil aus der Kenntnis der absoluten Leuchtkraft der Sterne, verbunden mit ihrer unmittelbar zu beobachtenden scheinbaren Helligkeit, sich ihre Entfernung und damit eine allgemeine Kenntnis der räumlichen Anordnung des Universums ergibt.

So ist der lebendigen Beziehungen zwischen der Astronomie und den Nachbarwissenschaften kein Ende. Je deutlicher das für die Vergangenheit ist, um so mehr werden Sie mir verzeihen, daß ich es auch durch Zukunftshoffnungen zu belegen suchte. Mathematik, Physik, Chemie, Astronomie marschieren in einer Front. Wer zurückbleibt, wird nachgezogen. Wer vorauseilt, zieht die andern nach. Es besteht die engste Solidarität der Astronomie mit dem ganzen Kreis der exakten Naturwissenschaften. Das ist eine Überzeugung, die ich gegenüber Anschauungen, welche die Astronomie auf einen Isolierschemel setzen wollen, bei dieser feierlichen Gelegenheit um so lieber betone, als sie gewiß von der Mehrheit dieses Kreises geteilt wird. Wer von Ihnen im praktischen Leben steht, der schätzt vielleicht sogar die Astronomie über Gebühr hoch ein, weil er bei der Physik ernüchtert wird durch ihren bereits allzu engen Kontakt mit der täglichen Notdurft; die vom Irdischen unberührte Astronomie bleibt ihm aber die rechte Wissenschaft für Feiertagsgedanken. Innerhalb der Akademie selbst bin ich der Anerkennung der Astronomie als eines lebendigen Gliedes im Gesamtorganismus der Naturwissenschaften gewiß. Und damit darf ich mich zu Persönlichem wenden: ich bin mir bewußt, daß ich nur dieser Auffassung und nicht dieser oder jener meiner zerstreuten Arbeiten die Ehre verdanke, der Akademie anzugehören. Im Sinne dieser Auffassung darf ich es mir ja als etwas Gutes anrechnen, daß ich mein Interesse nie ausschließlich auf die Dinge jenseits des Mondes beschränken konnte, sondern öfter den Fäden folgte, welche sich von dort oben zur sublunaren Wissenschaft spinnen und daß ich auch manchmal dem Himmel ganz untreu geworden bin. Das ist ein Trieb ins Allgemeine, der unbeabsichtigt von meinem Lehrer SEELIGER in mir gekräftigt worden ist und der dann bei FELIX KLEIN und dem ganzen Kreis der Naturforscher in Göttingen weitere Nahrung fand. Dort galt die bewußte Devise, daß Mathematiker, Physiker und Astronomen *eine* Wissenschaft betrieben, die wie etwa die griechische Kultur nur als Gesamtheit zu erfassen sei. Eine hohe Anschauung, der man nicht die utilitarische Frage entgegenhalten soll, ob man bei größerer Konzentration aus beschränkten Kräften einen größeren Nutzeffekt herausholen könnte.

Hier ist mir nun die Leitung des Astrophysikalischen Observatoriums bei Potsdam anvertraut. Diese großartige Schöpfung H. C. VOGELS bedarf nur geringer Aufbesserung, um wenigstens unter den europäischen Sternwarten wieder mit an die erste Stelle zu rücken. Die bewährten Astronomen des Observatoriums, auf deren Mitarbeiterschaft ich stolz bin, bewahren die Tradition gewissenhafter systematischer Facharbeit. Ich betrachte es als wichtigen Teil meiner Aufgabe, diese Tradition auch fernerhin zu erhalten. Der Akademie bin ich aber vor allem dankbar dafür, daß sie mir durch die Aufnahme in ihrem Kreis ermöglicht hat, mit der Gesamtheit der Naturwissenschaften in Kontakt zu bleiben und von hier manche Erfrischung nach Potsdam mitzunehmen, ohne die wir Bergbewohner dort Gefahr laufen, welt- und wissenschaftsfremde Eremiten zu werden.

Erwiderung des Sekretars Hrn. PLANCK

Fast mag es wie eine Art Anachronismus anmuten, wenn Sie, Hr. Kollege SCHWARZSCHILD, sich heute hier der Akademie als neueingetretenes Mitglied vorstellen. Weilen Sie doch schon seit Jahr und Tag in ihrer Mitte, und schmückt doch schon mehr als eine Frucht Ihrer Arbeit die akademischen Sitzungsberichte. Freilich, wenn man den Blick höher hebt und zurückschaut auf die Entwicklungsperiode des Ihrer Leitung anvertrauten Instituts, dann mag der Zeitpunkt Ihrer Aufnahme in die Akademie noch verhältnismäßig kurz zurückliegend erscheinen. Schon sind sechs Jahre verflossen, seit dem astrophysikalischen Observatorium der Schöpfer und erste Leiter, der Akademie eines ihrer anhänglichsten Mitglieder entrissen wurde, das ihr noch über das Grab hinaus durch eine hochherzige Stiftung ein fortwirkendes Zeichen seiner Hingebung bewiesen hat.[1] Je nachhaltiger sich die Verdienste HERMANN VOGELS um sein Institut auch in der Folgezeit geltend machen, desto mehr Genugtuung wird die Akademie bei Ihrer Zusicherung empfinden, daß die von ihm überkommene Tradition gewissenhafter systematischer Facharbeit, gepflegt von den bewährten Astronomen des Observatoriums, auch fernerhin aufrechterhalten und sachgemäß fortgebildet wird.

Aber Sie haben sich Ihre Ziele noch weiter und in manchem Sinn höher gesteckt als Ihr Vorgänger. Ihre Auffassung von der Aufgabe, die Ihnen mit der Übernahme Ihres Amtes gestellt wurde, ist, wie Sie uns soeben meisterlich auseinandergesetzt haben, durchdrungen von der Überzeugung, daß weder die Astronomie noch die Astrophysik sich genügend vielseitig fortentwickeln kann, wenn man nicht ihre Beziehungen zur allgemeinen Physik und Chemie derart pflegt und fördert, daß sie mit jenen zu einem einzigen Ganzen zusammenwächst, dessen Teile sich gegenseitig ergänzen und stützen. Diese Auffassung bestimmt vom Anbeginn Ihrer wissenschaftlichen Tätigkeit an die Richtung Ihrer Arbeiten. Und die Früchte sind nicht ausgeblieben. Mögen Sie das thermodynamische Gleichgewicht des Sonnenkörpers, mögen Sie den Weg der Lichtstrahlen von ihrer Emission an, ihren Druck auf die kosmischen Massenteilchen, ihren Gang durch das Teleskop, ihre schwärzende Wirkung auf den Film untersuchen, stets stellen Sie die physikalisch-chemische Forschung in den Dienst der astronomischen, und machen dadurch reiche Ernte.

Aber Ihr letztes, höchstes Interesse gehört doch — sofern ich Sie richtig beurteile — den Prinzipienfragen. Dem Prinzip der kleinsten Wirkung haben Sie in einer schlichten, aber dafür um so eindrucksvolleren Abhandlung die Elektronentheorie[2] unterworfen, und das große Stabilitätsproblem beschäftigt Sie von Ihrer Münchener Zeit her bis zum heutigen Tage.

Seltsam und doch gewiß nicht zufällig, daß gerade in diesem nämlichen Problem die scheinbar entgegengesetzten Gebiete der exakten Naturforschung: die Astronomie und die Molekularphysik, zusammentreffen. Und es wäre gewiß nicht das schwächste Kennzeichen für die Ebenbürdigkeit des menschlichen Geistes mit der von ihm in heißem Ringen umworbenen Natur, wenn es ihm gelingen sollte, mit den nämlichen Methoden die Stellarstatistik und die Molekularstatistik zu bewältigen, in einem ungeheuren Gedankensprung die Fixsterne mit den Molekülen vertauschend. Dann mag auch die Erwartung nicht allzu gewagt erscheinen, daß die Lösung der Aufgabe in beiden Fällen ein einigermaßen analoges Gepräge tragen wird.

Sie drücken sich in dieser Beziehung sehr vorsichtig aus, wie sich das für einen richtigen Astronomen geziemt; die Physiker müssen in ihren Behauptungen schon etwas kühner sein, um ihre Sache vorwärts zu bringen, und so will auch ich mit meiner Überzeugung nicht zurückhalten, daß die Grundlage der ganzen bisherigen statistischen Mechanik, die HAMILTONschen Differentialgleichungen, zwar in vielen Fällen, bei nicht zu schnellen Zustandsänderungen, als eine ausgezeichnete Näherung, aber im allgemeinen keineswegs als der exakte Ausdruck der Bewegungsgesetze zu betrachten sein möchten. Was an ihre Stelle zu treten hat, wird sich freilich nicht mit einem Schlage durch hochfliegende Spekulationen, sondern nur langsam und stückweise, durch mühsame, Schritt für Schritt vom Einzelnen zum Allgemeinen aufsteigende Sammelarbeit herbeischaffen lassen.

Es erübrigt sich, des näheren auszuführen, daß eine Arbeitsrichtung wie die Ihrige, die allenthalben nach Berührungspunkten sucht, die überall in dem Vielen die Einheit erblickt, für die akademische Tätigkeit wie prädestiniert erscheint. Möge solcher Wechselwirkung im Gedankenaustausch mit Ihren Kollegen noch manches schöne Resultat entsprießen, und mögen Sie recht häufig als Gegengabe für das hier Empfangene eine Probe Ihrer frischen Höhenluft vom Telegraphenberg in unsern immerhin etwas schwüleren Sitzungssaal mitbringen.

Gedächtnisrede auf Karl Schwarzschild (1873-1916) von Albert Einstein

gehalten in der Akademie der Wissenschaften am 29. Juni 1916

Im Alter von erst 42 Jahren ist unserm Kreise am 11. Mai d. J. KARL SCHWARZSCHILD durch den Tod entrissen worden. Das frühe Hinscheiden dieses hochbegabten und vielseitigen Forschers bedeutet nicht nur für unsere Körperschaft, sondern für alle Freunde der astronomischen und physikalischen Wissenschaft einen herben Verlust.

Was an SCHWARZSCHILDS theoretischen Werken[1] besonders in Erstaunen setzt, ist die spielende Beherrschung der mathematischen Forschungsmethoden und die Leichtigkeit, mit der er das Wesentliche einer astronomischen oder physikalischen Frage durchschaute. Selten ist ein so bedeutendes mathematisches Können mit so viel Wirklichkeitssinn und solcher Anpassungsfähigkeit des Denkens vorhanden gewesen wie bei ihm. So kam es, daß er auf verschiedenen Gebieten da wertvolle theoretische Arbeit leistete, wo die mathematischen Schwierigkeiten andere abschreckten. Psychische Triebfeder seines rastlosen theoretischen Schaffens scheint weniger die Sehnsucht nach dem Erkennen der verborgenen Zusammenhänge in der Natur gewesen zu sein, als vielmehr die künstlerische Freude am Erfinden feiner mathematischer Gedankensysteme. So versteht man, daß seine ersten theoretischen Arbeiten auf dem Gebiete der Himmelsmechanik liegen, eines Wissenszweiges, dessen Grundlagen mehr als die aller andern Gebiete des exakten Wissens endgültig festzustehen schienen. Unter diesen Arbeiten erwähne ich hier diejenige über die periodischen Lösungen des Dreikörperproblems[2] und diejenige zur POINCARÉschen Theorie des Gleichgewichts einer rotierenden Flüssigkeitsmasse.[3]

Zu SCHWARZSCHILDS wichtigsten astronomischen Leistungen gehören seine Untersuchungen zur Stellarstatistik,[4] d. h. jener Wissenschaft, welche durch statistisches Ordnen der Beobachtungen über Helligkeit, Geschwindigkeit, Spektraltypen der Fixsterne den Bau jenes gewaltigen Körpersystems zu entschleiern sucht, zu dem auch unsere Sonne gehört. Auf diesem Gebiete verdankt ihm die Astronomie eine Vertiefung und Weiterbildung der von KAPTEYN entdeckten Beziehungen.

Sein tiefes theoretisch-physikalisches Wissen stellte er in den Dienst der Sonnentheorie. Hier verdankt man ihm Untersuchungen über das mechanische Gleichgewicht in der Sonnenatmosphäre[5] und über die bei der Lichterzeugung der Sonne maßgebenden Vorgänge.[6] Hier ist auch seiner schönen theoretischen Untersuchung über den Druck des Lichtes auf kleine Kugeln[7] zu gedenken, durch welche er der ARRHENIUSschen Theorie der Kometenschweife die exakte Grundlage gab. Diese theoretisch-physikalische Untersuchung ist noch auf eine astronomische Fragestellung zurückzuführen, sie scheint aber SCHWARZSCHILDS Interessen auch auf rein physikalische Fra-

---

SB 1916, 1, S. 768–770.

gen gelenkt zu haben. Wir verdanken ihm interessante Untersuchungen über die Grundlagen der Elektrodynamik.[8] Ferner förderte er in seinem letzten Lebensjahre die neue Gravitationstheorie; es gelang ihm als erstem die genaue Berechnung von Gravitationsfeldern nach dieser Theorie.[9] In den letzten Monaten seines Lebens, als schon das tückische Leiden seinen Körper geschwächt hatte, gelang es ihm noch, eine feinsinnige Untersuchung zur Quantentheorie[10] durchzuführen.

Zu SCHWARZSCHILDS großen theoretischen Leistungen gehören ferner seine Untersuchungen über geometrische Optik,[11] in denen er die Fehlertheorie der für die Astronomie wichtigen optischen Instrumente verbesserte. Durch diese Ergebnisse soll er sich um die Vervollkommnung des Rüstzeugs der Astronomie ein bleibendes Verdienst erworben haben.

SCHWARZSCHILDS theoretisches Wirken ging neben einer ständigen Tätigkeit als praktischer Astronom einher. Von seinem 24. Lebensjahre an war er ohne Unterbrechung an Sternwarten tätig, 1896—99 als Assistent in Wien, 1901—09 als Direktor der Göttinger Sternwarte, seit 1909 als Direktor des Potsdamer astrophysikalischen Instituts. Eine lange Reihe von Arbeiten legt Zeugnis ab von seiner Tätigkeit als Beobachter und als Leiter astronomischer Beobachtungen. Mehr noch als durch diese Tätigkeit nützte er seiner Wissenschaft durch die Erfindung neuer Beobachtungsmethoden, auf die sein lebhafter Geist dabei geführt wurde. Er fand das nach ihm benannte, auch für die Experimentalphysik wichtige Schwärzungsgesetz photographischer Platten,[12] durch das er die photographische Methode photometrischen Zwecken dienstbar machte. Er verfiel ferner auf die geniale Idee, zum Zwecke der photographischen Helligkeitsmessung der Sterne extrafokale Aufnahmen zu verwenden;[13] erst durch diesen Gedanken wurde die photographische Photometrie der Sterne neben der visuellen Methode lebensfähig.

Seit 1912 gehörte der schlichte Mann der Akademie an, deren Sitzungsberichte er in der kurzen Zeit, die ihm noch vergönnt war, durch wertvolle Beiträge bereicherte.[14] Nun hat ihn das unerbittliche Schicksal hingerafft; seine Arbeit aber wird befruchtend und belebend weiter wirken in der Wissenschaft, der alle seine Kräfte gewidmet waren.

Antrittsrede von Albert Einstein (1879-1955)
Erwiderung von Max Planck

gehalten in der Akademie der Wissenschaften
am 2. Juli 1914

Hochgeehrte Kollegen!

Nehmen Sie zuerst meinen tiefgefühlten Dank dafür entgegen, daß Sie mir die größte Wohltat erwiesen haben, die einem Menschen meiner Art erwiesen werden kann. Sie haben es mir durch die Berufung an Ihre Akademie ermöglicht, mich frei von den Aufregungen und Sorgen eines praktischen Berufes ganz den wissenschaftlichen Studien zu widmen. Ich bitte Sie, von meinem Gefühl der Dankbarkeit und von der Emsigkeit meines Strebens auch dann überzeugt zu sein, wenn Ihnen die Früchte meiner Bemühungen als ärmliche erscheinen werden.

Gestatten Sie mir im Anschluß hieran einige allgemeine Bemerkungen über die Stellung, welche mein Arbeitsgebiet, die theoretische Physik, der experimentellen Physik gegenüber einnimmt. Ein befreundeter Mathematiker sagte mir neulich halb scherzhaft: „Der Mathematiker kann schon etwas, aber freilich gerade dasjenige nicht, was man jeweilen von ihm haben will." Ganz ähnlich verhält es sich oft mit dem theoretischen Physiker, der vom Experimentalphysiker zu Rate gezogen wird. Woher rührt dieser eigentümliche Mangel an Anpassungsfähigkeit?

Die Methode des Theoretikers bringt es mit sich, daß er als Fundament allgemeine Voraussetzungen, sogenannte Prinzipe, benutzt, aus denen er Folgerungen deduzieren kann. Seine Tätigkeit zerfällt also in zwei Teile. Er hat erstens jene Prinzipe aufzusuchen, zweitens die aus den Prinzipen fließenden Folgerungen zu entwickeln. Für die Erfüllung der zweiten der genannten Aufgaben erhält er auf der Schule ein treffliches Rüstzeug. Wenn also die erste seiner Aufgaben auf einem Gebiete bzw. für einen Komplex von Zusammenhängen bereits gelöst ist, wird ihm bei hinreichendem Fleiß und Verstand der Erfolg nicht fehlen. Die erste der genannten Aufgaben, nämlich jene, die Prinzipe aufzustellen, welche der Deduktion als Basis dienen sollen, ist von ganz anderer Art. Hier gibt es keine erlernbare, systematisch anwendbare Methode, die zum Ziele führt. Der Forscher muß vielmehr der Natur jene allgemeinen Prinzipe gleichsam ablauschen, indem er an größeren Komplexen von Erfahrungstatsachen gewisse allgemeine Züge erschaut, die sich scharf formulieren lassen.

Ist diese Formulierung einmal gelungen, so setzt eine Entwicklung der Folgerungen ein, die oft ungeahnte Zusammenhänge liefert, die über das Tatsachengebiet, an dem die Prinzipe gewonnen sind, weit hinausreichen. Solange aber die Prinzipe, die der Deduktion als Basis dienen können, nicht gefunden sind, nützt dem Theoretiker die einzelne Erfahrungstatsache zunächst nichts; ja er vermag dann nicht einmal mit einzelnen empirisch ermittelten allgemeineren Gesetzmäßigkeiten etwas anzufangen. Er muß vielmehr im Zustande der Hilflosigkeit den Einzelresultaten der empirischen

SB 1914, 2, S. 739—742 und S. 742—744.

Forschung gegenüber verharren, bis sich ihm Prinzipe erschlossen haben, die er zur Basis deduktiver Entwicklungen machen kann.

In einer derartigen Lage befindet sich die Theorie gegenwärtig gegenüber den Gesetzen der Wärmestrahlung und Molekularbewegung bei tiefen Temperaturen. Vor etwa fünfzehn Jahren zweifelte man noch nicht daran, daß auf der Grundlage der auf die Molekülbewegungen angewendeten GALILEI-NEWTONschen Mechanik und der MAXWELLschen Theorie des elektromagnetischen Feldes eine richtige Darstellung der elektrischen, optischen und thermischen Eigenschaften der Körper möglich sei. Da zeigte PLANCK, daß man zur Aufstellung eines mit der Erfahrung übereinstimmenden Gesetzes der Wärmestrahlung sich einer Methode des Rechnens bedienen muß, deren Unvereinbarkeit mit den Prinzipen der klassischen Mechanik immer deutlicher wurde. Mit dieser Rechenmethode führte PLANCK nämlich die sogenannte Quantenhypothese in die Physik ein, die seitdem glänzende Bestätigungen erfahren hat. Mit dieser Quantenhypothese stürzte er die klassische Mechanik für den Fall, daß genügend kleine Massen mit hinreichend kleinen Geschwindigkeiten und genügend großen Beschleunigungen bewegt sind, so daß wir heute die von GALILEI und NEWTON aufgestellten Bewegungsgesetze nur mehr als Grenzgesetze gelten lassen können. Aber trotz emsigster Bemühungen der Theoretiker gelang es bisher nicht, die Prinzipe der Mechanik durch solche zu ersetzen, welche PLANCKs Gesetz der Wärmestrahlung bzw. der Quantenhypothese entsprechen. So unzweifelhaft auch erwiesen ist, daß wir die Wärme auf Molekularbewegung zurückzuführen haben, müssen wir heute doch gestehen, daß wir den Grundgesetzen dieser Bewegung ähnlich gegenüberstehen wie die Astronomen vor NEWTON den Bewegungen der Planeten.

Ich habe soeben auf einen Tatsachenkomplex hingewiesen, für dessen theoretische Behandlung die Prinzipe fehlen. Es kann aber ebensogut der Fall eintreten, daß klar formulierte Prinzipe zu Konsequenzen führen, die ganz oder fast ganz aus dem Rahmen des gegenwärtig unserer Erfahrung zugänglichen Tatsachenbereiches herausfallen. In diesem Falle kann es langwieriger empirischer Forschungsarbeit bedürfen, um zu erfahren, ob die Prinzipe der Theorie der Wirklichkeit entsprechen. Dieser Fall bietet sich uns dar bei der Relativitätstheorie.[1]

Eine Analyse der zeitlichen und räumlichen Grundbegriffe hat uns gezeigt, daß der aus der Optik bewegter Körper sich ergebende Satz von der Konstanz der Vakuumlichtgeschwindigkeit uns keineswegs zu der Theorie eines ruhenden Lichtäthers zwingt. Es ließ sich vielmehr eine allgemeine Theorie aufstellen, die dem Umstande Rechnung trägt, daß wir von der Translationsbewegung der Erde bei auf der Erde ausgeführten Versuchen niemals etwas merken. Dabei wird von dem Relativitätsprinzip Gebrauch gemacht, welches lautet: die Naturgesetze ändern ihre Form nicht, wenn man von dem ursprünglichen (berechtigten) Koordinatensystem zu einem neuen, relativ zu ihm in gleichförmiger Translationsbewegung begriffenen übergeht. Diese Theorie hat nennenswerte Bestätigungen durch die Erfahrung erhalten und hat zu einer Vereinfachung der theoretischen Darstellung bereits in Zusammenhang gebrachter Tatsachenkomplexe geführt.

Andererseits aber gewährt diese Theorie vom theoretischen Gesichtspunkte aus nicht die volle Befriedigung, weil das vorhin formulierte Relativitätsprinzip die *gleichförmige* Bewegung bevorzugt. Wenn es nämlich wahr ist, daß der *gleichförmigen* Bewegung vom physikalischen Standpunkte aus eine absolute Bedeutung nicht zugeschrieben werden darf, so liegt die Frage auf der Hand, ob diese Aussage nicht auch auf ungleichförmige Bewegungen auszudehnen sei. Es zeigte sich, daß man zu einer ganz bestimmten Erweiterung der Relativitätstheorie gelangt, wenn man ein Relativitätsprinzip in diesem erweiterten Sinne zugrunde legt. Man wird dabei zu einer allgemeinen, die Dynamik einschließenden Theorie der Gravitation geführt. Es fehlt aber vorläufig das Tatsachenmaterial, an dem wir die Berechtigung der Einführung des zugrunde gelegten Prinzips prüfen könnten.

Wir haben festgestellt, daß die induktive Physik an die deduktive und die deduktive an die induktive Fragen stellt, deren Beantwortung die Anspannung aller Kräfte erfordert. Möge es bald gelingen, durch vereinte Arbeit zu endgültigen Fortschritten vorzudringen!

Erwiderung des Sekretars Hrn. Planck

Sie haben, Hr. Kollege EINSTEIN, durch Ihre Antrittsworte mir die Aufgabe wesentlich erleichtert, eine Begründung dafür zu geben, daß die Akademie das Zusammentreffen mehrerer außerordentlich glücklicher und außerordentlich dankenswerter Umstände gern benutzt hat, um Sie in ihren Kreis zu ziehen. Denn ich habe dem von Ihnen Gesagten nur noch das eine ergänzend hinzuzufügen, daß Sie, wie Ihre Arbeiten gezeigt haben,[1] das Programm des theoretischen Physikers nicht bloß zu formulieren, sondern auch durchzuführen verstehen. Beide Seiten der von Ihnen geschilderten Tätigkeit, die schöpferische sowohl wie die deduktive, sind für den Fortschritt der Wissenschaft notwendig, beide müssen sich, auch in dem einzelnen Forscher, ergänzen, beiden ist auch die Wirksamkeit unserer Akademie gewidmet, und zwar nicht nur in der Physik, sondern, mehr oder weniger ausgesprochen, in jeder der durch sie vertretenen Wissenschaften.

Aber trotz dieser gleichmäßigen Unentbehrlichkeit der beiden Arbeitsmethoden ist es doch nur menschlich und natürlich, daß den Einzelnen Begabung und Neigung zur Bevorzugung der einen vor der anderen führen, und wenn Sie sich über diesen Punkt auch nicht ausdrücklich verbreitet haben, so kenne ich Sie doch gut genug, um die Behauptung wagen zu dürfen, daß Ihre eigentliche Liebe derjenigen Arbeitsrichtung gehört, in welcher die Persönlichkeit sich am freiesten entfaltet, in der die Einbildungskraft ihr reichstes Spiel treibt und der Forscher sich am ersten dem behaglichen Gefühl hingeben kann, daß er nicht so leicht durch einen anderen zu ersetzen ist. Freilich droht ihm dabei auch am ehesten die Gefahr, sich gelegentlich in allzu dunkle Gebiete zu verlieren und plötzlich unversehens auf harten Widerspruch zu stoßen, sei es von seiten der Theoretiker oder, was schlimmer ist, von seiten der Experimentatoren. Aber gerade in solchem Kampf wird die Wissenschaft am besten gefördert, und man darf für diese Art von Kräften gewiß das SCHILLERsche Wort variieren: „Großes wirket ihr Bund, Größeres wirket ihr Streit."

So werden Sie es mir auch heute sicherlich nicht verargen, wenn ich, im vollen Bewußtsein des vielen, was uns eint, einen Augenblick bei solchen Punkten verweile, in welchen unsere Ansichten sich trennen. Zwar will ich nicht mit Ihnen rechten über die Art des Unterschieds, den Sie machen zwischen einer Rechenmethode und einem Prinzip, insbesondere darüber, wie es möglich ist, daß ein Prinzip durch eine Rechenmethode gestürzt werden kann; denn es würde sich da schließlich doch nur um Worte handeln, da wir uns sachlich ganz gewiß ohne weiteres restlos verständigen würden.

Aber in einem anderen, wichtigeren Punkte kann ich doch der Versuchung nicht widerstehen, meinen Einspruch anzumelden. Wenn Sie das Prinzip der Relativität in der zuerst von Ihnen formulierten Fassung aus dem Grunde nicht voll befriedigend nennen, weil es unter den verschiedenen Arten von Bewegungen die gleichförmige Bewegung bevorzugt, so könnte man, wie ich meine, ebensogut auch umgekehrter Ansicht sein und gerade in der Bevorzugung der gleichförmigen Bewegung ein besonders wichtiges und wertvolles Merkmal der Theorie, in der Durchführung dieser Auffassung einen besonderen Fortschritt der Wissenschaft erblicken. Denn die Naturgesetze, nach denen wir suchen, stellen doch stets gewisse Beschränkungen dar, nämlich eine gewisse spezielle Auswahl aus dem unendlich mannigfaltigen Bereich der überhaupt denkbaren logisch widerspruchsfreien Beziehungen.

Oder wollen wir etwa das NEWTONsche Attraktionsgesetz deshalb unbefriedigend finden, weil darin gerade die Potenz 2 eine bevorzugte Rolle spielt? Wir sehen doch vielmehr in diesem Umstand eine natürliche Folge der Dreidimensionalität unseres Raumes, die wir als eine gegebene Tatsache hinnehmen, ohne uns, als vernünftige Physiker, weiter darüber zu beunruhigen, warum der Raum nicht vier oder noch mehr Dimensionen besitzt. Ähnlich könnten wir vielleicht die Bevorzugung der gleichförmigen Bewegung in engen Zusammenhang bringen mit dem besonderen Vorrecht, welches die gerade Linie unter allen räumlichen Linien nun einmal tatsächlich auszeichnet.

Es kommt hinzu, daß auch in Ihrem verallgemeinerten Relativitätsprinzip die Bedingung für die Berechtigung eines Koordinatensystems nur weiter gefaßt, nicht aber ganz aufgehoben wird; denn daß nicht alle beliebigen Koordinatensysteme berechtigt sein können, haben Sie selber erst kürzlich bewiesen.[2] Eine Grenze für die Berechtigung muß also in jedem Falle konstatiert werden; es fragt sich nur, ob dieselbe enger oder weiter zu ziehen ist.

Doch bei alledem: Sie wissen so gut wie ich, verehrter Hr. Kollege, daß es sich bei diesen Meinungsverschiedenheiten nicht um Gegensätze der Erkenntnis, sondern um Gegensätze der Erwartung handelt, mit der wir die Beantwortung einer an die Natur gestellten Frage entgegensehen. Und nicht darin, wie die Antwort ausfallen wird, sondern darin, daß überhaupt eine vollständige Beantwortung, früher oder später, in sicherer Aussicht steht, liegt die hohe, niemals anfechtbare Bedeutung der von Ihnen entwickelten Theorie begründet. Hoffen wir, daß schon die am 21. August d. J. bevorstehende Sonnenfinsternis, an deren Erforschung sich auch unsere Akademie durch Bewilligung besonderer Mittel beteiligt hat, die nach dieser Richtung in sie gesetzten Erwartungen rechtfertigt.[3] Wie dann auch das Ergebnis sein wird, in jedem Falle stehen wir vor einer wertvollen Bereicherung unserer Wissenschaft, in welcher sich, wie wir nicht ohne einen gewissen Stolz sagen dürfen, leichter als in anderen Wissenschaften die schärfsten sachlichen Gegensätze in persönlicher Hochschätzung und in herzlich freundschaftlicher Gesinnung austragen lassen. Daß dies sich auch im vorliegenden Falle bewahrheiten wird, das lassen Sie mich zum Schluß nicht nur als frommen Wunsch, sondern als erfreuliche, aus vielfacher Erfahrung geschöpfte Gewißheit aussprechen!

Antrittsrede von Erhard Schmidt (1876–1959)
Erwiderung von Max Planck

gehalten in der Akademie der Wissenschaften
am 3. Juli 1919

Es ist den großen Errungenschaften im Gebiete der mathematischen Wissenschaften oft eigentümlich, daß, wenn auch ihre Entstehung im Geiste der Schöpfer durch die darauf hindrängende Entwicklung der Wissenschaft psychologisch bedingt war, die Schöpfung selbst logisch diese Entwicklung nicht voraussetzt. Ihr Fundament ruht tiefer in der Vergangenheit, so daß sie ihrem materiellen Gehalt nach schon um Generationen früher die Anknüpfung an den Stand der Wissenschaft gefunden hätte.

So verhält es sich auch mit der Begründung der Theorie der Integralgleichungen und der Analysis der unendlich vielen Veränderlichen durch FREDHOLM und HILBERT.

Ich hatte es oft schmerzlich empfunden, daß bei der Schnelligkeit der Entwicklung unserer Wissenschaft die Zeit vorüber ist, wo wir die größte Weisheit in den ältesten Büchern fanden und so das Glück genießen konnten, das Bewußtsein der Belehrung mit dem Gefühl der Pietät für das Ehrwürdige zu verbinden. Wir müssen heute bei Inangriffnahme eines Gegenstandes in der Regel zunächst das Neueste durchstudieren und verfallen dadurch bei der großen Zunahme der Produktion und bei der Beschwerlichkeit mathematischer Lektüre leicht einer Ermüdung, durch welche die Frische der Initiative und die Ursprünglichkeit der Auffassung, mit denen wir an das Problem herantraten, beeinträchtigt werden. Daher zog mich jener elementare, von der neuesten Entwicklung unabhängige, ihr mehr gebende als von ihr nehmende Charakter der Theorie der Integralgleichungen besonders an, und ich ließ es mir in meinen Arbeiten[1] stets angelegen sein, diesen Vorzug zur Geltung zu bringen.

Die Hauptschwierigkeit, die den Ausblick in dieses fruchtbare Gebiet solange verschleiert hat, dürfte sich vielleicht folgendermaßen skizzieren lassen.

Der von allem Rechnerischen freie Hauptsatz der Theorie linearer Gleichungen mit endlich vielen Unbekannten läßt sich dahin aussprechen, daß ein inhomogenes Gleichungssystem immer dann und nur dann unbedingt lösbar ist, wenn das homogene außer der trivialen identisch verschwindenden keine Lösung zuläßt. Dieser Satz gilt aber nur, wenn die Anzahl der Gleichungen gleich der Anzahl der Unbekannten ist. Andernfalls lassen sich sehr schwer nicht triviale einfache Sätze ohne Benutzung formaler oder rechnerischer Prinzipien, insbesondere der Determinanten, aussagen, zu deren Übertragung ins Unendliche sehr viel Mut gehörte. Eine lineare Integralgleichung oder ein unendliches lineares Gleichungssystem kann man nun aber ebensowohl als Grenzfall eines endlichen Gleichungssystems mit mehr wie mit weniger Unbekannten als Gleichungen auffassen. Es liegt also gar kein Grund vor, bei einer beliebigen Inte-

SB 1919, 2, S. 564–566 und S. 568–570.
Die Erwiderung erfolgte zugleich für K. CARATHÉODORY. Sie ist nach dessen Antrittsrede abgedruckt, vgl. S. 253.

gralgleichung auf Übertragbarkeit der einfachen Sätze zu hoffen, die nur für Gleichungssysteme mit gleichviel Unbekannten wie Gleichungen Gültigkeit haben. Die Gleichungen mußten dazu eine besondere Gestalt haben. Auf diese wurde man für unendliche lineare Gleichungssysteme durch die Mondtheorie von HILL und für Integralgleichungen durch die Potentialtheorie in der Wendung geführt, welche ihr POINCARÉ gegeben hatte, indem er bei der Durchleuchtung dieses spezielleren Problems den Standpunkt der späteren allgemeinen Theorie antizipierte.

Das Grundprinzip der Theorie, die Probleme, welche Integrale enthalten, in eine solche Gestalt zu bringen, daß die bei Ersetzung der Integrale durch endliche Summen gültigen algebraischen Sätze erhalten bleiben oder sich doch in ihrer Abwandlung übersehen lassen, hat zweifellos noch eine große, sich nicht nur auf den Fall des Linearen erstreckende Zukunft. Methodisch wird es dabei immer zwei Wege geben. Entweder man beweist die Sätze zunächst für den endlichen Fall und führt nachher den Übertragungsprozeß aus, oder man sucht die Sätze von vornherein so zu formulieren, daß sie die Endlichkeit nicht voraussetzen, und führt so den Aufbau gleichzeitig für das Endliche wie für das Unendliche durch. Ich habe den letzteren Weg bevorzugt, weil er mir als der prinzipiell einfachere erscheint und ohne weiteres eine starke Verallgemeinerungsfähigkeit in sich schließt.

So habe ich denn überhaupt in der Erinnerung an die großen Schwierigkeiten, die mir das Lesen mathematischer Abhandlungen bereitet hat, stets viel Mühe darauf verwandt, Beweise zu vereinfachen. Dabei fallen einem sofort zwei Arten von Beweisführung in die Augen. Entweder man geht gerade aufs Ziel los — durch Gestrüpp und Sumpf, über Stock und Stein. Man hat dabei den Vorteil, das Ziel stets vor Augen zu haben und im großen die geradeste Linie einzuhalten, während man im kleinen den Weg oft nicht übersieht und hin und her springen muß. Oder man macht einen Umweg auf bequemer Straße. Hierbei verliert man das Ziel aus den Augen, das oft erst nach einer Wendung im letzten Augenblick überraschend vor einem steht, aber man übersieht dafür stets leicht das vor und hinter einem liegende Stück Wegs und erfreut sich an mancher schönen Aussicht. Der Entdecker hat oft den einen Weg hingefunden und kehrt den andern zurück. Ein großartiges Beispiel der ersten Art ist der HILBERTsche Beweis für das DIRICHLETsche Prinzip, ein bewunderungswertes Beispiel der zweiten der DIRICHLETsche Beweis für die Existenz von Primzahlen in einer arithmetischen Progression unter Heranziehung der Klassenzahlen quadratischer Formen.

In den letzten Jahren ist meine wissenschaftliche Initiative infolge der innerlichen Ablenkung durch die Ereignisse der Zeit gehemmt gewesen. Ich werde aber alles, was in meinen Kräften steht, daransetzen, um das ehrenvolle Vertrauen, das Sie mir durch die Aufnahme in diese erlesene Körperschaft geschenkt haben, nachträglich zu rechtfertigen.

Antrittsrede von Konstantin Carathéodory (1873-1950)
Erwiderung von Max Planck

gehalten in der Akademie der Wissenschaften
am 3. Juli 1919

Für die große Auszeichnung, die Sie mir, hochgeehrte Herren, durch die Aufnahme in die Akademie erwiesen haben, spreche ich Ihnen meinen wärmsten Dank aus. Meine Herkunft, Jugenderziehung und auch meine erste Ausbildung weisen auf verschiedene Länder und Kulturkreise hin, und deshalb möchte ich Ihnen zunächst sagen, weshalb ich mich in diesem Lande nicht ganz als Fremder fühle.

Schon rein äußerlich ist Berlin die Stätte meiner Geburt, aber was für mich persönlich wertvoller war: von frühester Jugend an erhielt ich Eindrücke, die es mir nicht schwer machten, seit zwei Jahrzehnten hierzulande eine Heimat zu finden. Im Elternhause blieb mir deutsche Geschichte und Literatur und noch mehr deutsche Wissenschaft und Kunst auch in der Ferne nicht fremd, da durch viele persönliche Beziehungen immer wieder die Fäden weitergesponnen wurden, die einmal angeknüpft waren.

Aber noch darüber hinaus lebte ich mich hinein in eine Tradition, die in Zeiten zurückführt, an die man in dieser gelehrten Körperschaft mit besonderer Ehrfurcht stets zurückdenken wird: hatte doch mein Vater viele von den großen Männern, die bei der Reorganisation der Akademie unter Friedrich Wilhelm III. mitgewirkt hatten, in ihrem höheren Alter gekannt. Den Namen eines Mannes aus jener Zeit, der indirekt auch für eine Entscheidung in meinem Leben von Bedeutung geworden ist, darf ich wohl besonders erwähnen: in unserem Hause befand sich ein vor mehr als sechzig Jahren eigenhändig gewidmetes Bild ALEXANDER V. HUMBOLDTS, das ich immer noch mit Stolz in meinem Arbeitszimmer aufbewahre. Und durch diesen Umstand blieb auch für mich eine Tradition lebendig, die mich fast unbewußt — als ich in nicht mehr ganz jungen Jahren den Entschluß faßte, mich dem Studium der Mathematik zu widmen — nach der Stätte führte, in der dieser greise Fürst im europäischen Geistesleben die Summe seiner Lebensarbeit gezogen hat.

Damit hatte mich ein guter Genius an einen Ort gebracht, wo ich auch für mein persönliches Studium eine ganz besondere Einwirkung erfahren sollte. Hier war es nämlich, wo ich zum ersten Male die Bedeutung WEIERSTRASS', vermittelt durch Hrn. SCHWARZ, seinen bedeutensten und liebsten Schüler, zu würdigen lernte. Hier erfuhr ich auch zum ersten Male von den Gedanken, durch die WEIERSTRASS die Variationsrechnung neu belebte, indem er sie mit den Forderungen an Strenge, die er in der mathematischen Wissenschaft eingebürgert hat und die heute noch üblich sind, in Einklang brachte. Und es sind gerade Fragen, die mittelbar oder unmittelbar mit der Variations-

---

SB 1919, 2, S. 566—568 und S. 568—570.
Die Erwiderung erfolgte zugleich für E. SCHMIDT.

rechnung zusammenhängen, die mich später — sogar bei funktionentheoretischen Untersuchungen — immer wieder angezogen haben.[1]

Der eigentümliche Reiz, den die Variationsrechnung ausübt, hängt einmal damit zusammen, daß sie von Problemen ausgeht, die zu den ältesten und schönsten zählen, die sich der Mathematiker je gestellt hat, Probleme, deren Bedeutung auch jeder Laie erfassen kann, aber sodann auch vor allem, daß sie seit LAGRANGE im Mittelpunkt der Mechanik steht, und daß eine immer wiederholte Erfahrung gezeigt hat, daß der mathematische Kern fast sämtlicher Theorien der Physik schließlich auf die Form von Variationsproblemen zurückgeführt werden konnte.

Es ist daher nicht erstaunlich, daß man der WEIERSTRASSschen Theorie der Variationsrechnung eine geometrische Gestalt geben kann, durch welche sich nachträglich gezeigt hat, daß die WEIERSTRASSsche Theorie in wichtigen Teilen mit Überlegungen übereinstimmt, die der Physiker schon längst, wenn auch zu anderen Zwecken, angestellt hatte, und die zuerst in den optischen Arbeiten HAMILTONS[2] zu finden sind.

Ebenso sind die Fragen, die heute vom rein theoretischen Standpunkt in der Variationsrechnung als die wichtigsten erscheinen, solche, die zugleich Probleme der Himmelsmechanik vorwärts bringen würden, und die auch sonst für die mathematische Beschreibung der Natur von Nutzen wären. Bei diesen Fragen handelt es sich hauptsächlich darum, den Verlauf der Bahnkurven nicht nur in der Umgebung einer Stelle, sondern als Ganzes zu beurteilen.

Für die Behandlung dieses Komplexes von Fragen stehen uns vor allem zwei Instrumente zur Verfügung, die die abstrakte Mathematik während der zwei letzten Generationen in scharfsinnigster Weise geschliffen hat. Das eine ist die Analysis Situs, das andere die von CANTOR geschaffene Theorie der Punktmengen, ohne deren feinste Ideenbildungen man z.B. — um einen praktischen Fall zu nennen — den für die statistische Mechanik wichtigen Widerkehrsatz von POINCARÉ nicht genau formulieren, geschweige denn beweisen kann.

Man darf aber nicht vergessen, daß in den Problemen, in welchen zwischen reiner Mathematik und Naturwissenschaften eine Wechselwirkung besteht, der Mathematiker, der sich schon befriedigt fühlt, sobald die Fragen, die sein Geist gestellt hat, beantwortet sind, sehr viel öfter der Nehmende als der Gebende ist. Ein Beispiel unter vielen: Man kann sich die Frage stellen, wie man die phänomenologische Thermodynamik[3] aufbauen soll, wenn man nur die direkt meßbaren Größen, d. s. Volumina, Drucke und die chemische Zusammensetzung der Körper, in die Rechnungen einsetzt. Die Theorie, die dann entsteht, ist vom logischen Standpunkte unanfechtbar und befriedigt den Mathematiker vollkommen, weil sie, von den wirklich beobachteten Tatsachen allein ausgehend, mit einem kleinsten Bestand von Hypothesen auskommt. Und doch sind es gerade diese Vorzüge, die sie vom allgemeineren Standpunkt des Naturforschers wenig brauchbar machen, nicht nur weil in ihr die Temperatur als abgeleitete Größe erscheint, sondern vor allem, weil man durch die glatten Wände des zu kunstvoll zusammengefügten Gebäudes keinen Durchgang zwischen der Welt der sichtbaren und fühlbaren Materie und der Welt der Atome herstellen kann.

Solche Erwägungen sollten aber trotz allem den reinen Mathematiker nicht davon abhalten, sich auch mit Fragen zu beschäftigen, die scheinbar außerhalb seiner Sphäre liegen, wenn sie nur der präzisen mathematischen Behandlung angepaßt werden können. Geben doch derartige Fragen oft den Anstoß für die Entwicklung neuer Methoden, die wieder bei den Schwesterwissenschaften eine, wenn auch späte Anwendung finden können, so daß die Pflege der logischen Deduktion und die theoretische Beschreibung der Natur, sich gegenseitig stützend, jede ihren Beitrag zum Fortschritt des menschlichen Geistes liefern.

Erwiderung des Sekretars Hrn. Planck

Wenn die Akademie heute Sie beide, Hr. SCHMIDT und Hr. CARATHÉODORY, gemeinsam in ihrer Mitte willkommen heißt, so würdigt sie damit ganz besonders die Bedeutung dieses für die Vertretung der Mathematik in unserer Körperschaft so wichtigen Tages. Darf man ihn doch zugleich auch in gewissem Sinne als den Abschluß einer nun zu Ende gegangenen Ära bezeichnen, in deren Mittelpunkt einstmals durch lange Jahre hindurch die Namen des Dreigestirns WEIERSTRASS, KUMMER, KRONECKER glänzten. Wir sehen damit eine Forderung erfüllt, welche unsere Vertreter der Mathematik schon seit längerer Zeit erhoben haben und bei jeder Gelegenheit immer wieder zu betonen nicht müde geworden sind: dem altehrwürdigen Stamm durch Aufsetzung jüngerer Reiser frische Säfte zuzuführen und dadurch zu neuer Blüte zu verhelfen.

Wenn ich den Versuch wagen darf, die Eigenart der neuen Anregung, um welche die mathematische Forschung durch diesen Zuwachs bereichert worden ist, durch ein kurzes Begleitwort zu kennzeichnen, so möchte ich sie in einer gewissen Rückkehr zur Natur erblicken. Doch möchte ich nicht dahin mißverstanden werden, als ob es mir in den Sinn käme, die Souveränität der Mathematik auf ihrem Gebiete anzutasten. Beruht doch gerade auf dieser Souveränität, in der ihr keine andere Wissenschaft gleichkommt, der vornehme Zauber, den ihre stolze Schönheit auszuüben vermag. Aber anderseits ist es doch auch zweifelhaft, daß die Mathematik, ebenso wie sie ursprünglich von einer natürlichen Beschäftigung, nämlich vom Zählen, ausgegangen ist, auch heute noch durch Fragen der Naturwissenschaft zu ihren bedeutendsten Problemen fortwährend neu angeregt und insofern auch befruchtet wird. Vielleicht liegt sogar hierin eine Erklärung für die merkwürdige Tatsache, die Sie, Hr. SCHMIDT, in Ihren Anfangsworten betont haben, daß eine bedeutende mathematische Schöpfung keineswegs immer dann zu entstehen pflegt, wenn der Boden für sie fertig bereitet ist, sondern daß manchmal Generationen darüber vergehen, bis sie durch einen scheinbar zufälligen, der Sache an sich genommen fremden Anstoß ans Tageslicht gefördert wird. Kein Beispiel kann diese Auffassung besser bekräftigen als der von Ihnen berührte Zusammenhang der Theorie der Integralgleichungen mit der Potentialtheorie.[1]

Und Sie, Hr. CARATHÉODORY, haben selber mit Wärme auf den doppelten Reiz hingewiesen, der der Variationsrechnung innewohnt: den einen, unmittelbaren, der wohl darauf beruht, daß sie den Blick von dem schwer entwirrbaren Einzelnen auf das leichter überschaubare Ganze lenkt und eben dadurch die Möglichkeit gewinnt, eine Fülle von Einzelaussagen in einen einzigen einfachen Satz zusammenzufassen, und den anderen, noch merkwürdigeren, der damit zusammenhängt, daß offenbar nicht nur der Mensch, sondern auch die Natur diese besondere Art der Betrachtungsweise begünstigt, mag man nun diesen eigentümlichen Umstand mit unserem LEIBNIZ als eine prästabilierte Harmonie oder auf eine andere Weise bezeichnen. Es ist der nämliche Reiz, welcher einst unseren berühmten Präsidenten MAUPERTUIS bei der Aufstellung seines Prinzips der kleinsten Wirkung begeisterte, freilich später ihm auch zum Verhängnis wurde, weil er noch nicht so leicht und sicher, wie das die heutigen Mathematiker verstehen, mit dem scharfen Werkzeug der Variationsrechnung umzugehen wußte.

Wenn nun heute mit Ihnen beiden eine jüngere Mathematikergeneration ihren Einzug in unsere Akademie hält, so haben wir dabei den Eindruck, daß Sie sich nach Ihrer Arbeitsrichtung wie nach Ihrer Persönlichkeit gegenseitig in vortrefflicher Weise ergänzen. Der mehr analytischen Orientierung auf der einen Seite steht eine mehr geometrische auf der anderen gegenüber. Ebenso der spezifisch deutschen Bildung ein durch langjährige Tätigkeit im Ausland nach verschiedenartigen Richtungen bereicherter Ideenschatz. Was anderseits Ihre wissenschaftliche Laufbahn betrifft, so hat zwar Ihnen beiden die Wiege in Göttingen gestanden, aber gerade Sie, Hr. CARATHÉODORY, sind auch fernerhin mit dem Göttinger Kreise mehr oder weniger eng verbunden geblieben, während Sie, Hr. SCHMIDT, es bald vorgezogen haben, Ihren Weg mehr nach selbständiger Richtung zu lenken.

Doch ich will mich nicht weiter an einer Analyse versuchen, die im besten Falle nur sehr unvollkommen bleiben müßte, sondern lieber namens der Akademie der Freude Ausdruck geben, Sie beide gewonnen zu haben, und der Hoffnung, daß in Zukunft noch manche Frucht Ihrer wissenschaftlichen Tätigkeit unsere akademischen Schriften schmücken wird.

Antrittsrede von Max von Laue (1879-1960)
Erwiderung von Max Planck

gehalten in der Akademie der Wissenschaften
am 30. Juni 1921

Meine wissenschaftliche Tätigkeit begann mit Arbeiten über Optik, namentlich über ihren Zusammenhang mit den Prinzipien der Statistik und Thermodynamik.[1] PLANCKS Begriffsbestimmung der „natürlichen Strahlung" verwandte ich, um zu untersuchen, wie sich solche in einem dispergierenden Körper fortpflanzt.[2] Es folgten hier in Berlin, unter lebhafter Unterstützung durch PLANCK, Arbeiten über die Thermodynamik der Interferenzerscheinungen.[3] Es handelte sich bei ihnen darum, ob man die Entropie in einem System mehrerer Lichtstrahlen ohne Rücksicht auf die Frage nach ihrer Kohärenz berechnen darf, wie man bis dahin wohl stets stillschweigend angenommen hatte. Die Betrachtung der Interferenzerscheinungen zeigte aber, daß man bei diesem Verfahren mit dem zweiten Hauptsatz in Widerspruch gerät, und in der Tat fordert BOLTZMANNS Zurückführung der Entropie auf Wahrscheinlichkeit eine Sonderstellung kohärenter Strahlen.

Als Ende 1905 EINSTEIN die Relativitätstheorie begründet hatte, zog mich dieser neue Gedankenkreis mächtig in seinen Bann. Die Frage, ob sich der FIZEAUsche Interferenzversuch am strömenden Wasser in ihn einfüge, war der Gegenstand meiner ersten kleinen Untersuchung darüber.[4] Es folgten weitere Einzelanwendungen des neuen Prinzips, mittels deren ich mich allmählich immer mehr in dies Gebiet einlebte. Das hat einige Zeit beansprucht; denn die vielen Bedenken, welche jetzt fast täglich gegen die Relativitätstheorie vorgebracht werden, habe ich wohl zum größten Teil damals selbst zeitweise gehegt und nur Schritt für Schritt überwunden. Als das geschehen war, schrieb ich freilich mit größter Begeisterung und darum ziemlich rasch das Buch über das Relativitätsprinzip der Lorentz-Transformation; ihm wird sich in den nächsten Wochen ein zweiter Band anschließen, der die allgemeine Relativitätstheorie behandelt.[5]

Meine Übersiedlung nach München im Jahre 1909 brachte mich an eine Universität, an welcher durch RÖNTGENS und von GROTHS Wirken einerseits viel von den Röntgenstrahlen, andererseits von dem Raumgitterbau der Kristalle die Rede war. Bei den Röntgenstrahlen schwebte damals noch die Frage, ob sie, wie STOKES und WIECHERT, W. WIEN und SOMMERFELD wollten, elektromagnetische Wellen geringer Wellenlänge oder, wie BRAGG und andere meinten, eine Korpuskularstrahlung darstellten. Für beide Ansichten ließen sich Gründe angeben, und wir wollen betonen, daß infolge des Hineinspielens von Quantenerscheinungen bis zum heutigen Tage nicht alle Beobachtungen an ihnen wellentheoretisch erklärt sind, wie das übrigens auch beim Licht der Fall ist. Dennoch ließ sich die Entscheidung zwischen beiden Ansichten überzeugend

---

SB 1921, 2, S. 479—481 und S. 481—482.

treffen, und zwar genau wie am Anfang des 19. Jahrhunderts beim Licht aus der Tatsache, daß sich bei ihnen Interferenzerscheinungen herstellen ließen. Freilich gelingt dies infolge der so ganz anderen Wellenlängen nicht, wie beim Licht, durch Überlagerung von zwei sich kreuzenden Strahlen. Aber die Raumgitter, welche die Natur fix und fertig in den Kristallen uns zur Verfügung stellt, ermöglichen es, die beim Licht wohlbekannten Gitterspektren auch bei den Röntgenstrahlen nachzuahmen. Damit ist außer der Wellentheorie der Röntgenstrahlen auch die Raumgittertheorie der Kristalle auf eine feste experimentelle Grundlage gestellt.[6]

Im Kriege war ich im Dienste der Heeresverwaltung mit an der Herstellung der Elektronenröhren tätig, welche jetzt in der Telephon- und Telegraphentechnik eine immer größere Rolle spielen. Dadurch empfing ich die Anregung zu einigen Arbeiten über die Thermodynamik der Elektronenwolken,[7] die sich in der Umgebung glühender Elektrizitätsleiter ausbilden.

Vor 7 Jahren hat hier, bei der entsprechenden Gelegenheit, EINSTEIN von den zwei Aufgaben der theoretischen Physik gesprochen;[8] nämlich einmal aus Beobachtungen die dafür grundlegenden Gesetze herauszufühlen, und sodann, wo solche Gesetze bekannt sind und sich bewährt haben, aus ihnen Folgerungen zu ziehen, welche die Kenntnis des betreffenden Gebiets vervollständigen und möglichst zu neuen Versuchen oder Beobachtungen hinüberleiten. Es ist mir versagt geblieben, an der Lösung der ersten, höheren Aufgabe mitzuwirken. Gelang mir etwas, so lag es stets daran, daß ich mir getraute, aus vorhandenen Prinzipien selbst recht weitgehende Folgerungen zu ziehen und sie auf Dinge anzuwenden, für deren Deutung sie zunächst nicht aufgestellt waren. Den Mut dazu entnahm ich einmal aus dem tiefempfundenen Bedürfnis, das physikalische Weltbild im Sinne seiner Einheit auszubauen und zu vervollständigen, und aus der Freude, mit den Mitteln des Gedankens die Natur beherrschen zu können.

Erwiderung des Sekretars Hrn. Planck

Die Gedanken, denen Sie, Hr. v. LAUE, Ausdruck gegeben haben, indem Sie uns die Anregungen schilderten, welche für Ihr wissenschaftliches Leben von entscheidender Bedeutung waren, lassen es mir verlockend erscheinen, den begonnenen Faden noch etwas weiter fortzuspinnen und das von Ihnen gezeichnete Bild mit einigen Strichen zu ergänzen. Sie sprachen von den beiden Aufgaben, die dem theoretischen Physiker gesetzt sind und von denen er je nach seiner Geistesrichtung der einen oder der anderen sich ausgiebiger widmet. Wenn nun die Kunst, aus gewissen mit den üblichen Anschauungen nicht in Einklang zu bringenden Erfahrungen die grundlegenden Gesetze herauszufühlen, jenem göttlichen Seherblick entstammt, der das wesentliche vom unwesentlichen, das notwendige vom zufälligen, das reale vom konventionellen reinlich zu scheiden versteht, gehört dann nicht gerade der erste größere wissenschaftliche Wurf, der Ihnen gelang: die Aufdeckung der Grenzen für die Gültigkeit des bis dahin immer unbedenklich angewandten Additionstheorems der Entropie, und die dadurch bewirkte Vollendung der Verschmelzung der Begriffe der Entropie und der Wahrscheinlichkeit, mit zu denjenigen Leistungen des theoretischen Physikers, die Sie wohl mit Recht die höheren nennen? Haben Sie doch damit den Grenzstein, der das Gebiet der klar erkannten Zusammenhänge gegen das unermeßliche Reich der ungelösten Rätsel hin absichert, um eine merkliche Strecke nach vorwärts gerückt. Schon damals mußte es für jeden Kundigen offensichtlich sein, daß Sie die Anwartschaft zu einer führenden Rolle in Ihrer Wissenschaft besitzen.

Aber zu einer solchen Rolle gehört doch noch etwas anderes als selbst die allerreichste durch vollendete Sachkenntnis geleitete und durch kritischen Scharfblick gezügelte Gestaltungskraft. Es gehört dazu einmal die Gewissenhaftigkeit, welche auch unscheinbaren Dingen, falls sie nur ein grundsätzliches Interesse beanspruchen, Beachtung schenkt und ihnen, wenn es sein muß, bis in kleine entlegene Winkel geduldig nachspürt; und es gehört endlich dazu der entschlossene Mut, welcher die einmal gewonnene Überzeugung sowohl gegenüber fremden als auch gegenüber eigenen früher gehegten abweichenden Anschauungen jederzeit zu vertreten bereit ist. Daß gerade diese Kennzeichen Ihrer Arbeitsrichtung eigen sind, haben Sie durch alle Ihre verschiedenartigen Publikationen[1] bewiesen, sei es daß Sie sich dem Studium der Strahlungsstatistik oder dem der Elektronenwolken oder auch astrophysikalischen Problemen widmeten, oder daß Sie den Zauber der Relativitätstheorie EINSTEINS auf sich wirken ließen, der außer Ihnen so manchen anderen, Berufenen und Unberufenen, zu einem Bekenntnis ihrer wissenschaftlichen Denkweise den Mund geöffnet hat.

Und als Sie diejenige Reihe von Arbeiten[2] begannen, die Ihren Weltruf begründen sollten, da war, wenn ich Sie recht beurteile, die eigentliche treibende Kraft für den von Ihnen unternommenen Vorstoß nicht die Absicht, eine aufsehenerregende Entdeckung zu machen, auch nicht die Gewißheit des vorausgesehenen Erfolges, sondern es war die dringliche Forderung Ihres wissenschaftlichen Gewissens, nach einer Aufklärung des Widerstreites zu suchen, der damals bestand zwischen der Vorstellung von der regelmäßigen atomistischen Struktur der Kristalle und der weitverbreiteten Annahme von dem Fehlen jeglicher Beugung und Interferenz bei den Röntgenstrahlen. Mit der Beseitigung der letzteren verschafften Sie sich selber die verlangte Beruhigung und damit zugleich der messenden Physik ein neues Werkzeug zum Eindringen bis tief in das Innere der Atome, wo uns jetzt die kühnen Ideen von NIELS BOHR ungeahnte Schätze neuer Erkenntnis verheißen.

So sind Sie zu unserer Freude in diesen Kreis eingetreten, als jüngster Sproß in der Familie der akademischen Physiker, welche ein regelmäßiger vertrauensvoller Gedankenaustausch zu engem Bunde zusammenschließt. Freilich darf ich, um ganz offen zu sein, nicht verschweigen, daß es mir auch heute noch nicht gelingen will, mich ganz dem beruhigenden Gefühle des sicheren Besitzes hinzugeben, da doch die Befürchtung nicht ausgeschlossen scheint, es möchte Ihr beweglicher Geist sich über kurz oder lang doch noch einmal von fremden Klängen anziehen und fortlocken lassen. Aber ich will in dieser festlichen Stunde nicht irgendwie gearteten Zweifeln Raum geben; lassen Sie mich vielmehr heute die zuversichtliche Hoffnung aussprechen, daß ein gütiges Geschick und die Fürsorge unserer Unterrichtsverwaltung uns vor einem solchen Verlust bewahren möge.

Antrittsrede von Otto Hahn (1879-1968)
Erwiderung von Max Planck

gehalten in der Akademie der Wissenschaften am 2. Juli 1925

Wenn mir heute die große Ehre erwiesen wird, in diesen Kreis bedeutender und hochangesehener Gelehrter aufgenommen zu werden, und wenn ich mir die Gründe dafür klarzumachen suche, so beschleicht mich ein Gefühl der Beschämung, denn ich verdanke diese Auszeichnung genau genommen einer Reihe von glücklichen Zufällen.

Nach zweijähriger Assistententätigkeit im organisch-chemischen Laboratorium meines verehrten Lehrers THEODOR ZINCKE in Marburg bot sich mir durch diesen die Möglichkeit einer Anstellung in der chemischen Technik, bei der neben chemischen auch Sprachkenntnisse verlangt wurden. Als ich aber beschlossen hatte, zur Erlernung der englischen Sprache nach London zu gehen, riet mir mein Lehrer, die Gelegenheit auszunützen und im RAMSAYschen Laboratorium zu arbeiten.

Die kurz vorher von RAMSAY und SODDY festgestellte Bildung von Helium aus Radium hatte dort großes Interesse an radioaktiven Problemen geweckt, und so wurde auch mir eine radioaktive Untersuchung zugewiesen. Dabei fand ich in einem mir zwecks Reinigung übergebenen Präparat, das mir als Radium bezeichnet worden war, ein neues Radioelement, das Radiothorium,[1] weil zufällig das Radiumpräparat aus einem Thormineral gewonnen worden war und daher die Zerfallsprodukte des Thoriums enthielt. Die Auffindung dieses Umwandlungsproduktes Radiothor war der Beginn meiner Umwandlung vom organischen Chemiker zum radioaktiven.[2]

Nach 3/4jährigem Aufenthalt in London ging ich zur weiteren Ausbildung auf ebenso lange Zeit zu Prof. RUTHERFORD nach Canada, und durch den Einfluß dieses hervorragenden und überaus anregenden Gelehrten wurde ich endgültig mit der radioaktiven Forschung verknüpft.

Auf den Rat RAMSAYS, der EMIL FISCHER persönlich nahestand, ging ich dann nach Berlin in das FISCHERsche Institut, um mich dort ganz dem neuen Arbeitsgebiet zu widmen. Obwohl dieses der Arbeitsrichtung EMIL FISCHERS ganz fern lag und in seiner anfänglichen Entwicklung sogar auf ein gewisses Mißtrauen bei ihm stieß, hat er doch in seiner großzügigen Art meine Arbeit in jeder Weise gefördert und mir ermöglicht, frei von jeder Unterrichtstätigkeit nur dieser Arbeit zu leben.

Die Radioaktivitätsforschung war damals noch eine junge Wissenschaft. Wer sich ihr ganz hingab, hatte es leicht, Entdeckerfreuden zu erleben, die bei den älteren Schwesterwissenschaften viel schwieriger zu erreichen waren. Diesem glücklichen Umstand verdanke ich die Auffindung des Mesothors sowie einiger anderer radioaktiver

---

SB 1925, phys.-math. Klasse, S. LXXXIX–XCI und S. XCII–XCIII.
Die Erwiderung erfolgte zugleich für M. BODENSTEIN. Die darauf bezogenen Textstellen der Erwiderung sind nicht abgedruckt.

Substanzen. Hand in Hand damit ging die Untersuchung der von den Radioelementen ermittierten α-Strahlen und der Nachweis der Erscheinungen des radioaktiven Rückstoßes.

Kaum ein Jahr nach meinem Eintritt in das FISCHERsche Institut hatte ich das Glück, in Frl. LISE MEITNER, die zu Studienzwecken von Wien nach Berlin gekommen war, eine Kollegin zu finden, die an die radioaktiven Probleme von der rein physikalischen Seite herantrat. Eine Anzahl gemeinsamer Untersuchungen war die Frucht der Zusammenarbeit von Physik und Chemie.[3] Ich erwähne die systematische Prüfung der β-Strahlen aller bekannten Radioelemente, die in Gemeinschaft mit OTTO v. BAEYER zum ersten Male aufgenommenen magnetischen Linienspektren von β-Strahlen und die Verwertung der Rückstoßerscheinungen zur Reindarstellung radioaktiver Zerfallsprodukte, die ihrerseits zur Auffindung kurzlebiger, bis dahin nicht bekannter Umwandlungsprodukte führte.

Von den späteren gemeinsamen Arbeiten sei die Suche nach dem Protactinium, der Muttersubstanz des Actiniums, genannt. Durch den Krieg fast ganz unterbrochen, führte sie 1918 zum Erfolg. Das Protactinium ist ein neues Element, auch im Sinne des Chemikers; es nimmt im periodischen System einen eigenen Platz ein und muß aus genügend großen Mengen Ausgangsmaterial in auch dem Chemiker zugänglichen Mengen darstellbar sein.

Die Erforschung der radioaktiven Hauptumwandlungsreihen ist heute als abgeschlossen zu betrachten. Geleitet von fest begründeten radioaktiven Sätzen können wir sagen, daß neue Elemente, die etwa dem Radium an Stärke und Bedeutung gleichzusetzen wären, nicht mehr vorhanden sein können; was aber nicht ausschließt, daß Substanzen geringerer Intensität sich der Kenntnis bisher entzogen haben.

So sei der Kuriosität halber eine von mir ausgeführte Arbeit erwähnt, die zur Auffindung und Herstellung des Uran **Z** führte, das als Abzweigungsprodukt der Uranreihe nur zu einigen Promille neben den anderen Zerfallsprodukten gebildet wird und sich daher dem Nachweis leicht entzieht.[4] Hier zeigte sich der Vorteil der schönen, nicht verseuchten Räume des Kaiser-Wilhelm-Instituts für Chemie, in das ich bei seiner Gründung im Jahre 1912 berufen worden bin.

In den letzten Jahren habe ich begonnen, gewisse radioaktive Erscheinungen für allgemein chemische Fragen nutzbar zu machen. Es handelt sich um das Studium der Oberflächen und Oberflächenänderung fein verteilter Stoffe. Die Möglichkeit der Bearbeitung dieser Fragen bringt einen weiteren Beweis für die Tatsache, daß die Radioaktivitätsforschung nicht nur als Selbstzweck, sondern auch als Mittel zur Lösung vieler Probleme fruchtbringend herangezogen werden kann.

Erwiderung des Sekretars Hrn. Planck auf die Antrittsreden der HH. Hahn und Bodenstein

Ihnen beiden, Hr. Kollege HAHN und Hr. Kollege BODENSTEIN, darf ich heute gemeinsam den Willkommengruß der Akademie darbringen, die es mit hoher Befriedigung empfindet, daß durch diesen Zuwachs an frischen Kräften das weitausgedehnte Gebiet welches die chemischen Fächer umschließen, wieder einmal eine neue Verstärkung empfangen hat.

Sie arbeiten sozusagen an entgegengesetzten Fronten...

Sie, Hr. Hahn, haben von jeher Ihr besonderes Interesse dem Studium jener eigenartigen Erscheinungen zugewendet, welche vor kaum einem Menschenalter wie aus heiterem Himmel in Chemie und Physik einfielen und damit den Anstoß zu einer unerhörten Vertiefung unserer Naturerkenntnis geliefert haben. Freilich sind auch heute noch lange nicht alle von ihnen aufgegebenen Rätsel gelöst; schon wegen der bunten und anscheinend regellosen Mannigfaltigkeit, die z. B. darin liegt, daß von zwei nahe miteinander verwandten radioaktiven Elementen die Lebensdauer des einen nur einen winzigen Bruchteil einer Sekunde, die des andern viele Tausende von Jahren beträgt.

Viel hat zu Ihren Erfolgen, wie Sie selber soeben hervorgehoben haben, sicherlich die Neuheit und Unberührtheit des von Ihnen bearbeiteten Gebiets beigetragen. Aber wenn Sie beim Rückblick auf Ihren Entwicklungsgang dem glücklichen Zufall eine besonders hervorragende Rolle zuschreiben, so möchte ich dem doch meine Meinung gegenüberhalten, daß es in der Wissenschaft wohl manchmal Verdienst ohne Glück geben mag, aber ganz gewiß niemals Glück ohne Verdienst, wenn auch der Zusammenhang nicht immer handgreiflich aufzuweisen ist.

Dank Ihrem Eingreifen in die Erforschung des durch die Entdeckung der Radioaktivität erschlossenen Neulands sind die Gesetzmäßigkeiten der mannigfachen hier auftretenden Phänomene nach vielen Richtungen aufgeklärt worden. Sie haben nicht nur eine größere Anzahl radioaktiver Elemente neu entdeckt, sondern Sie wußten auch, was stets von dem Walten echt wissenschaftlichen Geistes zeugt, die Entdeckung erst wahrhaft wertvoll zu machen durch die weitergehenden Schlüsse, die Sie daran knüpften, und die sich, wie meistens, sowohl nach der theoretischen Seite hin auswirkten, wie beim Ionium und beim Protaktinium, welche die endgültige Einordnung der Elemente nach ihren genealogischen Ketten ermöglichten, als auch nach der praktischen Seite, wie namentlich beim Radiothor und beim Mesothor, welche schon jetzt auch für die Industrie eine wichtige Bedeutung gewonnen haben.

So dürfen wir auch für die Zukunft sicherlich noch manche neue Entdeckung und manche neue Aufklärung als Frucht Ihrer Arbeit erwarten.

Antrittsrede von Friedrich Paschen (1865-1947)
Erwiderung von Max Planck

gehalten in der Akademie der Wissenschaften
am 2. Juli 1925

Die Akademie hat mir die hohe Ehre erwiesen, mich in ihren Kreis aufzunehmen. Indem ich die Auszeichnung nicht nur als Dekorum für mein jetziges Amt, sondern auch als eine Anerkennung wissenschaftlicher Bestrebungen auffassen zu dürfen meine, drücke ich der Akademie meinen tiefgefühlten Dank für diese Anerkennung aus, welche mir als eine der höchsten erscheint, die einem Gelehrten zuteil werden kann.

Durch eine besonders glückliche Verkettung der Umstände wurde mir das Glück zuteil, im Laufe meines Studiums sehr bald die Wissenschaft zu finden, welche meiner Begabung entsprach, und in der ich hoffen konnte, meine Kräfte nützlich einzusetzen. Zu diesen glücklichen Umständen rechne ich, daß es mir vergönnt war, von Anfang meines Studiums an in dem von AUGUST KUNDT in Straßburg eingerichteten Laboratorium für Physik arbeiten und schließlich mich der Schar begeisterter Schüler dieses eigenartigen Physikers anschließen zu dürfen. Die Bedeutung von KUNDT als Leiter einer fruchtbaren Schule der Experimentalphysik lag allein in seiner Persönlichkeit. KUNDT war eine Künstlernatur. Er betrieb auch die Physik als ein Künstler in seiner eigenen Forschung und in der Erziehung seiner Schüler. Ebensosehr intuitiv wie verstandesgemäß richtete sich sein Augenmerk über die Kleinigkeiten mannigfaltiger Erscheinungen hinweg, welche andere Experimentatoren damals wohl sorgsam untersuchen mochten, auf den großen Zusammenhang und das Wesentliche der Dinge. Der begeisterte Schüler mußte ihm folgen. Denn in der Welt dieses Laboratoriums gab es keinen anderen Weg.

Noch eines zweiten großen Physikers und Chemikers muß ich hier gedenken, der entscheidend auf meine Entwicklung eingewirkt hat, nämlich WILHELM HITTORFS in Münster. Was in der KUNDTschen Schule nicht genügend betont wurde, das zu lernen erhielt ich als Gehilfe HITTORFS Gelegenheit, nämlich die Ausführung von Präzisionsmessungen der Art, wie sie von REGNAULT ausgeführt waren. Auch die selbstlose, jeder äußeren Ehrung abholde und nur der Wissenschaft um ihrer selbst willen ergebene Persönlichkeit HITTORFS war für mein weiteres Leben ein unvergeßliches Vorbild.

In solcher Weise begeistert für die Physik und eingeweiht in die Technik feiner Präzisionsmessungen, kam ich in das Laboratorium von HEINRICH KAYSER in Hannover und durfte dort die großartigen Arbeiten von KAYSER und RUNGE über die Spektren der Elemente[1] mit erleben, um schließlich als Mitarbeiter von CARL RUNGE tief in die Geheimnisse dieser Wissenschaft eingeweiht zu werden.

Der Zauber der Spektralgesetze hat mich nicht wieder freigegeben. Sobald in meinem Tübinger Laboratorium die dafür notwendigsten Einrichtungen eingetroffen

---

SB 1925, phys.-math. Klasse, S. CII—CIV und S. CIV—CV.

waren, habe ich mich dort ganz Problemen dieser Disziplin gewidmet. Es waren recht unvollkommene eigene Vorstellungen, welche dabei anfangs noch den Experimenten zugrunde gelegt werden mußten, so daß ich es heute als einen merkwürdigen Glücksfall ansehen muß, daß einige Tatsachen von grundlegender Bedeutung gefunden wurden. Aber ich durfte bald Zeuge sein, wie mein Freund WALTHER RITZ das sogenannte Kombinationsprinzip der Seriengesetze entdeckte,[2] nach welchem die Termreihen an Stelle der einzelnen Serien als das Wesentliche der Serienspektren erschienen. Dann kam die Deutung dieser Dinge durch NIELS BOHR und die gewaltige Entwicklung der theoretischen Spektralanalyse, die natürlich meine Arbeiten[3] beeinflußte und mich in den Stand setzte, hier und da einiges zu diesem Fortschritt beizutragen, zum Teil in Zusammenarbeit mit ARNOLD SOMMERFELD, dem wir neben BOHR außerordentlich viel in der Deutung und Ordnung der empirischen Gesetze verdanken.

Wenn man nun von mir ein Arbeitsprogramm für die Zukunft erwartet, so fühle ich mich da vorerst noch in einer unsicheren Lage. Für die experimentelle Fortsetzung meiner Spektralstudien fehlen hier noch die Einrichtungen. Andererseits bringen die der Reichsanstalt obliegenden Forschungen vielerlei zur Mitarbeit verlockende Anregungen.[4]

Die Arbeitsrichtung eines Experimentalphysikers kann ja recht verschieden sein. In der Reichsanstalt handelt es sich vorwiegend um Präzisionsmessungen von Konstanten eines Gesetzes, welches schon völlig bekannt ist, das heißt, durch welches ein Vorgang in allen Einzelheiten theoretisch und praktisch übersehbar ist. Das Resultat ist ein Zahlenwert, der die genaueste Beschreibung des fraglichen Naturvorganges darstellt, und der daher weiteren Forschungen und praktischen Anwendungen zugrunde gelegt werden kann. Diese Art Arbeit erhält ihre Weisungen durchaus von der Theorie. Sie besteht in der technischen Ausführung von theoretisch vorgeschriebenen Versuchen.

Aber in der experimentellen Physik gibt es eine andere Art Forschung, welche umgekehrt der Theorie neue Gesichtspunkte oder sogar Grundlagen liefern kann. Wie die experimentellen Arbeiten über die Strahlung wichtige Fingerzeige für die Entdeckung des richtigen Gesetzes der Strahlung schwarzer Körper und seiner prinzipiell neuen Grundlagen gegeben haben, so sind die empirischen Forschungsresultate über die Serien die Wegweiser für BOHRS Gedanken zur Deutung der Spektren und des Atom-Aufbaus gewesen. Die experimentellen Arbeiten solcher Art entbehren zunächst der theoretischen Führung. Als Leitstern und Prüfungsobjekt dienen empirische Regeln, um deren richtige Formulierung und Deutung es sich handelt. Solche mehr qualitativen Forschungen erscheinen angezeigt, wenn in der Wissenschaft noch Unklarheit über das Wesen eines Phänomens herrscht, oder wenn eine zwiespältige Auffassung desselben besteht. In dieser Lage aber befindet sich die heutige Physik in ihrem wichtigsten Gebiete, der Optik. Denn es gilt hier, das Modell der Lichtwellen mit dem der Lichtquanten zu vereinen. Es kann sich wohl nur um eine Vereinigung der beiden Vorstellungen handeln, da jede in ihrem Anwendungsgebiete sicher begründet erscheint. Nachdem mehr als ein Jahrzehnt vergangen ist, ohne daß sich ein theoretischer Ausgleich der einander scheinbar widersprechenden Bilder vollzogen hat, möchte es scheinen, daß neue Tatsachen, welche einem mit Glück angestellten oder gedeuteten Versuch entspringen, hier die entscheidende Klärung bringen könnten.

Ich hoffe, daß es mir vergönnt sein wird, das Vertrauen, welches Sie durch Ihre Wahl mir entgegen gebracht haben, durch wissenschaftliche Forschungsarbeit zu rechtfertigen, und verlasse mich dabei auf das Glück, das dem gewiß nicht fehlen kann, der wagemutig seine Kräfte einsetzt. Daß es am letzteren nicht fehlen soll, kann ich wenigstens versichern.

Erwiderung des Sekretars Hrn. Planck auf die Antrittsrede des Hrn. Paschen

Mit Ihrem Eintritt, Hr. Kollege PASCHEN, in unsere Akademie hat sich endlich eine Lücke geschlossen, soweit sie überhaupt geschlossen werden kann, welche wir seit dem Heimgang unseres unvergeßlichen HEINRICH RUBENS auf das schmerzlichste empfanden. Und ich darf gleich nach meiner vollen Überzeugung hinzufügen, daß unter allen deutschen Physikern es keinen gibt, der mit größerem Recht gerade auf diesenPlatz Anspruch erheben dürfte —, den nämlichen Platz, welchen einst AUGUST KUNDT eingenommen hat, der von Ihnen beiden mit gleicher Anhänglichkeit und Begeisterung gefeierte Lehrer. Aber gewiß nicht allein die Gemeinsamkeit der Schule bestimmt Ihre der RUBENSschen nahe verwandte Arbeitsrichtung, die Sie, in edlem Wetteifer mit dem fast genau gleichaltrigen, öfter zur Behandlung ganz ähnlicher Probleme, wenn auch nach verschiedenen Gesichtspunkten und mit verschiedenen Methoden, geführt hat. Reiche Früchte erwuchsen diesem eigenartigen Zusammentreffen, gelegentliche Differenzen wurden stets mit schärfster Sachlichkeit ausgetragen und führten zur weiteren Vertiefung der gewonnenen Einsichten.

Die Spektroskopie haben Sie selber als das Gebiet bezeichnet, das Sie auf die Dauer am meisten gefesselt hat. Hier haben Sie es verstanden, unter anfangs nur bescheidenen Arbeitsverhältnissen mit Ihren Wellenlängen- und Energiemessungen eine Genauigkeit zu erzielen, die an der Grenze des mit den reichsten Hilfsmitteln damals Erreichbaren lag. Was Ihren Arbeiten aber eine besondere bleibende Bedeutung verleiht, ist der Umstand, daß Sie dieselben stets in Beziehung zu setzen wußten zu prinzipiellen Fragen von größerer Tragweite, sei es, daß Sie eine bereits ausgebildete Theorie zu prüfen unternahmen, wie das WIENsche Strahlungsgesetz oder die SOMMERFELDsche Theorie der relativistischen Feinstruktur der Spektrallinien, oder daß Sie auf neue, den Theoretikern ganz unerwartete Phänomene hinführten, wie die Degenerierung des ZEEMAN-Effekts bei Anwendung sehr starker Magnetfelder.[1]

So haben Sie durch Ihre Forschungen unsere Kenntnisse von der Eigenart der spektroskopischen Vorgänge nach vielen Richtungen hin erweitert. Die von Ihnen eingeführte Terminologie ist in der gesamten Fachliteratur des In- und Auslandes von maßgebendem Einfluß geworden, und wenn man nach den zur Zeit genauesten Werten für die Elementarquanta der Elektrizität und der Wirkungsgröße fragt, so hat man auf Ihre Messungen zurückzugreifen. Möge es Ihnen vergönnt sein, die in dem stilleren Tübingen erarbeiteten Schätze hier als Leiter der Physikalisch-Technischen Reichsanstalt noch um weitere zu vermehren. Daß die Einrichtungen hierzu Ihnen baldigst nach Ihren Bedürfnissen in ausreichendem Maße zur Verfügung gestellt werden, liegt im dringenden Interesse der physikalischen Wissenschaft und daher auch in dem unserer Akademie.

Antrittsrede von Erwin Schrödinger (1887-1961)
Erwiderung von Max Planck

gehalten in der Akademie der Wissenschaften
am 4. Juli 1929

Wenn ich heute den aufrichtig gefühlten Dank ausspreche für die Auszeichnung, die mir durch die Wahl in die Akademie der Wissenschaft zuteil geworden ist, so ist es mir eine ganz besondere Freude, an unserer Spitze in voller Frische und Rüstigkeit den allverehrten Meister[1] zu sehen, dessen Nachfolger im Lehramte zu sein ich mich rühmen darf und dessen Urteil auch Ihre Wahl entscheidend beeinflußt haben wird.

Lassen Sie mich zuerst so kurz wie möglich der unangenehmen Pflicht genügen, die eine akademische Antrittsrede auflegt, nämlich von sich selbst zu sprechen. — Das alte Wiener Institut, dem LUDWIG BOLTZMANN erst kurz zuvor auf tragische Weise entrissen worden war, das Haus, wo FRITZ HASENÖHRL und FRANZ EXNER wirkten und viele andere von BOLTZMANNS Schülern aus- und eingingen, vermittelte mir ein unmittelbares Einfühlen in die Ideen dieses gewaltigen Geistes. Sein Ideenkreis spielt für mich die Rolle der wissenschaftlichen Jugendgeliebten, kein anderer hat mich wieder so gepackt, keiner wird es wohl jemals tun. Der modernen Atomtheorie kam ich nur sehr langsam näher. Ihre inneren Widersprüche klangen wie kreischende Dissonanzen an der reinen, unerbittlich klaren Gedankenfolge BOLTZMANNS gemessen. Eine Zeitlang ergriff ich förmlich die Flucht und rettete mich, angeregt durch FRANZ EXNER und K. W. F. KOHLRAUSCH, ins Gebiet der Farbenlehre.[2] Mancher eigene und mancher fremde Versuch, in der Atomtheorie durch radikalste Abänderung wenigstens wieder zur Klarheit zu kommen, wurde geprüft und verworfen. Erst DE BROGLIES Gedanke der Elektronenwellen, den ich zur undulatorischen Mechanik ausbaute,[3] gewährte eine gewisse Erleichterung. Aber wir sind noch ziemlich weit entfernt von einem wirklichen Begreifen des durch die Undulationsmechanik einerseits, durch HEISENBERGS Quantenmechanik anderseits angebahnten Naturverständnisses.

Die theoretische Physik setzt sich zum Ziel, aus der empirischen Mannigfaltigkeit der Erscheinungen allgemeine Züge oder Gesetzmäßigkeiten herauszulesen, derart, daß in der bunten Fülle des wirklich Erlebten jeder Einzelfall als Ausfluß dieser wenigen einfachen Gesetzmäßigkeiten erscheint, während die anfangs unüberblickbare Mannigfaltigkeit von Einzelfällen auf die völlig überblickbare Mannigfaltigkeit der Versuchsbedingungen zurückgeführt wird. Das typische, für die Gestaltung unserer Wissenschaft richtunggebende Beispiel einer solchen Erfassung des Geschehens durch Gesetze bildet die klassische Mechanik, welche das Verhalten eines Gebildes unter allen erdenklichen Umständen in wenige Grundgleichungen zusammengefaßt und das spezielle Verhalten im speziellen Fall auf die speziellen Anfangsbedingungen zurückführt, mathematisch gesprochen auf die speziellen Zahlenwerte der Integrationskonstanten.

SB 1929, phys.-math. Klasse, S. C—CII und S. CII—CIV.

Man hat lange Zeit hindurch versucht, nicht nur die Methode der klassischen Mechanik, sondern sie selbst auf die ganze Physik auszudehnen, wohl um ihrer Einfachheit und mathematischen Durchsichtigkeit willen; man hat versucht, alle Erscheinungen durch mechanische Modelle zu begreifen. Davon ist man längst zurückgekommen und heute um so mehr, da die neueste Phase der Quantentheorie die klassische Mechanik auf den Rang einer ersten Näherung herabdrückt. Eine der brennendsten Fragen, die uns in diesem Zusammenhang heute beschäftigen, ist die, ob mit der klassischen Mechanik auch ihre Methode aufzugeben sei, der Grundsatz, daß feste Gesetze im Verein mit den zufälligen Anfangsbedingungen das Geschehen im Einzelfall eindeutig bestimmen. Es ist die Frage nach der Zweckmäßigkeit des unverbrüchlichen Postulates der Kausalität.

Praktisch hatte man auf die Kausalität allerdings schon im Rahmen der klassisch-mechanischen Naturerklärung verzichten müssen. Mir persönlich ist diese Tatsache mit einem tiefen Jugendeindruck bei der Antrittsvorlesung Fritz Hasenöhrls verknüpft, des allzu früh durch den Krieg uns Entrissenen, dem ich die Grundlage meiner wissenschaftlichen Persönlichkeit danke. Es würde, so erklärte uns Hasenöhrl, nicht gegen die Naturgesetze verstoßen, wenn dieses Stück Holz sich plötzlich ohne erkennbaren Grund in die Luft erhöbe. Nach der mechanischen Naturerklärung ist ein solches Wunder als Umkehrung des entgegengesetzten Vorganges nicht unmöglich, es ist nur außerordentlich unwahrscheinlich. — Aber die Wahrscheinlichkeitsauffassung der Naturgesetze, die Hasenöhrl bei diesen Worten im Auge hatte, verstößt noch nicht wirklich gegen das Kausalitätspostulat. Die Unbestimmtheit entspringt dabei nur aus der praktischen Unmöglichkeit, den Anfangszustand eines aus Billionen von Atomen zusammengesetzten Körpers genau festzustellen. Heute dagegen werden Zweifel an der eindeutigen Bestimmtheit des Naturgeschehens in ganz anderem Sinne laut. Die Schwierigkeit bei der Feststellung des Anfangszustandes soll nicht nur eine praktische, sondern eine prinzipielle sein, sie soll nicht nur für ein kompliziertes Gebilde, sondern schon für das einzelne Atom oder Molekül vorliegen. Da das prinzipiell nicht Beobachtbare für den Naturforscher als Naturforscher nicht existiert, ist der Sinn dieser Meinung: schon der Zustand des Elementargebildes liegt nicht in solcher Weise fest, daß eine ganz bestimmte Einwirkung ein ganz bestimmtes Verhalten des Gebildes nach sich zieht.

Franz Exner (dem ich für ungewöhnlich große Förderung persönlichen Dank schulde) war der erste, der die Möglichkeit und die Vorzüge akausaler Naturauffassung in den Vorlesungen erörterte, die er 1919 publiziert hat.[4] Seit 1926 ist die Frage durch die Quantentheorie unter neuem Gesichtspunkt aufgerollt. Sie scheint in der Tat von grundlegender Wichtigkeit. Aber ich glaube nicht, daß sie in dieser Form jemals beantwortet werden wird. Es handelt sich bei dieser Frage meines Erachtens nicht um eine Entscheidung über die wirkliche Beschaffenheit der Natur, wie sie uns entgegentritt, sondern über die Zweckmäßigkeit und Bequemlichkeit der einen oder der anderen Einstellung unseres Denkens, womit wir der Natur gegenübertreten. Henri Poincaré hat ausgeführt, daß wir auf den wirklichen Raum ebensowohl die Euklidische wie eine beliebige nicht-Euklidische Geometrie anwenden dürfen, ohne eine Widerlegung durch Tatsachen befürchten zu müssen. Aber die physikalischen Gesetze, die wir finden, sind Funktion der Geometrie, die wir anwenden, und es kann sein, daß die eine Geometrie verwickelte, die andere weit einfachere physikalische Gesetze herbeiführt. Dann ist die eine Geometrie bequem, die andere unbequem, ohne daß doch die Worte

„richtig" oder „falsch" am Platze wären. Ähnlich dürfte es sich mit dem Postulat der unverbrüchlichen Kausalität verhalten. Es sind wohl kaum Erfahrungstatsachen denkbar, welche endgültig darüber entscheiden, ob das Naturgeschehen in Wirklichkeit absolut determiniert oder partiell unbestimmt ist, sondern höchstens darüber, ob die eine oder die andere Auffassung einen einfacheren Überblick über das Beobachtete erlaubt. Selbst bis zu dieser Entscheidung ist wohl noch eine lange Frist. Sind wir doch auch hinsichtlich der Geometrie der Welt nur um so sicherer, seitdem wir uns mit POINCARÉ unserer Wahlfreiheit bewußt geworden sind.

Erwiderung des Sekretars Hrn. Planck

Die Aufgabe, Ihnen, Herr Kollege SCHRÖDINGER, auf Ihre an die Akademie gerichteten Worte eine Erwiderung zu widmen, besitzt für mich einen mehrfachen Reiz, zunächst schon deshalb, weil ich zu denjenigen Ihrer Fachgenossen gehöre, die aus nächster Nähe beurteilen können, welche Bereicherung der Bestand der Akademie durch die Gewinnung Ihrer jugendlichen Kraft erfahren hat. Sodann aber muß gerade die dankenswerte Selbstüberwindung, welche Sie aufgebracht haben, um uns einen etwas tieferen Einblick in Ihre wissenschaftliche Gedankenwelt tun zu lassen, zu einem Meinungsaustausch über manche der von Ihnen angeregten Fragen einladen. Sie haben uns dabei wieder dieselbe Unabhängigkeit des Urteils und denselben frischen Wagemut offenbart, der Sie schon früh eigene Wege gehen hieß, und den wir von Ihren bisherigen Arbeiten[1] auf den allerverschiedensten Gebieten der Physik her kennen, mochten Sie nun die Dynamik elastisch gekoppelter Punktsysteme, oder die Theorie der BROWNschen Bewegung, oder den Kapillardruck in Gasblasen, oder die Akustik der Atmosphäre, oder die Möglichkeit einer exakten Farbenmetrik, oder die Interferenzfähigkeit stark divergierender Strahlen, oder die Gesetze der Gasentartung, oder die Grundlagen der Quantenmechanik in den Kreis Ihrer Interessen ziehen.

Heute ist es namentlich der von Ihnen angedeutete folgenschwere Gedanke, ob nicht die gegenwärtige Krisis der theoretischen Physik vielleicht auch dazu führen könnte, zugleich mit der klassischen Theorie auch das Kausalitätsgesetz seiner strengen Gültigkeit zu entkleiden, der zu einer näheren Erörterung auffordert. Und da Sie dem besagten Gedanken nicht nur nicht ablehnend, sondern eher, wie mir scheint, mit einer gewissen wohlwollenden Neutralität gegenüberstehen, so kann ich doch der Verlockung nicht widerstehen, hier einmal meinerseits mit einigen Worten für die streng kausale Physik[2] eine Lanze einzulegen, selbst auf die Gefahr hin, daß ich Ihnen als ein engherziger Reaktionär erscheine. Dazu treibt es mich um so mehr, als wir es ja hier mit einer Angelegenheit zu tun haben, die nicht allein die Physik angeht, und die, wenn sie nicht von der Physik befriedigend erledigt wird, sich weit über deren Grenzen hinaus vielleicht recht verhängnisvoll auswirken könnte.

Die Frage, ob die Gesetzmäßigkeiten, auf die wir in der Natur stoßen, im Grunde sämtlich nur Zufallscharakter besitzen, also statistischer Art sind, läßt sich auch folgendermaßen formulieren: sollen wir die Erklärung für die tatsächlich allenthalben auftretende Unsicherheit und Ungenauigkeit, die jeder einzelnen physikalischen Beobachtung anhaftet, stets nur in speziellen Eigentümlichkeiten des jeweils vorliegenden Falles suchen, sei es in der komplizierten Beschaffenheit des betrachteten physikalischen Objektes, sei es in der Unvollkommenheit der benutzten Meßgeräte einschließlich unserer Sinnesorgane, oder sollen wir die Unsicherheit weiter rückwärts verlegen in die Fassung der elementaren Grundgesetze der Physik?

Zunächst stimme ich Ihnen darin völlig bei, daß diese Frage im Grunde eine Frage der Zweckmäßigkeit ist. Denn eine jede physikalische Theorie ist ein Gerüst, das sich der Geist des Forschers nach freiem Ermessen, so gut er es eben vermag, zurechtzimmert, und wenn dasselbe seinen Zweck, ein möglichst getreues Abbild der Natur vorzustellen, auch noch so gut erfüllt, so wird man doch niemals beweisen können, daß es keiner Verbesserung fähig wäre.

Aber das Gerüst bedarf auf jeden Fall eines festen Grundes, wenn es nicht in der Luft stehen soll, und wenn das Postulat der unverbrüchlichen Kausalität sich nicht mehr wie bisher als Grundlage eignen sollte, so liegt doch zunächst einmal die Gegenfrage nahe, was denn nun für die „akausale" Physik als Grundlage eingeführt werden soll. Denn ganz ohne irgendeine Voraussetzung läßt sich doch überhaupt keine physikalische Theorie entwickeln, es sei denn, daß man die bloße Registrierung einzelner Beobachtungstatsachen schon als eine Theorie ausgeben wollte.

Doch ich will hier nicht einmal so weit gehen, eine Beantwortung dieser Frage zu verlangen. Es würde mir auch ganz genügen, wenn nur irgendein zwingender Grund dafür angegeben werden könnte, daß die kausale Physik nicht ausreicht, um den Tatsachen der Erfahrung gerecht zu werden, daß also vielleicht der Rahmen, in den sie die Naturereignisse einfassen will, zu eng gespannt ist. Nun weist aber gerade das Beispiel, welches Sie von Ihrem der Wissenschaft zu früh entrissenen Lehrer FRITZ HASENÖHRL angeführt haben, nach der entgegengesetzten Richtung. Denn daß die Atome eines Holzklotzes bei ihren schnellen unregelmäßigen Bewegungen zufällig einmal gerade alle nach oben fliegen, ist vom Standpunkt der kausalen Physik nicht nur nicht unmöglich, sondern sogar innerhalb eines hinlänglich langen Zeitraumes mit einiger Wahrscheinlichkeit zu erwarten, und gerade die experimentelle quantitative Bestätigung derartiger Schwankungsgesetze bedeutet in meinen Augen eine ausgezeichnete Stütze zugunsten des Postulates der strengen Kausalität, mit dessen Hilfe sie ja doch abgeleitet worden sind.

Einen Punkt gibt es allerdings in der bisherigen Physik, der einer Revision bedarf, und dieser Punkt ist es vermutlich auch, der den ganzen Zweifel an der Zuverlässigkeit des Kausalgesetzes hervorgerufen hat. Wir müssen künftig die bisher stets stillschweigend gemachte Voraussetzung fallen lassen, daß wir die Bedingungen, welche einen Vorgang kausal determinieren, auch stets experimentell bis zu einem prinzipiell unbeschränkten Grade von Genauigkeit verwirklichen können. Diese Voraussetzung ist in der Tat mit den Gesetzen der Quantenmechanik nicht vereinbar. Aber das ist in der exakten Naturwissenschaft durchaus nichts Unerhörtes. In der Biologie z. B. nimmt man es als etwas ganz Selbstverständliches hin; und doch arbeitet die Biologie durchaus mit dem Postulat der strengen Kausalität. Ja, ich glaube nicht zu weit zu gehen, wenn ich behaupte, daß in der Biologie die eigentliche Wissenschaft erst da anfängt, wo das Kausalgesetz in sie eingeführt wird.

So wird es, wie mir scheint, auch in der Physik künftig darauf ankommen, die Frage nach den Bedingungen, welche den Verlauf eines Naturvorganges eindeutig kausal bestimmen, grundsätzlich getrennt zu halten von der weiteren Frage, ob und inwieweit diese Bedingungen experimentell zu verwirklichen sind.

Wenn wir bedenken, daß bei neuartigen Problemen eine passende Formulierung der Aufgabe bekanntlich oft schon den halben Weg zu ihrer Lösung bedeutet, so dürfen wir hoffen, daß, von diesem Standpunkt aus gesehen, manche gegenwärtige Schwierigkeit sich einmal lösen und vielleicht auch manche Meinungsdifferenz sich als ein bloßer Streit um Worte entpuppen wird.

Und jetzt komme ich mit meinem letzten und stärksten Argument. Das ist der Hinweis auf die Erfolge, die in der geschilderten Richtung bereits erzielt worden sind. Hier kann ich mich angenehmerweise auf ein einziges glänzendes Beispiel beschränken, nämlich auf die Resultate Ihrer eigenen Arbeiten. Denn Sie sind es gewesen, der zuerst gezeigt hat, wie die raum-zeitlichen Vorgänge in einem atomaren Gebilde in der Tat vollständig determiniert werden können, allerdings nur unter der Voraussetzung, daß man als Elemente derselben nicht wie bisher die Bewegungen der Massenpunkte, sondern die Materiewellen ansieht, und wie die rätselhaften diskreten Eigenwerte der Energie des Gebildes mit absoluter Genauigkeit aus der von Ihnen aufgestellten Differentialgleichung zuzüglich der natürlichen Randbedingungen sich berechnen lassen, wobei die Frage nach dem physikalischen Sinn der Materiewellen zunächst noch ganz offen bleiben kann.

Möchte es Ihnen, verehrter Herr Kollege, gelingen, auf dieser von Ihnen eröffneten Bahn weiter vordringend, noch manche schöne Erfolge zu ernten. Das ist der zuversichtliche und aufrichtige Glückwunsch, mit dem ich Sie heute im Namen der Akademie willkommen heißen darf.

Anmerkungen zu den Reden und Dokumenten

Es bedeuten: (A) Antrittsrede, (E) Erwiderung, (G) Gedächtnisrede (siehe auch das Verzeichnis der Abkürzungen).

Allgemeine Anmerkung: Von den im vorliegenden Band aufgenommenen Antrittsreden, Erwiderungen und Gedächtnisreden sind folgende bereits der Sammlung „Max Planck in seinen Akademie-Ansprachen. Erinnerungsschrift der Deutschen Akademie der Wissenschaften zu Berlin", Akademie-Verlag Berlin 1948, abgedruckt (die Seitenzahlen des genannten Werkes sind beigefügt):
PLANK (A), S. 1–5; SCHWARZSCHILD (E), S. 15–17; EINSTEIN (A), S. 19–22; EINSTEIN (E), S. 22–25; E. SCHMIDT (E), S. 32–34; CARATHÉODORY (E), S. 32–34; LAUE (A), S. 35–37, LAUE (E), S. 37–39; RUBENS (G), S. 66–74; HAHN (A), S. 81–83; HAHN (E), S. 86–88; PASCHEN (A), S. 88–91; PASCHEN (E), S. 91–92; SCHRÖDINGER (A), S. 117–120; SCHRÖDINGER (E), S. 120–124.

Jacobi, C. G. J. (Brief) S. 35

[1] J. F. ENCKE war Sekretar der math.-physik. Klasse der Berliner Akademie der Wissenschaften und Direktor der Sternwarte.

[2] Sur le mouvement d'un point et sur un cas particulier du problème des trois corps. Lettre adressée à l'Académie des Sciences de Paris. Comptes rendus hebdomadaires des Séances de l'Acad. Sci. 3 (1836) S. 59–61.

[3] Über ein neues Integral für den Fall der drei Körper, wenn die Bahn des störenden Planeten kreisförmig angenommen und die Masse des gestörten vernachlässigt wird. Auszug aus einem Schreiben an die Akademie der Wissenschaften zu Berlin. MB 1836, Juliheft, S. 59–60. (Im Text des Originalbriefes wurden offensichtlich für die Zwecke der genannten Veröffentlichung folgende Streichungen von fremder Hand vorgenommen: „Um dieses Schreiben ..." bis „Sie betrifft". Außerdem wurden die für den Abdruck vorgesehenen Textstellen, d. h. der Brieftext ohne Einleitungs- und Schlußabsatz, markiert.) Der genannte Auszug ist nicht in den Gesammelten Werken von C. G. J. JACOBI abgedruckt.

Jacobi, C. G. J. (G) S. 37

[1] Introductio in analysis infinitorum, Vol. 1–2, Lausannae 1748, dt. Ausgabe von J. A. Ch. MICHELSEN, T. 1–3, Berlin 1788–1791.

[2] Disquisitiones analyticae de fractionibus simplicibus. Dissertatio inauguralis. Berolini 1825. Vgl. hier und im folgenden: Schriftenverzeichnis in P I, Sp. 1178–1181, Sp. 1576; P III, S. 689; GR I, S. 139, und DSB VII, S. 50–55; insbesondere C. G. J. JACOBI, Gesammelte Werke, Bd. 1–7 und Suppl., hrsg. von C. W. BORCHARDT (Bd. 1), K. WEIER-

STRASS (Bd. 2—7) und A. CLEBSCH (Suppl.), Berlin 1881—1891. Verzeichnis der Abhandlungen JACOBIS in: Gesammelte Werke, Bd. 7, Berlin 1891, S. 425—440 (vgl. auch die dort gegebenen Nachweise der Erstveröffentlichungen). Vgl. außerdem: K.-R. BIERMANN, Eine unveröffentlichte Jugendarbeit C. G. J. Jacobis über wiederholte Funktionen, J. reine und angew. Math. **207** (1961) S. 96—112.

3 Mémoires acad. sci. Berlin 1792/1793, S. 247—257, vgl. auch Mém. 1775, S. 183—272.

4 Wintersemester 1825/1826: Über die Anwendung der höheren Analysis auf die Theorie der Oberflächen und die Curven doppelter Krümmung. Vorlesung Privatim. Vgl. das Verzeichnis der JACOBIschen Vorlesungen in: Ges. Werke, Bd. 7, S. 409—412.

5 Journal für die reine und angewandte Mathematik, hrsg. von A. L. CRELLE (1825—1855), fortgesetzt von W. BORCHARDT, K. WEIERSTRASS, L. KRONECKER u. a. (Zitiertitel auch: Crelles Journal).

6 Fundamenta nova theoriae functionum ellipticarum, Regiomonti 1829.

7 Canon arithmeticus sive tabulae, quibus exhibentur pro singulis numeris primis vel primorum potestatibus infra 1000 numeri ad datos indices et indices ad datos numeros pertinentes, Berolini 1839 (nicht in JACOBIS Ges. Werken abgedruckt).

8 JACOBI veröffentlichte in dieser Zeitschrift 113 Beiträge.

9 Ges. Werke, Bd. 6, S. 3—11, und Bd. 4, S. 1—15 und S. 17—29.

10 Über eine besondere Gattung algebraischer Functionen, die aus der Entwicklung der Function $(1 - 2xz + z^2)^{1/2}$ entstehen, Ges. Werke, Bd. 6, S. 21—25.

11 De residuis cubicis commentatio numerosa, Ges. Werke, Bd. 6, S. 233—237.

12 A. M. LEGENDRE, Exercise de calcul intégral, T. 1—3, Paris 1811—1819.

13 Vgl. NIELS HENDRIK ABEL, Oeuvres complétes, Bd. 1—2, Kristiania, Leipzig 1881.

14 C. F. GAUSS, Disquisitiones arithmeticae, Lipsiae 1801, und GAUSS, Werke, Bd. 1, Leipzig 1870.

15 Siehe Anm. 1, Verzeichnis der Abhandlungen JACOBIS, speziell die der Jahre 1827—1829.

16 A. M. LEGENDRE, Théorie des fonctions elliptiques et des intégrales Eulériennes, 2 Bde. und 3 Suppl., Paris 1825—1828. Vgl. dazu auch JACOBI, Anzeige von Legendre, Théorie des fonctions elliptiques, troisième supplément, Ges. Werke, Bd. 1, S. 373—382.

17 Notices sur les fonctions elliptiques (1828/1829), Ges. Werke, Bd. 1, S. 249—265 und S. 266—275.

18 6. April 1829.

19 Siehe Anm. 4, Verzeichnis der JACOBIschen Vorlesungen.

20 Vorläufige Mittheilung über den von Lagrange behandelten Fall der Rotation eines schweren Körpers, MB 1850, Februarheft, S. 77, und Sur la rotation d'un corps (1849), Ges. Werke, Bd. 2, S. 289—352.

21 Die Abhandlung ABELS, Untersuchung über eine allgemeine Eigenschaft einer sehr verbreiteten Klasse transzendenter Funktionen, enthält das sogenannte „Abelsche Theorem". Die Arbeit wurde am 30. 10. 1826 der Pariser Akademie der Wissenschaften überreicht, jedoch erst postum veröffentlicht: ABEL, Mémoire sur une propriété générale d'une classe très étendue de fonctions transcendantes, Mém. prés. Acad. Sci. Paris (2) 7 (1841) S. 176—264; abgedruckt auch in ABEL, Oeuvres, 2 éd., I, S. 145—211.

22 Vgl. dazu: Considerationes generales de transcendentibus Abelianis (1832), Ges. Werke, Bd. 2, S. 5—16, und De functionibus duarum variabilium quadrupliciter periodicis, quibus theoria transcendentium Abelianarum innititur (1835), Ges. Werke, Bd. 2, S. 23—50, dt. Ausgabe in Ostwalds Klassiker der exakten Wissenschaften, Nr. 64, Leipzig 1895.

23 Vgl. A. GÖPEL, Theoria transcendentium Abelianarum primi ordinis adumbratio levis, Crelles Journal **35** (1847) S. 277—312, dt. Ausgabe in Ostwalds Klassiker der exakten Wissenschaften, Nr. 67, Leipzig 1895, und G. ROSENHAIN, Mémoire sur les fonctions de deux variables et à quatre periodes qui sont les inverses des intégrales ultraelliptiques de la première classe, Mém. sav. étr. Acad. Sci. Paris (2) **11** (1851) S. 361—468, dt. Ausgabe in Ostwalds Klassiker der exakten Wissenschaften, Nr. 65, Leipzig 1895.

24 Ende August bis Mitte Oktober 1829.

25 A. L. CAUCHY, Exercices mathématiques, Paris 1826—1829.

26 Observatio arithmetica de numero classium divisorum quadraticorum formae $yy + Azz$, designante A numerum primum formae $4n + 3$ (1832), Ges. Werke. Bd. 6, S. 240—244;

vgl. dazu: Über die Kreistheilung und ihre Anwendung auf die Zahlentheorie (1837), Ges. Werke, Bd. 6, S. 254—274.

[27] C. F. GAUSS, Theoria residuorum biquadraticorum commentatio prima et secunda (1828 und 1832), in GAUSS, Werke, Bd. 2.

[28] Vgl. Ges. Werke, Bd. 6 (Zahlentheoretische Abhandlungen) und das Verzeichnis der postum veröffentlichten Abhandlungen JACOBIS, ebd., Bd. 7, S. 437—439.

[29] De transformatione integralis duplicis indefiniti . . . (1832), Ges. Werke, Bd. 3, S. 91—158.

[30] (postum veröffentlicht): Über diejenigen Probleme der Mechanik, in welchen eine Kräftefunction existirt, und über die Theorie der Störungen. Mitgeteilt durch A. Clebsch. Ges. Werke, Bd. 5, S. 217 bis 395.

[31] S. D. POISSON, Mémoire sur l'attraction d'un ellipsoide homogène, Mém. Acad. Sci. Paris (2) **13** (1835) und Sur l'attraction d'un ellipsoide heterogène, Connaiss. des temps 1837. Vgl. auch JACOBI, Sur un theorème de Poisson (1840), Ges. Werke, Bd. 4, S. 143—146, und Briefwechsel zwischen C. G. J. JACOBI und M. H. JACOBI, hrsg. von W. AHRENS, Leipzig 1907, S. 76—77 (Brief Nr. 26).

[32] Über die Figur des Gleichgewichts (1834), Ges. Werke, Bd. 2, S. 17—22.

[33] Vgl. Ges. Werke, Bd. 7, insbes. S. 3—39.

[34] Vgl. Ges. Werke, Bd. 4, insbes. S. 39—136.

[35] (1827), Ges. Werke, Bd. 4, S. 17—29.

[36] Vgl. Ges. Werke, Bd. 3, insbes. S. 191—268 und S. 393—438 (De determinantibus functionalibus, 1841).

[37] Brief von C. G. J. JACOBI vom Jahre 1824 (vgl. KOENIGSBERGER, S. 10—11). Bezüglich der Briefe JACOBIS vgl. Übersicht über die Bestände des Archivs der Deutschen Akademie der Wissenschaften zu Berlin, bearb. von CHR. KIRSTEN, Berlin 1960, S. 39 (Nachlaß C. G. J. JACOBI) und auch des Bestandsverzeichnis von D. WATTENBERG, Astronomen-Briefe in Archiven und Bibliotheken der Deutschen Demokratischen Republik, Berlin 1974, S. 58 und 127 (Briefe von C. G. J. JACOBI). Vgl. auch L. KOENIGSBERGER, C. G. J. Jacobi, Festschrift, Leipzig 1904.

[38] Grand Prix des Sciences mathématiques, 1841 (3.000 fr.).

[39] MARIE JACOBI geb. SCHWINCK. Vgl. hier und im folgenden auch den Briefwechsel zwischen C. G. J. JACOBI und M. H. JACOBI, Leipzig 1907.

[40] Gemeint ist HEINRICH THEODOR VON SCHÖN, Oberpräsident der Provinz Preußen.

[41] JACOBIS Vortrag lautete: On a new general principle of analytical mechanics, Reports of the Twelfth Meeting of the British Association for the Advancement of Science, held at Manchester in June 1842, Transactions of the Sections, S. 2—4, frz. Ausgabe in Ges. Werke, Bd. 4, S. 289—294.

[42] Diabetes mellitus.

[43] Giornale Arcadio, Vgl. Verzeichnis der Abhandlungen JACOBIS, Ges. Werke, Bd. 7, S. 432—433.

[44] Theoria novi mulitiplicatoris systemati aequationum differentialium vulgarium applicandi, pars 1 (1844), pars 2 (1845), Ges. Werke, Bd. 4, S. 317—394 und S. 395—509.

[45] Veröffentlicht 1847, Ges. Werke, Bd. 7, S. 332—344 und S. 417—418.

Magnus (WV) S. 55

[1] Ueber die Eigenschaft metallischer Pulver, sich bei der gewöhnlichen Temperatur von selbst in der atmosphärischen Luft zu entzünden, Pogg. Ann. **3** (1825) S. 81—88.

[2] Ueber die Weinschwefelsäure, ihren Einfluß auf die Aetherbildung, und über zwei neue Säuren ähnlicher Zusammensetzung, Pogg. Ann. **27** (1833) S. 367—388.

[3] Pogg. Ann. **28** (1833) S. 514—525 (zusammen mit CHR. F. AMMERMÜLLER).

[4] Pogg. Ann. **40** (1837) S. 583—606.

Magnus (G) S. 56

[1] A. W. HOFMANN, Zur Erinnerung an Gustav Magnus. Nach einem am 14. December 1870 in der General-Versammlung der Deutschen Chemischen Gesellschaft zu Berlin gehaltenen

Vortrage; erschien als Separatdruck (Berlin 1871, 111 S. mit Titelbild und Faksimilebrief) und in: A. W. HOFMANN, Zur Erinnerung an vorangegangene Freunde. Gesammelte Gedächtnisreden, Bd. 1, Braunschweig 1888, S. 43—194 (Literaturnachweise S. 192 bis 194). Als Quelle wird Ber. dt. chem. Gesellsch. **3** (1870) S. 993 angegeben. In dem genannten Band der Berichte der dt. chem. Gesellsch. heißt es (S. 984): „Auf Aufforderung des Präsidenten [C. RAMMELSBERG] verliest dann Hr. A. W. Hofmann Bruchstücke aus einem Aufsatz ‚Zur Erinnerung an Gustav Magnus' ". In einer Fußnote zu dieser Notiz wird auf S. 993 verwiesen, wo die Gedächtnisrede beginnen sollte. Da jedoch in dem genannten Band der Berichte auf S. 993 das Register beginnt, ist offensichtlich der vorgesehene Abdruck der Rede (wahrscheinlich wegen nicht fristgemäßer Fertigstellung) unterblieben, die nicht mehr zutreffende Quellenangabe (S. 993) jedoch nicht getilgt worden. — Schriftenverzeichnis in P II, Sp. 14—15; P III, S. 856; GR I, S. 178—179, und DSB IX, S. 18—19.

[2] Cauersches Privatinstitut, eine private höhere Lehranstalt in Berlin, begründet von L. CAUER (um 1820), dann in Berlin-Charlottenburg, später Kaiserin-Augusta-Gymnasium.

[3] Über die Mineralanalyse. Habilitationsschrift, Berlin 1831.

[4] Technisches Gewerbeinstitut zu Berlin, Klosterstraße 36, gegründet 1820, seit 1866 Gewerbeakademie, 1879 mit der Bauakademie zur Technischen Hochschule Berlin vereinigt.

[5] Pogg. Ann. **55** (1842) S. 1—27.

[6] Pogg. Ann. **61** (1844) S. 225—247; vgl. auch die Arbeit von MAGNUS: Über die Kraft, welche zur Erzeugung von Dämpfen erforderlich ist, ebd., S. 248—254.

[7] 1843.

[8] Siehe MAGNUS (WV), Anm. 4.

[9] 1859.

[10] Pogg. Ann. **88** (1853) S. 1—29.

[11] Über die Bewegung der Flüssigkeiten, Pogg. Ann. **80** (1850) S. 1—36. Vgl. auch MAGNUS, Hydraulische Untersuchungen, Leipzig 1855 und 1859 (Separatdruck aus Pogg. Ann. **95** (1855) und **106** (1859)).

[12] Vgl. J. W. VON GOETHE, Die Schriften zur Naturwissenschaft, hrsg. von G. SCHMID u. a., T. 1: Texte, 11 Bde., Weimar 1947 bis 1970, T. 2: Supplemente und Kommentare (in Vorbereitung).

[13] Pogg. Ann. **83** (1851) S. 469—504; vgl. auch Phys. Abh. 1851, S. 1—32, und den Auszug in MB 1851, S. 179—188.

Jacobi, M. H. (WV) S. 67

[1] Vgl. die Erwähnungen des beabsichtigten Wahlvorschlages in: Briefwechsel zwischen C. G. J. Jacobi und M. H. Jacobi, hrsg. von W. AHRENS, Leipzig 1907, S. 112, S. 118 und S. 146. Dort heißt es (S. 112): „Da Deine Spezialität in den Academien keine Vertreter findet, so kommst Du in academischen Ehren zu kurz. Hier hat man in der math.-phys.-naturhistorischen Abtheilung die Zahl der Correspondenten auf 100 fixirt u. sie auf die verschiednen Fächer vertheilt. Man will Dich nur mit Lenz zusammen wählen, aber zuerst noch Daniell, Seebeck, Wheatstone, Regnault, Bunsen, Pelouze. Wahrscheinlich wird Dich Magnus vorschlagen. Dass Deine wichtigsten Arbeiten nicht diejenigen sind, welche Du bekannt machen kannst, ist freilich nicht fördersam. . . ." (C. G. J. JACOBI an M. H. JACOBI am 25. 11. 1844 aus Berlin).

[2] Erste Anzeige von seiner Erfindung der Galvanoplastik 1838, Oct. 5, Bull. sci. Acad. St. Pétersbourg **4** (1838), und ders., Die Galvanoplastik, St. Pétersbourg 1840. Verzeichnis der Schriften von M. H. JACOBI in: Briefwechsel zwischen C. G. J. Jacobi und M. H. Jacobi, Leipzig 1907, Anhang IV, S. 250—262; vgl. außerdem P I, Sp. 1177—1178; P. III, S. 680—681, und DSB VII, S. 55—56.

[3] Mémoire sur l'application de l'électro-magnetisme au mouvement des machines, Potsdam 1835.

4 Ueber die Inductions-Phaenomene beim Oeffnen und Schließen einer Volta'schen Kette Bull. sci. Acad. St. Pétersbourg 4 (1838), Sp. 212–224.
5 Ueber die Gesetze der Electromagnete, Bull. sci. Acad. St. Pétersbourg 4 (1838) Sp. 337 bis 367, und Bull. Classe physico-math. Acad. Sci. St. Pétersbourg 2 (1844) Sp. 65–108 (zusammen mit E. Lenz).
6 Vgl. Galvanische und electromagnetische Versuche; erschienen in verschiedenen Reihen, vgl. dazu Schriftenverzeichnis (s. Anm. 2) in Briefwechsel ... S. 256–258.
7 Sur quelques expérience concernant la mesure des résistances, Bull. Classe physico-math. Acad. Sci. St. Pétersbourg 17 (1859) Sp. 321–324. Die 1859 veröffentlichte Arbeit ist für die Datierung des WV, der ohne Datum vorliegt, wichtig, da diese Arbeit als eben erschienen im WV bezeichnet wird. (W. Ahrens als Herausgeber des Schriftenverzeichnisses von M. H. Jacobi gibt für die genannte Arbeit Jacobis als Erscheinungsjahr 1858 in eckigen Klammern an.).

Helmholtz (G) S. 68

1 Gemeint sind die Réfugiès, die aus Frankreich geflüchteten Hugenotten (nach der Aufhebung des Edikts von Nantes 1685); die Familie Sauvages gehörte zu den Hugenottenfamilien. (Die Sauvages waren in Prenzlau ansässig.)
2 Militärärztliche Akadèmie in Berlin, gegründet 1795, offiziell bis 1828 als Pépinière, dann als Medizinisch-Chirurgisches Friedrich-Wilhelm-Institut benannt.
3 Berlin 1877, 36 S.
4 Siehe Anm. 2.
5 Berlin; vgl. dazu Schriftenverzeichnis in P I, Sp. 1059–1060, P III, S. 611–612, P IV, S. 612–613, P VIIa, Suppl. S. 267, GR I, S. 123–124, und DSB VI, S. 241–253, sowie das „Titelverzeichnis sämmtlicher Veröffentlichungen von Hermann von Helmholtz" in: Helmholtz, Wissenschaftliche Abhandlungen, Bd. 3, Leipzig 1895, S. 605–636.
6 Bd. 35, Berlin 1846, S. 523–567.
7 Zurest abgedruckt in: Fortschritte der Physik 1 (1845), Berlin 1847, S. 346–355.
8 Julius Robert Mayer, Bemerkungen über die Kräfte der unbelebten Natur, Liebigs Ann. Chem. 42 (1842); erweitert zu: Die organische Bewegung in ihrem Zusammenhang mit dem Stoffwechsel, Heilbronn 1845, und zu: Bemerkungen über das mechanische Aequivalent der Wärme, Heilbronn 1851.
9 Siehe auch: Chastelet (P I, Sp. 424–425), Paris 1740.
10 1854; Zitat, S. 43.
11 Königsberger naturwissenschaftliche Unterhaltungen 2 (1850) 2, S. 169–189.
12 Vgl. Ernst Wilhelm Brücke, Anatomische Beschreibung des Augapfels, Berlin 1847.
13 Vgl. Helmholtz, Beschreibung eines Augenspiegels zur Untersuchung der Netzhaut im lebenden Auge, Berlin 1851, und Ueber eine neue einfachste Form des Augenspiegels, Vierordts Archiv für physiologische Heilkunde 11 (1852) S. 827–852.
14 Vgl. Helmholtz, Ueber den Einfluß der Raddrehung der Augen auf die Projektion der Retinabilder nach Außen, Verh. naturhistor.- medizin. Verein Heidelberg 3 (1865) S. 170–171.
15 Vgl. Helmholtz, Das Telestereoskop, Pogg. Ann. 102 (1857) S. 167–175.
16 Vgl. Helmholtz, Ueber den Horopter, Gräfes Archiv für Ophtalmologie 10 (1864) Abt. 1, S. 1–60.
17 Bd. 1–3, Hamburg 1856–1867.
18 Braunschweig 1863.
19 J. reine u. angew. Math. 57 (1859) S. 1–72.
20 Vgl. Helmholtz, Die Mechanik des Gehörknöchelchens und des Trommelfells, Pflügers Archiv für Physiologie 1 (1869) S. 1–60.
21 Vgl. u. a. Helmholtz, Ueber das Heufieber, Virchows Archiv für patholog. Anatomie 46 (1869) S. 100–102.
22 Vgl. Du Bois-Reymond, Untersuchungen über thierische Elektricität, Bd. 1 und 2, 1 und 2, 2 (T. 1–2), Berlin 1848–1884.

[23] Helmholtz, Die Resultate der neueren Forschungen über thierische Elektricität, Kieler Allgemeine Monatsschr. für Wiss. und Litteratur, Jg. 1852, S. 294—309 und S. 366—377.

[24] Vgl. MB 1867, S. 572—597.

[25] Vgl. Helmholtz, Ueber die Dauer und den Verlauf der durch Stromesschwankungen inducirten electrischen Ströme, MB 1851, S. 287—290, und Pogg. Ann. **83** (1851) S. 505 bis 540.

[26] E. Weber und W. Weber, Mechanik der menschlichen Gehwerkzeuge, Göttingen 1836.

[27] Vgl. Helmholtz, Bericht betreffend Versuche über die electromagnetische Wirkung electrischer Convection, ausgeführt von Henry A. Rowland, Pogg. Ann. **158** (1856) S. 487—493, sowie den Wahlvorschlag für H. A. Rowland in: Physiker über Physiker I, S. 150—151 (WV Nr. 34).

[28] Vgl. Helmholtz, Bericht über Versuche des Hrn. Dr. E. Root aus Boston, die Durchdringung des Platins mit electrolytischen Gasen betreffend, Pogg. Ann. **159** (1876) S. 416—420.

[29] Ueber die Theorie der Elektrodynamik (1. Abh.), Verh. naturhistor.-medizin. Verein Heidelberg **5** (1870) S. 84—89; (2. Abh.), J. reine und angew. Math. **75** (1873) S. 35—66, und (3. Abh.), ebd. **78** (1874) S. 273—324.

[30] Wied. Ann. **17** (1882) S. 42—54.

[31] Entsprechend der zeitgenössischen Vorstellung von der Existenz eines Äthers.

[32] On the modern development von Faraday's conception of electricity, J. Chem. Soc. (London), June 1881.

[33] Helmholtz, Das Princip der kleinsten Wirkung in der Elektrodynamik, SB 1892, S. 459—475, und Wied. Ann. **47** (1892) S. 1—26 sowie Nachtrag zu diesem Aufsatz in Helmholtz, Wiss. Abhandlungen, Bd. 3, S. 597—603.

[34] Auffassung vom sogenannten Wärmetod der Erde, die damals auf Grund des zweiten Hauptsatzes der Wärmelehre diskutiert wurde.

[35] J. reine und angew. Math. **55** (1858) S. 25—55.

[36] Réponse à la Note de M. J. Bertrand du 19. octobre, Comtes rendus Acad. sci. (Paris) **67** (1868) S. 1034—1035.

[37] MB 1868, S. 215—218.

[38] Verh. naturhistor.-medizin. Verein Heidelberg **5** (1869) S. 1—7.

[39] Sitz. Ber. Akad. Wiss. Wien **40** (1860) S. 607.

[40] Helmholtz, Vorträge und Reden, 4. Auflage, Braunschweig 1896, Bd. 1, S. 231—263 und S. 418—422.

[41] MB 1873, S. 501—514.

[42] (1875), Helmholtz, Vorträge und Reden, Bd. 2, S. 137—163.

[43] SB 1888, S. 647—663, und Meteor. Z. **5** (1888) S. 329—340, (1. Mitt.); SB 1889, S. 761 bis 780, (2. Mitt.).

[44] SB 1890, S. 853—872, und Wied. Ann. **41** (1890) S. 641—662.

[45] Vgl. SB 1884, S. 159—177, S. 311—318 und S. 755—759 sowie J. reine und angew. Math. **97** (1884) S. 111—140 und S. 317—336.

[46] Vgl. J. reine und angew. Math. **100** (1886) S. 137—166 und S. 213—222, sowie SB 1887, S. 225—236.

[47] Vgl. dazu die Arbeiten: Ueber den Ursprung der richtigen Deutung unserer Sinneseindrücke, Z. Psychol. Physiolog. Sinnesorgane **7** (1894) S. 81—96; Ueber die Thatsachen, die der Geometrie zu Grunde liegen, Nachr. Gesellsch. Wiss. Göttingen 1868, 9, S. 193 bis 221; Zählen und Messen, erkenntnistheoretisch betrachtet, in: Philos. Aufsätze, Eduard Zeller zu seinem fünfzigjährigen Doctorjubiläum gewidmet, Leipzig 1887, S. 17—52.

[48] Vgl. Die Thatsachen in der Wahrnehmung, Rede gehalten 1878, in: Helmholtz, Vorträge und Reden, S. 212—247, Zitat: S. 236.

[49] Wissenschaftliche Abhandlungen, Bd. 1—3, Leipzig 1882—1895.

[50] Vorträge und Reden, erschienen als 3. Auflage von: Populäre wissenschaftliche Vorträge, Bd. 1—2, Braunschweig 1884.

[51] Malapterurus Lac., Zitterwels, sog. elektrische Fische, die im Nil u. a. leben.

[52] Berlin 1890.

[53] Helmholtz-Stiftung (1891), vgl. dazu Statuten und Reglements der Kgl. Preuß. Akad. Wiss., Berlin 1907/1908, W. Hartkopf, Die Akademie der Wissenschaften der DDR, Berlin 1975, S. 53—55.

Kirchhoff (Brief) S. 100

[1] Mechaniker in Heidelberg.

Kirchhoff (G) S. 101

[1] Vgl. Gesammelte Abhandlungen, Leipzig 1882, Nachtrag, hrsg. von L. Boltzmann, Leipzig 1891; Schriftenverzeichnis in P I, S. 1260–1261, P III, S. 720–721, P IV, S. 750–751, GR I, S. 148–149, und DSB VII, S. 379–383.
[2] Pogg. Ann. **64** (1845) S. 497–514 und **67** (1846) S. 344–349.
[3] Ableitung der Ohmschen Gesetze, welche sich an die Theorie der Elektrostatik anschließt, Pogg. Ann. **78** (1849) S. 506–513.
[4] Verh. naturhistor.-medizin. Verein Heidelberg 1859; Abh. (Phys.) 1861, S. 63–95 (T. 1) und S. 227–240 (T. 2).
[5] MB 1859, S. 662–665; Ges. Abhandlungen, S. 564–566.
[6] MB 1859, S. 783–787; Ges. Abhandlungen, S. 566–571.
[7] G. R. Kirchhoff und R. Bunsen, Chemische Analyse durch Spectral-Beobachtungen, Pogg. Ann. **110** (1860) S. 161–189 (1. Abh.) und **113** (1861) S. 337–381 (2. Abh.), Ges. Abhandlungen, S. 598–625; diess., Zur Geschichte der Spectral-Analyse und der Analyse der Sonnenatmosphäre, Pogg. Ann. **118** (1863) S. 94–111; Ges. Abhandlungen, S. 625 bis 641. Vgl. auch Physiker über Physiker I, Dokument Nr. 5.
[8] Vorlesungen über mathematische Physik, Bd. 1, Leipzig 1876. Bd. 2–4 wurden postum veröffentlicht und von K. Hensel bzw. M. Planck herausgegeben.
[9] Vgl. dazu auch E. Warburg, Zur Erinnerung an Gustav Kirchhoff, Naturwiss. **13** (1925) S. 205–212 (mit Auszügen aus Briefen von Kirchhoff an dessen Familie).
[10] Horaz, Oden (III, 30, 6); Zitat lautet sinngemäß: Nicht ganz werde ich vergehen, und vieles von mir wird weiterleben.

Siemens (A) S. 106

[1] Vgl. hier und im folgenden die Anm. zu Siemens (G).
[2] 1860.

Siemens (E) S. 108

Leibniz-Tag der Akademie der Wissenschaften.

Siemens (G) S. 111

[1] Schriftenverzeichnis in P II, Sp. 924–926, P III, S. 1244–1245, P VIIa, Suppl. S. 632–639; GR I, S. 258–259; DSB XII, S. 424 – 425, und F. M. Feldhaus, Siemens-Bibliographie, Geschichtsblätter für Technik, Industrie und Gewerbe **1** (1914) S. 10–15.
[2] 1. Auflage Berlin 1892; vgl. außerdem: Werner von Siemens. Ein kurzgefaßtes Lebensbild nebst einer Auswahl seiner Briefe, hrsg. von C. Matschoss, Bd. 1–2, Berlin 1916, sowie S. von Weiher, Werner von Siemens, Göttingen 1970, und Naturwiss. **4** (1916) S. 757–827.

[3] Vgl. M. H. JACOBI (WV), S. 67.
[4] Kedabek (Ort südwestlich von Kirowograd), Aserbaidshanische SSR.
[5] Vgl. Kurze Darstellung der an Preussischen Telegraphenlinien mit unterirdischen Leitungen gemachten Erfahrungen, Berlin 1851 (siehe auch SIEMENS, Ges. Abh., S. 88—111).
[6] Vorschlag eines reproducirbaren Widerstandsmaßes, Pogg. Ann. **110** (1860) S. 1—20 sowie Ueber Widerstandsmaße und die Abhängigkeit des Leitungswiderstandes der Metalle von der Wärme, Pogg. Ann. **113** (1861) S. 91—105, und Zur Frage der Widerstands-Einheit, Pogg. Ann. **127** (1866) S. 327—343.
[7] Pogg. Ann. **102** (1857) S. 66—122.
[8] Oxford 1873.
[9] Siehe M. H. JACOBI (WV), Anm. 6, S. 273.
[10] Vgl. W. WEBER und R. KOHLRAUSCH, Fünf Abhandlungen über absolute elektrische Strom- und Widerstandsmessung, Leipzig 1904 (Ostwalds Klassiker der exakten Wissenschaften; Nr. 142).
[11] Vgl. die Notiz über das Widerstands-Etalon von W. SIEMENS und J. G. HALSKE, Pogg. Ann. **120** (1863) S. 512 (verfaßt von J. CHR. POGGENDORFF).
[12] Siehe Anm. 14, Zit. S. 58.
[13] Vgl. Physiker über Physiker I, WV für AUGUST TOEPLER, S. 88—89.
[14] MB 1867, S. 55—58 (auch in SIEMENS, Ges. Abh., S. 297—300).
[15] Vgl. SIEMENS, Ueber die dynamo-elektrische Maschine und deren Verwendung zum Betrieb von elektrischen Eisenbahnen, Vortrag im Elektrotechnischen Verein vom 27. Januar 1880, abgedruckt in: SIEMENS, Ges. Abh., S. 491—510.
[16] Vgl. dazu im einzelnen SIEMENS, Gesammelte Abhandlungen und Vorträge, Berlin 1881; 2. Auflage erschien unter dem Titel: Wissenschaftliche und technische Arbeiten, Bd. 1—2, Berlin 1889—1891.
[17] Beiträge zur Theorie des Elektromagnetismus, MB 1881, S. 697—719, und Beiträge zur Theorie des Magnetismus, SB 1884, 2, S. 965—989.
[18] Über das Leuchten der Flamme, SB 1882, 2, S. 961—965.
[19] Vgl. Über die Zulässigkeit der Annahme eines elektrischen Sonnen-Potentials und dessen Bedeutung zur Erklärung terrestrischer Phänomene, SB 1883, 1, S. 625—646.
[20] Ueber die Erhaltung der Kraft im Luftmeere der Erde, SB 1886, 1, S. 261—275; Zur Frage der Luftströmung, Meteor. Z. **4** (1887) S. 425—428; Über das allgemeine Windsystem der Erde, SB 1890, 2, 629—639; Zur Frage der Ursachen der atmosphärischen Ströme, Meteor. Z. **8** (1891) S. 336—337.
[21] Vgl. SIEMENS, Lebenserinnerungen, Berlin 1892, insbes. Anhang: Wissenschaftliche Arbeiten, S. 301.

Landolt (A) S. 124

[1] Abh. 1818/1819, S. 427—437.
[2] Leipzig 1882.
[3] Braunschweig 1882.
[4] Leipzig 1882.
[5] Wien 1882.
[6] Breslau 1864.

Landolt (E) S. 127

[1] Vgl. A. W. HOFMANN, Zur Geschichte der Pyridinbasen, MB 1881, S. 763—774.
[2] (griech.) Sprachfehler.

Landolt (G) S. 130

[1] Mitt. Naturforsch. Gesellsch. Zürich Nr. 61 und Liebigs Ann. Chem. **78** (1851) S. 91–96; Mitt. Naturforsch. Gesellsch. Zürich Nr. 72–74 und Liebigs Ann. **84** (1852) S. 44–68. Schriftenverzeichnis in: Ber. dt. chem. Gesellsch. **44** (1911) S. 3387–3394; P I, Sp. 1366; P III, S. 771; P IV, S. 834–835; P V, S. 706; GR I, S. 168; GR II, S. 100, und DSB VII, S. 619–620.
[2] Untersuchungen über Arsenäthyle, Breslau 1853, Diss.
[3] Veröffentlicht in Pogg. Ann. **99** (1856) S. 389–417.
[4] **117** (1862) S. 353–385; **122** (1864) S. 545–563; **123** (1864) S. 595–628.
[5] A. Beer, Einleitung in die höhere Optik, Braunschweig 1853.
[6] Liebigs Ann. Chem. Suppl. 6 (1868) S. 346–353.
[7] Liebigs Ann. Chem. **189** (1877) S. 241–337.
[8] Braunschweig 1898, 2. Auflage.
[9] Berlin.
[10] Gemeint ist die 3. Auflage von 1905.
[11] SB 1885–1887 (1.–4. Mitt.) (vgl. im einzelnen GR I, S. 168).
[12] In Berlin waren um 1905 folgende Herstellerfirmen tätig: E. Mentz (vormals H. Fleischer) für chemische und analytische Waagen, L. Reimann (seit 1839) für analytische Waagen und Gewichte, physikalische Apparate u. ä. und Paul Stückrath für Luftpumpen, Waagen, Seismographen u. a. Vgl. dazu Adreßbuch der lebenden Physiker, Mathematiker und Astronomen des In- und Auslandes und der technischen Hilfskräfte, zusammengestellt von Friedrich Strobel, Leipzig 1905, S. 19–21.
[13] Vgl. Z. physik. Chem. **68** (1909) S. 169–174.
[14] Untersuchungen über etwaige Änderungen des Gesammtgewichtes chemisch sich umsetzender Körper, SB 1893, S. 301–334, und (mit geringfügig geändertem Titel) in SB 1906, 1, S. 266–298, und SB 1908, 1, S. 354–387; in ausführlicher Bearbeitung erschienen unter dem Titel „Über die Erhaltung der Masse bei chemischen Umsetzungen", aus dem Nachlaß hrsg. von W. Marckwald, Abh. 1910, Phys.-math. 1, 158 S.

Bezold (A) S. 138

[1] Vgl. Bezold, Kurzer Bericht über die Vorbereitungen zur Umgestaltung des Königlich Preußischen Meteorologischen Instituts während des Jahres 1886, in: Ergebnisse der Meteorologischen Beobachtungen im Jahre 1885, Berlin 1887, S. XVII–XIX; vgl. auch G. Hellmann, Geschichte des Königlich Preußischen Instituts von seiner Gründung im Jahre 1847 bis zu seiner Reorganisation im Jahre 1885, ebd. S. XX-XXVIII.

Bezold (E) S. 141

[1] H. Wild, Die Temperatur-Verhältnisse des Russischen Reiches, St. Petersburg 1877 bis 1881 (Repertorium für Meteorologie, Suppl. Bde).
[2] J. Hann, Temperaturverhältnisse der österreichischen Alpenländer, Sitz. Ber. Akad. Wiss. Wien, 1884–1885.
[3] Vgl. Meteorologisch-Magnetisches Observatorium bei Potsdam, Potsdam 1912.
[4] Astrophysikalisches Observatorium Potsdam.

Bezold (G) S. 143

1 Zur Theorie des Condensators, Göttingen 1860. Diss., Auszug in Pogg. Ann. **114** (1861) S. 404—439. Vgl. Schriftenverzeichnis in: G. Hellmann, Wilhelm von Bezold, Gedächtnisrede. Mit einem Verzeichnis der wissenschaftlichen Veröffentlichungen Bezolds. In: Verh. Dt. Physikal. Gesellsch. 1907, S. 258—283, insbes. S. 278 ff. (Separatdruck: Braunschweig 1907). Vgl. auch P III, S. 125; P IV, S. 116—117; P V, S. 107; P VIIa, Suppl. S. 87—88 sowie GR I, S. 23 und GR II, S. 10.
2 **125** (1865) S. 132—137 und **137** (1869) S. 223—247.
3 Ueber die physikalische Bedeutung der Potential-Function in der Elektricitätslehre, Habilitationsschrift München 1861.
4 Untersuchungen über den Elektrophor, Sitz Ber. Akad. Wiss. München 1870, T. 2, S. 134—153 und Pogg. Ann. **143** (1871) S. 52—87 sowie Theorie des Elektrophors, Sitz. Ber. Akad. Wiss. München 1871, T. 2, S. 18—28.
5 Ueber das Bildungsgesetz der Lichtenbergschen Figuren, Pogg. Ann. **144** (1871) S. 337—363 und S. 526—550.
6 Braunschweig 1874, englische Ausgabe: Boston 1876, russische Ausgabe: St. Petersburg 1877.
7 Leipzig 1866.
8 Fortschritte der Physik, dargestellt von der Physikalischen Gesellschaft zu Berlin.
9 Pogg. Ann. **123** (1864) S. 240—276.
10 Sur les phénomènes crepusculaire, Comptes rendus Acad. sci. Paris **14** (1842) und **18** (1844) S. 727—729.
11 Mitt. Internat. Polarkomission, St. Petersburg 1882, S. 81—84.
12 **136** (1869) S. 513—544.
13 Sitz. Ber. Akad. Wiss. München, math -physik. Kl. **4** (1874) S. 284—322 und **5** (1875) S. 220—238.
14 Gründung der Internationalen Meteorologischen Organisation IMO in Wien 1873.
15 In Hamburg 1875.
16 München 1878.
17 Z. Österr. Gesellsch. für Meteor. **18** (1883) S. 281—286.
18 Die Kälterückfälle im Mai, Abh. Bayer. Akad. Wiss. München, math.-physik. Kl. **14** (1883)2, S. 71—107.
19 H. W. Dove, Ueber die Rückfälle der Kälte im Mai, Abh. 1856, S. 121—192.
20 Pogg. Ann. **48** (1839) S. 582—601.
21 Abh. Bayer. Akad. Wiss. München, math.-physik. Kl. **15** (1884) 2, S. 171—228.
22 SB 1899, S. 291—300.
23 Vgl. dazu die Berichte über die Tätigkeit des Königlich Preußischen Meteorologischen Instituts, Jg. 1886—1890 (in den Ergebnissen der meteorologischen Beobachtungen Jg. 1886 ff. abgedruckt) sowie Jg. 1891 ff. (von diesem Jg. an als selbständige Veröffentlichung erschienen).
24 Vgl. Das Königliche Preußische Meteorologischen Institut in Berlin und dessen Observatorium bei Potsdam, Berlin 1890.
25 Vgl. Bericht über die Tätigkeit des Preuß. Meteor. Instituts für 1899, Berlin 1900, S. 5. Dort wird die Aeronautische Abteilung mit ihrem Drachenaufstiegsfeld bei Tegel beschrieben; 1900 Aeronautisches Observatorium Tegel, das 1905 nach Lindenberg, Krs. Beeskow, verlegt und damit ein selbständiges Observatorium außerhalb des damaligen Preußischen Meteorologischen Instituts wurde.
26 Experimentaluntersuchungen über rotierende Flüssigkeiten, SB 1887, S. 261-273, und in Wied. Ann. **32** (1887) S. 171—187.
27 SB 1888, S. 905—914.
28 SB 1888, S. 485—522 und 1189—1206; SB 1890, S. 355—390; SB 1892, S. 279—309; SB 1900, S. 356—372; im Auszug auch in Meteor. Z. **6** (1889) S. 201—209 und S. 249—260 und S. 287—294 sowie **9** (1892) S. 321 bis 336.

[29] Theoretische Betrachtungen über die Ergebnisse der wissenschaftlichen Luftfahrten des Deutschen Vereins zur Förderung der Luftschiffahrt in Berlin, in: Wissenschaftliche Ballonfahrten, hrsg. von R. Assmann und A. Berson, Bd. 3, Braunschweig 1900, S. 283—313, abgedruckt auch in Bezold, Ges. Abhandlungen, S. 221—264.
[30] **13** (1894) S. 1—9.
[31] SB 1890, S. 1295—1317.
[32] SB 1892, S. 1139—1178.
[33] SB 1901, S. 1330—1343.
[34] Ueber Strahlungsnormalen und Mittellinien der Temperatur, Meteor. Z. 1906 (Hann-Band) S. 279—287.
[35] Himmel und Erde **2** (1889) S. 9—23 und S. 65—71 sowie **5** (1892) S. 1—19.
[36] Gesammelte Abhandlungen aus den Gebieten der Meteorologie und des Erdmagnetismus, Braunschweig 1906.
[37] Christian Andreas Cothenius (1708—1789), Mediziner und Präsident der Leopoldina.

Kundt (A) S. 159

[1] Kundt war vor seiner Rückkehr nach Berlin Professor der Physik in Zürich (1868), Würzburg (1869—1872) und Straßburg (1872—1888).
[2] Gemeint sind „die einzelnen Teile"; ungenaues Zitat aus Horaz, Satiren (I, 4, 62), das wörtlich „disjecti membra poetae" lautet und besagt: Das Versmaß der Dichterworte ist zerstört, trotzdem ist der Sinn noch zu erkennen.
[3] Helmholtz, Ueber die Erhaltung der Kraft, Berlin 1847, S. 72.
[4] Internationales Büro für Maße und Gewichte, das durch die Convention internationale du métre (begründet am 20. 5. 1875) errichtet wurde und am 1. 1. 1876 im Pavillon de Breteuil in Sèvres bei Paris seine Tätigkeit aufnahm.

Kundt (E) S. 161

[1] Vgl. Schriftenverzeichnis in P III, S. 757—758; P IV, S. 818; GR I, S. 162, und DSB VII, S. 526.
[2] Ueber neue akustische Staubfiguren und Anwendung derselben zur Bestimmung der Schallgeschwindigkeit in festen Körpern und Gasen, Wied. Ann. **127** (1866) S. 497—523.
[3] Vgl. Ueber die specifischen Wärmen des Quecksilbergases, Wied. Ann. **157** (1876) S. 353—369 (zusammen mit E. Warburg).
[4] Vgl. Ueber die elektromagnetische Drehung der Polarisations-Ebene des Lichtes in Gasen, Wied. Ann. **6** (1879) S. 332—336, **8** (1879) S. 278—298 und **10** (1880) S. 257—265 (zusammen mit W. Röntgen).
[5] SB 1888, I S. 225—272.
[6] Vgl. Untersuchung über die Schallgeschwindigkeit der Luft in Röhren, Pogg. Ann. **135** (1868) S. 337—372 und S. 527—561.
[7] Gemeint ist W. von Siemens.
[8] Gemeint ist H. von Helmholtz.

Vogel (A) S. 164

[1] Vgl. Schriftenverzeichnis in P III, S. 1396—1397; P IV, S. 1573—1574; P V, S. 1315; P VIIa, Suppl. S. 732; GR I, S. 257; GR II, S. 181—182, und DSB XIV, S. 54—57, außerdem W. Hassenstein, Das Astrophysikalische Observatorium Potsdam in den Jahren 1875—1939, Mitt. Astrophysik. Observ. Potsdam **1** (1940) S. 1—55, insbes. S. 13—55: Zusammenstellung der Veröffentlichungen 1875—1939.

² In Potsdam. Vgl. auch Vogel (E), Anm. 4.

³ Vgl. Ueber die auf dem Potsdamer Observatorium unternommenen Untersuchungen über die Bewegungen der Sterne im Visionsradius vermittels der spectrographischen Methode, Astron. Nachr. **121** (1889) Nr. 2896/97, Sp. 241–258, und Untersuchungen über die Eigenbewegungen der Sterne im Visionsradius auf spectrographischem Wege, Publ. Astrophysik. Observ. Potsdam **7** (1892) Nr. 25, 166 S.

⁴ Vgl. Untersuchungen über die Spectra von 528 Sternen, Publ. Astrophysik. Observ. **12** (1899) Nr. 39, 73 S. (zusammen mit J. Wilsing).

⁵ Vgl. Photographische Himmelskarte, Zone +31° bis +40° Deklination. Katalog Bd. 1 (1899) bis 6 (1912), bearb. von J. Scheiner, Bd. 7 (1915) sowie Berichtigungs- und Ergänzungsbände, bearb. von A. Biehl, O. Birk und H. Ludendorff, Potsdam.

Vogel (E) S. 166

¹ 1870. Vgl. Physiker über Physiker I, WV für H. C. Vogel, Dok. Nr. 21, S. 116–118, insbes. S. 117.

² Vgl. Physiker über Physiker I, WV für E. Ch. Pickering, Dok. Nr. 43, S. 172–175.

³ Vgl. Vogel (A), Anm. 3.

⁴ Vgl. J. S(cheiner), Das Königliche Astrophysikalische Observatorium bei Potsdam, in: Die Königlichen Observatorien für Astrophysik, Meteorologie und Geodäsie bei Potsdam, Berlin 1890, S. 3–36. Zur Vorgeschichte der Gründung dieser Observatorien vgl. D. B. Herrmann, Vorgeschichte des Astrophysikalischen Observatoriums Potsdam, Astron. Nachr. **296** (1975) S. 245–249; H.-G. Körber, Zur Vorgeschichte der Gründung des Geomagnetischen Observatoriums Potsdam, in: Jahrbuch 1963 des Adolf-Schmidt-Observatoriums für Erdmagnetismus in Niemegk, mit wiss. Mitt., Berlin 1965, S. 126 bis 133; Sternzeiten (zur 275jährigen Geschichte der Berliner Sternwarte, der heutigen Sternwarte Babelsberg), Bd. 1–2, Red. G. Jackisch, Berlin 1977 (Akademie der Wiss. der DDR, Veröff. Forschungsbereich Geo- und Kosmoswiss., H. 6 und 7), insbes. Bd. 2: J. Wempe, Arthur Auwers als Astronom und die Gründung des Astrophysikalischen Observatoriums Potsdam, S. 17–28, und D. B. Herrmann, Wilhelm Foerster und die Gründung des Astrophysikalischen Observatoriums Potsdam, S. 29–34.

Planck (A) S. 169

¹ Vgl. A. Kundt, Antrittsrede, S. 159.

² Vgl. über Plancks Arbeiten das Schriftenverzeichnis in: Max Planck in seinen Akademie-Ansprachen, Berlin 1948, S. 185–199; P III, S. 1046–1047; P IV, S. 1172; P V, S. 982 bis 983; P VI, T. 3, S. 2027–2028; P VIIa, T. 3, S. 587–588, und DSB XI, S. 7–17, sowie GR I, S. 216, und GR II, S. 132–134.

Kohlrausch (A) S. 172

¹ Siemens, Das naturwissenschaftliche Zeitalter, Eröffnungsrede auf der Naturforscherversammlung von 1886. Wiss. u. techn. Arb., Bd. 2, Berlin 1891, S. 491–499.

² Gemeint ist Röntgens Entdeckung der X-Strahlen (Nov./Dez. 1895).

Kohlrausch (G) S. 177

¹ Heinrich Friedrich Theodor Kohlrausch, Die deutsche Geschichte, Abt. 1–2, 15. Auflage, Hannover 1866.

[2] Vgl. Nachruf auf RUDOLF KOHLRAUSCH in F. KOHLRAUSCH, Gesammelte Abhandlungen, Bd. 1, S. 1081–1083 (aus Ostwalds Klassiker, Nr. 142).
[3] Über die elastische Nachwirkung bei der Torsion, Diss. Göttingen 1863, verkürzt veröffentlicht auch in Pogg. Ann. **119** (1863) S. 337–368.
[4] Vgl. F. KOHLRAUSCH, Gesammelte Abhandlungen, Bd. 1–2, Leipzig 1900–1911, insbes. „Nach der Zeit der Veröffentlichung geordnetes Verzeichnis der wissenschaftlichen Arbeiten von Friedrich Kohlrausch", Bd. 1, S. XVII–XXXIV, und Bd. 2, S. XV bis XXXII. Schriftenverzeichnis auch in P III, S. 737–738; P IV, S. 784–785; P V, S. 695; GR I, S. 15; GR II, S. 92–93, und DSB VII, S. 440–450.
[5] Vgl. hier und im folgenden A. HEYDWEILLER, Friedrich Kohlrausch, in F. KOHLRAUSCHS Gesammelte Abhandlungen, Bd. 2, S. XXXV–LXVIII, wo Auszüge aus KOHLRAUSCHS autobiographische Notizen mitgeteilt werden.
[6] Vgl. die Arbeiten: Beobachtungen im magnetischen Observatorium aus dem Jahre 1869, insbes. Bestimmung der Siemensschen Widerstandseinheit nach absolutem Maße, Nachr. Gesellsch. Wiss. Göttingen 1870, S. 513–524; Zurückführung der Siemensschen galvanischen Widerstandseinheit auf absolutes Maß, Pogg. Erg. Bd. 1874, S. 1–35, und Einfache Methoden und Instrumente zur Widerstandsmessung, insbesondere in Elektrolyten, Wied. Ann. **11** (1880) S. 653–660.
[7] Ber. Würzburger Physik.-Medizin. Gesellsch. 1884, S. 41–47, und Exners Repertorium der Physik **20** (1884) S. 260–265, sowie die ausführliche Arbeit in Wied. Ann. **27** (1886) S. 1–59, außerdem Ann. **26** (1908) S. 580–596.
[8] Vgl. dazu Gesammelte Abhandlungen, Bd. 2, insbes. Über galvanische Widerstandbestimmung flüssiger Leiter, ... Nachr. Gesellsch. Wiss. Göttingen 1868, S. 415–420; Über die Gültigkeit der Ohmschen Gesetze für Elektrolyte, ebd. 1819, S. 14–16, und Über die Gültigkeit der Ohmschen Gesetze für Elektrolyte und eine numerische Bestimmung des Leitungswiderstandes der verdünnten Schwefelsäure durch alternierende Ströme, Pogg. Ann. **138** (1869) S. 280–298 und S. 370–390 (zusammen mit W. A. NIPPOLDT).
[9] SB 1894, I, S. 295–308, und Z. physik. Chem. **14** (1894) S. 317–330.
[10] Das Leitvermögen der Elektrolyte, Leipzig 1898.
[11] 1. Auflage, Leipzig 1870.
[12] 11. Auflage, Leipzig 1910.

Warburg (A) S. 183

[1] (lat.) Die Fakten bleiben
[2] Vgl. WARBURG (G).

Warburg (G) S. 185

[1] Auch H. B. LUEBSEN, verfaßte u. a. Einleitung in die Integralrechnung, Hamburg 1855; Ausführliches Lehrbuch der Elementargeometrie, Leipzig 1860; Ausführliches Lehrbuch der Analysis, Leipzig (9. Auflage 1895).
[2] Ueber die specifische Wärme des Quecksilbergases, Ber. dt. chem. Gesellsch. 1875, 8, S. 945 und S. 1514–1516, sowie Pogg. Ann. **157** (1875) S. 353–369 (zusammen mit A. KUNDT). Schriftenverzeichnis in P III, S. 1415–1416; P IV, S. 1598; P V, S. 1334 bis 1335 ; P VI, T. 4, S.2806; P VIIa, Suppl. S. 747–748; GR I, S. 279; GR II, S. 184–185, und DSB XIV, S. 170–172. Vgl. auch A. EINSTEIN, Emil Warburg als Forscher, Naturwiss. **10** (1922) S. 823–828 (Bibliographie bis zum Jahre 1921, S. 826–828).
[3] Mit der Dissertation: De Systematis Corporum Vibrantum, Berlin 1867.
[4] Mit der Arbeit: Ueber den Ausfluß des Quecksilbers aus gläsernen Capillarröhren, Pogg. Ann. **140** (1870) S. 367–379.

[5] Siehe Anm. 4.
[6] E. WARBURG, Über Reibung und Wärmeleitung verdünnter Gase, MB 1875, S. 160—173, und Pogg. Ann. **155** (1875) S. 337—365 und S. 525—550 sowie **156** (1875) S. 177—211 (zusammen mit A. KUNDT).
[7] Vgl. Physiker über Physiker I, S. 230—231 (WV Nr. 60).
[8] Siehe Anm. 2.
[9] E. WARBURG, Magnetische Untersuchungen I. Über einige Wirkungen der Coerzitivkraft, Wied. Ann. **13** (1881) S. 141—164.
[10] Über das Gewicht und die Wasserhaut bei Glas und anderen Körpern, Wied. Ann. **27** (1886) S. 481—507.
[11] Vgl. E. WARBURG, Über das Kathodengefälle bei der Glimmentladung, Wied. Ann. (1887) S. 545—594, sowie ders., Über eine Methode, Natriummetall in Geißlersche Röhren einzuführen und über das Kathodengefälle bei der Glimmentladung, Wied. Ann. **40** (1890) S. 1—18.
[12] Zur Theorie galvanischer Polarisation, insbesondere der kapillarelektrischen Erscheinungen, Wied. Ann. **41** (1890) S. 1—48.
[13] Vgl. dazu: Über die Entstehung der Spitzenentladung, Wied. Ann. **66** (1898) S. 652—659, und SB 1898, S. 236—242; ders., Über die Spitzenentladung (2. Mitt.), Wied. Ann. **67** (1899) S. 69—83, und (3. Mitt.), Ann. Physik **2** (1900) S. 295—316.
[14] Einige Bemerkungen über photochemische Wirkung (T. 1), Verh. dt. physik. Gesellsch. **9** (1907) S. 753—754, und (T. 2), ebd. **11** (1909) S. 654—660.
[15] Vgl. Über den Energieumsatz bei photochemischen Vorgängen in Gasen, T. 1—9, SB 1911—1919 (vgl. im einzelnen GR II, S. 184—185).
[16] J. FRANCK, Emil Warburg zum Gedächtnis, Naturwiss. **19** (1931) S. 993—997, insbe. S. 995.
[17] Vgl. Über die Konstante *c* des Wien-Planckschen Strahlungsgesetzes, SB 1913, 1, S. 35—43, und Ann. Physik **40** (1913) S. 609—634 (zusammen mit G. LEITHÄUSER, E. HUPKA und C. MÜLLER) sowie ebd. **48** (1915) S. 410—432.
[18] Lehrbuch der Experimentalphysik für Studierende, 1. Auflage Tübingen und Leipzig 1895.
[19] 12. Auflage, Leipzig 1914, und die folgenden Auflagen bearb. und hrsg. von E. WARBURG u. a.

van't Hoff (A) S. 192

[1] Vgl. VAN'T HOFF (G), Anm. 3.
[2] Zeitschrift für physikalische Chemie, Leipzig, gegründet 1887.

van't Hoff (G) S. 194

[1] 1869—1871.
[2] 1872/1873 in Bonn, 1874 in Paris.
[3] Ber. dt. chem. Gesellsch. **6** (1873) S. 1107. Vgl. Schriftenverzeichnis in P III, S. 644; P IV, S. 1553—1554; P V, S. 1299; P VIIa, Suppl. S. 291—295; GR I, S. 131; GR II, S. 75—77, und DSB XIII, S. 575—581, sowie E. COHEN, Jacobus Henricus van't Hoff. Sein Leben und Wirken, Leipzig 1912 (W. OSTWALD, Große Männer; Bd. 3) (Bibliographie S. 598 bis 622).
[4] Voorstel tot uitbreiding der tegenwoordig in de scheikunde gebruikte strutuurformules in de ruimte, benevens een daarmee samenhangende opmerking omtrent het verband tusschen otisch actief vermogen en chemische constitutie van organische verbindingen, Utrecht 1874.
[5] Rotterdam 1875.
[6] Dt. Ausgabe erschien unter dem Titel: Die Lagerung der Atome im Raume; bearb. von F. HERRMANN, mit einem Vorwort von JOHANNES WISLICENUS, Braunschweig 1877.

[7] H. KOLBE, in J. prakt. Chem. **17** (1878), S. 157–163.
[8] Bijdrage tot de kennis van het Cyanazijnzuur en Malonzuur, Diss. Utrecht 1874, sowie Beiträge zur Kenntnis der Cyanessigsäure, Ber. dt. chem. Gesellsch. **7** (1874) S. 1382, und Beiträge zur Kenntnis der Cyanessigsäure und Malonsäure, ebd. S. 1571.
[9] 1876–1877.
[10] Braunschweig, Bd. 1 (1878) und 2 (1881).
[11] Ber. dt. chem. Gesellsch. **44** (1911) S. 2219–2252.
[12] Amsterdam 1884.
[13] 1895.
[14] VAN'T HOFF, Wie die Theorie der Lösungen entstand. Vortrag, geh. in der Dt. Chem. Gesellschaft Berlin am 8. Januar 1894, Ber. dt. chem. Gesellsch. **27** (1894) S. 1–14.
[15] Lois de l'équilibre chimique dans l'etat dilué, gazeux ou dissous, Sven. Vet. Akad. Handl. **21** (1886) Nr. 17, Stockholm, S. 1–41, ders., Une propriété générale de la matière diluée, ebd. S. 42–49, und ders., Conditions électriques de l'équilibre chimique, ebd. S. 50 bis 57. Vgl. auch dt. Ausgabe: Gesetze des chemischen Gleichgewichtes für den verdünnten gasförmigen oder gelösten Zustand, 2. Auflage, Leipzig 1915 (Ostwalds Klassiker der exakten Wissenschaften, Nr. 110); im Auszug auch: Die Rolle des osmotischen Druckes in der Analogie zwischen Lösungen und Gasen, Z. physik. Chem. **1** (1887) S. 481 bis 508.
[16] Vgl. W. OSTWALD, Lebenslinien, Bd. 2, Berlin 1927, S. 19–24, und ders., Aus dem wissenschaftlichen Briefwechsel Wilhelm Ostwalds, T. 2: Briefwechsel mit Svante Arrhenius und Jacobus Hendricus van't Hoff, hrsg. von H.-G. KÖRBER, Berlin 1969, S. 201–206, insbes. Briefe Nr. 281–288.
[17] Vgl. Anm. 15 und ARRHENIUS, Über die Dissociation der in Wasser gelösten Stoffe, Z. physik. Chem. **1** (1887) S. 631–648.
[18] Vgl. Nobel Lectures Chemestry 1901–1921: van't Hoff, Osmotic Pressure and Chemical Equilibrium. Amsterdam u. a. 1966, S. 5–10.
[19] (lat.) Alles Seinige bei sich tragend; Variation des dem griechischen Philosophen Bias (um 570 v. Ztw.) zugeschriebenen Spruches „Omnia mea mecum porto" (Alles Meinige trage ich bei mir).
[20] Vgl. Anm. 16, Briefwechsel zwischen W. OSTWALD und J. H. VAN'T HOFF, insbes. Briefe Nr. 401–403.
[21] Vgl. GR I, S. 131, und GR II, S. 75–77.
[22] SB 1909, 2, S. 1065–1076, und SB 1910, 2, S. 963–970.
[23] Verliehen am 26. 1. 1911.

Nernst (A) S. 203

[1] Vgl. Schriftenverzeichnis in: Lord CHERWELL und F. SIMON, Walther Nernst 1864–1941, Obituary Notices of Fellows of the Royal Society London **4** (1942–1944) S. 101–112; M. BODENSTEIN, Walther Nernst, Ber. dt. chem. Gesellsch. **75** A (1942) S. 79–104; sowie P IV, S. 1063–1064; P V, S. 896–897; P VI, T. 3, S. 1838; P VIIa, T. 3, S. 405, und DSB XV (Suppl. Bd.) sowie GR II, S. 123.
[2] Vgl. z.B. NERNST, Chemisches Gleichgewicht und Temperatur-Gefälle, Boltzmann-Festschrift 1904, sowie NERNSTS spätere akademische Schriften, insbes.: Untersuchungen über die spezifische Wärme bei tiefen Temperaturen, T. 1–8, SB 1910–1914 (zusammen mit Mitarbeitern) (vgl. im einzelnen GR II, S. 123), sowie ders., Die theoretischen und experimentellen Grundlagen des neuen Wärmesatzes, Halle 1918.
[3] Gemeint ist HEINRICH LANDOLT.
[4] Gemeint ist JACOBUS HENDRICUS VAN'T HOFF.
[5] Gemeint ist FRIEDRICH KOHLRAUSCH.
[6] Gemeint ist LUDWIG BOLTZMANN (vgl. Physiker über Physiker I, WV Nr. 18).
[7] Gemeint ist MAX PLANCK.

Drude (A) S. 206

[1] Gemeint ist H. VON HELMHOLTZ.
[2] Gemeint ist A. KUNDT.
[3] E. WARBURG.
[4] Von 1887—1892.

Drude (G) S. 210

[1] Wied. Ann. **32** (1887) S. 584—625. — Schriftenverzeichnis in: P IV, S. 349—350; P V S. 306; P VIIa Suppl. S. 165—166, und DSB IV, S. 189—193.
[2] Ann. Physik **14** (1904) S. 677—726 und S. 936—961.
[3] Größe der Wirkungssphäre der Molekular-Kräfte und der Constitution von Lamellen der Plateauschen Glycerin-Seifen-Lösung, Nachr. Gesellsch. Wiss. Göttingen 1890, S. 482 bis 490.
[4] Bestimmung der optischen Constanten der Metalle, Wied. Ann. **39** (1890) S. 481—554.
[5] Nachr. Gesellsch. Wiss. Göttingen 1890, S. 471—481.
[6] Wied. Ann. **45** (1892) S. 460—474.
[7] Z. physik. Chem. **15** (1894) S. 79—85.
[8] Z. Instrumentenkunde **10** (1890) S. 323—326.
[9] Göttinger Gelehrte Anzeigen 1889, S. 741—749.
[10] Nachr. Gesellsch. Wiss. Göttingen 1892, S. 366—412.
[11] Physik des Aethers auf elektromagnetischer Grundlage, Stuttgart 1894.
[12] Vgl. insbes. Ber. Sächs. Gesellsch. Wiss. Leipzig, math.-physik. Kl. **48** (1896) S. 315—360, S. 431—435 und S. 583—612; außerdem: Theorie der anomalen elektrischen Dispersion, Wied. Ann. **64** (1898) S. 131 bis 158.
[13] Verh. Gesellsch. dt. Naturforscher und Ärzte **69** (1897), S. 7—8, vgl. Beilage zu Wied. Ann. **62** (1897).
[14] Verh. Gesellsch. dt. Naturforscher und Ärzte **78** (1906), S. 49, vgl. Ann. Physik **21** (1906).
[15] Elektronentheorie der Metalle, Ann. Physik **1** (1900) S. 566—613 und **3** (1900) S. 369—402.
[16] Leipzig 1900.
[17] 2. Auflage, Bd. 6, 2, Leipzig 1906, S. 1120—1387 (Abschnitte 32—39).
[18] Théorie de la dispersion dans les métaux fondée sur la considération des électrons, Congrès Internationale de Physique 1900.

Rubens (A) S. 230

[1] Vgl. HERTZ, Gesammelte Werke, Bd. 1—3, Leipzig 1894—1895, insbes. HERTZ, Über sehr schnelle elektrische Schwingungen, (Neuausgabe von vier Arbeiten in: Ostwalds Klassiker, Bd. 251, Leipzig 1971).

Rubens (G) S. 233

[1] 17. Juli 1922.
[2] Vgl. Schriftenverzeichnis in: Naturwissenschaften **10** (1922) S. 1038—1040 sowie in P IV, S. 1279; P V, S. 1073—1074; P VI, S. 2234; P VIIa Suppl. S. 564, und DSB XI, S. 581—585, sowie GR II, S. 141—143.
[3] SB 1910, S. 1122—1137.

4 SB 1911, S. 339–345.
5 SB 1916, S. 167–183.
6 Beitrag zur Prüfung der Planckschen Strahlungsformel, SB 1921, S. 590–610.
7 SB 1922, Physik.-math. Kl., S. 424–435.
8 Ueber die Emission langwelliger Wärmestrahlen durch den schwarzen Körper bei verschiedenen Temperaturen, SB 1900, S. 929–941, und Anwendung der Methode der Reststrahlen zur Prüfung des Strahlungsgesetzes, Ann. Physik 4 (1901) S. 649–666 (beide Arbeiten zusammen mit F. KURLBAUM).
9 Das ultrarote Spektrum und seine Bedeutung für die Bestätigung der elektromagnetischen Lichttheorie, Festvortrag, SB 1917, S. 47–63.
10 Siehe S. 177–182.
11 Vgl. Physiker über Physiker I, S. 54–59.

Schwarzschild (A) S. 238

1 J. FRAUNHOFER, Bestimmung des Brechungs- und des Farbenzerstreuungs-Vermögens verschiedener Glasarten in Bezug auf die Vervollkommung achromatischer Fernröhre, Denkschrift d. Akad. Wiss. München 5 (1814/15) und auszugsweise in Gilberts Ann. 61 (1817). Vgl. J. FRAUNHOFER, Gesammelte Schriften, München 1888, S. 1–31 u. 3 Taf.
2 Interstellares Gas.

Schwarzschild (E) S. 241

1 HERMANN VOGEL-Stiftung, Statut vom 21. 5. 1908, Vgl. Statuten und Reglements der Kgl. Preuß. Akademie der Wissenschaften Berlin 1907/1908.
2 Zur Elektrodynamik, T. 1: Zwei Formen des Prinzips der kleinsten Aktion in der Elektronentheorie, Nachr. Gesellsch. Wiss. Göttingen, math.-physik. Kl. 1903, S. 126–131; T. 2, ebd. S. 132–141; T. 3, ebd., S. 245–278.

Schwarzschild (G) S. 243

1 Schriftenverzeichnis in P IV, S. 1372; P V, S. 1143–1144; P VIIa, Suppl. S. 616; GR II, S. 161, und DSB XII, S. 247–253. Vgl. auch O. BLUMENTHAL, Karl Schwarzschild, Jahresber. Dt. Mathematikervereinigung 26 (1918), S. 56–75 (Bibliographie S. 70–75), sowie S. OPPENHEIM, Karl Schwarzschild, Viertelj. Schrift Astronom. Gesellsch. 58 (1923) S. 191–209.
2 Classen periodischer Lösungen des Dreikörperproblems, Astron. Nachr. 147 (1898) Nr. 3506, Sp. 17–24, und Nr. 3522, Sp. 289–298.
3 Die POINCARÉsche Theorie des Gleichgewichts einer homogenen rotierenden Flüssigkeitsmasse (Diss. München), Neue Ann. Sternwarte München 3 (1898) S. 231–299.
4 Vgl. dazu: Ueber die Eigenbewegung der Fixsterne, Nachr. Gesellsch. Wiss. Göttingen, math.-physik. Kl. 1907, S. 614–631; Integralgleichungen der Stellarstatistik, Astron. Nachr. 185 (1910) Sp. 81–88, und Zur Stellarstatistik, ebd. 190 (1911) Sp. 361–376.
5 Nachr. Gesellsch. Wiss. Göttingen, math.-physik. Kl. 5 (1906) S. 41–53.
6 Über die Helligkeitsverteilung des ultravioletten Lichtes auf der Sonnenscheibe, Physik. Z. 6 (1905) S. 737–744 (zusammen mit W. VILLINGER).
7 Sitz. Ber. Akad. Wiss. München 31 (1901) S. 293–338.
8 Siehe SCHWARZSCHILD (E), Anm. 2.

[9] Über das Gravitationsfeld eines Massenpunktes nach der Einsteinschen Theorie, SB 1916, S. 189—196, und Über das Gravitationsfeld einer Kugel aus inkompressibler Flüssigkeit nach der Einsteinschen Theorie, SB 1916, S. 424—434.
[10] Zur Quantenhypothese, SB 1916, S. 548—568.
[11] T. 1—3, Abh. Gesellsch. Wiss. Göttingen, math.-physik. Kl. (1905—1906).
[12] Über Abweichungen vom Reciprocitätsgesetz für Bromsilbergelatine, Photogr. Korrespondenz **36** (1899) S. 109—112; engl. Übers. in Astrophys. J. **11** (1900) S. 89—91.
[13] Die Bestimmung von Sternhelligkeiten aus extrafokalen photograpischen Aufnahmen, Publ. der von Kuffnerschen Sternwarte Wien **5** (1900) S. B 1—B 23.
[14] Siehe GR II, S. 161.

Einstein (A) S. 245

[1] Vgl. Schriftenverzeichnis in P V, S. 328—329; P VI, T. 1, S. 647—648; P VIIa, T. 1, S. 488—489; GR II, S. 32—33, und DSB IV, S. 312—333; weitere Lit. Hinweise in: Physiker über Physiker I, S. 280, Anm. 1—7. Vgl. Albert Einstein in Berlin 1913—1933, Teil I u. II [Darstellung und Dokumente, Spezialinventar], bearb. von Christa Kirsten und Hans-Jürgen Treder. Akademie-Verlag Berlin 1979 (Studien zur Geschichte der Akademie der Wissenschaften der DDR, Bd. 6 und 7).

Einstein (E) S. 247

[1] Vgl. Einstein (A), Anm. 1.
[2] Vgl. Einstein, Entwurf einer verallgemeinerten Relativitäts-Theorie und einer Theorie der Gravitation. T. 1: Physikalischer Teil, und T. 2: Mathematischer Teil (verfaßt von M. Grossmann), Z. Math. und Physik **62** (1913) S. 225—261.
[3] Die erwähnte Sonnenfinsternisexpedition konnte infolge des Ausbruches des ersten Weltkrieges keine Beobachtungen mehr durchführen. Der Nachweis für die Lichtablenkung im Gravitationsfeld eines Himmelskörpers wurde erst 1919 durch englische Sonnenfinsternisbeobachtungen erbracht und damit dieser durch Einsteins allgemeiner Relativitätstheorie vorhergesagte Effekt bestätigt. Vgl. dazu F. W. Dyson, A. S. Eddington und C. R. Davidson, A determination of the deflection of light by the sun's gravitational field, from observations made at the total eclipse of May 29, 1919, Philos. Trans. Royal Soc. London, **A 220** (1920) S. 291—333, sowie Erwin Freundlich, Der Bericht der englischen Sonnenfinsternisexpedition über die Ablenkung des Lichtes im Gravitationsfeld der Sonne, Naturwiss. **8** (1920) S. 667—673.

Schmidt, Erhard (A) S. 249

[1] Vgl. E. Schmidt, Zur Theorie der linearen und nichtlinearen Integralgleichungen, T. 1, Math. Ann. **63** (1907) S. 433—476, T. 2, ebd. **64** (1907) S. 161—174, sowie ders., Über die Auflösung linearer Gleichungen mit unendlich vielen Unbekannten, Rendiconti de Circolo matematico di Palermo **25** (1908) S. 53—77. Schriftenverzeichnis P V, S. 1117; P VI, T. 4, S. 2337; P VIIa, T. 4, S. 157; GR II, S. 150, sowie Schriftenverzeichnis (zusammengestellt von Kurt Schröder) in Math. Nachr. **25** (1963) S. 1—3, und DSB XII, S. 187—190.

Carathéodory (A) S. 251

[1] Vgl. Carathéodory, Gesammelte mathematische Schriften, Bd, 1—5, München 1954 bis 1957, insbes. Bd. 5, S. 387—408 (Autobiographische Bemerkungen); Schriftenverzeichnis außerdem in P V, S. 202; P VI, T. 1, S. 397—398; P VIIa, T. 1, S. 331; GR II, S. 20—21, und DSB III, S. 62—63.

[2] Vgl. Beitrag über R. W. HAMILTON in DSB VI, S. 85—93, insbes. S. 93 (Literaturnachweise über HAMILTONS Optik).

[3] CARATHÉODORY, Untersuchungen über die Grundlagen der Thermodynamik, Math. Ann. **67** (1909) S. 355—386, sowie in Ges. math. Schriften, Bd. 2, S. 131—166.

Carathéodory (E) S. 253

[1] Vgl. SCHMIDT, ERHARD (A), Anm. 1.

Laue (A) S. 255

[1] Vgl. hier und im folgenden M. VON LAUE, Gesammelte Schriften, Bd. 1—3, Braunschweig 1961, insbes. Bd. 1, S. VII—IX: „Persönliches zu meinen Arbeiten", und Bd. 3, S. V bis XXXIV: „Max von Laue geb. 1879. Mein physikalischer Werdegang. Eine Selbstdarstellung." Vgl. außerdem Schriftenverzeichnis in P V, S. 712—713; P VI, T. 3, S. 1473 bis 1474; P VIIa, T. 3, S. 32—34, und DSB VIII, S. 50—53.

[2] Ann. Physik **18** (1905) S. 523—566.

[3] Ann. Physik **20** (1906) S. 365—378.

[4] Mitführung des Lichtes durch bewegte Körper nach dem Relativitätsprinzip, Ann. Physik **23** (1907) S. 989—990.

[5] Das Relativitätsprinzip, Bd. 1, Braunschweig 1911, Bd. 2, Braunschweig 1919; dann unter dem Titel: Die Relativitätstheorie, Bd. 1—2, Braunschweig 1921.

[6] Vgl. LAUE, Über die Auffindung der Röntgenstrahleninterferenzen, Nobelvortrag in: Les Prix Nobel en 1920, Stockholm 1921, abgedruckt auch in: LAUE, Ges. Schriften, Bd. 3, S. 5—18. Weitere Literaturnachweise siehe Physiker über Physiker I, S. 282, Anm. 2 zu Dokument Nr. 57 (WV für MAX VON LAUE).

[7] Vgl. z.B. LAUE, Glühelektronen, Jahrbuch der Radioaktivität und Elektronik **15** (1918) S. 205—256, vgl. auch S. 257—270 und S. 301—305
Vgl. S. 245 (Antrittsrede von A. EINSTEIN).

Laue (E) S. 256

[1] Vgl. LAUE (A), Anm. 1.

[2] Vgl. LAUE (A), Anm. 6.

Hahn (A) S. 258

[1] 1905.

[2] 1905. Vgl. dazu O. HAHN, Vom Radiothor zur Uranspaltung. Eine wissenschaftliche Selbstbiographie. Braunschweig 1962, und ders., Einige persönliche Erinnerung aus der Geschichte der natürlichen Radioaktivität, Naturwiss. **35** (1948) S. 67—74 sowie Les Prix Nobel en 1944, Stockholm 1947, S. 108—109, und ders., Mein Leben, hrsg. von H. SCHRADER, München 1969. Schriftenverzeichnis in P V, S. 485; P VI, T. 2, S. 1005; P VIIa, T. 2, S. 354—356; GR II, S. 58; DSB VI, S. 14—17 sowie Biographical Memoirs of Fellows of the Royal Society **16** (1970) S. 279—313 (Nachruf auf O. HAHN von R. SPENCE).

[3] Weitere Literaturnachweise siehe Physiker über Physiker I, S. 285, Anm. 1—4 zu Dokument Nr. 64.

[4] HAHN, Das Uran Z und seine Muttersubstanz, Z. physik. Chem. **103** (1922/1923) S. 461 bis 480. Vgl. auch HAHNS gleichnamigen Beitrag in Ber. dt. chem. Gesellsch. **54** (1921) S. 1131—1142.

Paschen (A) S. 261

1 Vgl. H. Kayser und C. Runge, Über die Spektren der Elemente, Abh. 1888—1893 (7 Abhandlungen).
W. Ritz, Gesammelte Werke, hrsg. von Pierre Weiss, Paris 1911, insbes. S. 521—525.
3 Vgl. dazu Biographie und Schriftenverzeichnis in DSB X, S. 345—350 (verfaßt von P. Forman), sowie Schriftenverzeichnis in P IV, S. 1121; P V, S. 946; P VI, T. 3, S. 1956 bis 1957; P VIIa, T. 3, S. 506—507 (mit biographischen Literaturhinweisen); GR II, S. 129 bis 130; weitere Literaturhinweise in Physiker über Physiker I, S. 285, Anm. 1—6 zu Dokument Nr. 65.
4 1924 wurde F. Paschen Präsident der Physikalisch-Technischen Reichsanstalt.

Paschen (E) S. 263

1 Vgl. F. Paschen und E. Back, Normale und anomale Zeemaneffekte, Ann. Physik **39** (1912) S. 897—932 und **40** (1913) S. 960—970.

Schrödinger (A) S. 264

1 Gemeint ist Max Planck, der bis zu seiner Emeritierung 1926 den Lehrstuhl für theoretische Physik an der Berliner Universität innehatte.
2 Vgl. Schrödinger, Farbmetrik, Z. Physik **1** (1920) S. 459—466; vgl. auch Schriftenverzeichnis in P V, S. 1132—1133; P VI, T. 4, S. 2372—2373; P VIIa, S. 268—269; GR II, S. 156; DSB XII, S. 217—223, und die in Anm. 3 genannte Bibliographie.
3 Vgl. Schrödinger, Abhandlungen zur Wellenmechanik, 2. vermehrte Auflage, Leipzig 1928, und ders., Die Wellenmechanik, Stuttgart 1963 (Dokumente der Naturwissenschaft, Bd. 3); enthält auch eine Biographie (verfaßt von A. Hermann), S. 177—192, und eine Bibliographie (zusammengestellt von E. E. Koch), S. 193—199.
4 Vorlesungen über die physikalischen Grundlagen der Naturwissenschaften, Wien 1919, 2. Auflage 1922.

Schrödinger (E) S. 266

1 Vgl. dazu Physiker über Physiker I, Wahlvorschlag Nr. 73, S. 259—260 und S. 288 (Anmerkungen zu Dokument Nr. 73, Anm. 1).
2 Später (1932) auch erörtert in M. Planck, Der Kausalbegriff in der Physik, 1. Auflage, Leipzig 1932, 7. Auflage 1955.

Verzeichnis der Abkürzungen

Außer den üblichen bibliographischen Abkürzungen wurden folgende Abkürzungen benutzt:

(A)	Antrittsrede
AAW	Archiv der Akademie der Wissenschaften der DDR, Berlin
Abh.	Abhandlungen der Preußischen Akademie der Wissenschaften zu Berlin
ADB	Allgemeine Deutsche Biographie, Leipzig, Bd. 1 ff.
AM	Auswärtiges Mitglied der Akademie der Wissenschaften
DSB	Dictionary of Scientific Biography, New York, Bd. 1 (1970) ff., herausgegeben von C. N. Gillespie
(E)	Erwiderung
EM	Ehrenmitglied der Akademie der Wissenschaften
(G)	Gedächtnisrede
GR I	Gesamtregister über die in den Schriften der Akademie von 1700—1899 erschienenen wissenschaftlichen Abhandlungen und Festreden. Bearb. von O. Köhnke, Berlin 1900 (A. Harnack, Geschichte der Königlichen Preußischen Akademie der Wissenschaften zu Berlin, Bd. 3)
GR II	Gesamtregister der Abhandlungen, Sitzungsberichte, Jahrbücher, Vorträge und Schriften der Preußischen Akademie der Wissenschaften 1900—1945, Berlin 1966
JB	Jahrbuch der Deutschen Akademie der Wissenschaften zu Berlin
KM	Korrespondierendes Mitglied der Akademie der Wissenschaften
MB	Monatsberichte der Preußischen Akademie der Wissenschaften zu Berlin
NDB	Neue Deutsche Biographie, (West-) Berlin, Bd. 1 ff.
OM	Ordentliches Mitglied der Akademie der Wissenschaften
P	Poggendorffs Biographisch-Literarisches Handwörterbuch, Leipzig und Berlin, Bd. I (1863) ff.

Physiker über Physiker I

Physiker über Physiker. Wahlvorschläge zur Aufnahme von Physikern in die Berliner Akademie 1870 bis 1929 von Hermann v. Helmholtz bis Erwin Schrödinger. Bearbeitet von Christa Kirsten und Hans-Günther Körber. Mit einer Einleitung von Hans-Jürgen Treder, Akademie-Verlag Berlin 1975 (Studien zur Geschichte der Akademie der Wissenschaften der DDR, Bd. 1)

Physiker über Physiker II

Titel des vorliegenden Bandes (Studien zur Geschichte der Akademie der Wissenschaften der DDR, Bd. 8)

Pogg.	Ann. (Zitiertitel) Annalen der Physik und Chemie, hrsg. von J. Ch. Poggendorff, Leipzig
SB	Sitzungsberichte der Preußischen Akademie der Wissenschaften zu Berlin
Wied.	Ann. (Zitiertitel) Annalen der Physik und Chemie, hrsg. von G. Wiedemann, Leipzig
WV	Wahlvorschlag

Namenverzeichnis

Biobibliographische Angaben in: ADB, DSB, GR I, GR II, NDB, P sowie E. AMBURGER, Die Mitglieder der Deutschen Akademie der Wissenschaften zu Berlin 1700 bis 1950, Berlin 1950; K.-R. BIERMANN und G. DUNKEN, Deutsche Akademie der Wissenschaften zu Berlin. Biographischer Index der Mitglieder, Berlin 1960; K.-R. BIERMANN, Die Mathematik und ihre Dozenten an der Berliner Universität 1810–1920, Berlin 1973; E. FARBER, Nobel prize winners in chemistry 1901–50, New York 1953; N. HUGH DE VAUDREY HEATHCOTE, Nobel prize winners in physics 1901–50, New York 1953; J. MAYERHÖFER, Lexikon der Geschichte der Naturwissenschaften, Wien, Bd. 1 (1959)ff.; Nobel. The man and his prizes, Amsterdam u. a. 1962.
Nur für die in den Dokumenten sowie in der Einleitung erwähnten Personen werden, soweit möglich, Lebensdaten angeführt.

Bei Fragen zur Produktsicherheit wenden Sie sich bitte an:
If you have any questions regarding product safety,
please contact:

Walter de Gruyter GmbH
Genthiner Straße 13
10785 Berlin
productsafety@degruyterbrill.com